21世纪高等学校规划教材｜电子信息

数字电子技术基础
（第3版）

林涛　林杉　杨照辉　编著

清华大学出版社
北京

内 容 简 介

本书根据新修订的《高等工业学校电子技术基础课程教学基本要求》，并结合多年的教学实践经验编写而成。主要内容包括：数字逻辑基础、逻辑门电路、组合逻辑电路、触发器、时序逻辑电路、半导体存储器、脉冲波形的产生与变换、A/D 与 D/A 转换、可编程逻辑器件、VHDL 简介、VHDL 在数字系统分析与设计中的应用举例等。各章前有内容提要、学习提示，章末有小结、习题。

本书可作为高等学校电气信息类、电子信息类、计算机类及相近专业本科生数字电子技术基础教材和教学参考书，也可作为有关工程技术人员的参考书。

版权所有，侵权必究。举报：010-62782989，beiqinquan@tup.tsinghua.edu.cn。

图书在版编目(CIP)数据

数字电子技术基础/林涛，林杉，杨照辉编著.—3 版.—北京：清华大学出版社，2018(2024.12重印)
(21 世纪高等学校规划教材·电子信息)
ISBN 978-7-302-48111-9

Ⅰ. ①数… Ⅱ. ①林… ②林… ③杨… Ⅲ. ①数字电路－电子技术－高等学校－教材
Ⅳ. ①TN79

中国版本图书馆 CIP 数据核字（2017）第 205937 号

责任编辑：郑寅堃　薛　阳
封面设计：傅瑞学
责任校对：李建庄
责任印制：沈　露

出版发行：清华大学出版社
网　　址：https://www.tup.com.cn，https://www.wqxuetang.com
地　　址：北京清华大学学研大厦 A 座　　邮　编：100084
社 总 机：010-83470000　　邮　购：010-62786544
投稿与读者服务：010-62776969，c-service@tup.tsinghua.edu.cn
质量反馈：010-62772015，zhiliang@tup.tsinghua.edu.cn
课件下载：https://www.tup.com.cn,010-62795954

印 装 者：三河市铭诚印务有限公司
经　　销：全国新华书店
开　　本：185mm×260mm　　印　张：27　　字　数：634 千字
版　　次：2006 年 1 月第 1 版　　2018 年 1 月第 3 版　　印　次：2024 年 12 月第 10 次印刷
印　　数：8701～9700
定　　价：69.00 元

产品编号：070644-02

出版说明

随着我国改革开放的进一步深化，高等教育也得到了快速发展，各地高校紧密结合地方经济建设发展需要，科学运用市场调节机制，加大了使用信息科学等现代科学技术提升、改造传统学科专业的投入力度，通过教育改革合理调整和配置了教育资源，优化了传统学科专业，积极为地方经济建设输送人才，为我国经济社会的快速、健康和可持续发展以及高等教育自身的改革发展做出了巨大贡献。但是，高等教育质量还需要进一步提高以适应经济社会发展的需要，不少高校的专业设置和结构不尽合理，教师队伍整体素质亟待提高，人才培养模式、教学内容和方法需要进一步转变，学生的实践能力和创新精神亟待加强。

教育部一直十分重视高等教育质量工作。2007年1月，教育部下发了《关于实施高等学校本科教学质量与教学改革工程的意见》，计划实施"高等学校本科教学质量与教学改革工程（简称'质量工程'）"，通过专业结构调整、课程教材建设、实践教学改革、教学团队建设等多项内容，进一步深化高等学校教学改革，提高人才培养的能力和水平，更好地满足经济社会发展对高素质人才的需要。在贯彻和落实教育部"质量工程"的过程中，各地高校发挥师资力量强、办学经验丰富、教学资源充裕等优势，对其特色专业及特色课程（群）加以规划、整理和总结，更新教学内容、改革课程体系，建设了一大批内容新、体系新、方法新、手段新的特色课程。在此基础上，经教育部相关教学指导委员会专家的指导和建议，清华大学出版社在多个领域精选各高校的特色课程，分别规划出版系列教材，以配合"质量工程"的实施，满足各高校教学质量和教学改革的需要。

为了深入贯彻落实教育部《关于加强高等学校本科教学工作，提高教学质量的若干意见》精神，紧密配合教育部已经启动的"高等学校教学质量与教学改革工程精品课程建设工作"，在有关专家、教授的倡议和有关部门的大力支持下，我们组织并成立了"清华大学出版社教材编审委员会"（以下简称"编委会"），旨在配合教育部制定精品课程教材的出版规划，讨论并实施精品课程教材的编写与出版工作。"编委会"成员皆来自全国各类高等学校教学与科研第一线的骨干教师，其中许多教师为各校相关院、系主管教学的院长或系主任。

按照教育部的要求，编委会一致认为，精品课程的建设工作从开始就要坚持高标准、严要求，处于一个比较高的起点上；精品课程教材应该能够反映各高校教学改革与课程建设的需要，要有特色风格、有创新性（新体系、新内容、新手段、新思路，教材的内容体系有较高的科学创新、技术创新和理念创新的含量）、先进性（对原有的学科体系有实质性的改革和发展，顺应并符合21世纪教学发展的规律，代表并引领课程发展的趋势和方向）、示范性（教材所体现的课程体系具有较广泛的辐射性和示范性）和一定的前瞻性。教材由个人申报或各校推荐（通过所在高校的编委会成员推荐），经编委会认真评审，最后由清华大学出版社审定出版。目前，针对计算机类和电子信息类相关专业成立了两个编委会，即"清华大学出版社计算机教材编审委员会"和"清华大学出版社电子信息教材编审委员会"。推出的特色精品教材包括：

（1）21世纪高等学校规划教材·计算机应用——高等学校各类专业，特别是非计算机专业的计算机应用类教材。

（2）21世纪高等学校规划教材·计算机科学与技术——高等学校计算机相关专业的教材。

（3）21世纪高等学校规划教材·电子信息——高等学校电子信息相关专业的教材。

（4）21世纪高等学校规划教材·软件工程——高等学校软件工程相关专业的教材。

（5）21世纪高等学校规划教材·信息管理与信息系统。

（6）21世纪高等学校规划教材·财经管理与应用。

（7）21世纪高等学校规划教材·电子商务。

（8）21世纪高等学校规划教材·物联网。

清华大学出版社经过三十多年的努力，在教材尤其是计算机和电子信息类专业教材出版方面树立了权威品牌，为我国的高等教育事业做出了重要贡献。清华版教材形成了技术准确、内容严谨的独特风格，这种风格将延续并反映在特色精品教材的建设中。

清华大学出版社教材编审委员会
联系人： 魏江江
E-mail:weijj@tup.tsinghua.edu.cn

第3版前言

本书是在《数字电子技术基础（第 2 版）》的基础上修订而成的。这次修订的主导思想是在保持原来框架的基础上，力求增加教材内容的启发性与提高读者的阅读兴趣。按照这样的思路，进行了下述几方面的修订。

（1）在主要章节，增加了讨论与思考题。其目的是加深读者对主要内容的理解，开阔思路，举一反三，拓展教材正文没有介绍的相关内容。

（2）增加了典型习题分析，提出了阶梯形学习法，作为解题的指导原则。补充了部分讨论性的习题。

（3）对计数器部分内容进行了整合，按触发器组成的计数器及集成计数器进行分类介绍，系统性更明确；在时序逻辑电路应用举例中，增加了计数器电路实现形式灵活性的讨论，这样与组合逻辑电路中电路实现形式的多样性与灵活性相呼应。

（4）在 DAC 一节增加了 DAC 应用举例，扩展了对 DAC 应用的理解。

教材的本质不仅在于介绍有关基本知识，还应激发读者对相关问题的思考。编者希望使理论与实践紧密结合，培养学生的工程意识；注重单元电路的改进过程，启发学生创新思维；经典内容与新技术融合，引导学生学用结合。

参加本版修订工作的有杨照辉（第 1、2、6、7 章）、林涛（第 3~5 章）、林杉（第 8~11 章），林涛负责策划与统稿。

限于编者的水平，书中难免会有疏漏和不足之处，欢迎读者批评指正（邮箱：taolin@chd.edu.cn）。

编 者
2017 年 10 月

本书在《数字电子技术基础》的基础上，主要做了以下几个方面的修改和补充。

（1）对多数章节的内容进行了重新改写，强调了电路的改进过程，增强了教材内容的系统性。对基础内容的叙述更注重细节，注意到图形表示信息的优势，尽可能采用图形解释有关问题，希望有助于读者更好地理解基本内容。

（2）增加了应用电路举例，以简易交通信号灯控制系统的设计为例贯穿本书的主要章节，强调了前后内容的联系。

（3）VHDL 简介单独编为第 10 章，这样使 VHDL 的内容相对集中。但选用该教材的教师根据自己的教学安排，也可以采用原书第 1 版的安排顺序，把相关内容分散到有关章节中进行介绍。

（4）修订了习题与思考题，增加了反映基本概念的题目，部分习题在灵活性和深度上有所增加，希望通过这些题目增强学有余力的读者的学习兴趣。

（5）在教材修订中，反映了编者对数字电子技术的思考，如对全加器电路实现方式的讨论、利用反馈置数法设计任意进制计数器时，置数输入端采用变量进行预置数，实现多次置数的设计思路的讨论等。这些内容的加入是否合适，还有待教学实践的检验，敬请读者不吝赐教。

在本次修订中，刘占文负责第 9、10、11 章的修订与编写工作。

限于编者的水平，书中难免会有疏漏和不足之处，欢迎读者批评指正。

编　者
2012 年 3 月

前言

电子技术是目前发展最快的技术领域之一，数字电子技术在数字集成电路集成度越来越高的情况下，开发数字系统的实用方法和用来实现这些方法的工具已经发生了变化。特别是可编程逻辑器件的大量应用，传统的 74 系列标准逻辑器件在应用系统的设计中应用越来越少。但是，在数字电子技术中作为理论基础的基本原理并没有改变，理解大规模集成电路中的基本模块结构仍然需要基本单元电路的有关概念。因此，作为数字电子技术基础课程，介绍数字系统中常用的基本单元电路、基本功能模块及基本的分析方法仍然是其基本内容。本书的主要内容包括：数字逻辑基础、逻辑门电路、组合逻辑电路、触发器、时序逻辑电路、半导体存储器、脉冲波形的产生与变换、A/D 与 D/A 转换和可编程逻辑器件等。

尽管传统的基本单元电路对于理解数字系统基本构成模块的工作原理具有重要意义，但是必须认识到，电子技术的新进展使数字系统和数字逻辑电路的工作过程出现了新的描述方法，未来的数字系统设计，对描述方法的理解可能比具体的硬件结构更重要。把硬件描述语言作为数字电子技术基础的内容之一，已出现在新修订的《高等工业学校电子技术基础课程教学基本要求》中。本书在编写过程中注意到电子技术领域的这些新变化，在教材内容中引入了 VHDL 及基本逻辑器件的硬件描述语言的描述方法。VHDL 作为目前较为流行的硬件描述语言，它本身具有一套完整的语法体系，数字电子技术基础的课程性质不允许全面介绍 VHDL。因此，如何用较少的篇幅，介绍 VHDL 的基本语法结构，使读者在理解基本逻辑器件的 VHDL 描述时不会出现较大的障碍，这是值得探讨的问题。本书在编写中采用了较为实用的方法，即围绕基本元器件的 VHDL 描述需求介绍 VHDL 的基本语法，把 VHDL 的介绍融入各个基本数字功能器件的介绍之中，这种做法是否合适，还有待教学实践的检验。读者若希望深入了解 VHDL，请阅读专门介绍 VHDL 的教材或相关资料。另外，读者在阅读本书时，若跳过有关 VHDL 的内容，不影响其他内容的连贯性。

参加本书编写工作的有：田莉娟（第 1、3、6 章）、林薇（第 2、8 章）、楚岩（第 4、5、7 章）、林涛（第 9、10 章及 1.7 节、3.6 节、4.4 节、5.6 节），林涛负责制定编写提纲和全书的统稿工作。

限于编者的水平，书中难免会有疏漏和不足之处，欢迎读者批评指正。

联系方式：E-mail: dgdzjs@chd.edu.cn

编 者
2005 年 5 月

目 录

第1章 数字逻辑基础 ··· 1
  1.1 概述 ·· 1
    1.1.1 数字技术的特点 ··· 1
    1.1.2 数字电路的发展 ··· 2
    1.1.3 数字电路的研究对象、分析工具及描述方法 ····································· 3
  1.2 数制与码制 ··· 3
    1.2.1 基数、位权的基本概念 ·· 3
    1.2.2 几种常用的数制 ··· 4
    1.2.3 数制之间的相互转换 ·· 5
    1.2.4 码制 ··· 8
  1.3 三种基本逻辑运算 ··· 10
    1.3.1 与运算 ··· 10
    1.3.2 或运算 ··· 11
    1.3.3 非运算 ··· 12
    1.3.4 常用复合逻辑 ·· 13
  1.4 逻辑代数的基本定理 ·· 14
    1.4.1 逻辑代数的基本定律 ··· 14
    1.4.2 基本规则 ·· 15
    1.4.3 逻辑运算的优先级别 ··· 16
    1.4.4 基本定律的应用 ··· 16
  1.5 逻辑函数及其表示方法 ··· 18
    1.5.1 逻辑函数的定义 ··· 18
    1.5.2 逻辑函数的表示方法 ··· 18
  1.6 逻辑函数的化简 ·· 21
    1.6.1 逻辑函数化简的意义 ··· 21
    1.6.2 代数化简法 ··· 22
    1.6.3 卡诺图化简法 ·· 25
  小结 ·· 33
  习题 ·· 34
  习题分析举例 ·· 36

第2章 逻辑门电路 40

2.1 简单的与、或、非门电路 40
2.1.1 二极管的开关特性 40
2.1.2 三极管的开关特性 41
2.1.3 简单的与、或、非门电路 43

2.2 TTL 与非门电路 47
2.2.1 TTL 与非门的工作原理 47
2.2.2 TTL 与非门的外特性 50
2.2.3 TTL 与非门的主要参数 52
2.2.4 抗饱和 TTL 电路 57
2.2.5 集电极开路与非门和三态与非门 58

2.3 CMOS 门电路 62
2.3.1 NMOS 逻辑门电路 62
2.3.2 CMOS 逻辑门电路 64
2.3.3 CMOS 传输门 67

2.4 逻辑门电路使用中的几个实际问题 68
2.4.1 各种门电路之间的接口问题 68
2.4.2 门电路带其他负载的问题 72
2.4.3 多余输入端的处理措施 72

小结 73
习题 73
习题分析举例 76

第3章 组合逻辑电路 79

3.1 概述 79
3.1.1 组合逻辑电路的特点 79
3.1.2 组合逻辑电路逻辑功能描述方式及各种描述方式的相互关系 80

3.2 组合逻辑电路的分析方法 83
3.3 组合逻辑电路设计的一般方法 87
3.4 编码器与译码器 90
3.4.1 编码器 90
3.4.2 译码器 94

3.5 数据分配器与数据选择器 104
3.5.1 数据分配器 104
3.5.2 数据选择器 104

3.6 算术运算电路 110
3.6.1 加法器 110

            3.6.2 二进制减法运算……………………………………………………………112
            3.6.3 加法器应用举例…………………………………………………………115
            3.6.4 数值比较器………………………………………………………………117
        3.7 组合逻辑电路应用举例…………………………………………………………121
            3.7.1 奇偶发生器/校验器在数据传输中的应用………………………………121
            3.7.2 简易交通信号灯控制电路…………………………………………………122
            3.7.3 全加器电路实现形式的多样性讨论………………………………………124
        3.8 组合逻辑电路中的竞争-冒险……………………………………………………129
            3.8.1 产生竞争-冒险的原因……………………………………………………129
            3.8.2 冒险现象的判别……………………………………………………………131
            3.8.3 消除冒险现象的方法………………………………………………………132
        小结………………………………………………………………………………………134
        习题………………………………………………………………………………………135
        习题分析举例……………………………………………………………………………140

第4章 触发器……………………………………………………………………………145

    4.1 概述………………………………………………………………………………………145
    4.2 触发器的电路结构与工作原理…………………………………………………………146
        4.2.1 基本RS触发器……………………………………………………………………146
        4.2.2 同步RS触发器……………………………………………………………………149
        4.2.3 主从触发器………………………………………………………………………153
        4.2.4 边沿触发器………………………………………………………………………157
    4.3 触发器的逻辑功能及其描述方法………………………………………………………160
        4.3.1 RS触发器…………………………………………………………………………161
        4.3.2 JK触发器…………………………………………………………………………163
        4.3.3 D触发器……………………………………………………………………………163
        4.3.4 T触发器……………………………………………………………………………164
    4.4 触发器的脉冲工作特性…………………………………………………………………167
        4.4.1 传输延迟时间……………………………………………………………………167
        4.4.2 建立时间…………………………………………………………………………168
        4.4.3 保持时间…………………………………………………………………………168
        4.4.4 最大时钟频率……………………………………………………………………168
    小结……………………………………………………………………………………………169
    习题……………………………………………………………………………………………169
    习题分析举例…………………………………………………………………………………174

第5章 时序逻辑电路……………………………………………………………………179

    5.1 概述………………………………………………………………………………………179

    5.1.1 时序逻辑电路的一般结构形式 ·· 179
    5.1.2 时序逻辑电路的描述方法 ·· 180
5.2 时序逻辑电路的分析方法 ··· 182
    5.2.1 同步时序逻辑电路分析举例 ·· 182
    5.2.2 异步时序电路分析举例 ·· 185
5.3 寄存器和移位寄存器 ··· 187
    5.3.1 寄存器 ·· 187
    5.3.2 移位寄存器 ·· 188
5.4 计数器 ·· 192
    5.4.1 触发器组成的计数器 ·· 192
    5.4.2 集成计数器 ·· 195
    5.4.3 计数器的设计方法 ·· 204
5.5 顺序脉冲发生器与序列信号发生器 ·································· 213
    5.5.1 顺序脉冲发生器 ·· 213
    5.5.2 序列信号发生器 ·· 214
5.6 时序逻辑电路应用举例 ·· 216
    5.6.1 定周期交通信号灯控制电路 ·· 216
    5.6.2 多路脉冲信号形成电路 ·· 217
    5.6.3 计数器电路实现形式的灵活性讨论 ·· 218
小结 ·· 225
习题 ·· 226
习题分析举例 ·· 229

第6章 半导体存储器 ··· 234

6.1 概述 ·· 234
6.2 只读存储器 ·· 237
6.3 随机存储器 ·· 245
小结 ·· 252
习题 ·· 253

第7章 脉冲波形的产生与变换 ·· 257

7.1 概述 ·· 257
7.2 多谐振荡器 ·· 258
    7.2.1 反相器与 RC 元件组成的环形多谐振荡器 ···································· 259
    7.2.2 采用石英晶体的多谐振荡器 ·· 264
7.3 单稳态触发器 ··· 266
    7.3.1 门电路与 RC 元件构成的单稳态触发器 ·· 266
    7.3.2 集成单稳态触发器 ·· 269

    7.3.3 单稳态触发器的应用 ········· 271
  7.4 施密特触发器 ················· 272
    7.4.1 门电路构成的施密特触发器 ········· 273
    7.4.2 施密特触发器的应用 ········· 275
  7.5 555 定时器及其应用 ················· 277
    7.5.1 555 定时器的电路组成及工作原理 ········· 277
    7.5.2 555 构成的施密特触发器 ········· 279
    7.5.3 555 构成的单稳态触发器 ········· 280
    7.5.4 555 构成的多谐振荡器 ········· 282
  7.6 应用电路举例 ················· 285
  小结 ························· 287
  习题 ························· 288
  习题分析举例 ························· 293

第 8 章 数/模与模/数转换电路 ················· 296

  8.1 概述 ················· 296
  8.2 数/模转换电路 ················· 297
    8.2.1 D/A 转换的基本思路 ········· 297
    8.2.2 典型的 D/A 转换电路 ········· 298
    8.2.3 D/A 转换器的输出方式 ········· 302
    8.2.4 D/A 转换器的主要技术参数 ········· 304
    8.2.5 集成 D/A 转换器应用举例 ········· 306
  8.3 模数转换电路 ················· 308
    8.3.1 A/D 转换的基本原理 ········· 308
    8.3.2 直接 A/D 转换器 ········· 311
    8.3.3 间接 A/D 转换器 ········· 315
    8.3.4 A/D 转换器的主要技术参数 ········· 318
    8.3.5 集成 A/D 转换器举例 ········· 319
  小结 ························· 320
  习题 ························· 320
  习题分析举例 ························· 323

第 9 章 可编程逻辑器件 ················· 325

  9.1 概述 ················· 325
    9.1.1 可编程逻辑器件发展过程简介 ········· 325
    9.1.2 PLD 的分类 ········· 326
    9.1.3 PLD 中门电路的习惯表示方法 ········· 328
  9.2 PLA 和 PAL 的电路结构 ················· 328

  9.2.1 PLA 的电路结构与应用举例 ······ 329
  9.2.2 PAL 的电路结构与应用举例 ······ 329
 9.3 通用阵列逻辑（GAL） ······ 335
  9.3.1 GAL 器件的基本结构 ······ 335
  9.3.2 可编程输出逻辑宏单元 OLMC ······ 335
  9.3.3 GAL 器件的特点 ······ 340
 9.4 高密度可编程逻辑器件 HPLD ······ 341
  9.4.1 典型的 CPLD 结构 ······ 342
  9.4.2 现场可编程门阵列 FPGA ······ 347
  9.4.3 CPLD 与 FPGA 比较 ······ 351
小结 ······ 351
习题 ······ 352

第 10 章 VHDL 简介 ······ 353

 10.1 VHDL 基础 ······ 353
  10.1.1 标识符、常量及信号 ······ 354
  10.1.2 数据类型 ······ 355
  10.1.3 运算操作符 ······ 356
  10.1.4 基本设计单元 ······ 357
 10.2 常用组合逻辑功能器件的 VHDL 描述 ······ 359
  10.2.1 VHDL 的主要描述语句 ······ 359
  10.2.2 常用组合逻辑功能器件的 VHDL 描述 ······ 363
 10.3 触发器的 VHDL 描述 ······ 368
  10.3.1 时钟信号的 VHDL 描述 ······ 368
  10.3.2 D 触发器的 VHDL 描述 ······ 369
  10.3.3 JK 触发器的 VHDL 描述 ······ 371
  10.3.4 RS 触发器的 VHDL 描述 ······ 372
 10.4 常见时序逻辑电路的 VHDL 描述 ······ 373
  10.4.1 生成语句及元件例化语句 ······ 373
  10.4.2 寄存器的 VHDL 描述 ······ 375
  10.4.3 计数器的 VHDL 描述 ······ 377
小结 ······ 380
习题 ······ 380

第 11 章 VHDL 在数字系统分析与设计中的应用举例 ······ 381

 11.1 键盘编码器电路组成及程序分析 ······ 381
 11.2 具有基本功能的数字时钟电路的设计 ······ 385
  11.2.1 设计要求及系统框图 ······ 386

  11.2.2 从上到下的层次化设计 ………………………………………… 387
  11.2.3 从下向上创建模块 ……………………………………………… 389
  11.2.4 设计顶层模块的 VHDL 源程序 ……………………………… 395
 11.3 简易交通信号灯控制电路的设计 ………………………………………… 398
  11.3.1 设计要求及系统框图 …………………………………………… 399
  11.3.2 从上到下的层次化设计 ………………………………………… 400
  11.3.3 从下向上创建模块 ……………………………………………… 401
 小结 ………………………………………………………………………………… 405
 习题 ………………………………………………………………………………… 405

部分习题参考答案 …………………………………………………………………… 407

参考文献 ……………………………………………………………………………… 411

第 1 章 数字逻辑基础

内容提要：本章主要介绍数制、代码、三种基本逻辑运算、逻辑代数的基本定理、逻辑函数及其化简方法。

学习提示：二进制数及二进制代码是数字系统中信息的主要表示形式，与、或、非三种基本逻辑运算是逻辑代数的基础，逻辑代数是分析数字电路和系统的基本工具。熟练掌握三种基本逻辑运算是正确理解逻辑代数基本定理的前提，正确理解并熟练掌握逻辑代数的基本定理、逻辑函数的代数化简法及卡诺图化简法是深入学习数字电子技术的关键。

1.1 概述

电子电路分为模拟电路和数字电路两大部分，模拟电路所处理的信号是在时间上和数值上连续的模拟信号，数字电路则用于处理在时间上和数值上不连续的离散信号或者叫作数字信号。如今，数字电路与技术已广泛应用于计算机、工业自动化装置、医疗仪器与设备、交通、电信、家用电器等几乎所有的生产生活领域中，可以毫不夸张地说，几乎每人每天都在与数字技术打交道。从本章开始，将分别介绍有关数字电子技术的一些基本概念、基本理论与基本分析方法，它们对于从最简单的开关接通和断开到比较复杂的计算机等所有的数字系统都是适用的。

1.1.1 数字技术的特点

无论在简单的数字电路或复杂的数字系统中，一般仅涉及两种可能的逻辑状态，它们分别用高电平和低电平表示，高、低电平通常分别用 1 和 0 表示。当用 1 和 0 分别表示高、低电平时，称之为正逻辑。它是目前各种数字系统中普遍采用的逻辑体系。这里的 0 和 1 不代表数值的大小，而代表两种不同的逻辑状态。

经常看到日常生活中的电子仪器及相关技术，过去曾用模拟电路实现的功能，如今越来越多地被数字技术所替代，向数字技术转移的主要原因在于数字技术具有较多的优点。

（1）数字系统一般容易设计与调试。数字系统所使用的电路是开关电路，开关电路中电压或电流的精确值并不重要，重要的是其所处的状态（高电平或低电平）。

（2）数字信息存储方便。信息存储由特定的器件和电路实现，这种电路能存储数字信息并根据需要长期保存。大规模存储技术能在相对较小的物理空间上存储几十亿位信息。

(3）数字电路抗干扰能力强。在数字系统中，因为电压的准确值并不重要，只要噪声信号不至于影响区别高低电平，则电压寄生波动（噪声）的影响就可忽略不计。而在模拟系统中，电压和电流信号由于受到信号处理电路中元器件参数的改变、环境温度的影响等会产生失真。

（4）数字电路易于集成化。数字电路中涉及的主要器件是开关元件，如二极管、三极管、场效应管等，它们便于集成在一个芯片上。事实上，模拟电路也受益于快速发展的集成电路工艺，但是模拟电路相对复杂一些，所有器件无法经济地集成在一起（如大容量电容、精密电阻、电感、变压器等），它阻碍了模拟系统的集成化，使其无法达到与数字电路同样的集成度。

（5）数字集成电路的可编程性好。现代数字系统的设计，越来越多地采用可编程逻辑器件。硬件描述语言的发展，促进了数字系统硬件电路设计的软件化，为数字系统研发带来了极大的方便与灵活性。

虽然数字技术的优点明显，但采用数字技术时必须面对两大问题：一是自然界中大多数物理量是模拟量，二是模拟信号的数字化过程需要时间。应用系统中被检测、处理、控制的输入、输出信号经常是模拟信号，如温度、压力、速度、液位、流速等。当涉及模拟信号输入输出时，为了利用数字技术的优点，必须首先把实际中的模拟信号转换为数字形式，进行数字信息处理，最后再把数字信号变换为模拟信号输出。由于必须在信息的模拟形式与数字形式之间进行转换，从而增加了系统的复杂性和费用。

1.1.2 数字电路的发展

数字技术的发展历程一般以数字逻辑器件的发展为标志，数字逻辑器件经历了从半导体分立元件到集成电路的过程，数字集成电路可分为小规模（SSI）、中规模（MSI）、大规模（LSI）和超大规模（VLSI）集成电路等，如表1.1所示。集成度是指一个芯片中所含等效门电路（或晶体管）的个数。随着集成电路生产工艺的进步，数字逻辑器件的集成度越来越高，目前所生产的高密度超大规模集成电路（GLSI）的一个芯片内所含等效门电路的个数已超过一百万。

表1.1 集成电路的分类

类型	晶体管个数	典型集成电路
小规模（SSI）	≤10	逻辑门
中规模（MSI）	10~100	计数器、加法器
大规模（LSI）	100~1000	小型存储器、门阵列
超大规模（VLSI）	$1000 \sim 10^6$	大型存储器、可编程逻辑器件等

数字逻辑器件有标准逻辑器件、专用集成电路（ASIC）、可编程逻辑器件（PLD）三种类型，标准逻辑器件包括TTL、CMOS、ECL系列，其中TTL、CMOS系列是过去五十多年中构成数字电路的主要元器件，但随着可编程逻辑器件的发展，新的系统设计正越来越多地采用可编程逻辑器件实现。因此，可编程逻辑器件代表了数字技术的发展方向。

随着现代电子技术和信息技术的飞速发展，数字电路已从简单的电路集成走向数字逻辑系统集成，即把整个数字逻辑系统制作在一个芯片上（SOC）。电路集成与系统集成都属于硬件集成技术。硬件集成技术飞速发展的同时，系统设计软件技术也发展得很快。硬件集成技术与系统设计软件技术的迅猛发展，向实现彻底的、真正的电子系统设计自动化的目标靠得更近。

1.1.3 数字电路的研究对象、分析工具及描述方法

数字电路是以二值数字逻辑为基础的，电路的输入输出信号为离散数字信号，电路中电子元器件工作在开关状态。数字电路响应输入的方式叫作电路逻辑，每种数字电路都服从一定的逻辑规律。由于这一原因，数字电路又叫作逻辑电路。

在数字电路中，人们关心的是输入输出信号之间的逻辑关系，输入信号通常称为输入逻辑变量，输出信号通常称为输出逻辑变量，输入逻辑变量与输出逻辑变量之间的因果关系通常用逻辑函数来描述。

分析数字电路的数学工具是逻辑代数，描述数字电路逻辑功能的常用方法有真值表、逻辑表达式、时序图、逻辑电路图等，随着可编程逻辑器件的广泛应用，硬件描述语言（HDL）已成为数字系统设计的主要描述方式，目前较为流行的硬件语言有 VHDL、Verilog HDL 等。

思考与讨论题：

试从研究对象、分析工具、描述方法三个方面讨论模拟电路与数字电路的不同。

1.2 数制与码制

1.2.1 基数、位权的基本概念

数制是数的表示方法，为了描述数的大小或多少，人们采用进位计数的方法，称为进位计数制，简称数制。组成数制的两个基本要素是进位基数与数位权值，简称基数与位权。

基数：一个数位上可能出现的基本数码的个数，记为 R。例如，十进制有 0、1、2、3、4、5、6、7、8、9 共 10 个数码，则基数 $R=10$。

位权：位权是基数的幂，记为 R^i，它与数码在数中的位置有关。例如，十进制数 $137=1\times10^2+3\times10^1+7\times10^0$，$10^2$、$10^1$、$10^0$ 分别为最高位、中间位和最低位的位权。

同一串数码，数制不同，代表的数值大小也不同。在一个特定的计数体制中，同一个数码，处于不同的位置时，其表示的数值大小也不同。

设 R 进制的数为 N，则可用多项式表示为：

$$(N)_R = d_{n-1}R^{n-1} + d_{n-2}R^{n-2} + \cdots + d_1R^1 + d_0R^0 + d_{-1}R^{-1} + d_{-2}R^{-2} + \cdots + d_{-m}R^{-m}$$

$$= \sum_{i=-m}^{n-1} d_i R^i$$

(1.1)

其中，下标 $n-1$，$n-2$，…，1，0 表示整数部分，-1，-2，…，-m 表示小数部分，d_i 表示

所在数位上的数码。式（1.1）为任一计数体制的数的通式表示法。

1.2.2 几种常用的数制

当面对多种计数体制时，为了清楚区分不同的数制，一般通过下标的方式标注所写数的数制。习惯上，十进制数的下标用 10 或者 D 表示；二进制数的下标用 2 或者 B 表示；八进制数的下标用 8 或者 O 表示；十六进制数的下标用 16 或者 H 表示。在本书中，数制的下标采用字母形式。

1．十进制

十进制数的基数 $R=10$，共有 0～9 这 10 个数码，进位规则是逢十进一，各位的权值为 10 的幂。

任一十进制数的多项式表示法为：

$$(N)_D = d_{n-1}10^{n-1} + d_{n-2}10^{n-2} + \cdots + d_1 10^1 + d_0 10^0 + d_{-1} 10^{-1} + d_{-2} 10^{-2} + \cdots + d_{-m} 10^{-m}$$

$$= \sum_{i=-m}^{n-1} d_i 10^i \tag{1.2}$$

十进制是人们最熟悉的数制，但不适合在数字系统中应用，因为很难找到一个电子器件使其具有 10 个不同的电平状态。

2．二进制

二进制数的基数 $R=2$，共有 0、1 两个数码，进位规则是逢二进一，各位的权值是 2 的幂。

任一二进制数的多项式表示法为：

$$(N)_B = d_{n-1}2^{n-1} + d_{n-2}2^{n-2} + \cdots + d_1 2^1 + d_0 2^0 + d_{-1} 2^{-1} + d_{-2} 2^{-2} + \cdots + d_{-m} 2^{-m}$$

$$= \sum_{i=-m}^{n-1} d_i 2^i \tag{1.3}$$

二进制计数规则简单，存储、传递方便，广泛应用于数字系统。但对于较大的数值，需要较多位表示，书写太长，不够方便。

3．八进制

八进制数的基数 $R=8$，共有 0～7 这 8 个数码，进位规则是逢八进一，各位的权值是 8 的幂。

任一八进制数的多项式表示法为：

$$(N)_O = d_{n-1}8^{n-1} + d_{n-2}8^{n-2} + \cdots + d_1 8^1 + d_0 8^0 + d_{-1} 8^{-1} + d_{-2} 8^{-2} + \cdots + d_{-m} 8^{-m}$$

$$= \sum_{i=-m}^{n-1} d_i 8^i \tag{1.4}$$

因为 $2^3=8$，所以用三位二进制数可以表示一位八进制数，换句话说，用一位八进制数可以表示三位二进制数。

4．十六进制

十六进制数的基数 $R=16$，共有 0～9、A～F 这 16 个数码，进位规则是逢十六进一，各位的权值是 16 的幂。

任一十六进制数的多项式表示法为：

$$(N)_H = d_{n-1}16^{n-1} + d_{n-2}16^{n-2} + \cdots + d_1 16^1 + d_0 16^0 + d_{-1}16^{-1} + d_{-2}16^{-2} + \cdots + d_{-m}16^{-m}$$
$$= \sum_{i=-m}^{n-1} d_i 16^i \tag{1.5}$$

因为 $2^4 = 16$，故可以用 4 位二进制数表示一位十六进制数，换句话说，用一位十六进制数可以表示 4 位二进制数。

在计算机系统中，二进制主要用于机器内部的数据处理。八进制和十六进制主要用于书写程序。十进制主要用于运算最终结果的输出。

表 1.2 是十进制数 0~17 与等值的二进制、八进制、十六进制数的对照表。

表1.2 几种数制之间的关系对照表

十 进 制 数	二 进 制 数	八 进 制 数	十六进制数
0	00000	0	0
1	00001	1	1
2	00010	2	2
3	00011	3	3
4	00100	4	4
5	00101	5	5
6	00110	6	6
7	00111	7	7
8	01000	10	8
9	01001	11	9
10	01010	12	A
11	01011	13	B
12	01100	14	C
13	01101	15	D
14	01110	16	E
15	01111	17	F
16	10000	20	10
17	10001	21	11

1.2.3 数制之间的相互转换

在数字系统中，可能同时用到多种数制，因此，理解一个数字系统的运算过程，需要具备进行数制间相互转换的能力，比如说，我们重点关心如图 1.1 所示的各种数制的相互转换，首先要解决的问题是实现这种转换的方法。

图 1.1 二进制、十进制、十六进制数的相互转换

1. 基数乘除法

基数乘除法适用于十进制数转换为其他进制的数。其整数部分采取除基数取余数的方法转换，小数部分采取乘基数取整数的方法转换。

1）除基数取余数法

除基数取余数法适用于将十进制数的整数部分转换成等值的其他进制的数。

例 1.1 将十进制数 549 转换为等值的十六进制数。

解：

```
16 | 5 4 9      余数
16 |   3 4  -----5   最低位
16 |     2  -----2      ↑
         0  -----2   最高位
```

即 $(546)_D = (225)_H$。

2）乘基数取整数法

乘基数取整数法适用于将十进制数的小数部分转换成等值的其他进制的数。

例 1.2 将十进制数 0.625 转换为等值的二进制数。

解：

```
     0.625        0.25         0.5
   ×   2         ×  2         ×  2
   ───────      ───────      ───────
     1.25         0.5          1.0
      ┊            ┊            ┊
取整   1            0            1
最高位 d_{-1}      d_{-2}       d_{-3}   最低位
```

即 $(0.625)_D = (0.101)_B$。

例 1.3 将十进制数 56.625 转换为等值的二进制数。

解： 对于整数部分，采用除 2 取余法有

```
2 | 5 6
2 |   2 8  -------0
2 |     1 4  -------0
2 |       7  -------0
2 |       3  -------1
2 |       1  -------1
          0  -------1
```

即整数部分为 $(56)_D = (111000)_B$。

小数部分由例 1.2 得知 $(0.625)_D = (0.101)_B$，所以 $(56.625)_D = (111000.101)_B$。

2．按位权展开相加法

按位权展开相加法适合于非十进制数转换为十进制数，此种方法又叫通式展开法。

例 1.4　将 $(1110.101)_B$ 转换为等值的十进制数。

解：
$$(1110.101)_B = 1\times 2^3 + 1\times 2^2 + 1\times 2^1 + 1\times 2^{-1} + 1\times 2^{-3}$$
$$= 8 + 4 + 2 + 0.5 + 0.125$$
$$= (14.625)_D$$

例 1.5　将 $(2BC.5)_H$ 转换为等值的十进制数。

解：
$$(2BC.5)_H = 2\times 16^2 + 11\times 16^1 + 12\times 16^0 + 5\times 16^{-1}$$
$$= 512 + 176 + 12 + 0.3125$$
$$= (700.3125)_D$$

3．分组法

分组法适合于二进制、八进制、十六进制数之间的相互转换。例如，将一个二进制数转换为等值的十六进制数时，具体方法是以小数点为界，整数部分由右向左 4 位一组进行分组，数位不足时在高位补 0；小数部分由左向右 4 位一组进行分组，数位不够时在低位补 0。

例 1.6　$(11011101.1011)_B = (?)_O$

解： 三位二进制数可表示一位八进制数，故可分为三位一组，即

　　　　二进制数　　　　011 011 101.101 100
　　　　八进制数　　　　　3　 3　 5 . 5　 4

即 $(11011101.1011)_B = (335.54)_O$。

例 1.7　$(5B1.8E)_H = (?)_B$

解： 一位十六进制数可由四位二进制数表示，即有

　　　　十六进制数　　　5　　B　　1 .　8　　E
　　　　二进制数　　0101　1011　0001.　1000　1110

则 $(5B1.8E)_H = (10110110001.1000111)_B$。

例 1.8　$(567.431)_O = (?)_H$

解： 以二进制作为桥梁，分组转换：

　　　　八进制　　　　5　　6　　7 .　4　　3　　1
　　　　二进制　　　101　110　111.　100　011　001
　　　　　　　　　0001　0111　0111.　1000　1100　1000
　　　　十六进制　　　1　　7　　7 .　8　　C　　8

即 $(567.431)_O = (177.8C8)_H$。

二进制数的优点是每位仅可能有 0 和 1 两个数码，即两种状态。二极管的导通与截止，三极管的饱和导通与截止等均可方便地表示这两种状态，因此，二进制是数字系统的基本计数方法。但对于一个较大的数值当采用二进制表示时，其所需的位数较多。利用八进制、

十六进制可弥补这一不足，且八进制和十六进制易于与二进制进行相互转换。

数制间的相互等值转换尽管一般的计算器均具有此功能，完成有关转换也许只需要按几下键即可完成。但理解并掌握基数乘除法、通式展开法、分组转换法等数制间的相互转换方法，有助于提高分析问题与解决问题的能力。

1.2.4 码制

用按一定规律排列的多位二进制数码表示某种信息，称为编码。形成代码的规律法则，称为码制。

在数字系统中，二进制代码是由 0、1 构成不同的组合，这里的"二进制"并无"进位"的含义，只是强调采用的是二进制数的数码符号而已。n 位二进制数可有 2^n 种不同的组合，即可代表 2^n 种不同的信息。

1. 二-十进制码

用 4 位二进制数码表示一位十进制数的代码，称为二-十进制码，简称 BCD 码（Binary Coded Decimal）。

4 位二进制数有 16 种组合，而表示十进制的 10 个数码只需要 10 种组合，因此，用 4 位二进制码表示一位十进制数的组合方案有许多种，几种常用的 BCD 码如表 1.3 所示。

表 1.3 几种常用的 BCD 码

编码种类 十进制数	有权码			无权码	
	8421 码	5421 码	2421 码	余 3 码	BCD 格雷码
0	0000	0000	0000	0011	0000
1	0001	0001	0001	0100	0001
2	0010	0010	0010	0101	0011
3	0011	0011	0011	0110	0010
4	0100	0100	0100	0111	0110
5	0101	1000	1011	1000	0111
6	0110	1001	1100	1001	0101
7	0111	1010	1101	1010	0100
8	1000	1011	1110	1011	1100
9	1001	1100	1111	1100	1101

1）有权码

有权码的每一位有固定的权值，各组代码的权值相加对应于相应的十进制数。例如 8421 码、5421 码和 2421 码。

8421BCD 码是 BCD 码中最常用的一种代码，其每位的权和自然二进制码相应位的权一致，若要表示十进制数 5684，可用 8421BCD 码表示为 0101 0110 1000 0100，即

$$(5684)_D = (0101\ 0110\ 1000\ 0100)_{8421BCD}$$

2）无权码

无权码的每一位没有固定的权值，例如余 3 码、BCD 格雷码等。

余 3 码是在每组 8421BCD 码上加 0011 形成的，若把余 3 码的每组代码看成 4 位二

进制数,那么每组代码均比相对应的十进制数多 3,故称为余 3 码。

格雷码是一种易校正的代码,其特点是相邻的两组代码只有一位数码不同。按一定的逻辑运算规则可将自然二进制码转换成格雷码。若采用 8421BCD 码进行转换,得到的格雷码即为 BCD 格雷码。

2．奇偶校验码

信息在存储和传送过程中,常会由于干扰而发生错误,因此,保证信息的正确性对数字系统是非常重要的要求。奇偶校验码是一种可以检测出一位错误的代码。它由信息位和校验位两部分组成。信息位可由任何一种二进制码组成。奇偶校验码位仅有一位,可以放在信息位的前面或者后面。

当信息位的代码中有奇数个 1 时校验位为 0,有偶数个 1 时校验位为 1,即每一码组中信息位和校验位的 1 的个数之和总为奇数,称为奇校验码。

当信息位的代码中有偶数个 1 时校验码为 0,有奇数个 1 时校验码为 1,即每一码组中信息位和校验位的 1 的个数之和总为偶数,称为偶校验码。

表 1.4 给出 8421BCD 码的奇偶校验码。奇偶校验只能检测出一位错码,但无法测定哪一位出错,也不能自行纠正错误。若两位同时出现错误,则奇偶校验码无法检测出错误,但这种出错概率极小,且奇偶校验码容易实现,故被广泛应用。

表 1.4 奇偶校验的 8421BCD 码

十 进 制 数	信息位	校验位	信息位	校验位
	8421 BCD	奇校验	8421 BCD	偶校验
0	0000	1	0000	0
1	0001	0	0001	1
2	0010	0	0010	1
3	0011	1	0011	0
4	0100	0	0100	1
5	0101	1	0101	0
6	0110	1	0110	0
7	0111	0	0111	1
8	1000	0	1000	1
9	1001	1	1001	0

除上述介绍的代码外,在计算机系统中还常用到字符数字码(例如 ASCII 码)、汉字编码等其他代码形式,有兴趣的读者可参阅有关参考文献。

二进制代码是数字系统中表示文字、数据等各种信息的基本形式,熟悉常用代码是数字系统应用的基础要求,有权码和无权码的主要区别是每位代码有没有固定的权值。

思考与讨论题：

(1) 什么是进位计数制？进位计数制包含哪两个基本要素？

(2) 分析几种常用的进位计数制各自的优缺点及其相互转换的方法。

(3) 对一个给定的 n 位二进制,确定其能表示的最大十进制数。

1.3 三种基本逻辑运算

逻辑代数是分析和设计数字电路必不可少的数学工具。在逻辑代数中也用字母表示变量，称为逻辑变量，这一点与普通代数相同，但两种代数中变量的含义却有着本质上的区别。逻辑变量只有两个值，即 0 和 1。0 和 1 并不表示数量的多少，它们只表示两个对立的逻辑状态。

逻辑运算的逻辑关系可以用多种形式描述，如语句、逻辑表达式、真值表及图形等。逻辑代数规定了三种基本逻辑运算，即与运算——逻辑乘法运算、或运算——逻辑加法运算、非运算——逻辑求反运算。

1.3.1 与运算

只有当决定一事件的条件全部具备之后，这一事件才会发生，这种因果关系称为与逻辑。

图 1.2（a）表示一个简单的与逻辑电路。电压 U 通过开关 A 和 B 向指示灯 L 供电。当 A 和 B 都闭合（全部条件同时具备）时，灯就亮（事件发生），否则，灯就不亮（事件不发生）。

假如设定开关闭合和灯亮用 1 表示，开关断开和灯熄灭用 0 表示。采用枚举法分析图 1.2（a）中开关断开及闭合与灯是否发亮的逻辑关系，其分析结果归纳如表 1.5 所示。这种描述输入逻辑变量取值的所有组合与输出函数值对应关系的表格称为真值表。

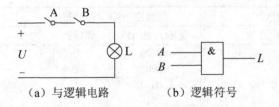

(a) 与逻辑电路　　(b) 逻辑符号

图 1.2　与逻辑电路及逻辑符号

表 1.5　与逻辑的真值表

输入		输出	输入		输出
A	B	L	A	B	L
0	0	0	1	0	0
0	1	0	1	1	1

上述的逻辑关系也可以用函数关系式表示，称为逻辑表达式。即

$$L = A \cdot B \tag{1.6}$$

式（1.6）读作"L 等于 A 与 B"，其中，· 表示 A 和 B 之间的与运算，即逻辑乘，在不至于混淆的情况下，可将 · 省略。

实现与运算的逻辑电路称为与门，其逻辑符号如图 1.2（b）所示。

表 1.5 和式（1.6）是图 1.2（a）中开关闭合与断开和灯是否发亮这一逻辑问题的两种描述形式，它们反映的逻辑关系是相同的。对照表 1.5 和式（1.6）可得与逻辑运算的基本规则为：$0 \cdot 0 = 0$，$0 \cdot 1 = 0$，$1 \cdot 0 = 0$，$1 \cdot 1 = 1$。

与逻辑的运算关系也可以用波形图表示。图 1.3 给出了和表 1.5 相对应的波形图。

与逻辑可以具有多个输入变量，即与门可以具有两个以上的输入端。此时，当且仅当与门所有输入是高电平时，输出才会是高电平；当任何一个输入端为低电平时，输出就是低电平。

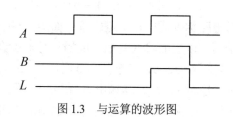

图 1.3 与运算的波形图

例 1.9 与门及其输入信号的波形如图 1.4（a）所示，试画出其输出波形。

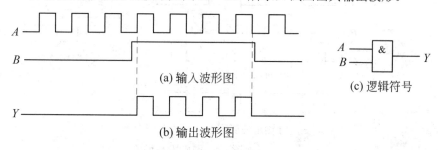

图 1.4 例 1.9 波形图

解：注意到当且仅当 A 和 B 同时是高电平时，输出 Y 为高电平。即当输入 $B=0$ 时，不管输入 A 如何，输出 Y 一定是 0；当 $B=1$ 时，Y 的输出波形与 A 相同。由此画出输出 Y 的波形如图 1.4（b）所示。

例 1.9 的分析表明，输入信号 B 事实上对信号 A 是否通过与门起控制作用，其典型应用可参见频率计的输入门控电路。

1.3.2 或运算

当决定一事件的所有条件中的任一条件具备时，事件就发生，这种因果关系称为或逻辑。

图 1.5（a）表示一个简单的或逻辑电路。电压 U 通过开关 A 或 B 向指示灯 L 供电。当 A 或者 B 闭合（任一条件具备）时，灯就亮（事件发生）。

假如设定开关闭合和灯亮用 1 表示，开关断开和灯熄灭用 0 表示，上述逻辑关系可以用真值表描述，如表 1.6 所示。

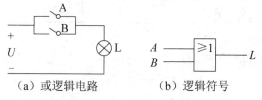

表 1.6 或逻辑的真值表

输入		输出	输入		输出
A	B	L	A	B	L
0	0	0	1	0	1
0	1	1	1	1	1

图 1.5 或逻辑电路及逻辑符号

用逻辑表达式表示或运算的逻辑关系为：

$$L = A + B \tag{1.7}$$

式(1.7)读作"L 等于 A 或 B"，其中，+ 表示 A 和 B 之间的或运算，即逻辑加。或逻辑运算的基本规则为：$0+0=0$，$0+1=1$，$1+0=1$，$1+1=1$。

实现或运算的逻辑电路称为或门，其逻辑符号如图 1.5（b）所示。

或运算同样适用于两个以上的输入变量。例如，对于 3 输入或门，其逻辑表达式为：$L=A+B+C$。当且仅当输入 A，B，C 全部为 0 时，$L=0$。也就是说，如果 A，B，C 中至少有一个处于高电平（逻辑 1）时，其输出 L 就是高电平。

例 1.10　在如图 1.6（a）所示的输入条件下，试画出或门的输出波形。

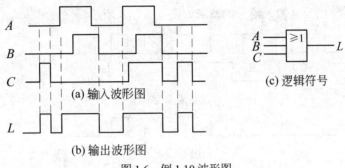

图 1.6　例 1.10 波形图

解： 从图 1.6（a）可见，或门三个输入端的信号是变化的，依据或运算的规则，当三个输入端中任一个为高电平（逻辑 1）时，或门的输出 L 即为高电平。由此可画出输出 L 的波形如图 1.6（b）所示。

1.3.3　非运算

当条件具备时，事件不发生，条件不具备时，事件就发生，这种因果关系称为非逻辑。

图 1.7（a）表示一个非逻辑电路。当开关 A 闭合（条件具备）时，指示灯不亮（事件不发生）；当开关 A 断开时（条件不具备），指示灯亮（事件发生）。

假如设定开关闭合和灯亮用 1 表示，开关断开和灯熄灭用 0 表示，非逻辑关系可以用真值表描述，如表 1.7 所示。

用逻辑表达式表示非运算的逻辑关系为：

$$L = \overline{A} \tag{1.8}$$

式（1.8）中变量 A 上的 - 表示非运算，读作"A 非"，通常称 A 为原变量，$\overline{A}$ 为反变量。非运算的运算规则为：$\overline{0}=1$，$\overline{1}=0$。

表 1.7　非逻辑的真值表

输入	输出
A	L
0	1
1	0

实现非运算的逻辑电路称为非门，其逻辑符号如图 1.7（b）所示。

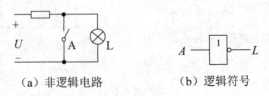

图 1.7　非逻辑电路及其逻辑符号

1.3.4 常用复合逻辑

用与、或、非三种基本逻辑运算可以组合出各种复杂的逻辑函数，即复合逻辑运算。最常用的复合逻辑运算有 5 种，列于表 1.8 中。

表 1.8 5 种常用的复合逻辑运算

真值表 A B	与非 $L=\overline{AB}$	或非 $L=\overline{A+B}$	与或非 $L=\overline{AB+CD}$	异或 $L=\overline{A}B+A\overline{B}=A\oplus B$	同或 $L=AB+\overline{AB}=A\odot B$
0 0	1	1	$A=B=1$ 或 $C=D=1$ $L=0$ $AB=CD=0$ $L=1$	0	1
0 1	1	0		1	0
1 0	1	0		1	0
1 1	0	0		0	1

与非逻辑是与逻辑和非逻辑的组合，即先进行与运算再进行非运算。实现与非逻辑运算的电路称为与非门。

或非逻辑是或逻辑和非逻辑的组合，即先进行或运算再进行非运算。实现或非逻辑运算的电路称为或非门。

与或非、异或、同或逻辑是用三种基本逻辑进行组合的结果。异或的逻辑规律是两个变量取值不相同时，输出为 1；两个变量取值相同时，输出为 0。同或的逻辑规律是异或逻辑的反函数，当两个变量取值相同时，输出为 1；两个变量取值不同时，输出为 0。

逻辑代数仅定义了与、或、非三种基本逻辑运算，读者进一步学习后将认识到，任何复杂的逻辑关系均可由这三种基本逻辑运算组合而成。

逻辑门是相关逻辑运算的电路符号，或者说是实现逻辑运算的载体，其输入和输出的关系遵循相应的逻辑运算规则。对于与门，仅当全部输入是高电平时，其输出为高电平；对于或门，当任一输入是高电平时，其输出为高电平；非门产生的输出总是与其输入逻辑电平相反。

与非门等同于一个与门后面接一个非门；或非门等同于一个或门后面接一个非门。

基本逻辑运算的逻辑关系可以分别用逻辑表达式、真值表、逻辑符号、波形图等形式进行描述，这些描述方法事实上也是描述复杂逻辑关系的基本形式。不同描述形式之间的相互转换是数字逻辑电路关注的重点内容之一。

思考与讨论题：

（1）表 1.8 中给出了 5 种常用的复合逻辑运算的逻辑符号，如果要求仅用与门、或门、非门来实现这 5 种常用的复合逻辑运算，试画出对应的逻辑电路图。

（2）或与非表达式 $L = \overline{(A+B)(C+D)}$，试列写出其真值表，如何用逻辑符号表示？

（3）基本逻辑运算的逻辑关系可采用逻辑符号、表达式、真值表、波形图等多种方式进行描述，试分析各种描述方法的特点及相互转换的方法。

1.4 逻辑代数的基本定理

1.4.1 逻辑代数的基本定律

分析数字系统、设计逻辑电路、简化逻辑函数都需要借助于逻辑代数。应用逻辑代数的与、或、非三种基本运算法则，可推导出逻辑运算的基本定律，它是分析及简化逻辑电路的重要依据。逻辑代数基本定律见表1.9。

表1.9 逻辑代数基本定律

交换律	$A+B=B+A$	$AB=BA$
结合律	$A+(B+C)=(A+B)+C$	$ABC=(AB)C$
分配律	$A+BC=(A+B)(A+C)$	$A(B+C)=AB+AC$
0律	$0+A=A$	$0 \cdot A = 0$
1律	$1+A=1$	$1 \cdot A = A$
互补律	$A+\overline{A}=1$	$A \cdot \overline{A} = 0$
重叠律	$A+A=A$	$A \cdot A = A$
吸收律	$A+\overline{A}B=A+B$	$A(\overline{A}+B)=AB$
	$A+AB=A$	$A(A+B)=A$
反演律 （摩根定律）	$\overline{A+B}=\overline{A} \cdot \overline{B}$	$\overline{AB}=\overline{A}+\overline{B}$
包含律	$AB+\overline{A}C+BC=AB+\overline{A}C$	$(A+B)(\overline{A}+C)(B+C)=(A+B)(\overline{A}+C)$
否否律	$\overline{\overline{A}}=A$	

表1.9所列出的逻辑代数的定律是前辈研究得出的结论，对于初学者来讲，重要的是如何正确理解这些基本定律，并能在实践中熟练运用。为了后续应用的方便，表中所列每对公式都有对应的名称，这事实上也是对公式的一种分类方法。仔细阅读表1.9所列公式，也可把它们分为两大类。一类反映了单变量及常量的关系，如 $A \cdot 0 = 0$，$A \cdot 1 = A$，$A \cdot A = A$，$\overline{A}A = 0$，$A + 0 = A$，$A + 1 = 1$，$A + A = A$，$\overline{A} + A = 1$，$\overline{\overline{A}} = A$。另一类涉及多个变量的相互关系，例如交换律、结合律、分配率等。

由表1.9可以看出，几乎每个定律都是成对出现。这些定律可以直接代入0、1取值进行验证，也可用真值表检验等式的左边和右边逻辑表达式是否相等。

例如，用真值表证明反演律，如表1.10所示。

表1.9中所列出的基本定律，反映的是变量之间的逻辑关系，而不是数量之间的关系，这与初等代数的运算法则是不相同的，逻辑代数中无减法和除法，故不存在移项问题。这一点在使用中应该注意。

表 1.10 真值表证明反演律

A	B	$\overline{A+B}$	$\overline{A}\cdot\overline{B}$	$\overline{AB}$	$\overline{A}+\overline{B}$
0	0	1	1	1	1
0	1	0	0	1	1
1	0	0	0	1	1
1	1	0	0	0	0

例 1.11 证明：$A+\overline{A}B = A+B$

证：$A+\overline{A}B = (A+\overline{A})(A+B)$ （分配律 $A+BC=(A+B)(A+C)$）
$\qquad\qquad = A+B$ （互补律 $A+\overline{A}=1$）

例 1.12 证明：$AB+\overline{A}C+BC = AB+\overline{A}C$

证：$AB+\overline{A}C+BC = AB+\overline{A}C+BC(A+\overline{A})$ （互补律 $A+\overline{A}=1$）
$\qquad\qquad = AB+\overline{A}C+ABC+\overline{A}BC$
$\qquad\qquad = AB(1+C)+\overline{A}C(1+B)$
$\qquad\qquad = AB+\overline{A}C$ （1 律 $1+A=1$）

1.4.2 基本规则

逻辑代数中有三个重要规则，可将原有的公式加以扩展从而推出一些新的运算公式。

1. 代入规则

逻辑等式中的任何变量 A，如果都用另一逻辑函数 Z 替代，则等式仍然成立。

例 1.13 试利用 $\overline{A+B} = \overline{A}\cdot\overline{B}$ 证明 $\overline{A+B+C} = \overline{A}\cdot\overline{B}\cdot\overline{C}$ 也同样成立。

解：令 $X=B+C$ 代入原式有 $\overline{A+X} = \overline{A}\cdot\overline{X}$，考虑到 $\overline{X} = \overline{C+B} = \overline{C}\cdot\overline{B}$，则有：

$$\overline{A+B+C} = \overline{A}\cdot\overline{B+C} = \overline{A}\cdot\overline{B}\cdot\overline{C}$$

代入法则可以扩大基本公式的应用范围。

2. 对偶规则

如果将函数表达式中的所有·、+ 符号互换，所有 1、0 互换，而原变量及反变量保持不变，并且原运算的顺序保持不变，则可以得到一个新的逻辑函数，称为原函数的对偶函数。若一个等式成立，则其对偶式也一定相等。

例 1.14 写出 $A+\overline{A}=1$ 的对偶式。

解：根据对偶规则可知其对偶式为

$$A\cdot\overline{A} = 0$$

3. 反演规则

由原函数求反函数，称为反演或求反。基本规则是，将原函数表达式中所有的·换成

+、+换成·，原变量换成反变量、反变量换成原变量，0换成1、1换成0，并保持原函数运算的先后顺序不变，即可得到原函数的反函数。

例 1.15 求 $L=A+B+\overline{C+D+\overline{E}}$ 的反函数 $\overline{L}$。

解：利用反演规则可得：

$$\overline{L} = \overline{A} \cdot \overline{\overline{BC}\overline{\overline{D}\overline{\overline{E}}}}$$

如果对原表达式两边求反，并利用摩根定律进行变换则有：

$$\overline{L} = \overline{A+B+\overline{C+D+\overline{E}}}$$
$$= \overline{A}(B+\overline{C+D+\overline{E}})$$
$$= \overline{A}\overline{B}\overline{C}\overline{D\overline{E}}$$

由此可见，反演规则实际上是摩根定律的推广，在应用反演规则时，应该保持原函数运算的先后顺序不变，即应该合理地加上括号，另外，不属于单个变量上的非号应保持不变，否则会出现错误。

1.4.3 逻辑运算的优先级别

在介绍对偶规则和反演规则时，都强调了保持原函数的运算顺序不变。逻辑运算的优先顺序规定是：对于三种基本逻辑运算，非运算优先级别最高，次之是与运算，或运算的优先级别最低；在一般情况下，优先级别最高的是括号和长非号，其次是与运算，再次是异或、同或运算，优先级别最低的是或运算。

1.4.4 基本定律的应用

1. 证明等式

利用基本定律证明等式的成立。

例 1.16 证明：$ABC+A\overline{B}C+AB\overline{C}=AB+AC$

证：
$$ABC+A\overline{B}C+AB\overline{C}$$
$$=AB(C+\overline{C})+AC(\overline{B}+B)$$
$$=AB+AC$$

即

$$ABC+A\overline{B}C+AB\overline{C}=AB+AC$$

例 1.17 已知 $L=AB+\overline{A}C$，试证明：$\overline{L}=\overline{A}\,\overline{C}+A\overline{B}$。

证：对 L 应用反演规则，有

$$\overline{L}=(\overline{A}+\overline{B})(A+\overline{C})$$
$$=\overline{A}A+\overline{A}\overline{C}+A\overline{B}+\overline{B}\overline{C}$$
$$=\overline{A}\overline{C}+A\overline{B}$$

2. 逻辑函数不同形式的转换

对于一个特定的逻辑问题，其对应的真值表是唯一的，而其逻辑函数的表达形式可以是多种多样的。每一种逻辑函数表达式对应一种逻辑电路。因此，实现一个逻辑问题的逻辑电路也有多种形式。这一点可通过实例说明。

例 1.18 将函数 $L = \overline{A \cdot \overline{AB} + B \cdot \overline{AB}}$ 进行转换，并画出相应的逻辑电路。

解：

$L = \overline{A \cdot \overline{AB} + B \cdot \overline{AB}}$ （对应的逻辑电路如图 1.8（a）所示）

$= \overline{\overline{AB}(A+B)} = \overline{\overline{AB}} \cdot \overline{\overline{A} \cdot \overline{B}}$ （对应的逻辑电路如图 1.8（b）所示）

$= A \cdot B + \overline{A} \cdot \overline{B}$ （对应的逻辑电路如图 1.8（c）所示）

$= \overline{A\overline{B} + \overline{A}B}$ （对应的逻辑电路如图 1.8（d）所示）

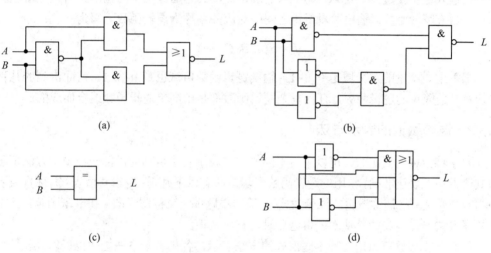

图 1.8 例 1.18 的逻辑电路图

由此可见，不管是以何种形式给出的逻辑函数，总可以按照需要进行转换，这给设计带来了便利。当缺少某种逻辑门器件时，可以通过变换逻辑表达式，避免缺少的或没有的逻辑门器件，而选用现有的其他器件实现逻辑功能。

3. 逻辑函数的化简

根据逻辑表达式，可以画出相应的逻辑电路图。实际中，还需要根据逻辑功能要求，归纳出逻辑表达式并画出逻辑电路图，但所得到的表达式不一定是最简的形式。上述例 1.18 表明，同一逻辑功能可采用不同的逻辑电路实现，在这些电路中，所用的元器件数量不同。从提高可靠性和降低成本来看，所用元器件较少者应优先考虑。为了达到这一目的需要运用基本定律对逻辑函数表达式进行化简，称为代数法化简，这部分内容将在 1.6 节中专门介绍。

思考与讨论题：

（1）表 1.9 列出了逻辑代数的基本公式，从变量与常量的关系、与普通代数类似的关系、逻辑代数特有的关系；单变量公式、多变量公式；利用对偶关系等多个方面对其进行分类，帮助你理解掌握逻辑代数的基本公式。

(2) 试用逻辑符号表示表 1.9 中各个逻辑代数的基本公式。

(3) $A \oplus B$ 与 $A \odot B$ 互为对偶式吗？

(4) 逻辑函数等式的证明中为什么不能采用移项或者同除操作？

1.5 逻辑函数及其表示方法

1.5.1 逻辑函数的定义

当输入逻辑变量 A、B、C ……取值确定后，作为运算结果的输出逻辑变量值也随之确定。输入逻辑变量与输出逻辑变量之间的对应关系称为逻辑函数。写为

$$L = F(A, B, C, \cdots)$$

输入逻辑变量的定义域是 0 和 1，输出逻辑函数值域也是 0 和 1。前面讲到的几种逻辑运算是最简单的逻辑函数，任何复杂逻辑函数都是由简单逻辑函数组合而成的。

1.5.2 逻辑函数的表示方法

对于特定的逻辑函数，可以采用不同的方法表示其逻辑功能，每一种表示方法都可以将其逻辑功能表达准确。常用的逻辑函数表示方法有以下几种：逻辑真值表（简称真值表）、逻辑函数表达式（简称逻辑式或函数式）、逻辑电路图（简称逻辑图）和卡诺图等。其中部分描述方法，前面在讨论基本逻辑运算时已有所认识。

一个逻辑问题可以用几种不同形式的方法表示，各种表示方法之间也可以互相转换。

1. 逻辑真值表

描述逻辑函数输入变量取值的所有组合和输出函数值对应关系的表格称为真值表，即用表格的方式列出组合逻辑系统中所有输入变量的取值组合与输出函数值的对应关系。

例 1.19 在交通信号灯控制系统中，每一组信号灯由红、黄、绿三盏灯组成。正常情况下，任何时刻必有一盏灯亮，而且只能有一盏灯亮，否则故障检测系统应发出信号提醒维护人员前去维修。试列出描述监视交通信号灯工作状态的逻辑关系的真值表。

解：(1) 用字母表示变量，确定变量取值与检测状态的对应关系。设 A、B、C 为输入逻辑变量，分别代表红、黄、绿三种信号灯的状态，规定灯亮时为 1，不亮时为 0。L 为输出逻辑变量，代表故障指示灯的状态，没有发生故障时为 0，有故障发生为 1。

(2) 确定真值表的结构。真值表应为两栏，一栏为输入，另一栏表示输出。输入标明 A，B，C，输出标明 L。对于 3 输入变量，每个变量有 0 和 1 两种取值，共有 000～111 这 8 种取值组合。为了清晰有序，输入变量的 8 种取值组合按二进制数的顺序排列。

（3）依据输入条件和输出结果之间的对应关系，在真值表的输出一栏中，填入每一组输入组合所确定的输出函数值。按照题目对故障指示灯状态的描述，可见当 A,B,C 全部为 0 或者 A,B,C 中有两个及两个以上取值为 1 时，输出 L 为 1。按照上述分析所得真值表如表 1.11 所示。

表 1.11 例 1.19 的逻辑真值表

输	入		输 出	输	入		输 出
A	B	C	L	A	B	C	L
0	0	0	1	1	0	0	0
0	0	1	0	1	0	1	1
0	1	0	0	1	1	0	1
0	1	1	1	1	1	1	1

2．逻辑函数表达式

逻辑变量按一定运算规律组成的数学表达式称为逻辑函数表达式，即用逻辑运算符号，如与、或、非等的组合表示逻辑函数输入变量与输出变量之间的逻辑关系。

例 1.20 将例 1.19 的逻辑关系用逻辑函数表达式描述。

解：分析如表 1.11 所示逻辑真值表，第一行表明当 A,B,C 全部为 0 时，L 为 1。同一种输入组合，应是与逻辑关系，输入变量取值为 0，应采用反变量表示，即应表示为 $\overline{A}\cdot\overline{B}\cdot\overline{C}$。第 4 行表明当 $A=0,B=C=1$ 时，L 也为 1，应表示为 $\overline{A}\cdot B\cdot C$；类似分析可见，能使 L 为 1 的组合还有 $A\cdot\overline{B}\cdot C$、$A\cdot B\cdot\overline{C}$、$A\cdot B\cdot C$。对于上述 5 种组合，任意一种组合的出现都能使 $L=1$，故这 5 种组合满足逻辑或的关系，即可写出逻辑函数式为：

$$L = \overline{A}\cdot\overline{B}\cdot\overline{C} + \overline{A}BC + A\overline{B}C + AB\overline{C} + ABC$$

3．逻辑图

采用逻辑符号及相互连线表示逻辑函数的图形称为逻辑电路图，简称逻辑图。即将逻辑函数式中各变量之间的与、或、非等运算关系用相应的逻辑符号图表示出来，就可以得到表示输入与输出之间函数关系的逻辑图。

例 1.21 根据例 1.20 的逻辑函数表达式画出相对应的逻辑电路图。

解：单个变量的非用非门实现，三个变量的与运算用 3 输入与门实现，各个与门的输出连接到 5 输入或门的输入端即可，其相应的逻辑门电路图如图 1.9 所示。

4．波形图

逻辑电平对时间的图形表示叫作数字波形，习惯上称之为波形图。

波形图可以反映逻辑变量与逻辑函数之间的逻辑关系，即针对输入量的变化波形，根据输入变量和输出变量之间的逻辑关系，画出输出逻辑函数相应变化的波形图。为了完整地描述所给定的逻辑关系，输入波形的高低电平组合应包括输入变量的所有可能的组合。

如果对输入变量的波形没有特殊要求，一般情况下，输入波形的高低电平组合应与真值表中输入变量的取值排列顺序相同。

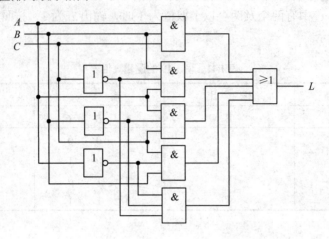

图 1.9　例 1.21 的逻辑门电路图

例 1.22　已知例 1.20 的逻辑函数式的输入变量波形图形如图 1.10 所示，根据例 1.20 的逻辑关系画出输出波形图。

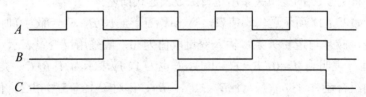

图 1.10　例 1.22 输入变量波形图

解：根据题意知其逻辑函数为：

$$L = \overline{A} \cdot \overline{B} \cdot \overline{C} + \overline{A}BC + A\overline{B}C + AB\overline{C} + ABC$$

根据输入和输出变量之间的逻辑关系可以画出输出波形，如图 1.11 所示。

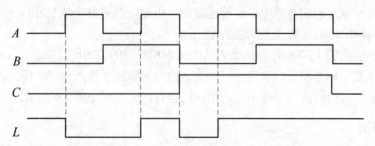

图 1.11　例 1.22 的输出波形图

真值表和波形图的优点是直观反映了输入输出之间的逻辑关系，逻辑表达式的优点是便于公式推导，逻辑图的优点是与实际电路实现最接近。

逻辑函数的多种描述方法是数字电路讨论的主要内容之一，也是分析和设计数字系统的基础。熟悉各种描述方法并能熟练进行各种描述形式之间的相互转换，是学习数字电路的基本功。

思考与讨论题：

目前已经了解到逻辑函数可以采用表达式、真值表、逻辑图、波形图 4 种方式表示，自己给定一个逻辑函数，试从这 4 种描述方式中的任何一种出发，求出其他三种描述方式。

1.6 逻辑函数的化简

1.6.1 逻辑函数化简的意义

任一逻辑问题，都可以用逻辑函数表示，且其表达形式具有多样性，每一种逻辑函数表达式都可以用相应的门电路实现。例如，有两个逻辑函数：

$$L_1 = ABC + A\overline{C} + AB(D+\overline{E}F) \tag{1.9}$$

$$L_2 = AB + A\overline{C} \tag{1.10}$$

图 1.12 是逻辑函数 L_1、L_2 所对应的逻辑电路图，如果分别列出式（1.9）和式（1.10）对应的真值表（略）就会发现，二者具有相同的逻辑功能。在实现同一逻辑功能的情况下，显然图 1.12（b）比图 1.12（a）简单得多。

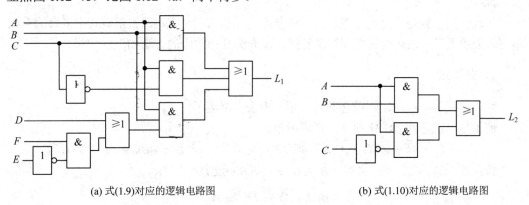

(a) 式(1.9)对应的逻辑电路图　　　　　　　　(b) 式(1.10)对应的逻辑电路图

图 1.12　式（1.9）和式（1.10）对应的逻辑电路图

根据逻辑函数繁简程度的不同，所需的逻辑器件的数量及种类也不相同。这就决定了逻辑电路的繁简程度不同。因此，在设计实际电路时，不仅要考虑逻辑功能，还要考虑所使用的逻辑器件数量少、种类尽可能相同等因素，这样考虑的目的是既要降低电路成本，又要兼顾电路工作的可靠性。因此，在逻辑电路的分析和设计中，经常需要对逻辑函数表达式进行化简。

在逻辑电路的描述中，与或表达式是最常用的形式之一，逻辑代数的基本定理及常用公式也常采用与或表达式。因此，在讨论逻辑函数的化简问题时，通常最关心的是与或表达式的化简问题。对与或逻辑函数式而言，最简形式的含义是：与或表达式中包含的与项个数最少，每个与项的变量数最少。

上述对最简与或表达式的定义也可以解释为：与或表达式中包含的乘积项及每个乘积项里的因子都不能再减少时，此逻辑函数式称为最简与或表达式。与项数目的多少决定设计电路中所用与门的个数，每个与项所含变量的多少，决定了所选用门电路输入端的数量，这些都直接关系着电路的成本及电路的可靠性。

当通过化简得到最简与或表达式后，若需要转换为其他表达形式，利用逻辑代数的有关定理实现转换也很容易。例如：

$$L = AB + \overline{A}C \qquad \text{与-或表达式}$$
$$= \overline{\overline{AB} \cdot \overline{\overline{A}C}} \qquad \text{与非-与非表达式}$$
$$= \overline{(\overline{A}+\overline{B})(A+\overline{C})} \qquad \text{或-与-非表达式}$$
$$= \overline{\overline{A}+\overline{B}+\overline{A+\overline{C}}} \qquad \text{或非-或非表达式}$$

因此，与或逻辑函数表达式具有一般性，故下面主要讨论与或逻辑函数式的化简。

究竟应该将逻辑函数式变换成何种形式，要根据所选用的逻辑门电路的功能类型而定。值得注意的是，将最简与-或逻辑式直接变换为与非-与非逻辑式时，也将得到最简式。但将最简与-或逻辑式直接变换为其他类型的逻辑式时，得到的结果则不一定是最简式。

1.6.2 代数化简法

代数化简法就是反复使用逻辑代数的基本定律和常用公式，消去函数式中多余的乘积项和多余的因子，以求得最简逻辑函数式。现介绍几种常用的方法如下。

1. 并项法

利用公式 $A + \overline{A} = 1$，两项合并为一项，消去一个因子。

例 1.23 试用并项法化简下列逻辑函数：

$$L_1 = A\overline{B} + ACD + \overline{A} \cdot \overline{B} + \overline{A}CD \qquad L_2 = \overline{AB}\,\overline{C} + A\overline{C} + \overline{B} \cdot \overline{C}$$

解：
$$L_1 = A\overline{B} + ACD + \overline{A} \cdot \overline{B} + \overline{A}CD$$
$$= \overline{B}(A+\overline{A}) + CD(A+\overline{A})$$
$$= \overline{B} + CD$$
$$L_2 = \overline{AB}\,\overline{C} + A\overline{C} + \overline{B} \cdot \overline{C}$$
$$= \overline{AB}\,\overline{C} + \overline{C}(A+\overline{B})$$
$$= \overline{AB}\,\overline{C} + \overline{\overline{AB}} \cdot \overline{C}$$
$$= \overline{C}(\overline{AB} + \overline{\overline{AB}}) = \overline{C}$$

化简过程中应用了代入规则，即令 $X = \overline{AB}$，$\overline{AB} + \overline{\overline{AB}} = X + \overline{X} = 1$。

2. 吸收法

利用公式 $A+AB=A$，$A+\overline{A}B=A+B$，$AB+\overline{A}C+BC=AB+\overline{A}C$，消去多余的乘积项或多余的因子。

例 1.24 试用吸收法化简下列逻辑函数：

$$L_1 = AB + \overline{A}C + \overline{B}C \qquad L_2 = A + \overline{\overline{A}\,\overline{BC}}(\overline{A} + \overline{\overline{B}\,\overline{C}} + D) + BC$$

解： $L_1 = AB + \overline{A}C + \overline{B}C$

$\qquad = AB + (\overline{A}+\overline{B})C = AB + \overline{AB}C$ （利用 $X+\overline{X}\cdot Y = X+Y$ 消去 $\overline{AB}$）

$\qquad = AB + C$

$L_2 = A + \overline{\overline{A}\,\overline{BC}}(\overline{A} + \overline{\overline{B}\,\overline{C}} + D) + BC$

$\quad = A + BC + (A+BC)(\overline{A} + \overline{B}\cdot\overline{C} + D)$

$\quad = (A+BC)(1+(\overline{A}+\overline{B}\cdot\overline{C}+D))$

$\quad = A + BC$

对于例 1.23 中的 L_2，也可采用下述化简过程：

$$L_2 = \overline{A}B\overline{C} + \overline{A}\overline{C} + \overline{B}\cdot\overline{C}$$

$\qquad = (\overline{A}B + \overline{B} + A)\overline{C}$

$\qquad = (\overline{A} + \overline{B} + A)\overline{C}$

$\qquad = (1+\overline{B})\overline{C} = \overline{C}$

3. 添项法

利用公式 $A+A=A$，$A\cdot\overline{A}=0$，$AB+\overline{A}C=AB+\overline{A}C+BC$，在函数式中重写某一项，以便简化函数表达式。

例 1.25 试用添项法化简下列逻辑函数：

$$L = AC + \overline{A}D + \overline{B}D + B\overline{C}$$

解： $L = AC + \overline{A}D + \overline{B}D + B\overline{C}$

$\quad = AC + B\overline{C} + (\overline{A}+\overline{B})D$

$\quad = AC + B\overline{C} + AB + \overline{AB}D$ （因为 $AC + B\overline{C} = AC + B\overline{C} + AB$ 添加 AB）

$\quad = AC + B\overline{C} + AB + D$ （利用 $AB + \overline{AB}D = AB + D$ 消去 $\overline{AB}$）

$\quad = AC + B\overline{C} + D$ （消去 AB）

4. 配项法

利用公式 $B\cdot 1 = B$ 及 $1 = A + \overline{A}$，将某个与项乘以 $(A+\overline{A})$ 项，进而将其拆成两项，以便与其他项配合化简。

例 1.26 试用配项法化简下列逻辑函数：

$$L = \overline{A}\cdot\overline{B} + \overline{B}\cdot\overline{C} + BC + AB$$

解：
$$L = \overline{A} \cdot \overline{B} + \overline{B} \cdot \overline{C} + BC + AB$$
$$= \overline{A} \cdot \overline{B}(C+\overline{C}) + \overline{B} \cdot \overline{C} + BC(A+\overline{A}) + AB$$
$$= \overline{A} \cdot \overline{B} \cdot C + \overline{A} \cdot \overline{B} \cdot \overline{C} + \overline{B} \cdot \overline{C} + ABC + \overline{A}BC + AB$$
$$= \overline{A}C(\overline{B}+B) + \overline{B} \cdot \overline{C}(\overline{A}+1) + AB(C+1)$$
$$= \overline{A}C + \overline{B} \cdot \overline{C} + AB$$

5. 综合法

在化简复杂的逻辑函数时，常需要利用逻辑代数的基本定律和常用公式，综合应用上述的各种方法进行化简。

例 1.27 试用代数法化简下列逻辑函数：

$$L_1 = ABC\overline{D} + AB(E+F) + BC\overline{D} + ACD + B\overline{C} \qquad L_2 = AC\overline{ABD} + \overline{AB}C\overline{D} + \overline{A}BC$$

解：
$$L_1 = ABC\overline{D} + AB(E+F) + BC\overline{D} + ACD + B\overline{C}$$
$$= (A+1)BC\overline{D} + AB(E+F) + ACD + B\overline{C}$$
$$= B(C\overline{D}+\overline{C}) + AB(E+F) + ACD$$
$$= B(\overline{D}+\overline{C}) + AB(E+F) + ACD$$
$$= B\overline{CD} + AB(E+F) + ACD$$
$$= B\overline{CD} + ACD + AB + AB(E+F)$$
$$= B\overline{CD} + ACD + AB$$
$$= B\overline{CD} + ACD$$
$$= B\overline{C} + B\overline{D} + ACD$$

$$L_2 = AC\overline{ABD} + \overline{AB}C\overline{D} + \overline{A}BC$$
$$= AC(\overline{A}+\overline{B}+\overline{D}) + \overline{AB}C\overline{D} + \overline{A}BC$$
$$= \overline{A}\,BC + AC\overline{D} + \overline{AB}C\overline{D} + \overline{A}BC$$

$$= \overline{A}\,\overline{B}C + AC\overline{D} + \overline{AB}C\overline{D} + \overline{A}BC$$
$$= \overline{B}C(A+\overline{A}) + \overline{A}\,\overline{D}(C+B\overline{C})$$
$$= \overline{B}C + \overline{A}\,\overline{D}(C+B)$$
$$= \overline{B}C + \overline{A}C\overline{D} + \overline{A}B\overline{D}$$

$L_2 = \overline{B}C + \overline{A}C\overline{D} + \overline{A}B\overline{D}$ 与原表达式比较，可见已得到化简，但是不是最简还不能下结论。若进一步采用配项法进行化简，则有：

$$L_2 = \overline{B}C + \overline{A}C\overline{D} + \overline{A}B\overline{D}$$
$$= \overline{B}C + \overline{A}\,\overline{D}C(B+\overline{B}) + \overline{A}B\overline{D}(C+\overline{C})$$
$$= \overline{B}C + \overline{A}BC\overline{D} + \overline{A}\,\overline{B}C\overline{D} + \overline{A}BC\overline{D} + \overline{A}B\overline{C}\,\overline{D}$$
$$= \overline{B}C(1+\overline{A}\,\overline{D}) + \overline{A}B\overline{D}(C+\overline{C})$$
$$= \overline{B}C + \overline{A}B\overline{D}$$

从以上举例可见，利用基本定律和常用公式化简逻辑函数，需要熟悉逻辑代数公式，并且需要具有一定的经验和技巧。另外，采用代数法化简，在有些情况下所得到的结果是否最简不易判别。

为了更方便地进行逻辑函数的化简，人们创造了更系统、更简单且有规则可循的化简方法，卡诺图化简法就是其中最常用的一种。利用此种方法，不需要特殊技巧，只需要按照简单的规则进行化简，就能得到最简结果。

1.6.3 卡诺图化简法

卡诺图是逻辑函数的又一种表示方法，它是按一种相邻原则排列而成的最小项方格图，利用相邻可合并规则，使逻辑函数得到化简。卡诺图也可视为真值表的图形表示，因为卡诺图同样呈现了输入变量所有可能的取值组合及其对应的输出值。基于这一认识，有助于对逻辑函数卡诺图表示的理解。

1. 最小项定义与性质

对于一个 n 变量逻辑函数，若与项 m 包含 n 个变量，每个变量以原变量或反变量的形式出现且仅出现一次，则称与项 m 为此 n 变量逻辑函数的一个最小项。

在逻辑函数的真值表中，输入变量的每一种组合都和一个最小项相对应。例如，含有变量 A、B 的两变量逻辑函数，对应的最小项是 $\overline{A}\cdot\overline{B}$、$\overline{A}\cdot B$、$A\cdot\overline{B}$、$A\cdot B$ 共有 4 个，即 $2^2=4$。三变量逻辑函数 $L(A,B,C)$ 对应的最小项是 $\overline{A}\cdot\overline{B}\cdot\overline{C}$、$\overline{A}\cdot\overline{B}\cdot C$、$\overline{A}\cdot B\cdot\overline{C}$、$\overline{A}\cdot B\cdot C$、$A\cdot\overline{B}\cdot\overline{C}$、$A\cdot\overline{B}\cdot C$、$A\cdot B\cdot\overline{C}$、$A\cdot B\cdot C$ 共有 8 个，即 $2^3=8$。以此类推可知，n 变量逻辑函数的最小项应为 2^n 个。

最小项具有下述重要性质。
（1）对输入变量的任何一个取值组合，有且只有一个最小项的值为 1；
（2）全体最小项之和为 1；
（3）任何两个不同的最小项之积为 0。

2. 最小项表达式

最小项表达式的定义：对于一个与或表达式，如果其中每个与项都是该逻辑函数的一个最小项，则称此与或表达式为该逻辑函数的最小项表达式。

确定最小项表达式的方法：对于给定的逻辑函数，利用逻辑代数的基本定理，一般可通过去非号、去括号、配项等步骤求出其最小项表达式。

例 1.28 写出下列逻辑函数的最小项表达式：
$$L(ABC)=AB(\overline{C}+\overline{AB})+\overline{AC}+AB$$

解：
$$\begin{aligned}L(ABC)&=AB(\overline{C}+\overline{AB})+\overline{AC}+AB\\&=AB\overline{C}+AB\overline{AB}+\overline{A}+\overline{C}+AB=AB\overline{C}+\overline{A}+\overline{C}+AB\\&=AB\overline{C}+\overline{A}(B+\overline{B})(C+\overline{C})+\overline{C}(A+\overline{A})(B+\overline{B})+AB(C+\overline{C})\\&=\overline{A}\cdot\overline{B}\cdot\overline{C}+\overline{A}\cdot\overline{B}\cdot C+\overline{A}\cdot B\cdot\overline{C}+\overline{A}\cdot B\cdot C+A\cdot\overline{B}\cdot\overline{C}+AB\overline{C}+ABC\end{aligned}$$

为了读写方便，可给每个最小项编号，用 m_i 表示，其下标 i 的数值与该最小项取值组合所对应的二进制数等值的十进制数相同。例如，三变量逻辑函数的最小项 $A\cdot\overline{B}\cdot C$（取值组合为 101）的编号为 m_5，ABC（取值组合为 111）的编号为 m_7，以此类推。由此可以

写出例 1.28 中 L 的最小项的简写表达式。即
$$L(ABC) = m_0 + m_1 + m_2 + m_3 + m_4 + m_6 + m_7$$

例 1.29 将逻辑函数 $L(ABC) = AB + AB\overline{C} + \overline{B} \cdot \overline{C}$ 改写成最小项简写表达式。

解：
$$\begin{aligned} L(ABC) &= AB + AB\overline{C} + \overline{B} \cdot \overline{C} \\ &= AB(C + \overline{C}) + AB\overline{C} + (A + \overline{A})\overline{B} \cdot \overline{C} \\ &= ABC + AB\overline{C} + A \cdot \overline{B} \cdot \overline{C} + \overline{A} \cdot \overline{B} \cdot \overline{C} \\ &= m_0 + m_4 + m_6 + m_7 \end{aligned}$$

注意： 当采用 m_i 表示最小项时，其下标的数字与逻辑变量的排序有关。例如，对于包含变量 A、B、C 的逻辑函数，如果排列顺序是 ABC，表示为 $L(ABC)$，则 m_6 所表示的最小项是 $AB\overline{C}$；如果排列顺序是 CBA，表示为 $L(CBA)$，则最小项 $\overline{C}BA$ 表示 m_3。

由前面的讨论已知，逻辑函数的一般表达式具有多样性，但逻辑函数的最小项表达式具有唯一性。

3. 表示最小项的卡诺图

任意一个 n 变量的逻辑函数，其最小项的个数最多为 2^n 个。为了用图形形象地表示最小项并利用其进行逻辑函数化简，美国工程师卡诺（Karnaugh）首先提出了 n 变量最小项的卡诺图表示法，即每一个最小项用一个小方块表示，小方块的排列满足具有逻辑相邻性的最小项在几何位置上也相邻。根据这一原理，可以得到二变量、三变量、四变量等逻辑函数的卡诺图，如图 1.13 所示。

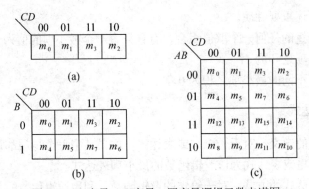

图 1.13 二变量、三变量、四变量逻辑函数卡诺图

所谓小方块的几何相邻，包含三种情况：一是相接，即紧挨着的小方块；二是相对，即任意一行或一列的两头；三是相重，即对折起来位置重合。

所谓逻辑相邻，是指两个最小项中只有一个变量形式不同。例如，在四变量的卡诺图中，m_7 有 4 个几何相邻项 m_3、m_5、m_6、m_{15}，即
$$m_7 = \overline{A} \cdot B \cdot C \cdot D$$
$$m_3 = \overline{A} \cdot \overline{B} \cdot C \cdot D \quad m_5 = \overline{A} \cdot B \cdot \overline{C} \cdot D \quad m_6 = \overline{A} \cdot B \cdot C \cdot \overline{D} \quad m_{15} = A \cdot B \cdot C \cdot D$$

可见，m_3、m_5、m_6、m_{15} 均与 m_7 逻辑相邻。四变量有 4 个相邻的最小项，由此推知，n 变量的任何一个最小项有 n 个逻辑相邻项。

当用卡诺图表示两个以上变量的逻辑函数时，横纵方向上的输入变量组合不是按照通

常习惯的 00、01、10、11 顺序排列，而是调换了 10 和 11 的位置。目的是形成卡诺图中几何相邻的两项也逻辑相邻，这一点对于化简非常重要。

卡诺图的主要缺点是随着输入变量的增加，图形将变得很复杂。因此，一般很少采用五变量以上的卡诺图进行逻辑函数的化简。

4. 用卡诺图表示逻辑函数

用卡诺图表示给定的逻辑函数，其一般步骤是：求该逻辑函数的最小项表达式；作与其逻辑函数的变量个数相对应的卡诺图；然后在卡诺图上将这些最小项对应的小方块中填入 1，在其余的小方格填入 0，即可得到表示该逻辑函数的卡诺图。也就是说，任何一个逻辑函数都等于它的卡诺图中填 1 的那些小方块所对应的最小项之和。

例 1.30 用卡诺图表示逻辑函数 $L(A,B,C,D) = \overline{A}\overline{B}\overline{C}D + \overline{A}BC + \overline{C}D + \overline{A}BD$。

解：求该逻辑函数的最小项表达式，即

$$\begin{aligned}L(ABCD) &= \overline{A}\overline{B}\overline{C}D + \overline{A}BC + \overline{C}D + \overline{A}BD\\ &= \overline{A}\overline{B}\overline{C}D + \overline{A}BC(D+\overline{D}) + (A+\overline{A})(B+\overline{B})\overline{C}D + \overline{A}B(C+\overline{C})D\\ &= \overline{A}\overline{B}\overline{C}D + \overline{A}BCD + \overline{A}BC\overline{D} + AB\overline{C}D + A\overline{B}\cdot\overline{C}D + \overline{A}\overline{B}\overline{C}D + \overline{A}\cdot\overline{B}\cdot\overline{C}\cdot D\\ &= m_1 + m_5 + m_6 + m_7 + m_9 + m_{10} + m_{13}\end{aligned}$$

作四变量卡诺图，并在对应函数表达式中最小项的小方块内填入 1，其余位置上填入 0，即得到所给逻辑函数的卡诺图，如图 1.14 所示。

在不至于混淆的情况下，卡诺图中可以只填写 1，不填写 0。

例 1.31 已知逻辑函数的卡诺图如图 1.15 所示，试写出该逻辑函数的最小项表达式。

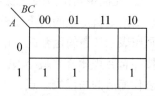

AB\CD	00	01	11	10
00	0	1	0	0
01	0	1	1	1
11	0	1	0	0
10	0	1	0	1

图 1.14 例 1.30 的卡诺图

A\BC	00	01	11	10
0				
1	1	1		1

图 1.15 例 1.31 的卡诺图

解：设所求逻辑函数用 L 表示，由图 1.15 可见，此卡诺图中有三个小方块中填写 1，即该逻辑函数应包含三个最小项，分别为 $A\cdot\overline{B}\cdot\overline{C}$、$\overline{A}\overline{B}C$、$\overline{A}B\overline{C}$，则 L 等于这三个最小项之和，即有

$$L = A\cdot\overline{B}\cdot\overline{C} + \overline{A}\overline{B}C + \overline{A}B\overline{C}$$

5. 用卡诺图化简逻辑函数

逻辑函数的卡诺图化简法，是根据其几何位置相邻与逻辑相邻一致的特点，在卡诺图中直观地找到具有逻辑相邻性的最小项进行合并，消去不同因子。

如图 1.16 所示三变量卡诺图中的最小项，逻辑相邻的 4 个与项为 $A\cdot\overline{B}\cdot\overline{C}$、$A\cdot\overline{B}\cdot C$、

$A \cdot B \cdot \overline{C}$、$A \cdot B \cdot C$，即

$$L = A \cdot \overline{B} \cdot \overline{C} + A \cdot \overline{B} \cdot C + AB\overline{C} + ABC$$
$$= A(\overline{B} \cdot \overline{C} + \overline{B} \cdot C + B\overline{C} + BC)$$
$$= A$$

在上式化简中，利用了最小项的性质，即 n 变量逻辑函数的所有最小项之和等于 1，括号内包含变量 B、C 的 4 个最小项，所以 $\overline{B} \cdot \overline{C} + \overline{B} \cdot C + B\overline{C} + BC = 1$。这是利用卡诺图进行化简的基本依据。

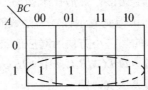

图 1.16　$L = A \cdot \overline{B} \cdot \overline{C} + A \cdot \overline{B} \cdot C + AB\overline{C} + ABC$ 的卡诺图

在图 1.16 中用圈把相邻的 4 个为 1 的小方块圈（称之为卡诺圈或者包围圈）起来，观察圈内各个变量的取值，可见 B、C 分别以原变量和反变量的形式出现两次（可以形成二变量的全部最小项之和），A 保持原变量的形式不变。以原变量和反变量形式出现的因子，可以消去，保持不变的因子保留，这样所得结果是 A，与上述代数法推导的结果一致。

比较上述最小项表达式的代数法化简与卡诺图化简的过程，可见其基本原理都是利用了最小项的性质，即 n 变量逻辑函数的所有最小项之和等于 1。但不同之处在于：最小项表达式的代数法化简采用括号对逻辑相邻项进行分组，使括号内的变量形成其所有最小项之和的形式得到化简；卡诺图法则采用卡诺圈对相邻小方块进行分组，直接观察卡诺圈内各个变量的取值，保留相同因子，消去不同因子，得到化简结果。

1）卡诺图化简逻辑函数的一般步骤

（1）求所给逻辑函数的最小项表达式；

（2）画出表示该逻辑函数的卡诺图；

（3）按照合并规律合并最小项；

（4）求化简后的与或表达式。

例 1.32　用卡诺图化简逻辑函数 $L = \overline{A}B\overline{C} + AB\overline{C} + A\overline{B} + BC$。

解：求出 L 的最小项表达式：

$$L = \overline{A}BC + \overline{A}B\overline{C} + A\overline{B}\,\overline{C} + A\overline{B}C + AB\overline{C} + ABC$$

画出逻辑函数 L 的卡诺图，如图 1.17 所示。

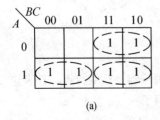 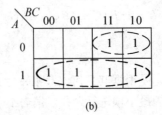 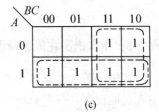

(a)　　　　　　　　　(b)　　　　　　　　　(c)

图 1.17　例 1.32 的卡诺图

找出可以合并的最小项。将可能合并的最小项用卡诺圈圈出,由此写出化简结果。

如果按图 1.17(a)方式画圈合并相邻的最小项,可见两个小方格合并,消去一个变量,所得结果为 $L = A\bar{B} + AB + \bar{A}B$,显然这不是最简与或表达式。

如果按图 1.17(b)方式画圈合并相邻的最小项,可见 4 个小方格合并,消去两个变量,所得结果为 $L = \bar{A}B + A$,这也不是最简与或表达式。

按图 1.17(c)方式画圈合并最小项,所得结果为 $L = A + B$。

比较上述三种画卡诺圈的方式,按图 1.17(c)方式画圈合并最小项,所得结果最简。由此可见,用卡诺图化简,能否得到最简的结果,关键在于卡诺圈的选择是否合适。

2)画卡诺圈的规则

(1)卡诺圈包围的小方格数为 2^n 个($n=0, 1, 2, \cdots$),圈内的小方格必须满足相邻关系。

(2)卡诺圈包围的小方格数(圈内变量)应尽可能地多,化简消去的变量就多;卡诺圈的个数尽可能地少,则化简结果中的与项个数就少。

(3)允许重复圈小方格,但每个卡诺圈内至少应有一个新的小方格。

例 1.33 化简 $L(A,B,C,D) = \sum m(0, 2, 5, 6, 7, 8, 9, 10, 11, 14, 15)$。

解:其卡诺图及化简过程如图 1.18 所示。

由图示化简结果有 $L = A\bar{B} + BC + \bar{B} \cdot \bar{D} + \bar{A}BD$。

例 1.34 化简 $L(A,B,C,D) = \sum m(1, 2, 4, 5, 6, 7, 11, 12, 13, 14)$。

解:其卡诺图及化简过程如图 1.19 所示。

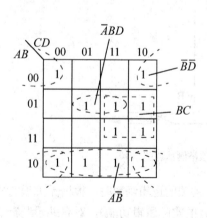

图 1.18 例 1.33 化简过程

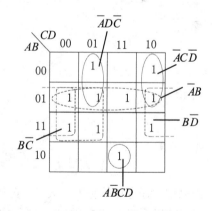

图 1.19 例 1.34 化简过程

由图示化简结果有 $L = \bar{A}B + B\bar{C} + B\bar{D} + \bar{A}\,CD + \bar{A}C\bar{D} + A\bar{B}CD$。

6. 无关项及无关项的应用

回顾 1.3.1 节讨论逻辑与运算时,在图 1.2(a)中,无论开关 A、B 闭合或者断开的状态如何,灯 L 的亮或熄灭总是确定的。当把它抽象为逻辑问题时,在描述与运算的真值表中，对于每一组输入变量取值，输出函数都有确定的值与其对应。这种逻辑命题称为完全描述问题，即逻辑函数的功能与每一个最小项均有关。

当采用 4 位二进制码表示一位十进制数时，无论采用何种 BCD 码（如表 1.3 所示），都有 6 种组合没有定义。例如，当采用 8421BCD 码表示一位十进制数时，其 4 位二进制代码中不允许出现 1010～1111 这 6 种代码。这类逻辑命题称为非完全描述问题。

一般地讲，在分析某些具体的逻辑函数时，当遇到输入变量的取值组合不是任意的，其中某些取值组合不允许出现，或者说输入变量的取值组合受到一定的制约。这种逻辑函数称为具有约束的逻辑函数，不允许出现的最小项，称为约束项。

有时还会遇到另外一种情况，即对于输入变量的某些取值组合，逻辑函数的输出值可以是任意的（0 或者 1），或者这些变量的取值组合根本就不会出现，这些变量取值组合对应的最小项称为任意项。

如图 1.20 所示是一个加热水容器的示意图。图中 A、B、C 为水位传感器。当水面在 AB 之间时，为正常状态，绿灯 G 亮；当水面在 BC 之间或者在 A 以上时，为异常状态，黄灯 Y 亮；当水面在 C 以下时，为危险状态，红灯 R 亮。设水位传感器 A、B、C 的信号为输入逻辑变量，它们被浸入水中时取值为 1，否则为 0。指示灯 G、Y、R 为输出逻辑函数，灯亮为逻辑 1，灯暗时为逻辑 0。依据水位的升降规律，输入变量 ABC 取值组合不可能出现 010、100、101、110 这 4 种情况。因此，这些变量取值组合对应的最小项为任意项。

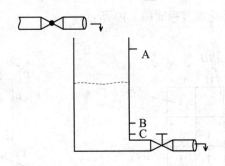

图 1.20 任意项举例示意图

约束项和任意项统称为无关项。在化简具有无关项的逻辑函数时，根据无关项的随意性（即它的值可取 1，也可取 0，并不影响函数原有的实际逻辑功能），对有助于逻辑函数化简的无关项可以认为它取 1（但不允许直接在对应的小方块内填写 1），否则取 0，从而能得到更简单的化简结果。

例如，一含有约束条件 $AB+AC+BC=0$ 的逻辑函数 $L=\overline{A}B C+A\overline{B}\overline{C}$ 可表示如下：

$$\begin{cases} L=\overline{A}\overline{B}\,C+A\overline{B}\,\overline{C} \\ AB+AC+BC=0 \quad \text{（约束条件）} \end{cases}$$

若无关项用 d 表示，则对于含有无关项的逻辑函数也可表示为：

$$L(A,B,C)=\sum m(1,4)+\sum d(3,5,6,7)$$

对上述逻辑函数的化简,画卡诺圈时如不考虑无关项(无关项用 × 表示),如图 1.21 所示,则无法化简,所以有

$$L=\overline{A}\cdot\overline{B}\cdot C+A\cdot\overline{B}\cdot\overline{C}$$

画卡诺圈时若考虑无关项,如图 1.22 所示,则可化简为 $L=A+C$。

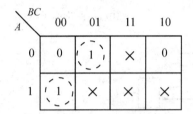 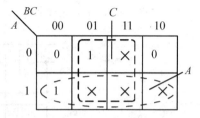

图 1.21 不考虑无关项的化简   图 1.22 考虑无关项的化简

可见,利用无关项化简逻辑函数时,仅将对化简有利的无关项圈进卡诺圈,对化简没有帮助的项就不要圈进来。

例 1.35 化简 $L(A,B,C,D)=\sum m(1,5,8,12)+\sum d(3,7,10,14,15)$。

解:化简过程如图 1.23 所示。

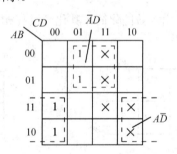

图 1.23 例 1.35 化简过程

由图 1.23 所示化简结果有 $L=A\overline{D}+\overline{A}D$。

7. 多输出函数的化简

前面讨论的逻辑函数对应的电路只有一个输出端,而实际电路常常有两个或两个以上的输出端,它涉及多输出函数的问题。化简多输出函数时,不能单纯地去追求各个单一函数的最简式,因为这样做并不一定能保证整个系统最简,应该统一考虑,尽可能利用公共项。

例 1.36 对多输出函数

$$\begin{cases} L_1(A,B,C)=\sum m(1,3,4,5,7) \\ L_2(A,B,C)=\sum m(3,4,7) \end{cases}$$

进行化简。

解:各自的卡诺图化简结果如图 1.24 所示。

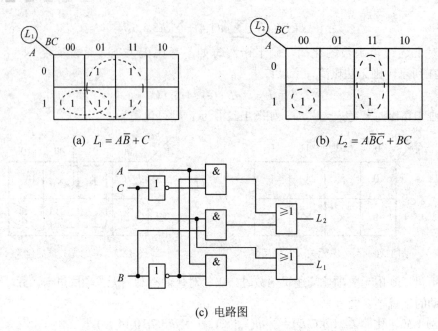

图 1.24 例 1.36 各函数独立化简结果及电路图

从系统的角度考虑两个输出函数的化简，其化简过程如图 1.25 所示。

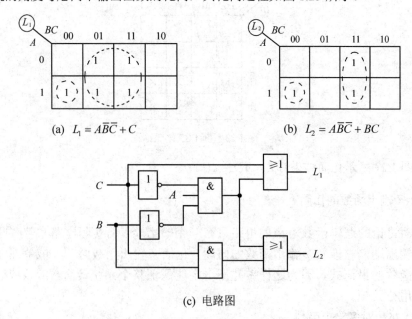

图 1.25 例 1.36 各函数整体考虑化简结果及电路图

显然，系统考虑化简的结果，比各函数独立进行化简所得结果的电路要简单、合理。

思考与讨论题：

（1）最小项表达式与真值表之间的关系如何？

（2）试采用折叠展开法画出 4 个变量以内的卡诺图，分析其几何相邻性。

（3）如果以卡诺图的左上角作为坐标原点，其相邻的两条边分别作为横坐标和纵坐标，在变量及变量取值排列上有什么特点？

（4）为什么在画卡诺圈时强调所包围的小方块数量必须是 2^n 个？

小结

数字信号具有很多模拟信号不具备的优点，尤其是在存储、传输、分析及抗干扰方面。因此，数字系统的应用有着非常广阔的前景。

数字系统中，常用按一定规律组合的二进制数码表示各种信息。

二进制：有 0 和 1 两个数码，基数为 2，进位规律为逢二进一。

十六进制：有 0~9，A~F 共 16 个数码，基数是 16，进位规律为逢十六进一。

数制间的相互转换方法：

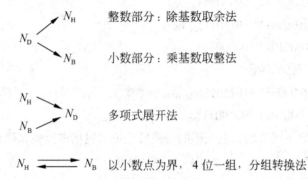

整数部分：除基数取余法

小数部分：乘基数取整法

多项式展开法

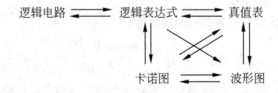 以小数点为界，4 位一组，分组转换法

逻辑代数是分析和设计数字电路必不可少的数学工具。逻辑代数的基本运算有三种，即与、或、非运算。任何复杂的逻辑运算均由基本逻辑运算组合而成。逻辑运算遵循着一定的逻辑规律。

一个逻辑函数可以用多种不同方法表示，各种表示方法可以互相转换。

逻辑电路 ⇌ 逻辑表达式 ⇌ 真值表

卡诺图 ⇌ 波形图

对于同一个逻辑问题，逻辑函数表达式和逻辑电路图可以有多种形式，但与其相对应的真值表却只能有一种，即对于任一逻辑函数，其真值表是唯一的。

化简逻辑函数常用的两种方法是代数法和卡诺图法。代数法没有任何条件限制，比较灵活，但其化简过程没有固定的规律可循，常需要一定的技巧和经验。所以，有些逻辑函数式不容易化成最简式。卡诺图法简单、直观、有规律、易掌握，但不适用于逻辑变量个数超过 5 个的逻辑函数的化简。

习题

1.1 将下列十进制数转换成等值的二进制数、八进制数、十六进制数,要求二进制数保留小数点后 4 位有效数字。

(1) $(19)_D$ (2) $(37.656)_D$ (3) $(0.3569)_D$

1.2 将下列八进制数转换成等值的二进制数。

(1) $(137)_O$ (2) $(36.452)_O$ (3) $(0.1436)_O$

1.3 将下列十六进制数转换成等值的二进制数。

(1) $(1E7.2C)_H$ (2) $(36A.45D)_H$ (3) $(0.B4F6)_H$

1.4 求下列 BCD 码代表的十进制数。

(1) $(1000011000110101.10010111)_{8421BCD}$

(2) $(1011011011000101.10010111)_{余3BCD}$

(3) $(1110110101000011.11011011)_{2421BCD}$

(4) $(1010101110001011.10010011)_{5421BCD}$

1.5 试完成下列代码转换。

(1) $(1110110101000011.11011011)_{2421BCD} = (\ ?\ )_{余3BCD}$

(2) $(1010101110001011.10010011)_{5421BCD} = (\ ?\ )_{8421BCD}$

1.6 试分别确定下列各组二进制码的奇偶校验位(包括奇校验和偶校验两种形式)。

(1) 10101101   (2) 10010100   (3) 11110101

1.7 试用列真值表的方法证明下列逻辑函数等式。

(1) $A \oplus 0 = A$ (2) $A \oplus 1 = \overline{A}$

(3) $A \oplus A = 0$ (4) $A \oplus \overline{A} = 1$

(5) $A\overline{B} + \overline{A}B = \overline{AB + \overline{A} \cdot B}$ (6) $A \oplus \overline{B} = \overline{A \oplus B} = A \oplus B \oplus 1$

(7) $A(B \oplus C) = AB \oplus AC$

1.8 写出下列逻辑函数的对偶式及反函数式。

(1) $L = A\overline{B} + \overline{A}B$ (2) $L = A \oplus B \oplus C$

(3) $L = \overline{A} + \overline{B}(A + \overline{B} + C)$ (4) $L = \overline{A\overline{B} + \overline{AD} + \overline{AD + BC}}$

1.9 用逻辑代数的基本定理和基本公式将下列逻辑函数化简为最简与或表达式。

(1) $L = A\overline{B} + \overline{A}B + A$ (2) $L = ACE + \overline{A}BE + B\overline{EC} + \overline{B}\,\overline{C}\,\overline{D} + D\overline{C}E + \overline{A}E$

(3) $L = \overline{A}\overline{B}(ABC + \overline{A}B)$ (4) $L = \overline{A\overline{B}(\overline{ACD} + \overline{AD + B\overline{C}})}$

(5) $L = AC(\overline{CD} + \overline{A}B) + BC(\overline{B + AD + CE})$ (6) $L = \overline{\overline{AC + \overline{B}C} + B(\overline{AC} + \overline{A}C)}$

(7) $L = A + (\overline{C} + B)(A + \overline{B} + C)(A + B + C)$ (8) $L = AB + \overline{A\overline{B} \cdot AC + A\overline{B}}$

1.10 已知一逻辑函数表达式为:

$$L = AB + A\overline{C} + \overline{B}C + B\overline{C} + \overline{B}D + B\overline{D} + ADE(F + G + H)$$

试证明 $L = A + B\overline{C} + \overline{B}D + C\overline{D}$ 和 $L = A + \overline{B}C + B\overline{D} + CD$ 都是原逻辑函数的最简与或表达式。

1.11 逻辑函数表达式为 $L = \overline{A}B\overline{C}D$，使用二输入与非门和反相器实现该式的逻辑功能，画出其相应的逻辑电路。

1.12 设三变量 A、B、C，当变量组合值中出现偶数个 1 时，输出 L 为 1，否则为 0。列出此逻辑关系的真值表，并写出逻辑表达式。

1.13 用逻辑代数的基本定理证明下列逻辑等式。

（1） $AB + \overline{A}B + A\overline{B} = A + B$ （2） $(A+B)(B+C)(A+C) = AC + AB + BC$

（3） $(AB+C)B = AB\overline{C} + \overline{A}BC + ABC$ （4） $\overline{A}C + AB + BC + A + \overline{C} = 1$

1.14 已知逻辑函数的真值表如表 1.12 所示，写出对应的逻辑函数式，并画出波形图。

表 1.12 题 1.14 真值表

A	B	C	L	A	B	C	L
0	0	0	0	1	0	0	1
0	0	1	1	1	0	1	0
0	1	0	1	1	1	0	0
0	1	1	0	1	1	1	0

1.15 对于三变量的逻辑函数，试分别写出其所有的最小项，并举例说明最小项的性质。

1.16 试用卡诺图化简下列逻辑函数。

（1） $L = A\overline{B}C + AB + BC$

（2） $L = A\overline{B}CD + \overline{A}CD + ABD + \overline{A}B\overline{C} + AC\overline{D} + BC$

（3） $L = AB\overline{C} + AB + \overline{A}C\overline{D} + BC\overline{D} + B\overline{C}$

（4） $L(A,B,C) = \sum m(0,1,3,4,6,7)$

（5） $L(A,B,C,D) = \sum m(1,3,4,5,6,9,11,12,14,15)$

（6） $L(A,B,C,D) = \sum m(0,2,3,5,7,8,10,11,13,15)$

（7） $L(A,B,C,D) = \sum m(1,2,5,6,10,12,15) + \sum d(3,7,8,14)$

（8） $L(A,B,C,D) = \sum m(3,5,6,7,10) + \sum d(0,1,2,4,8,14)$

（9） $L = \overline{A} \cdot \overline{B}C + ABC + \overline{A} \cdot \overline{B}CD$ 约束条件：$\overline{A}B + A\overline{B} = 0$

（10） $L = C\overline{D}(A \oplus B) + \overline{A}B\overline{C} + \overline{A} \cdot CD$ 约束条件：$AB + CD = 0$

（11） $L = (A\overline{B} + B)C\overline{D} + \overline{(A+B)(\overline{B}+C)}$ 约束条件：$ACD + BCD = 0$

1.17 试用卡诺图化简下列逻辑函数。

（1） $\begin{cases} L_1 = A\overline{B} + \overline{A}C + BC \\ L_2 = A + BC \end{cases}$

（2） $\begin{cases} L_1(A,B,C) = \sum m(1,2,3,4,5,7) \\ L_2(A,B,C) = \sum m(0,1,3,5,6,7) \end{cases}$

（3） $\begin{cases} L_1(A,B,C,D) = \sum m(1,2,3,5,7,8,9,12,14) \\ L_2(A,B,C,D) = \sum m(0,1,3,8,12,14) \end{cases}$

习题分析举例

逻辑函数化简一是可以加深对逻辑函数基本定理的理解，二是为后续章节的学习打基础。逻辑函数的代数法化简在教材中分别介绍了吸收法、并项法、添项法、配项法等，归纳其特点，吸收法事实上是直接利用逻辑代数的基本公式（$A+AB=A$、$A+\overline{A}B=A+B$、$AB+\overline{A}C+BC=AB+\overline{A}C$）进行化简；而并项法、添项法、配项法等是在无法直接利用逻辑代数基本公式的情况下，变换表达式的结构，借助提取公因子、拆项等措施，为利用基本公式创造条件。

习题 1.9（2）分析：

已知 $\qquad L = ACE + \overline{A}BE + BE\overline{C} + \overline{B}\overline{C}\overline{D} + D\overline{C}E + \overline{A}E$

观察所给表达式，可见它包含 5 个变量，6 个与项，没有可以直接利用公式的结构形式，但 6 个与项中，有 5 个与项包含变量 E，对包含 E 的与项提取公因子有：
$$L = (AC + \overline{A}B + B\overline{C} + D\overline{C} + \overline{A})E + \overline{B}\overline{C}\overline{D}$$

括号内各项包含可以直接利用公式的结构，$\overline{A}+\overline{A}B = \overline{A}$，$AC + \overline{A} = C + \overline{A}$，化简可得：
$$L = (C + \overline{A} + B\overline{C} + D\overline{C})E + \overline{B}\overline{C}\overline{D}$$

利用 $C + B\overline{C} + D\overline{C} = C + B + D$ 化简：
$$L = (C + \overline{A} + B + D)E + \overline{B}\overline{C}\overline{D} = (C + B + D)E + \overline{A}E + \overline{B}\overline{C}\overline{D}$$

利用 $C + B + D = \overline{\overline{B}\overline{C}\overline{D}}$ 进行变换：
$$L = (C+B+D)E + \overline{A}E + \overline{B}\overline{C}\overline{D} = \overline{\overline{B}\overline{C}\overline{D}}E + \overline{A}E + \overline{B}\overline{C}\overline{D}$$

表达式包含 $A + \overline{A}B = A + B$ 的结构形式，化简：
$$L = \overline{\overline{B}\overline{C}\overline{D}}E + \overline{A}E + \overline{B}\overline{C}\overline{D} = E + \overline{A}E + \overline{B}\overline{C}\overline{D} = E + \overline{B}\overline{C}\overline{D}$$

习题 1.9（4）分析：

已知 $\qquad L = A\overline{B}(\overline{A}CD + \overline{A}\overline{D} + B\overline{C})$

解： $\qquad L = A\overline{B}(\overline{A}CD + \overline{A}\overline{D} + B\overline{C}) = A\overline{B}\,\overline{A}CD + A\overline{B}\,\overline{A}\overline{D} + B\overline{C}$
$\qquad\qquad = A\overline{B}\,\overline{B}\overline{C}\,\overline{A}\overline{D} = A\overline{B}(\overline{B}+C)(A+\overline{D})$

$$= (A\overline{B} + A\overline{B}C)(A + \overline{D}) = A\overline{B}(A + \overline{D})$$
$$= A\overline{B} + A\overline{B}\,\overline{D} = A\overline{B}$$

也可以这样化简：
$$L = A\overline{B}(\overline{ACD} + \overline{\overline{AD} + B\overline{C}}) = A\overline{B}\,\overline{ACD} + A\overline{B}\,\overline{\overline{AD} + B\overline{C}}$$
$$= A\overline{B}\,\overline{B\overline{C}}\,\overline{AD} = A\overline{B}(\overline{B} + C)(A + \overline{D})$$
$$= A\overline{B}(A\overline{B} + AC + C\overline{D} + \overline{B}\,\overline{D}) = A\overline{B} + A\overline{B}(AC + C\overline{D} + \overline{B}\,\overline{D}) = A\overline{B}$$

习题 1.10 分析：

此题目要求证明，但本质上属于逻辑函数化简问题。观察所给表达式，原函数包含 7 个变量，如果全部展开，有 9 个与项，没有看到能够直接利用公式的结构形式，但仔细分析前三个与项，它们之间存在联系，适当变形有：

$$L = A(B + \overline{C}) + \overline{B}C + B\overline{C} + \overline{B}D + B\overline{D} + ADE(F + G + H)$$
$$= A\overline{\overline{B}C} + \overline{B}C + B\overline{C} + \overline{B}D + B\overline{D} + ADE(F + G + H)$$
$$= A + \overline{B}C + B\overline{C} + \overline{B}D + B\overline{D} + ADE(F + G + H)$$
$$= A[1 + DE(F + G + H)] + \overline{B}C + B\overline{C} + \overline{B}D + B\overline{D}$$
$$= A + \overline{B}C + B\overline{C} + \overline{B}D + B\overline{D}$$

此时，如果继续采用代数法化简，则需要进行适当配项，如果对包含变量 B、C、D 的 4 个与项采用卡诺图法进行化简，则更直观方便。作三变量逻辑函数 $\overline{B}C + B\overline{C} + \overline{B}D + B\overline{D}$ 卡诺图，如图 1.26 所示并化简。

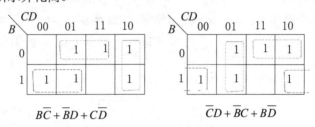

图 1.26 两种化简结果比较

所以
$$L = A + B\overline{C} + \overline{B}D + C\overline{D}$$

或者
$$L = A + \overline{C}D + \overline{B}C + B\overline{D}$$

两种化简结果都满足最简的要求，区别仅仅是画包围圈时，相邻项的组合不同。上述过程表明，在进行逻辑函数化简时，代数法与卡诺图法相结合，可能更便于获得所需结果。

采用卡诺图法化简逻辑函数的关键在于准确快速地用卡诺图表示所给的逻辑函数。教材中尽管介绍了"先求所给逻辑函数的最小项表达式，再依据最小项与卡诺图的对应关系，在卡诺图上表示逻辑函数"这样的一般方法，这种方法具有普遍性，但比较麻烦。在已掌握知识的基础上，下面介绍两种变通的方法。

方法一　基于最小项的数字扩展法。

函数表达式中的一个最小项事实上与真值表中的一组变量取值组合相对应，某个与项不是最小项，可以通过变量取值组合扩展的方法与最小项相对应。例如，对于4变量逻辑函数，与项$\overline{A}B$可扩展为0100、0101、0110、0111。这里，采用变量取值组合表示，没有直接写出最小项。

对于给定逻辑函数，$L = AB\overline{C} + \overline{A}B + \overline{A}C\overline{D} + \overline{B}C\overline{D} + B\overline{C}$，扩展过程如图1.27所示。

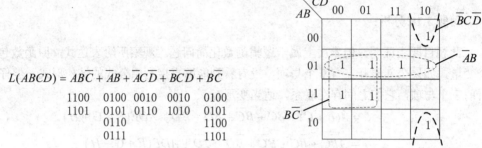

$L(ABCD) = AB\overline{C} + \overline{A}B + \overline{A}C\overline{D} + \overline{B}C\overline{D} + B\overline{C}$

```
1100   0100  0010  0010   0100
1101   0101  0110  1010   0101
       0110               1100
       0111               1101
```

图1.27　利用数字扩展法求逻辑函数的卡诺图表示

扩展后得到一组输入变量取值组合，作卡诺图并在对应小方格填1。画包围圈化简可得：

$$L = \overline{A}B + \overline{B}C\overline{D} + B\overline{C}$$

方法二　与项和包围圈映射法。

熟悉了卡诺图化简法后，知道卡诺图上的一个包围圈对应一个与项；反之，一个与项对应卡诺图上几个相邻的小方格也成立。如图1.28所示，$B\overline{C}$对应4变量卡诺图上的4个相邻的小方格（B取原变量、C取反变量）；$\overline{A}C\overline{D}$对应4变量卡诺图上的两个相邻的小方格。

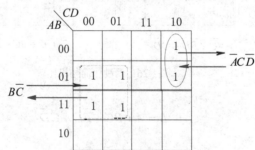

图1.28　与项和包围圈的映射关系

基于上述认识，对于给定的一般与或表达式，当需要采用卡诺图表示时，其每一个与项，都可以直接在卡诺图上对应的小方格中填1。

习题1.16（2）分析：

已知　　　$L = \overline{A}\overline{B}CD + \overline{A}CD + ABD + \overline{A}B\overline{C} + AC\overline{D} + BC$

作 4 变量卡诺图，依次在与项 $A\bar{B}CD$、$\bar{A}CD$、ABD、$A\bar{B}\bar{C}$、$AC\bar{D}$、BC 分别对应的小方格里填写 1，完成后的卡诺图如图 1.29（a）所示，化简过程如图 1.29（b）所示，图中箭头方向表明与项和包围圈的因果关系。

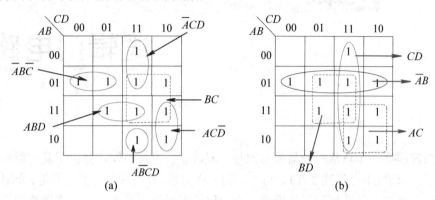

图 1.29　利用与项和包围圈的映射关系求逻辑函数的卡诺图表示及化简

化简后的表达式为：

$$L = AC + CD + BD + \bar{A}B$$

实际操作时图 1.29（a）中的包围圈没有必要画出，只要在对应位置填 1 即可。另外，比较图 1.29（a）和图 1.29（b）的包围圈画法，可以帮助理解怎样画包围圈才能得到最简结果。

上述讨论可归纳如图 1.30 所示，可见从逻辑表达式到卡诺图描述方式的转换有三条途径。把一般与或表达式变换为最小项表达式，再从最小项表达式到卡诺图表示，该途径是最基本的方法，但过程较麻烦；数字扩展法的本质与最小项法类同，但具体操作过程简单；利用与项和包围圈的映射关系，可以较快地把与或表达式采用卡诺图表示，但它要求对卡诺圈和与项的映射关系比较熟悉。

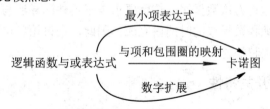

图 1.30　与或表达式到卡诺图的映射途径

如果给定逻辑表达式不是与或表达式，则应先将其转换为与或表达式。

上述习题分析过程引入了阶梯形思维方式，即第一台阶，会做题（掌握基本方法）；第二台阶，寻找有没有别的途径来解决问题；第三台阶，思考各种解决问题途径之间的联系与区别，总结提高。建议读者在学习中参照这种思维方法，逐步养成适合自己的学习方法。

第 2 章 逻辑门电路

内容提要：本章从三种最基本的与、或、非门电路出发，分析了其实现相应逻辑运算的工作原理；重点讲述了 TTL 与非门的工作原理、外特性及主要参数等；介绍了 CMOS 逻辑门电路的电路结构和工作原理。用一句话来概括本章内容：基本逻辑运算关系的电路实现。

学习提示：尽管大规模集成电路已成为目前数字系统设计的首选，但从正确理解数字器件的工作原理来看，最基本的逻辑门电路仍然是学习的基础。因此，在 TTL 与非门和 CMOS 门电路结构与工作原理上多下工夫，有助于奠定扎实的数字系统的硬件基础。

2.1 简单的与、或、非门电路

最简单的与、或、非门电路可由二极管和电阻或者三极管与电阻组成，二极管、三极管在电路中的作用类似于可控开关。在数字电路中，常用二极管、三极管的导通与截止来实现开关的两种状态，即闭合与断开。当脉冲信号频率很高时，开关状态变化的速度非常快，每秒可达百万次数量级，这就要求电子器件的导通与截止两种状态之间的转换要在微秒甚至在纳秒数量级的时间内完成。因此，在讨论门电路之前，首先应了解二极管、三极管的开关特性。

2.1.1 二极管的开关特性

由于二极管具有单向导电性，即外加正向电压时导通，外加反向电压时截止，所以二极管相当于是一个受外加电压极性控制的开关。二极管的开关特性就是讨论二极管的正向导通和反向截止两种不同状态之间的转换关系。

二极管的核心实际就是一个 PN 结，PN 结电流的形成取决于内部电荷的扩散与漂移运动，因此，流过二极管的电流不仅受外加电压方向的控制，而且会受到 PN 结内部电荷运动的影响。

当二极管的外加电压由反向偏置转为正向偏置时，理想情况下，二极管将立即转为导通，实际上由于 PN 结在外加反向电压时的电阻很大，当外加电压突然改为正向电压时，在最初的一瞬间 PN 结电阻仍然很大，没有正向导通电流。随着 PN 结内阻的减小，正向电流才能逐渐增大，流过二极管的电流出现迟滞现象，如图 2.1 中的①所示。时间 t_d 称为正向导通时间。当 $i=I_F$ 进入稳态时，二极管已导通，此时，导通的二极管类同于一个闭合的机械开关。

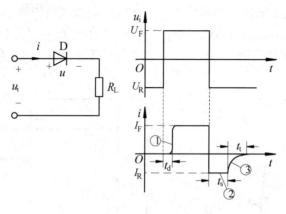

图 2.1 二极管的开关特性

当二极管的外加电压由正向偏置转为反向偏置时，理想情况下，二极管将立即转为截止，$i≈I_S$。但实际情况不是这样，因为当外加正向电压时，势垒区变窄，有利于多数载流子的扩散，从而造成了载流子的积累，即在 P 区有电子的积累，在 N 区有空穴的积累，这些积累的载流子被称为存储电荷，它们在 P 区和 N 区的积累是非均匀的，靠近势垒区的浓度高，远离势垒区的浓度低。当二极管的外加电压由正向转为反向时，这些存储电荷不会马上消失，会在外加反向电压的作用下形成反向漂移电流 i_R。由于存储电荷消失之前，PN 结的耗尽区较窄，PN 结的电阻很小，与负载电阻 R_L 相比可忽略，此时的反向电流 $I_R=(U_R+U_D)/R_L$。式中，U_D 为 PN 结的正向压降，一般有 $U_R>>U_D$，所以 $I_R≈U_R/R_L$。在一定时间 t_s 内，I_R 会基本保持不变，t_s 为存储时间，如图 2.1 中②所指。经过 t_s 以后，P 区和 N 区所存储的电荷逐渐减少，势垒区逐渐变宽，反向电流 i_R 才逐渐减小到一个很小的数值 $0.1I_R$，这段时间为过渡时间 t_t，如图 2.1 中③所指。经过过渡时间 t_t 以后，二极管进入反向截止状态，$i=0$。此时，二极管类同于一个断开的机械开关。

通常把二极管从正向导通转变为反向截止所经过的转换过程称为反向恢复过程，所经过的时间为反向恢复时间 t_{re}，且 $t_{re}=t_s+t_t$。半导体器件手册中给出了各种二极管在一定条件下测出的反向恢复时间，一般开关管的 t_{re} 值很小（约在几个纳秒数量级），用普通的示波器不易观察到。

由以上分析可知，二极管的反向恢复过程实质上是由存储电荷引起的，存储电荷消散所需要的时间就是反向恢复时间。一般二极管的反向恢复时间比它的正向导通时间大得多，所以二极管的开关速度主要取决于二极管的反向恢复时间。

2.1.2 三极管的开关特性

三极管开关电路如图 2.2（a）所示，三极管按工作状态不同分为截止区、放大区和饱和区。当输入电压 u_I 为低电平（$u_I<0$）时，发射结处于反向偏置，三极管工作在截止

区，此时基极电流 $i_B \approx 0$，集电极电流 $i_C = I_{CEO} \approx 0$，所以三极管的 c-e 间相当于一个断开的开关，输出电压 $u_O = U_{OH} \approx U_{CC}$；当输入电压 u_I 为高电平时，输入电压 u_I 足以使 $i_B \geqslant I_{BS} = U_{CC}/\beta R_c$ 时，发射结和集电结均处于正向偏置，三极管工作在饱和区，i_C 不随 i_B 的增加而增大，三极管 c-e 间的饱和压降 $U_{CES} \approx 0.3V$，所以三极管的 c-e 间相当于一个闭合的开关，输出电压 $u_O = U_{OL} \approx 0.3V$。这样，利用 u_I 的高、低电平控制三极管的开关状态，就可以在输出端得到相应的高、低电平。这就是三极管的静态开关特性。

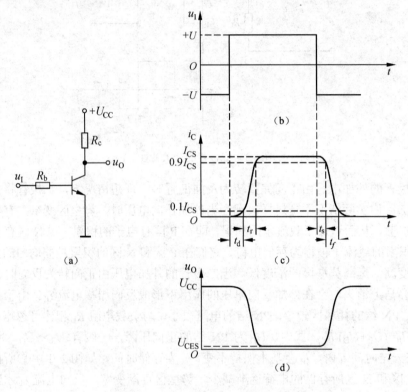

图 2.2　三极管开关电路及波形图

由于三极管从饱和到截止或从截止到饱和的状态转换都涉及内部载流子的存储与消失过程，所以三极管的饱和与截止两种状态的相互转换是需要一定的时间才能完成的。

如在图 2.2（a）所示电路的输入端加入一个理想方波信号，其幅度在 $-U \sim +U$ 之间变化，则输出电流 i_C 的波形如图 2.2（c）所示。由图可见 i_C 的波形已不是理想方波，其起始部分和平顶部分都延时了一段时间，上升沿和下降沿都变得缓慢了。

当输入电压 $u_I = -U$ 时，发射结、集电结均处于反向偏置，三极管工作在截止区，势垒区较宽，势垒区的空间电荷较多。当 u_I 由 $-U$ 跳变到 $+U$ 时，基极电流 I_B 的作用是抵消势垒区的空间电荷，使势垒区变窄，让发射区的电子注入基区，并被集电结收集形成集电极电流 i_C，它所需要的时间为延迟时间 t_d，即从 $+U$ 加入开始到集电极 i_C 上升到 $0.1I_{CS}$ 所需要的时间。

经过延迟时间 t_d 以后，发射区的电子会不断注入基区，但由于开始时基区的电子浓度较低，i_C较小，经过一定时间后，基区的电子浓度增加，这段时间为上升时间t_r，即i_C从$0.1I_{CS}$上升到$0.9I_{CS}$所需要的时间。

经过上升时间t_r以后，集电极电流i_C继续增加到I_{CS}，使三极管的集电结变为正向偏置，集电结收集电子的能力减弱，从而造成基区有大量的存储电荷，同时在集电区靠近势垒区的边界处也会有一定数量的空穴积累。

当u_I由$+U$跳变到$-U$时，基区和集电区的存储电荷不能立即消散，表现为集电极i_C不能马上降低，需要维持一段存储时间t_s，存储时间t_s是指从输入信号降到$-U$开始到i_C降到$0.9I_{CS}$所需要的时间。它的大小取决于存储电荷的多少，饱和程度越深，存储电荷越多，存储时间t_s越长。

由于在u_I跳变到$-U$以后，发射结处于反向偏置，存储电荷在反向偏置电压的作用下产生漂移运动，从而形成了反向基极电流，它有利于存储电荷的消散，使转换过程加快，从而缩短了存储时间t_s。

经过存储时间t_s以后，存储电荷继续消散，集电极电流i_C继续降低，三极管会从临界饱和经过放大区进入截止区，它所需要的时间为下降时间t_f，即i_C从$0.9I_{CS}$降到$0.1I_{CS}$所需要的时间。

经过上述分析可知，三极管的开关过程和二极管一样，也是存储电荷建立和消散的过程。通常把$t_{on}=t_d+t_r$称为开通时间，它反映了三极管从截止到饱和所需要的时间，也就是建立存储电荷的时间；而把$t_{off}=t_s+t_f$称为关闭时间，它反映了三极管从饱和到截止所需要的时间，也就是存储电荷消散的时间。开通时间和关闭时间总称为三极管的开关时间，它随管子类型不同而有很大差别，一般在几十至几百纳秒的范围，可以从半导体器件手册中查到。

三极管的开关时间限制了三极管开关运用的速度。开关时间越短，开关速度越高。因此，要设法减小开关时间。由于三极管的开关时间与存储电荷的建立和消散有关，因此为了提高三极管的开关速度，一方面需要降低三极管的饱和深度，缩短存储时间；另一方面，可以在电路中设计存储电荷的消散回路，加速存储电荷的消散。

2.1.3 简单的与、或、非门电路

在第1章中已经介绍过的基本逻辑运算有与、或、非运算，实现逻辑运算的电子电路称为门电路。下面介绍由二极管、三极管实现简单的与、或、非门电路。

1. 与门电路

图2.3（a）为由二极管实现的与门电路，图2.3（b）为它的逻辑表示符号。A、B为输入端，L为输出端。电源电压$U_{CC}=+5V$，输入信号的高电平为$+5V$，低电平为$0V$。为分析方便，设二极管具有理想二极管的特性。

当输入端A为低电平时，二极管D_A导通，此时无论输入端B为低电平还是高电平，输出端L的电位被限制在$0V$（此时忽略了二极管的导通压降）上，所以输出端L为低电平。只有当两个输入端A和B都是高电平时，二极管D_A、D_B均截止，输出端L为$+5V$，即为高电平。图2.3（a）所示电路的输入与输出电压关系见表2.1。如果低电

平用 0 表示，高电平用 1 表示，则对应的真值表见表 2.2。由真值表可知图 2.3（a）所示的电路确实能实现逻辑与运算。其逻辑表达式为：

$$L=AB$$

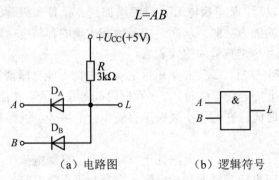

（a）电路图　　　　（b）逻辑符号

图 2.3　二极管与门电路

表 2.1　与门电路的输入与输出电压关系

输入		二极管的状态		输出
A	B	D_A	D_B	L
0V	0V	导通	导通	0V
0V	+5V	导通	截止	0V
+5V	0V	截止	导通	0V
+5V	+5V	截止	截止	+5V

表 2.2　与门电路的真值表

输入		输出
A	B	L
0	0	0
0	1	0
1	0	0
1	1	1

如果希望实现两个以上变量的与运算，在图 2.3（a）的电路中，相应增加二极管个数。显然，只要有一个输入端处于低电平，其对应的二极管导通，则输出就是低电平；只有当所有输入端均是高电平时，二极管全部截止，输出才是高电平。

熟悉图 2.3(a)电路结构及所实现的逻辑功能，对于正确理解 TTL 与非门输入级的工作原理将会有所帮助。

2．或门电路

图 2.4（a）为由二极管实现的或门电路，图 2.4（b）为它的逻辑表示符号。

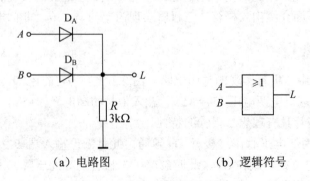

（a）电路图　　　　（b）逻辑符号

图 2.4　二极管或门电路

当两个输入端 A 和 B 均为低电平时,二极管 D_A、D_B 均截止,输出端 L 为低电平。如果两个输入端 A 和 B 中至少有一端是高电平,例如,输入端 A 为高电平,二极管 D_A 导通,输出端 L 为+5V,即为高电平。图 2.4(a)所示电路的输入与输出电压关系见表 2.3,对应的真值表见表 2.4。由真值表可知图 2.4(a)所示的电路确实能实现逻辑或运算。其逻辑表达式为:

$$L = A + B$$

表 2.3　或门电路的输入与输出电压关系

输	入	二极管的状态		输出
A	B	D_A	D_B	L
0V	0V	截止	截止	0V
0V	+5V	截止	导通	+5V
+5V	0V	导通	截止	+5V
+5V	+5V	导通	导通	+5V

表 2.4　或门电路的真值表

输	入	输 出
A	B	L
0	0	0
0	1	1
1	0	1
1	1	1

图 2.4(a)的电路也可以通过增加二极管的个数,扩充输入变量,实现多输入变量的逻辑或运算。

3. 非门电路

图 2.5(a)所示是由三极管构成的反相器,也称为非门电路,其逻辑符号如图 2.5(b)所示。

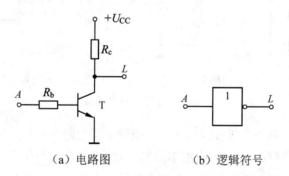

(a) 电路图　　　　(b) 逻辑符号

图 2.5　三极管非门电路

当输入端 A 为低电平(0V)时,此时发射结零偏置、集电结处于反向偏置,所以三极管 T 截止,输出端 L 为高电平。当输入 A 为高电平(+5V)时,此时发射结和集电结均处于正向偏置,三极管 T 处于饱和状态,输出 L 为低电平。其输入输出关系及三极管的工作状态归纳如表 2.5 所示。

表 2.5　非门电路的输入与输出电压关系

输入 A	BJT 工作状态	输出 L
0V	截止	+5V
+5V	饱和	0V

综上所述，可见图2.5（a）电路完成的是非逻辑运算关系。其逻辑表达式为：

$$L = \overline{A}$$

4. 复合门电路

图2.6（a）所示是采用二极管、三极管组成的与非门电路，称为二极管-三极管逻辑门，简称 DTL 电路，图2.6（b）为表示它的逻辑符号。图2.6（a）中二极管 D_1、D_2、D_3 与电阻 R_1 组成与门电路，三极管 T 组成非门电路，二极管 D_4 与电阻 R_2 组成分压器对 P 点电位进行变换，在输入有低电平时保证 T 截止。当输入端 A、B、C 均为高电平（+5V）时，二极管 $D_1 \sim D_3$ 均截止，D_4 和三极管 T 导通，$U_P = U_{D4} + U_{BE} \approx 2 \times 0.7V = 1.4V$，而且二极管 D_4 的正向导通电阻很小，使流入三极管 T 的基极电流 I_B 足够大，从而使三极管 T 饱和导通，$U_L \approx 0.3V$，即输出为低电平。当输入端 A、B、C 中至少有一个为低电平 0V 时，$U_P = 0.7V$。此时 D_4 和三极管 T 均截止，$U_L \approx +U_{CC}$，即输出为高电平。由此可见，此电路实现的是与非逻辑关系，即

$$L = \overline{ABC}$$

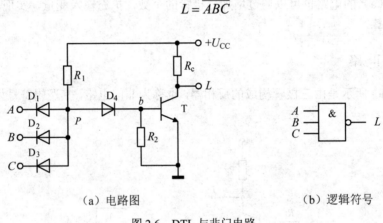

（a）电路图　　　　　　　　（b）逻辑符号

图 2.6　DTL 与非门电路

按同样的方法，利用二极管或门串接三极管非门电路也可构成或非门电路。

由二极管、三极管和电阻组成的门电路，其特点是电路结构简单，实现相应逻辑运算的工作原理易于分析，但这种电路在技术性能上存在一定的不足。例如，当二极管与门实现多级串接时，其输出低电平将逐级抬高，其结果有可能影响正常的逻辑关系。另外工作速度较低，带负载能力弱等因素也影响了其应用范围。因此，学习简单的二极管门电路，重点在于正确理解实现各种逻辑运算的基本原理。

思考与讨论题：

如果在图2.6（a）中，将二极管 D_4 换成电阻，试分析所构成的电路对实现与非运算的逻辑功能有何影响。

2.2 TTL 与非门电路

以双极型晶体管作为基本元件组成的逻辑电路集成在一块硅片上,并具有一定的逻辑功能的电路称为双极型数字集成电路。输入电路和输出电路均采用三极管的逻辑电路称为三极管-三极管逻辑门电路,简称 TTL 电路。它具有较高的开关速度,是目前用得较多的一种集成逻辑门。在这一节主要介绍它的电路结构、工作原理及主要参数。

2.2.1 TTL 与非门的工作原理

在 TTL 与非门电路中,常采用多发射极晶体管作为输入级,实现与逻辑功能。多发射极晶体管的结构示意图、电路符号如图 2.7(a)和图 2.7(b)所示。如果 PN 结采用二极管表示,基极通过电阻接正电源,等效电路如图 2.7(c)所示,此电路与图 2.6 中输入与门电路类似,显然可以实现三输入变量的与逻辑功能。

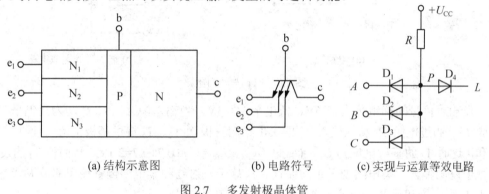

图 2.7 多发射极晶体管

1. TTL 与非门的电路结构与工作原理

TTL 与非门作为一种最基本的逻辑门电路,其电路结构经历了不断的改进过程,并且不同厂家所生产的芯片,电路形式也有所区别。作为教材,关注的重点是典型的电路结构与工作原理。

如图 2.8 所示是一种典型的 TTL 与非门的电路结构图,它由输入级、中间级和输出级三部分组成。输入级由多发射极管 T_1 和电阻 R_1 组成,它的发射结、集电结分别与图 2.6 中的二极管 $D_1 \sim D_3$ 和 D_4 的作用相同,可以实现与逻辑运算。中间级由 T_2、R_2、R_3 组成,当 T_2 导通时,可以给输出管 T_5 提供一个较大的基极电流,从而提高门电路的带负载能力和开关速度。输出级由 T_3、T_4 和 T_5 组成,T_3、T_4 组成复合管,这种输出电路形式称作推拉式输出电路。

由图 2.8 可见,电路中的基极电阻取值比较小,因此当三极管发射结正向偏置时,能够提供足够大的基极电流,保证三极管工作在饱和状态。实际上,TTL 电路都具有这样的特点。

表 1.8 中与非逻辑运算的真值表表明,输入变量取值组合有 0 时,输出为 1;输入

变量取值全部为1时,输出为0。基于这一结论,图2.8电路工作原理的分析,分为两种情况进行,即三个输入端全部为高电平或者三个输入端中至少有一个为低电平,讨论这两种不同情况下电路的输出状态。

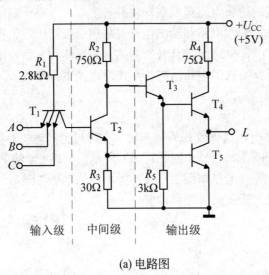

图 2.8 TTL 与非门电路

设输入信号的高电平为+3.6V、低电平为0.3V。当输入端 A、B、C 均为高电平时,电源 U_{CC} 通过电阻 R_1 和三极管 T_1 的集电结向三极管 T_2、T_5 提供基极电流,使 T_2、T_5 饱和,这时 T_1 的基极电位为 $U_{B1}=U_{BC1}+U_{BE2}+U_{BE5}=0.7+0.7+0.7=2.1V$,从而使 T_1 的发射结处于反向偏置,集电结处于正向偏置。T_1 处于发射结和集电结倒置使用的放大状态。由于 T_2、T_5 饱和导通,使输出端 L 为低电平,其数值为:

$$U_{OL}=U_{C5}\approx 0.3V$$

这时 T_2 的集电极电位为 $U_{C2}=U_{CES2}+U_{BE5}\approx 0.3+0.7=1V$,$T_3$ 的基极电位 $U_{B3}=U_{C2}=1V$,它大于 T_3 的发射结正向电压,使 T_3 导通。T_4 的基极电位 $U_{B4}=U_{E3}=U_{B3}-0.7=0.3V$,$U_{BE4}=0V$,所以 T_4 截止。

当输入端 A、B、C 至少有一个接低电平时,就会使对应于多发射极管 T_1 输入端接低电平的发射结导通,T_1 的基极电位 $U_{B1}=0.3+0.7=1V$。由于 U_{B1} 是加在 T_1 的集电结和 T_2、T_5 的发射结上的电位,其数值不足以使它们同时导通,所以 T_2、T_5 截止。

当 T_2 截止时,T_3 和 T_4 组成的复合管工作在射极跟随器状态,输出电平为 $U_{OH}=U_{CC}-I_{B3}R_2-U_{BE3}-U_{BE4}$。由于复合管的电流放大系数近似为 $\beta_3\beta_4$,因此 I_{B3} 很小,在分析输出电压的具体数值时,可忽略 R_2 上的压降。所以输出高电平数值为:

$$U_{OH}=U_{CC}-U_{BE3}-U_{BE4}=(5-1.4)V=3.6V$$

综上所述,可见如图2.8所示电路能够实现与非逻辑关系,即

$$L=\overline{ABC}$$

如图2.8所示的TTL与非门电路采用多发射极晶体管作为输入级,它在电路中不仅可以实现与逻辑运算,同时还具有电流放大作用,有利于提高电路的开关速度,它体现

了TTL与DTL的区别。

设TTL与非门的输入信号A、B、C全部为高电平,此时如果其中只要有一端由高电平变为低电平,T_1就有一个发射结导通,使T_1的基极电位$U_{B1}=0.3+0.7=1V$。但由于T_2、T_5原来是饱和的,它们的基区存储电荷还来不及消散,使T_2、T_5的发射结仍处于正向偏置,T_1的集电极电压为$U_{C1}=U_{BE2}+U_{BE3}=0.7+0.7=1.4V$,使$T_1$的集电结处于反向偏置,发射结处于正向偏置,因此$T_1$工作在放大区,从而产生集电极电流$i_{C1}\approx\beta i_{B1}$,其方向是从$T_2$的基极流向$T_1$的集电极,它很快地从$T_2$的基区抽走多余的存储电荷,使$T_2$迅速地脱离饱和而进入截止状态。$T_2$的迅速截止导致$T_3$、$T_4$立即导通,相当于$T_5$的负载是一个很小的电阻,使$T_5$的集电极电流加大,多余的存储电荷迅速从集电极消散而达到截止,从而加速状态转换,提高了电路的开关速度。

如图2.8所示TTL与非门的输出级是由T_3、T_4、T_5组成的,其特点是在稳态下T_4、T_5总是一个导通而另一个截止,这样不仅可以有效地降低输出级的静态功耗而且可以提高门电路的带负载能力。

2. 改进电路

为了进一步提高门电路的开关速度,在图2.8 TTL与非门电路基础上提出了改进电路——有源泄放TTL电路,如图2.9所示。图2.9中用T_6、R_3和R_6组成的有源电路代替图2.8中的电阻R_3,为T_5的基极提供了一个有源泄放回路。

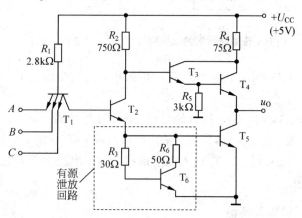

图2.9 有源泄放TTL与非门电路

在T_5由截止变为导通的瞬间,由于T_6的基极回路中串接了电阻R_3,所以T_5的基极电位高于T_6的基极电位,使T_5先于T_6导通,这时T_2发射极电流几乎全部会流入T_5的基极,从而使T_5迅速导通,缩短了开通时间。T_5饱和导通以后,又由于T_6导通的分流作用,使T_5的基极电流减小,饱和程度降低,这样又缩短了存储时间。

当T_2从导通变为截止时,由于这时T_6仍处于导通状态,为T_5的基区存储电荷提供了一个瞬间的低阻泄放回路,加速了其存储电荷的消失过程,使T_5迅速截止。所以,有源泄放回路的引入提高了门电路的开关速度。

2.2.2 TTL 与非门的外特性

1. TTL 与非门的电压传输特性

TTL 与非门的电压传输特性是指与非门的输出电压与输入电压的关系,即 $u_O=f(u_I)$,它表明输入信号由低电平逐渐上升到高电平时输出电平的相应变化。电压传输特性可通过电路的定量分析或者实验测量而得到。如图 2.10 所示为 TTL 与非门电压传输特性的测试电路,图中输入端 A 与可调直流电源 E 相连接,其余输入端均接高电平。改变可调直流电源 E 的大小,用电压表测出输入电压 u_I 和输出电压 u_O 的数值,测得多组数据即可描绘出如图 2.11 所示的电压传输特性。

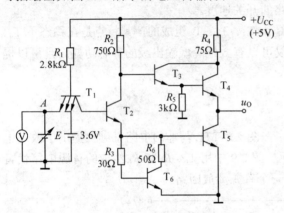
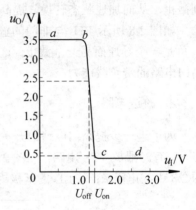

图 2.10　TTL 与非门电压传输特性的测试电路　　图 2.11　TTL 与非门的电压传输特性

当输入电压 $u_I<1.3V$ 时,T_1 饱和,T_2、T_5 截止,此时电路输出为高电平,如图 2.11 中的 ab 段。

当输入电压 $u_I>1.3V$ 时,T_2、T_5 开始导通,由于在导通的一瞬间,T_2 的发射极电流几乎全部流入 T_5 的基极,使 T_5 迅速导通,输出电压急剧下降,如图 2.11 中所示的 bc 段。

当输入电压 $u_I>1.5V$ 以后,T_5 进入深度饱和,输出电压下降为低电平并维持不变,如图 2.11 中的 cd 段。

2. TTL 与非门的输入特性

TTL 与非门的输入特性是指其输入电流与输入电压之间的关系,即 $i_I=f(u_I)$。如图 2.12(a)所示为 TTL 与非门输入电路部分的简化电路,在图示参考方向下的输入电流为:

$$i_I = -\frac{U_{CC} - U_{BE1} - u_I}{R_1} \tag{2.1}$$

根据如图 2.12(a)所示电路,每改变一次 u_I 的值,对应可测出 i_I 的值。可以画出 TTL 与非门的输入电流与输入电压之间的关系曲线——输入特性曲线,如图 2.12(b)所示。

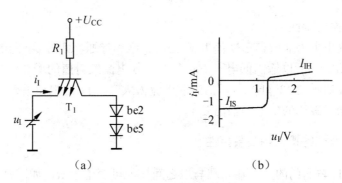

图 2.12 TTL 与非门的输入特性

在输入低电平时对应的输入电流 i_I 称为低电平输入电流 I_{IL}。通常把 $u_I=0$ 时的输入电流称为输入短路电流 I_{IS}，显然，输入短路电流 I_{IS} 比低电平输入电流 I_{IL} 略大一些。

在输入高电平时对应的输入电流 i_I 称为高电平输入电流 I_{IH}。此时 T_1 的集电结处于正向偏置，发射结处于反向偏置，使 T_1 工作在集电结和发射结倒置使用的放大状态。由于倒置放大的电流放大系数 β_i 非常小（在 0.01 以下），所以高电平输入电流 I_{IH} 也很小，一般 $I_{IH}<50\mu A$。

3．TTL 与非门的输出特性

TTL 与非门的输出特性反映了输出电压随输出负载电流的变化情况，即 $u_o=f(i_L)$。由于 TTL 与非门有高、低电平两种输出状态，分别对应不同的输出电路，所以它的输出特性也分为高电平输出特性和低电平输出特性，下面分别讨论。

1）高电平输出特性

当输出为高电平 U_{OH} 时，三极管 T_3、T_4 导通，T_5 截止，这时 T_3、T_4 组成的复合管工作在射极跟随状态，电路的输出电阻很低，在负载电流较小时，由负载电流变化引起输出高电平 U_{OH} 的变化很小。随着负载电流进一步增加，T_4 的输出电流也会随之增大，使 T_4 进入饱和状态，这时 T_4 将失去射极跟随功能，因而输出高电平 U_{OH} 便随负载电流的增加而迅速减小。高电平输出特性曲线如图 2.13（a）所示。由于受到功耗的限制，实际运用时负载电流 I_{OH} 应限制在 $400\mu A$ 以下。

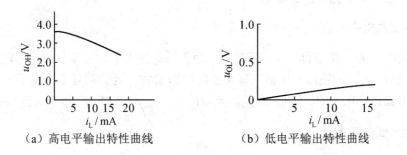

（a）高电平输出特性曲线　　（b）低电平输出特性曲线

图 2.13 TTL 与非门的输出特性

2）低电平输出特性

当输出为低电平 U_{OL} 时，三极管 T_4 截止，T_5 饱和导通，此时 c-e 间的导通电阻很小（通常在 10Ω 以内），所以输出低电平 U_{OL} 会随负载电流绝对值的增加而略有增加。低电平输出特性曲线如图 2.13（b）所示。当灌电流太大时，T_5 由饱和进入放大，会使低电平 U_{OL} 迅速增加，破坏低电平的输出要求。

4．TTL 与非门的输入端负载特性

如果在 TTL 与非门的一个输入端与地之间接入可变电阻 R，如图 2.14（a）所示，当 R 改变时，R 两端的电压 u_I 也会随之变化，即 $u_I=f(R)$，这种变化规律称为输入端的负载特性。

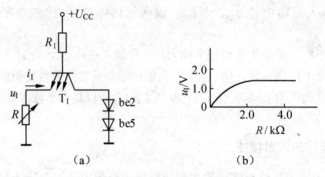

图 2.14 TTL 与非门输入端负载特性

由图 2.14（a）可知：

$$u_I = \frac{R}{R+R_1}(U_{CC} - U_{BE}) \tag{2.2}$$

当 $R \ll R_1$ 时，u_I 几乎与 R 成正比，u_I 随 R 的增加而升高。当 $u_I \approx 1.4V$ 时，T_2 和 T_5 导通，使输出变为低电平，这时对应的电阻值称为开门电阻 R_{ON}。当 u_I 升到 1.4V 以后，由于 T_2 和 T_5 的导通使 u_{B1} 钳位在 2.1V 左右，所以 u_I 不再随 R 的增加而升高。此时 u_I 与 R 的关系不满足式（2.2）的规定。输入端负载特性曲线如图 2.14（a）所示。

2.2.3 TTL 与非门的主要参数

1．输出高电平 U_{OH}

输出高电平 U_{OH} 是指有一个（或几个）输入端是低电平时与非门的输出电平，这就是图 2.11 上的 ab 段的输出电压值。其典型值约为 3.6V。通常厂家在产品手册中给出在一定条件下输出高电平的下限值 U_{OHmin}，典型的 U_{OHmin} 为 2.4V，产品规范值 $U_{OH} \geq 2.4V$。

2．输出低电平 U_{OL}

输出低电平 U_{OL} 是指输入全为高电平时与非门的输出电平，对应于图 2.11 中 cd 段平坦部分的电压值。通常厂家在产品手册中给出在一定条件下输出低电平的上限值

U_{OLmax}，典型的 U_{OLmax} 为 0.4V，产品规范值 $U_{OL} \leq 0.4V$。

3．开门电平 U_{ON} 和关门电平 U_{OFF}

在额定负载下（例如所带负载门数 $N=8$），使输出电平达到输出低电平的上限值 U_{OLmax} 时的输入电平为开门电平 U_{ON}，它表示使与非门开通的最小输入高电平。从图2.11的电压传输特性上可得开门电平 U_{ON} 约为 1.4V。产品规范规定 $U_{ON}<2V$。

关门电平 U_{OFF} 是指输出电平上升到输出高电平的下限值 U_{OHmin} 时的输入电平，它表示使与非门关断所需的最大输入低电平。从图 2.11 的电压传输特性上可得关门电平 U_{OFF} 约为 1.35V。

4．噪声容限

噪声容限是一种表示与非门抗干扰能力的参数，它分为低电平噪声容限 U_{NL} 和高电平噪声容限 U_{NH}。

低电平噪声容限是指在保证输出高电平的前提下，允许叠加在输入低电平上的最大噪声电压（正向干扰）。它可以表示为该级输入电平所允许的最大值 U_{ILmax}（也就是关门电平 U_{OFF}）与前一级输出低电平的上限值 U_{OLmax} 之差，即

$$U_{NL} = U_{ILmax} - U_{OLmax} = U_{OFF} - U_{OLmax} \tag{2.3}$$

高电平噪声容限是指在保证输出低电平的前提下，允许叠加在输入高电平上的最大噪声电压（负向干扰）。它可以表示为该级输入电平允许的最小值 U_{IHmin}（也就是开门电平 U_{ON}）与前一级输出高电平的下限值 U_{OHmin} 之差，即

$$U_{NH} = U_{OHmin} - U_{IHmin} = U_{OHmin} - U_{ON} \tag{2.4}$$

关门电平 U_{OFF} 与开门电平 U_{ON} 越接近，即开门电平 U_{ON} 越小，关门电平 U_{OFF} 越大，则噪声容限值越大，表明与非门的抗干扰能力越强。噪声容限的示意图如图 2.15 所示。

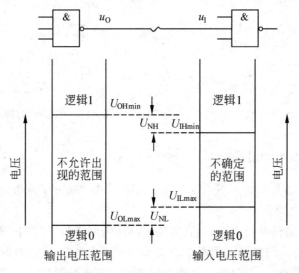

图 2.15 噪声容限的示意图

5. 输入短路电流 I_{IS}

当某一输入端接地而其余输入端悬空时，流过这个输入端的电流称为输入短路电流 I_{IS}，如图 2.16 所示。由图可知：

$$I_{IS} = \frac{U_{CC} - U_{BE1}}{R_1} = \frac{(5-0.7)\text{V}}{2.8\text{k}\Omega} \approx 1.5\text{mA}$$

在实际电路中，由于 I_{IS} 流入前级与非门的输出管而作为前级的灌电流负载，这样 I_{IS} 的大小将直接影响前级与非门的工作情况。因此，对输入短路电流 I_{IS} 要有一定限制。产品规范值 $I_{IS} \leqslant 1.6\text{mA}$。

6. 高电平输入电流 I_{IH}

高电平输入电流 I_{IH} 又称为输入漏电流或输入交叉漏电流，它是指某一输入端接高电平，而其他输入端接地时的输入电流。在与非门串联运用的情况下，当前级门输出高电平时，后级门的 I_{IH} 就是前级门的拉电流负载，如果 I_{IH} 太大，会使前级门输出高电平下降，所以必须把 I_{IH} 限制在一定数值以下，一般 $I_{IH} < 50\mu\text{A}$。

7. 平均传输延迟时间 t_{pd}

平均传输延迟时间 t_{pd} 是用来表示电路开关速度的参数，t_{pd} 的定义如图 2.17 所示。输出电压对输入电压有一定时间的延迟，从输入波形上升沿中点到输出波形下降沿中点之间的时间延迟称为导通延迟时间 $t_{d(on)}$；从输入波形下降沿中点到输出波形上升沿中点之间的时间延迟称为截止延迟时间 $t_{d(off)}$；而 $t_{d(on)}$ 和 $t_{d(off)}$ 的平均值称为平均传输延迟时间 t_{pd}，即 $t_{pd} = \frac{1}{2}(t_{d(on)} + t_{d(off)})$。典型 TTL 与非门的平均传输延迟时间 $t_{pd} = 10 \sim 20\text{ns}$。

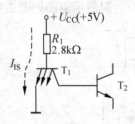

图 2.16　I_{IS} 的定义

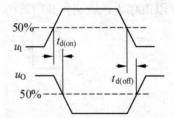

图 2.17　平均传输延迟时间的定义

8. 扇入系数 N_i 与扇出系数 N_O

TTL 与非门的扇入系数 N_i 是由它的输入端的个数决定的，例如一个三输入端的 TTL 与非门，其扇入系数 $N_i = 3$。

TTL 与非门的扇出系数 N_O 是由它的输出端所带同类与非门的个数决定的，如图 2.18 所示电路是 TTL 与非门带几个同类型的与非门的简化电路。由前面介绍的 TTL 与非门的输出特性可知，TTL 与非门所带负载的电流流向有两种情况，一种是负载电流从外电路流入与非门,称为灌电流负载;另一种是负载电流从与非门流向外电路,称为拉电流负载。下面就针对这两种情况加以分析。

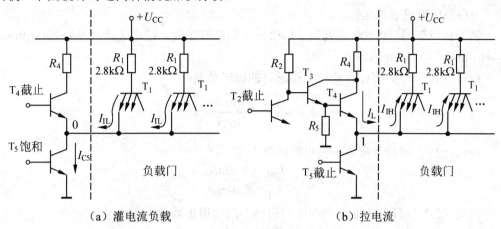

(a) 灌电流负载 (b) 拉电流

图 2.18 TTL 与非门的带负载能力

1) 灌电流工作情况

在如图 2.18(a) 所示电路中,当前级与非门输出为低电平时,T_5 饱和,每个负载门都会有 I_{IL} 的电流流向 T_5 的集电极,这些流入前级与非门的电流称为灌电流,T_5 的集电极电流 I_{C5} 的大小与所带负载门的个数有关,T_5 的集电极电流 I_{C5} 实际上也就是与非门的输出电流 I_{OL}。当负载门的个数增多时,T_5 的集电极电流 I_{C5} 会增加,而 T_5 的集电极电流增加会引起输出低电平 U_{OL} 升高。由于 TTL 与非门的最大输出低电平 $U_{OLmax}=0.4V$,从而也就限制了灌电流负载门的个数,所以此时 TTL 与非门带同类与非门的个数为:

$$N_{OL} = \frac{I_{OL}}{I_{IL}} \quad (\text{取整数}) \tag{2.5}$$

由于 TTL 与非门采用推拉式输出级,当输出为低电平时,T_4 截止,T_5 处于深度饱和状态,这有利于提高它的灌电流负载能力。

2) 拉电流工作情况

在如图 2.18(b) 所示电路中,当前级与非门输出为高电平时,T_5 截止,有电流由电源 U_{CC} 经 R_4 流向负载门,这些由与非门流出的电流称为拉电流。这时前级与非门要向每个负载门提供 I_{IH} 的电流,前级与非门的负载电流 I_{OH} 仍然与所带负载门的个数有关,当负载门的个数增加时,负载电流 I_{OH} 会增加,而 I_{OH} 过大会使 R_4 上的压降增加,U_{C3} 下降,迫使 T_3 进入饱和状态,电流放大系数 β_3 变小,T_3 和 T_4 组成的复合管使与非门输出电阻增大,输出高电平 U_{OH} 下降。由于 TTL 与非门的最小输出高电平 $U_{OHmin}=2.4V$,从而也就限制了拉电流负载门的个数,所以此时 TTL 与非门带同类与非门的个数为:

$$N_{OH} = \frac{I_{OH}}{I_{IH}} \quad (\text{取整数}) \tag{2.6}$$

综合考虑以上两种情况可以得出 TTL 与非门驱动同类与非门的个数(也就是扇出系数)应为:

$$N_O = \min\{N_{OL}, N_{OH}\} \tag{2.7}$$

一般半导体器件手册中，并不给出扇出系数，需要通过计算或实验的方法获得。通常对典型电路来说，扇出系数 $N_O \geq 8$。此外，在设计选择扇出数时要留有余地，以保证数字电路系统能可靠地运行。

例 2.1 试计算 T1000 系列与非门带同类门的扇出数。已知 I_{OL}=16mA，I_{IL}=1mA，I_{OH}=0.4mA，I_{IH}=0.04mA。

解：由式（2.5）可计算低电平输出时的扇出系数：

$$N_{OL} = \frac{I_{OL}}{I_{IL}} = \frac{16\text{mA}}{1\text{mA}} = 16$$

由式（2.6）可计算高电平输出时的扇出系数：

$$N_{OH} = \frac{I_{OH}}{I_{IH}} = \frac{0.4\text{mA}}{0.04\text{mA}} = 10$$

由式（2.7）可得 T100 系列与非门带同类门的扇出系数：

$$N_O = \min\{N_{OL}, N_{OH}\} = 10$$

9. 空载功耗

与非门的空载功耗是当与非门负载开路时电源总电流 I_{CC} 与电源电压 U_{CC} 的乘积。当输出为低电平时的功耗称为空载导通功耗 P_{ON}，当输出为高电平时的功耗称为空载截止功耗 P_{OFF}，一般 P_{ON} 要比 P_{OFF} 大。空载功耗取二者的平均值。

实际应用时需要注意的是，在与非门的输入由高电平转换为低电平的瞬间，由于 T_5 原来是工作在深度饱和状态，这样 T_4 导通会先于 T_5 的截止，因此出现了 T_4 和 T_5 在瞬间同时导通的现象，这时流过 T_4 和 T_5 的电流都很大，使总电流 I_{CC} 出现峰值，瞬时功耗随之增加，整个平均功耗也会增加。在工作频率较低时它的影响比较小，可以忽略，但工作频率较高时，两种状态相互转换次数增多，峰值电流所出现的时间在整个周期中所占比例增大，也即平均功耗增大，甚至超过额定值。因此在选用电源时，不能单从与非门的导通功耗考虑，还应留有适当的余量。

表 2.6 列出了国产 T1000 系列 T060A 型中速与非门的参数规范及测试条件。

表 2.6 T060A 型中速与非门的参数规范及测试条件

参 数 名 称	符号	单位	测 试 条 件	规范值
输出高电平	U_{OH}	V	U_{CC}=4.5V，输入端 U_I=0.8V，输出端 I_{OH}=400μA	≥2.4
输入短路电流	I_{IS}	mA	U_{CC}=5.5V，待测输入端接地，输出端空载	≤1.6
输出低电平	U_{OL}	V	U_{CC}=4.5V，输入端 U_I=2V，输出端 I_{OL}=12.8mA	≤0.4
扇出系数	N_O		同 U_{OL} 及 U_{OH}	≥8
高电平输入电流	I_{IH}	μA	U_{CC}=5.5V，输入端 U_I=2.4V，输出端空载	≤50
平均传输延迟时间	t_{pd}	ns	U_{CC}=5V，输入端信号：U_m=3V，f=2MHz	40
高电平输出时电源电流	I_{ICH}	mA	U_{CC}=5.5V，输入端接地，输出端空载	≤3.5
低电平输出时电源电流	I_{CL}	mA	U_{CC}=5.5V，输入端悬空，输出端空载	≤7

2.2.4 抗饱和 TTL 电路

抗饱和 TTL 电路是目前传输速度比较高的一种 TTL 电路。这种电路由于采用肖特基势垒二极管 SBD 钳位方法来达到抗饱和的效果，一般称为 SBD-TTL 电路（简称 STTL 电路），其平均传输延迟时间可减至 2～4ns。

肖特基势垒二极管是一种利用金属和半导体相接触在交界面形成势垒的二极管。与普通二极管相比，一方面肖特基势垒二极管 SBD 的导通阈值电压较低，为 0.4～0.5V；另一方面肖特基势垒二极管的导电机构是多数载流子，因而电荷存储效应很小。

如果在三极管的基极和集电极之间并联一个导通阈值较低的肖特基二极管，就可以限制三极管的饱和深度，如图 2.19（a）所示，通常把它们看成一个器件，其表示符号如图 2.19（b）所示。由于肖特基二极管的导通阈值电压较低，当三极管 b、c 之间加有正向偏置电压时，肖特基二极管首先导通，将三极管 b、c 之间的电压钳位在 0.4V 左右。可以分流一部分流向基极的电流，从而有效防止三极管进入深度饱和状态，提高电路的开关速度。

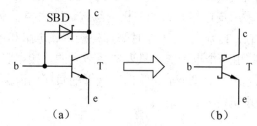

图 2.19 肖特基三极管

在图 2.8 TTL 与非门电路中，T_1、T_2、T_5 会工作在深饱和区，管内存储效应对电路开关速度的影响很大，可以对它们采用 SBD 钳位，起到抗饱和的作用，其电路如图 2.20 所示。虽然抗饱和 TTL 电路的工作速度比较高，但采用抗饱和三极管也会带来一些缺点，如 T_5 导通时，由于脱离深度饱和状态，会使输出低电平升高，最大值可达 0.5V 左右。

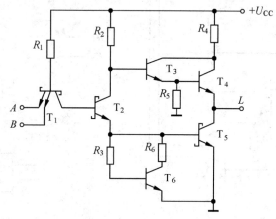

图 2.20 肖特基 TTL 与非门电路

2.2.5 集电极开路与非门和三态与非门

在实际应用中，为了简化电路，有时需要把几个与非门的输出端直接并联来实现其输出端的线与逻辑，也就是靠线的连接来完成与逻辑功能。

实际上并不是所有形式的与非门都能接成线与电路，因为一般 TTL 与非门的输出电阻都很小，只有几欧姆或几十欧姆，如果将它们的输出端相连，当一个门的输出是高电平而另一个门的输出是低电平时，就会形成一条自 U_{CC} 到地的低阻通路，如图 2.21 所示，就会有很大的负载电流流经两个门电路的输出级，此时的电流会远大于与非门的正常工作电流，从而造成与非门的损坏。为了解决多个门电路输出端可以相互连接在一起的问题，人们对 TTL 与非门电路进行改进，形成了集电极开路与非门和三态与非门。

1. 集电极开路与非门（OC 门）

图 2.22（a）是一种集电极开路与非门（OC 门）的电路结构，它与一般 TTL 与非门的差别在于它的输出级采用集电极开路的三极管结构，即去掉了高电平输出时的射极跟随器电路（图 2.8 中的 T_3、T_4），它在工作时需要外接负载电阻和电源。当 n 个 OC 门的输出端相连时，一般可共用一个电阻 R_c。只要选择适当的外接电阻 R_c 和电源电压就可以保证输出的高电平和低电平符合要求，而输出三极管的负载电流又不会太大。图 2.22（b）是集电极开路与非门的逻辑符号。

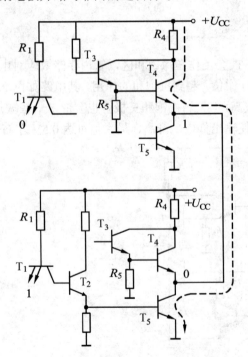

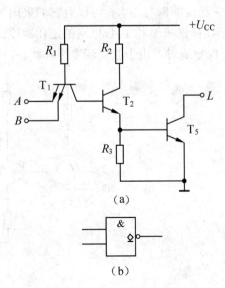

图 2.21　两个普通 TTL 与非门输出端相连　　图 2.22　集电极开路与非门电路及符号

外接电阻 R_c 可用下面的计算公式确定。

设有 n 个 OC 门输出端进行线与连接,后面带有 TTL 与非门负载的输入端数为 m 个,如图 2.23 所示。当所有 OC 门同时截止时,输出 u_O 为高电平 U_{OH}。由图 2.23 可知:

$$U_{OH} = U_{CC} - I_{R_c} R_c = U_{CC} - (nI_{OH} + mI_{IH})R_c$$

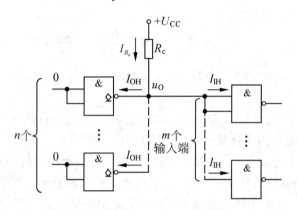

图 2.23 OC 门外接电阻 R_c 最大值的计算

此时应保证输出高电平不低于规定高电平的下限值 U_{OHmin},所以 R_c 不能选择太大。由此可得外接电阻 R_c 的最大值为:

$$R_{c\max} = \frac{U_{CC} - U_{OHmin}}{nI_{OH} + mI_{IH}} \tag{2.8}$$

式中,I_{OH} 是 OC 门输出管截止时的漏电流,I_{IH} 是负载门的高电平输入电流。

当所有 OC 门中有一个导通时,输出 u_O 为低电平 U_{OL}。由图 2.24 可知:

$$I_{OL} = I_{R_c} + m'I_{IL} = \frac{U_{CC} - U_{OL}}{R_c} + m'I_{IL}$$

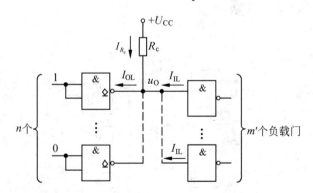

图 2.24 OC 门外接电阻 R_c 最小值的计算

由于这时的所有负载门电流都会流入导通的那个 OC 门,流入 OC 门的电流较大,所以此时 R_c 不能选择太小,以确保流入 OC 门的电流不至于超过它的最大允许值。由此可得外接电阻 R_c 的最小值为:

$$R_{c\min} = \frac{U_{CC} - U_{OL\max}}{I_{OL} - m'I_{IL}} \tag{2.9}$$

式中，I_{OL} 是 OC 门所允许的最大负载电流，I_{IL} 是负载门的低电平输入电流，$U_{OL\max}$ 为输出低电平的上限值，m' 为 OC 门驱动的负载门数。

综上所述，可见 R_c 的值应满足：

$$\frac{U_{CC} - U_{OL\max}}{I_{OL} - m'I_{IL}} \leqslant R_c \leqslant \frac{U_{CC} - U_{OH\min}}{nI_{OH} + mI_{IH}} \tag{2.10}$$

应用式（2.10）确定 OC 门外接集电极电阻时，应注意计算公式中各个电流参数前面的系数。

（1）前级有 n 个 OC 门，在确定 R_c 的最大值时，前提条件是这 n 个 OC 门的输出三极管均处于截止状态，因为只要有一个门的输出三极管导通，输出即为低电平。所以，在计算公式中，要考虑 n 个 I_{OH}。OC 门输出高电平时，所接负载门的输入端均处于高电平，因此，考虑 I_{IH} 时，不是所接门电路的个数，而是所接输入端的个数 m。如果所接电阻 R_c 大于 $R_{c\max}$，则 R_c 上的压降增大，无法保证输出高电平，会造成逻辑功能的混乱。

（2）在确定 R_C 的最小值时，I_{OL} 前的系数为 1，即仅考虑一个 OC 门输出三极管导通，其他 OC 门的输出三极管截止。如果多个 OC 门输出三极管导通，则灌电流加大，R_c 上的压降增加，U_{OL} 更低。因此，当仅有一个 OC 门输出三极管导通是最不利的情况。考虑 I_{IL} 时，采用了负载门的个数 m' 而不是所连接输入端的个数，这是因为低电平输入电流稍小于输入短路电流，其值由门电路输入级多发射管的基极电阻决定，一个门电路无论几个输入端接低电平，其 I_{IL} 不随输入端个数增加。

例 2.2 在如图 2.25 所示电路中，已知 OC 门在输出低电平时允许的最大负载电流 I_{OL}=12mA，在输出高电平时的漏电流 I_{OH}=200μA，与非门的高电平输入电流 I_{IH}=50μA，低电平输入电流 I_{IL}=1.4 mA，U_{CC}=5V。要求 OC 门输出高电平 $U_{OH} \geqslant 3V$，输出低电平 $U_{OL} \leqslant 0.35V$，试选取外接电阻 R_c 的值。

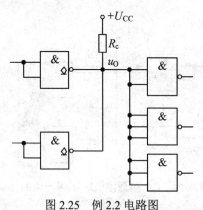

图 2.25　例 2.2 电路图

解：由式（2.8）得

$$R_{c\max} = \frac{U_{CC} - U_{OH\min}}{nI_{OH} + mI_{IH}} = \frac{5-3}{2 \times 0.2 + 8 \times 0.05} = 2.5(k\Omega)$$

又由式（2.9）得

$$R_{c\min} = \frac{U_{CC} - U_{OL\max}}{I_{OL} - m'I_{IL}} = \frac{5 - 0.35}{12 - 3 \times 1.4} = 0.6(\text{k}\Omega)$$

$$0.6\text{k}\Omega \leqslant R_c \leqslant 2.5\text{k}\Omega$$

所以可取外接电阻 $R_c=1\text{k}\Omega$。

OC 门虽然可以实现线与的功能，但因外接电阻 R_c 的选取会受到一定的限制而不能取得太小，从而限制门电路的工作速度，同时由于它去掉了有源负载，失去了推拉式输出级的优点，使得它的带负载能力降低。

2. 三态与非门（TSL 门）

三态与非门（TSL 门）是在普通门电路的基础上增加了控制端和控制电路而构成的。它的输出除了具有一般与非门的两种状态，即输出电阻较小的高、低电平状态外，还具有高输出电阻的第三状态，称为高阻态，又称为禁止态。

图 2.26（a）是一个简单的 TSL 门电路，图 2.26（b）是其逻辑符号。其中，EN 为使能端，A、B 为逻辑变量输入端。

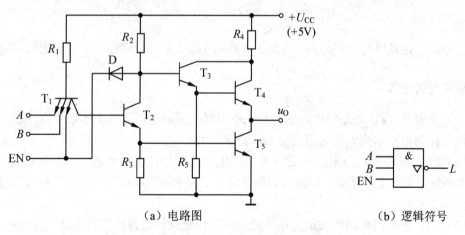

图 2.26 三态与非门电路结构和逻辑符号

比较图 2.26 与图 2.8 的电路，可见其主要区别是图 2.26 电路中增加了二极管 D，D 正极与 T_2 的集电极相连接，负极与多发射极三极管的一个输入端相连接。因此，D 是决定电路工作状态的关键。

当 EN=1 时，二极管 D 截止，此时电路与一个普通的二输入 TTL 与非门等效，其输出状态取决于输入端 A、B 的状态，即 $L = \overline{AB}$。TSL 门处于正常工作状态。

当 EN=0 时，二极管 D 导通，使 T_2 的集电极电位 U_{C2} 为低电平，这时 $T_2 \sim T_5$ 均截止，TSL 门输出处于高阻状态，习惯上称此状态为禁止工作状态。TSL 门的真值表如表 2.7 所示。

TSL 门常用于数字系统中各部件的输出级，这时多个 TSL 门输出端共同连接在同一总线上，如图 2.27 所示，当某一部件的数据需要传输到总线上时，对应的 TSL 门的使能端 EN 加以有效电平，其输出端与总线连通。而其他所有 TSL 门的 EN 端则施加相反的电平值，使之处于高阻态而与总线不产生电信号联系。

表 2.7 TSL 门的真值表

使能端	数据输入端		输出端
EN	A	B	L
1	0	0	1
1	0	1	1
1	1	0	1
1	1	1	0
0	×	×	z (高阻态)

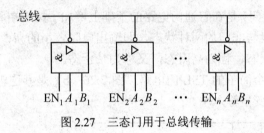

图 2.27 三态门用于总线传输

上面的讨论是以与非门为例，实际上，OC 门及三态门结构也适用其他逻辑门电路。

思考与讨论题：

（1）在理解 TTL 与非门电路结构及工作原理的基础上，你认为实现 TTL 或非门应采用什么样的电路结构？查阅相关资料，验证你的想法。

（2）图 2.26 的三态门电路当 EN=0 时，电路处于禁止工作状态。如果希望 EN=1 时，电路处于禁止工作状态，你认为如何改进图 2.26 所示电路？三态门电路的逻辑符号又应如何表示？

（3）TTL 逻辑门电路的发展方向一是提高工作速度，二是提高集成度。查阅相关资料，了解这方面的发展进程。

（4）分别举例说明 OC 门、三态门在数字系统中的典型应用。

（5）了解 74 系列、74H 系列、74S 系列、74LS 系列、74AS 系列、74ALS 系列、74F 系列的含义及区别。

2.3 CMOS 门电路

2.3.1 NMOS 逻辑门电路

1. NMOS 反相器

NMOS 反相器如图 2.28（a）所示，当输入信号 u_I 为低电平时，T 截止，输出电压 u_O 为高电平；当输入信号 u_I 为高电平时，T 导通，输出电压 u_O 为低电平，其数值为：

$$u_{OL} = \frac{R_{ds}}{R_D + R_{ds}} U_{DD} \tag{2.11}$$

式中，R_{ds} 为 NMOS 管导通时漏、源之间的等效电阻。

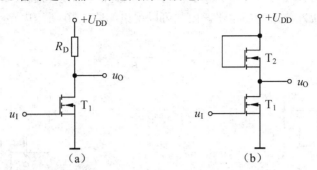

图 2.28 NMOS 反相器

由式（2.11）可知，R_{ds} 越小，R_D 越大，输出低电平 U_{OL} 越小，反相器在导通状态下的静态功耗就越低。但 R_D 取值较大时，一方面会影响电路的带负载能力及开关速度；另一方面大阻值的电阻会占用较大的硅片面积。所以在实际的 NMOS 反相器中，都是采用另一个 NMOS 管来代替电阻 R_D，组成有源负载 NMOS 反相器，其电路如图 2.28（b）所示，其中 T_1 为工作管，T_2 为负载管，二者均为增强型 NMOS 管。同时负载管 T_2 的栅极和漏极与电源+U_{DD} 相连接，因而 T_2 管总是处于导通状态。

当输入电压 u_I 为低电平 U_{IL}（U_{IL} 应小于 T_1 管开启电压 U_{TH1}）时，T_1 截止，输出为高电平。由于 T_2 管总是处于导通状态，所以高电平输出电压 u_O 为（$U_{DD}-U_{TH2}$）。当输入电压 u_I 为高电平 U_{IH}（U_{IH} 应大于 T_1 管开启电压 U_{TH1}）时，T_1 导通，输出为低电平，其大小取决于 T_1、T_2 两管导通时所呈现的电阻之比。通常 T_1 管的跨导 g_{m1} 远大于 T_2 管的跨导 g_{m2}（二者之比约为 10∶1），以保证输出低电平 u_O 小于 1V。由于 T_2 管的跨导 g_{m2} 较小，漏、源之间的等效电阻 R_{ds2} 较大，使 NMOS 反相器的工作速度受到限制。

2. NMOS 逻辑门电路

1）NMOS 与非门

如图 2.29 所示电路为两输入端的 NMOS 与非门电路。当输入端 A、B 均为高电平时，T_1、T_2 都导通，输出为低电平，当输入端 A、B 当中至少有一个为低电平时，使 T_1、T_2 中有一个截止，输出为高电平。由此可以得出如图 2.29 所示电路实现的是与非逻辑功能，即

$$L = \overline{AB}$$

由于这种与非门的输出低电平值取决于负载管的导通电阻与各工作管导通电阻之和的比值，因此工作管的个数会影响输出低电平值，工作管串联的个数较多时会使输出低电平值偏高，一般工作管不宜超过三个。

2) NMOS 或非门

如图 2.30 所示电路为两输入端的 NMOS 或非门电路。当输入端 A、B 当中至少有一个为高电平时，与其相对应 T_1 或 T_2 管导通，输出为低电平，当输入端 A、B 均为低电平时，T_1、T_2 都截止，输出为高电平。由此可以得出如图 2.30 所示电路实现的是或非逻辑功能，即

$$L = \overline{A+B}$$

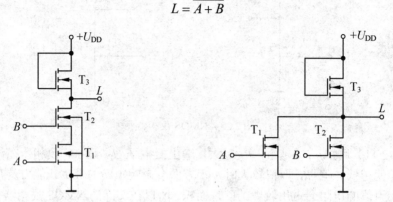

图 2.29　NMOS 与非门电路图　　　图 2.30　NMOS 或非门电路

由于或非门的工作管采用并联连接，工作管的个数不会影响输出低电平值，使用比较方便，因此 NMOS 逻辑门电路大都采用或非门电路的形式。

同样的原理，利用 PMOS 器件可组成 PMOS 门电路。但无论是 NMOS 门电路还是 PMOS 门电路，在电路性能上都具有一定的不足之处，而利用 PMOS 和 NMOS 器件组成的 CMOS 门电路，其优点更为突出。

2.3.2　CMOS 逻辑门电路

CMOS 逻辑门电路是继 TTL 门电路之后发展起来的又一种应用广泛的数字集成器件，由于 CMOS 不仅具有制造工艺简单、集成度高和制作成本低的优点，而且它的功耗低、抗干扰能力强，使它逐渐成为数字集成电路器件的主流产品。目前大多数的 PLD、存储器等器件都采用 CMOS 制造工艺。

1. CMOS 反相器

1) 电路结构与工作原理

如图 2.31 所示电路为 CMOS 反相器电路结构图，它由一个 NMOS 管和一个 PMOS 管组成。两个 MOS 管均为增强型的，其开启电压分别为 U_{TN} 和 U_{TP}。为了保证电路正常工作，要求电源电压 U_{DD} 大于两个管子的开启电压的绝对值之和，即 $U_{DD} > |U_{TP}| + U_{TN}$。

当输入 u_I 为低电平 $U_{IL}=0$ 时，$|u_{GSP}|=U_{DD}>|U_{TP}|$，$u_{GSN}=0<U_{TN}$。所以 T_P 导通，且 T_P 漏源之间的导通电阻很低（在 $|u_{GSP}|$ 足够大时可小于 $1\text{k}\Omega$）；T_N 截止，且 T_N 漏源之间的输出电阻很高（可达 $10^8 \sim 10^9 \Omega$）。此时输出 u_O 为高电平 $U_{OH}=U_{DD}$。

当输入 u_I 为高电平 $U_{IH}=U_{DD}$ 时，$u_{GSP}=0<|U_{TP}|$，$u_{GSN}=U_{DD}>U_{TN}$。所以 T_P 截止，T_N 导通，此时输出 u_O 为低电平 $U_{OL}=0$。

由此可见输入与输出满足非逻辑关系。同时无论输入 u_I 为低电平还是高电平，T_P 和 T_N 总是工作在一个导通而另一个截止的状态，即为互补状态，所以把这种结构形式称为互补对称式金属-氧化物-半导体电路，简称 CMOS 电路。由于 T_P、T_N 总有一个是截止的，所以其静态电流很小，约为纳安数量级（10^{-9}A），故 CMOS 门电路的静态功耗很低。

2）电压传输特性

如图 2.32 所示是 CMOS 反相器的典型电压传输特性。因为要求电路满足 $U_{DD}>|U_{TP}|+U_{TN}$，且 $|U_{TP}|=U_{TN}$ 的条件。当 $u_I<U_{TN}$ 时，$|u_{GSP}|>|U_{TP}|$，$u_{GSN}<U_{TN}$，所以 T_P 导通，T_N 截止，$u_O=U_{DD}$，如图 2.32 中的 ab 段。当 u_I 逐渐升高大于 U_{TN} 时，$u_{GSN}>U_{TN}$，T_N 开始导通，而 T_P 工作在可变电阻区，所以此时 u_O 虽然开始下降但仍维持较高的电平，如图 2.32 中的 bc 段。随着 u_I 的升高，u_O 会继续降低。致使 $|u_{GSP}|>|U_{TP}|$，$u_{GSN}>U_{TN}$，所以 T_P 和 T_N 均工作在恒流区，两管同时导通。此时输出电压随输入电压的改变急剧变化，如图 2.32 所示的 cd 段。考虑到电路的互补对称性，两管在 $u_I=U_{DD}/2$ 处进行转换状态。当 u_I 继续升高，u_O 会进一步降低，T_N 进入电阻区，变为低电平，如图 2.32 中的 de 段。当 $|u_I-U_{DD}|<|U_{TP}|$，T_P 截止，$u_O=U_{OL}=0$，如图 2.32 中的 ef 段。由于 CMOS 反相器的输出电压接近于零或 $+U_{DD}$，功耗很低，故可近似为一理想的逻辑单元。

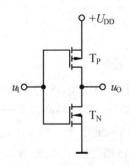

图 2.31 CMOS 反相器

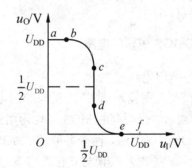

图 2.32 CMOS 反相器的电压传输特性

3）工作速度

由于 CMOS 反相器具有互补对称性，所以它的开通时间和关闭时间是相等的。图 2.33 是 CMOS 反相器带电容负载的工作情况，当输入 u_I 为低电平 $U_{IL}=0$ 时，T_P 导通，T_N 截止，电源 $+U_{DD}$ 通过 T_P 向负载电容 C 充电。由于 CMOS 反相器中的两管的 g_m 值均设计得较大，所以它们的导通电阻较小，故而充电回路的时间常数较小。当输入 u_I 为高电平 $U_{IH}=U_{DD}$ 时，T_P 截止，T_N 导通，负载电容 C 通过 T_N 放电。CMOS 反相器的平均传输延迟时间约为数十纳秒。

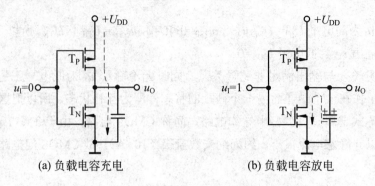

图 2.33 CMOS 反相器带负载电容的工作情况

4）扇出能力

CMOS 反相器在驱动同类逻辑门时，由于负载门仍然是 MOS 管，其输入电阻很高，约为 $10^{15}\Omega$，几乎不从前一级取电流，也不会向前级灌入电流，所以在不考虑速度的情况下，其带负载能力几乎无限。但实际上 MOS 管存在着输入电容，当所带负载门增多时，前级门的总负载电容也会按比例增大。过大的负载电容会增加 CMOS 反相器的平均传输延迟时间，降低开关速度，因此 CMOS 反相器的扇出能力实际上受到了负载电容的限制。CMOS 门电路的扇出系数一般大于 50，即可以带 50 个以上的同类门电路。

综上所述，CMOS 反相器的特点可概括如下。

输出高电平 $U_{OH} = U_{DD}$，输出低电平 $U_{OL} = 0$，输出高、低电平差值大，抗干扰能力强；电路结构简单，静态功耗小，有利于提高集成度。事实上，上述特点是 CMOS 器件的共同特点。

2．CMOS 逻辑门电路

1）与非门电路

图 2.34 是两输入端 CMOS 与非门电路，它由两个串联的 NMOS 管和两个并联的 PMOS 管组成，且所有的 MOS 管均为增强型的。当输入端 A、B 均为高电平时，两个串联的 NMOS 管都导通，两个并联的 PMOS 管都截止，输出为低电平；当输入端 A、B 中有一个为低电平时，会使与它相连的 NMOS 管截止，与它相连的 PMOS 管导通，输出为高电平。所以电路具有与非的逻辑关系，即

$$L = \overline{AB}$$

由以上分析可知，对于 n 个输入端的与非门电路来说，就需要有 n 个 NMOS 管串联和 n 个 PMOS 管并联。

2）或非门电路

图 2.35 是两输入端 CMOS 或非门电路，它由两个并联的 NMOS 管和两个串联的 PMOS 管组成，且所有的 MOS 管均为增强型的。当输入端 A、B 均为低电平时，两个并联的 NMOS 管都截止，两个串联的 PMOS 管都导通，输出为高电平；当输入端 A、B 中至少有一个为高电平时，会使与它相连的 NMOS 管导通，与它相连的 PMOS 管截止，输出为低电平。所以电路具有或非的逻辑关系，即

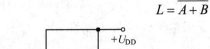

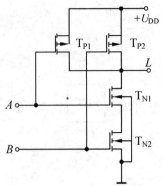

图 2.34 CMOS 与非门电路

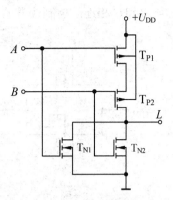

图 2.35 CMOS 或非门电路

由以上分析可知,对于 n 个输入端的或非门电路来说,就需要有 n 个 NMOS 管并联和 n 个 PMOS 管串联。

例 2.3 试写出如图 2.36 所示 CMOS 电路的逻辑表达式。

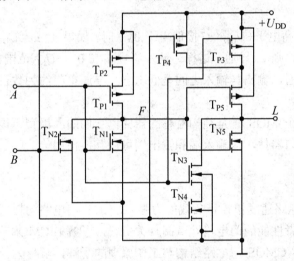

图 2.36 例 2.3 CMOS 电路图

解:由如图 2.36 所示 CMOS 电路可知,T_{N1}、T_{N2} 和 T_{P1}、T_{P2} 组成的是或非门,其输出 $F = \overline{A+B}$,而 T_{N3}、T_{N4}、T_{N5} 和 T_{P3}、T_{P4}、T_{P5} 组成的是与或非门,其输出 $L = \overline{AB+F}$,将 F 代入可得:

$$L = \overline{AB + \overline{A+B}} = \overline{AB} + \overline{\overline{A}\,\overline{B}} = \overline{A \odot B} = A \oplus B$$

所以如图 2.36 所示 CMOS 电路为异或门电路。

2.3.3 CMOS 传输门

CMOS 传输门实际上就是一种可以传输模拟信号的模拟开关,其电路和表示符号如图 2.37(a)和图 2.37(b)所示。它由一个 P 沟道和一个 N 沟道增强型 MOS 管并联而成，它们的源极相连作为输入端，漏极相连作为输出端，两个栅极是一对控制端，分别与控制信号 C 和 $\bar{C}$ 相连，控制信号的高、低电平分别为 $+U_{DD}$ 和 0。

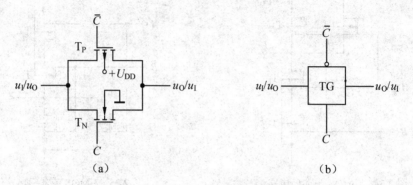

图 2.37　CMOS 传输门的电路和逻辑符号

当控制端 C 接低电平 0V（$\bar{C}$ 接高电平 $+U_{DD}$），而输入信号 u_I 取值范围在 $0\sim+U_{DD}$ 之间时，T_N、T_P 同时截止，输出与输入之间呈高阻态（$>10^9\Omega$），传输门截止，相当于开关断开。

当控制端 C 接高电平 $+U_{DD}$（$\bar{C}$ 接低电平 0V）时，如果 $0\leqslant u_I\leqslant U_{DD}-U_{TN}$，则 T_N 导通；如果 $|U_{TP}|\leqslant u_I\leqslant U_{DD}$，则 T_P 导通。这样，输入信号 u_I 在 $0\sim+U_{DD}$ 范围内变化时，T_N 和 T_P 始终都会有一个导通，输出与输入之间呈低阻态，导通电阻约为数百欧姆，传输门导通相当于开关闭合。

此外，由于两个 MOS 管是结构对称的器件，它们的漏极和源极是可以互换的，所以传输门是一种双向器件，即输入端和输出端可以互换使用。

思考与讨论题：

（1） TTL 门电路速度快、带负载能力强，CMOS 门电路功耗低，能否综合二者的特点，构建兼顾二者性能的门电路？查阅相关资料，了解 BiCMOS 器件。

（2） 结合你对 CMOS 门电路结构与工作原理的了解，解释为什么目前大规模集成电路多为 CMOS 器件。

2.4　逻辑门电路使用中的几个实际问题

2.4.1　各种门电路之间的接口问题

即使在简单的数字电路中，也经常会出现多级门电路的连接问题。如果构成一个数字系统的逻辑器件是同一类器件，具有相同的电参数，其前后级之间连接时，主要考虑器件的扇出系数，事实上也就是间接考虑了前级门电路的带负载能力的问题。如果构成一个数字系统的逻辑器件不是同一类器件，它们具有不同的电参数，或者说其电气参数不兼容，其前后级之间的接口问题就显得十分重要。

图 2.38 给出了前后级门电路的一般连接关系。为了保证电路逻辑功能的实现,要考虑的主要问题一是驱动门输出的高、低电平是否满足负载门对输入高、低电平的要求;二是驱动门能否提供足够的驱动电流以便满足所带负载门对输入电流的要求。这些要求可概括用下述公式表示:

$$U_{\text{OH(min)}} \geqslant U_{\text{IH(min)}} \qquad U_{\text{OL(max)}} \leqslant U_{\text{IL(max)}} \qquad (2.12)$$

$$I_{\text{OH(max)}} \geqslant m\, I_{\text{IH(max)}} \qquad I_{\text{OL(max)}} \geqslant m'\, I_{\text{IL(max)}} \qquad (2.13)$$

式(2.13)中 m 和 m' 分别表示负载门输入端的个数及负载门的个数。

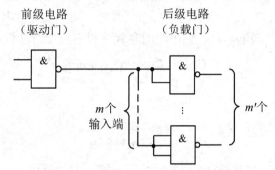

图 2.38 驱动门与负载门的接口关系

TTL 和 CMOS 是目前应用最广泛的两种数字集成电路,在实际的数字电路中根据需要常有两种器件并存的情况,从而也就出现这两种门电路之间的接口问题。为了讨论问题的方便,表 2.8 给出了几种典型的逻辑门电路的主要参数,可供讨论接口电路时参考。

表 2.8 几种常用逻辑门电路的技术参数

参数 名称	类别	TTL			CMOS	
		74	74LS	74ALS	74HC	74HCT
输入和输出 电流	$I_{\text{IH(max)}}$/mA	0.04	0.02	0.02	0.001	0.001
	$I_{\text{IL(max)}}$/mA	1.6	0.4	0.1	0.001	0.001
	$I_{\text{OH(max)}}$/mA	0.4	0.4	0.4	4	4
	$I_{\text{OL(max)}}$/mA	16	8	8	4	4
输入和输出 电压	$U_{\text{IH(min)}}$/V	2.0	2.0	2.0	3.5	2.0
	$U_{\text{IL(max)}}$/V	0.8	0.8	0.8	1.0	0.8
	$U_{\text{OH(min)}}$/V	2.4	2.7	2.7	4.9	4.9
	$U_{\text{OL(max)}}$/V	0.4	0.5	0.4	0.1	0.1
电源电压	U_{CC} 或 U_{DD}/V	4.75~5.25			2.0~6.0	4.5~5.5
平均传输 延迟时间	t_{pd}/ns	9.5	8	2.5	10	13
功耗	P_{D}/mW	10	4	2.0	0.8	0.5
扇出数	N_{O}	10	20	20	4000	4000
噪声容限	U_{NL}/V	0.4	0.3	0.4	0.9	0.7
	U_{NH}/V	0.4	0.7	0.7	1.4	1.4

1. 用 TTL 门电路驱动 CMOS 门电路

当 TTL 门电路驱动 CMOS 门电路时，查阅表 2.8 可见，TTL 门电路的电流驱动能力不存在问题，前级输出低电平的最大值小于后级输入低电平的最大值也满足要求，但当前级输出高电平时，有两种情况，一是 CMOS 器件为 74HC 系列，$U_{OH(min)} \geqslant U_{IH(min)}$ 这一条件不满足；另一种情况是 74HCT 系列，$U_{OH(min)} \geqslant U_{IH(min)}$ 条件是满足的。因此，重点关注前一种情况。当 TTL 门电路与 CMOS 门电路的电源电压均为+5V（即 $U_{DD} = U_{CC}$）时，为了使 TTL 门电路的输出高电平 U_{OH} 能够大于 CMOS 门电路的输入高电平 U_{IH} 值，常采用的方法是在 TTL 门电路的输出端与电源之间接一上拉电阻 R，如图 2.39 所示。当 TTL 与非门电路输出高电平时，输出级的负载管和驱动管同时截止，所以

$$U_{OH} = U_{DD} - R(I_{OH} + m I_{IH})$$

由此可得：

$$R = \frac{U_{DD} - U_{OH}}{I_{OH} + m I_{IH}} \tag{2.14}$$

式中，I_{OH} 是 TTL 与非门电路中的 T_4、T_5 同时截止时的漏电流（I_{OH} 与表 2.8 中高电平输出电流的含义不同）。由于 I_{OH} 和 I_{IH} 的数值均很小，所以接入上拉电阻 R 以后 TTL 与非门的输出高电平 $U_{OH} \approx +U_{DD}$。

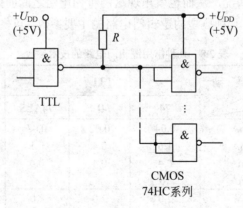

图 2.39　$U_{DD} = U_{CC}$ 时 TTL 与 CMOS 之间的接口

如果 CMOS 门电路的电源 $U_{DD} > U_{CC}$，有可能使 TTL 门电路输出端所承受的电压超过耐压极限，因而不能简单采用上拉电阻的方法。解决这个问题的方法有两种，一种方法是用输出端耐压较高的 OC 门代替 TTL 门电路，或增加一级 OC 接口门，如图 2.40（a）所示。一般 OC 门的输出端三极管耐压比较高，可达 30V 以上。另一种方法是采用专用的 CMOS 电平移动器（如 40109），它用两种直流电源供电，可以接收 TTL 电平（对应于 U_{CC}），输出 CMOS 电平（对应于 U_{DD}），如图 2.40（b）所示。

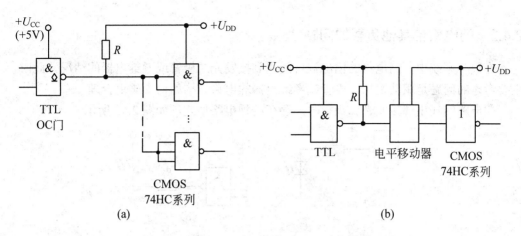

图 2.40 $U_{DD} > U_{CC}$ 时 TTL 与 CMOS 之间的接口

当数字电路中遇到 TTL 门电路驱动 CMOS 门电路时，上述分析表明，为了简化电路结构，尽可能采用与 TTL 具有电气兼容性的 74HCT 系列器件。

2. 用 CMOS 门电路驱动 TTL 门电路

当 CMOS 门电路驱动 TTL 门电路时，查阅表 2.8 可见，无论所选择的是表中哪一系列，式（2.12）总是满足的。当 m 与 m' 数值较小时，式（2.13）也容易满足。如果 m 或者 m' 数值比较大，不能满足式（2.13）的要求时，应考虑提高 CMOS 门电路的驱动能力。实际中需要考虑的问题主要是如何提高 CMOS 门电路在输出低电平时吸收负载电流的能力。其解决方法有如下几种。

一是在 CMOS 门电路的输出端增加一级 CMOS 驱动器，如图 2.41 所示。例如选用 CC4010 同相驱动器，或者采用漏极开路的 CMOS 驱动器，如 CC40107，当 $U_{DD}=5V$ 时，它的最大负载电流 $I_{OL} \geq 16mA$，能同时驱动 10 个 T1000 系列的 TTL 门电路。如果没有合适的驱动器选择，还可以采用三极管组成的反相器作为接口电路，实现电流扩展，如图 2.42 所示。只要合理选取反相器的电路参数，使反相器低电平输出电流 $I_{OL} > m' I_{IL}$（TTL）即可。

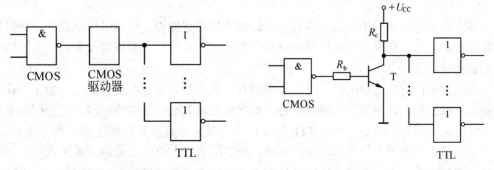

图 2.41 用 CMOS 驱动器实现 CMOS 与 TTL 之间的接口

图 2.42 用三极管反相器实现 CMOS 与 TTL 之间的接口

2.4.2 门电路带其他负载的问题

在数字系统中,门电路的输出端可能遇到接发光二极管或者继电器的情况,此时,主要考虑的问题是驱动发光二极管或者继电器的电路结构如何安排更合理。

门电路的输出端接发光二极管时,存在两种电路形式,如图 2.43 所示。

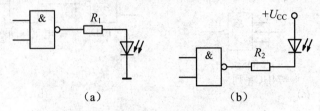

图 2.43 门电路输出端接发光二极管

图 2.43(a)当门电路输出高电平时,发光二极管亮,图 2.43(b)当门电路输出低电平时,发光二极管亮。考虑到门电路输出低电平时带负载能力强,实际中一般采用图 2.43(b)的电路形式。为了保证发光管二极管的亮度,应合理选取限流电阻的数值。

门电路的输出端接继电器时,可采用三极管来提高带负载能力,电路形式如图 2.44 所示。

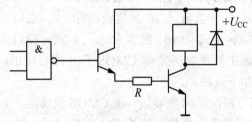

图 2.44 门电路输出端接继电器

OC 门的灌电流负载能力比普通门电路强,必要时,驱动门可采用 OC 门。

2.4.3 多余输入端的处理措施

尽管数字电路相对于模拟电路具有比较强的抗干扰能力,但为了保证数字系统逻辑功能的正常实现,也应尽可能地减少电路产生干扰的机会。下面以器件多余输入端的处理为例进行讨论。

集成逻辑门电路在使用时,经常会遇到有不使用的剩余输入端情况,一般是不让多余的输入端悬空,以避免引入干扰信号。处理多余输入端以不影响电路正常的逻辑关系及稳定可靠为原则。例如,对于 TTL 与非门,可以采用如图 2.45 所示的三种处理方式:将多余的输入端通过上拉电阻接电源正端;通过阻值较大的电阻接地($R > R_{on}$);与信号输入端并联在一起。显然,这三种处理方式均能保证与非逻辑功能的实现。

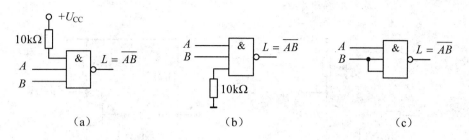

图 2.45　与非门多余输入端的三种处理方式

对于 CMOS 电路，多余输入端可根据需要使之通过电阻接地（如或非门），也可以通过电阻接+U_{DD}（如与非门）。

思考与讨论题：

（1）对于 TTL 或门电路，如何处理多余的输入端？画出对应的逻辑电路图。

（2）在数字系统中，常见到在芯片的电源与地管脚之间并联一个大电容（电解电容）和一个小电容，试分析其作用，如果仅并联一个大电容可能会产生什么问题？

小结

（1）TTL 电路是数字集成电路的主流电路之一，本章以 TTL 与非门电路为例，讨论了其电路结构、工作原理、外特性及主要参数。对于电路结构，应重点了解其输入、输出电路的结构形式及特点；对于工作原理，一是正确理解如何实现与非运算的逻辑功能，二是了解在不同的输入条件下，各个晶体管的工作状态；外特性和主要参数从不同层面描述了门电路的电气性能，熟悉外特性和主要参数是正确使用门电路的前提条件。

（2）CMOS 门电路具有电路结构简单、功耗低、集成度高等特点，在大规模集成电路中得到广泛的应用。正确理解 CMOS 门电路的电路结构、工作原理、外特性等，对于学习可编程逻辑器件等大规模集成电路十分重要。

（3）由于集成电路制造工艺的改进，目前生产和使用的数字集成电路种类很多。建议查阅相关资料，了解 TTL 电路所包含的系列例如 54/74（标准型）系列、54S/74S（肖特基）系列、54LS/74LS（低功耗肖特基）系列、54AS/74AS（先进肖特基）系列、54ALS/74ALS（先进低功耗肖特基）系列、54F/74F（高速）系列等的各自特点；了解 CMOS 电路所包含的系列，例如 4000 系列、54HC/74HC（高速 CMOS）系列、54HCT/74HCT(输入输出与 TTL 兼容，但功耗低)系列等的各自特点。此外还有 ECL 电路、IIL 电路、NMOS 电路、PMOS 电路、Bi-CMOS 电路等。

习题

2.1　在如图 2.46 所示各电路中，当输入电压 u_I 分别为 0V、+5V、悬空时，试计算输出电压 u_O 的数值，并指出三极管工作状态。假设三极管导通时的 U_{BE}=0.7V。

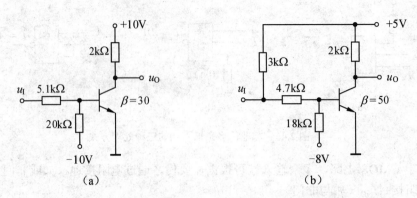

图 2.46　题 2.1 电路图

2.2　为什么说 TTL 与非门输入端在以下三种接法时,在逻辑上都属于输入为 0？
（1）输入端接地；
（2）输入端接低于 0.8V 的电源；
（3）输入端接同类与非门的输出低电平 0.3V。

2.3　为什么说 TTL 与非门输入端在以下三种接法时,在逻辑上都属于输入为 1？
（1）输入端悬空；
（2）输入端接高于 2V 的电源；
（3）输入端接同类与非门的输出高电平 3.6V。

2.4　指出图 2.47 中各门电路的输出是什么状态（高电平、低电平或高阻态）。假定它们都是 T1000 系列的 TTL 门电路。

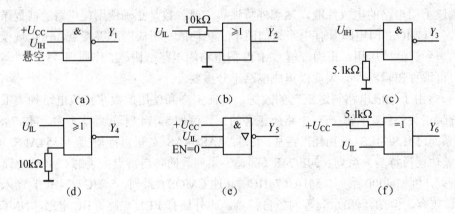

图 2.47　题 2.4 电路图

2.5　一组 TTL 逻辑门电路如图 2.48 所示,问各电路能否实现所要求的逻辑功能？如若不能,试改正其错误,以便满足所要求的输出逻辑功能。

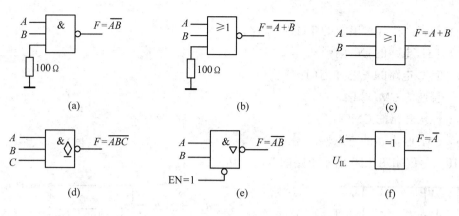

图 2.48　题 2.5 电路图

2.6　如图 2.49 所示为 TTL 与非门。设其输出低电平 $U_{OL} \leq 0.35V$，输出高电平 $U_{OH} \geq 3V$，允许最大灌入电流 $I_{OL}=13mA$，关门电平 $U_{OFF}=0.8V$，开门电平 $U_{ON}=1.5V$，$I_{IH}=0.05\ mA$，$I_{OH}=0.4mA$。

（1）试求该 TTL 与非门的扇出系数 N_O；
（2）试求该 TTL 与非门的低电平噪声容限 U_{NL} 和高电平噪声容限 U_{NH}。

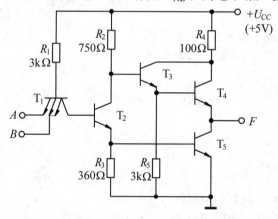

图 2.49　题 2.6 电路图

2.7　在如图 2.25 所示电路中，已知 OC 门在输出低电平时允许的最大负载电流 $I_{OL}=12mA$，在输出高电平时的漏电流 $I_{OH}=200\mu A$，与非门的高电平输入电流 $I_{IH}=50\mu A$，低电平输入电流 $I_{IL}=1.4\ mA$，$U_{CC}=5V$，$R_c=1k\Omega$。

（1）试问 OC 门的输出高电平 U_{OH} 为多少？
（2）为保证 OC 门的输出低电平 U_{OL} 不大于 0.35V，试问最多可接几个与非门？
（3）为保证 OC 门的输出高电平 U_{OH} 不低于 3V，试问可接与非门的输入端数为多少？

2.8　试比较 TTL 电路和 CMOS 电路的优、缺点。
2.9　试说明下列各种门电路中哪些的输出端可以并联使用。

（1）具有推拉式输出级的 TTL 门电路；
（2）TTL 电路的 OC 门；
（3）TTL 电路的三态输出门；
（4）普通的 CMOS 门；
（5）漏极开路的 CMOS 门；
（6）CMOS 电路的三态输出门。

2.10　写出如图 2.50 所示电路的逻辑表达式。

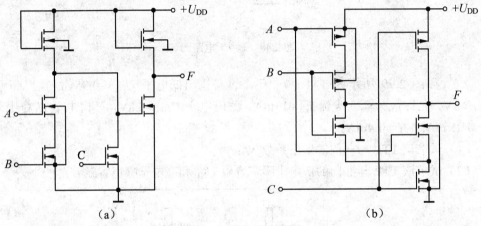

图 2.50　题 2.10 电路图

习题分析举例

习题 2.2 分析：

与非门的逻辑功能可归纳为：输入有 0，输出为 1，也就是说输出为 1 时，输入必有 0，这可以作为说明本题问题的依据。

回顾 2.2 节的内容，可以从三种途径说明上述问题，即结合具体电路分析在所给条件下的输出状态，然后反推输入状态；分析特定输入条件在电压传输特性上的位置，确定其逻辑关系；比较特定输入条件和与非门的主要参数的关系，确定其逻辑状态。

方法 1：以如图 2.8 所示与非门电路为例，当输入端 A、B、C 同时或者其中一个接地时，$U_{B1}=0.7\text{V}$，T_2、T_5 截止，输出高电平，即输出为 1，所以输入为 0；当输入端 A、B、C 同时或者其中一个接低于 0.8V 的电源时，$U_{B1} \leqslant 1.5\text{V}$，$T_2$ 有可能导通，但 T_5 肯定截止，输出高电平，即输出为 1，所以输入为 0；当输入端 A、B、C 同时或者其中一个接同类与非门的输出低电平 0.3 V 时，$U_{B1}=1.0\text{V}$，T_2、T_5 截止，输出高电平，即输出为 1，所以输入为 0。

方法 2：为了讨论问题方便，TTL 与非门的电压传输特性图 2.11 复制如图 2.51 所示。

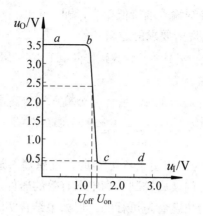

图 2.51　TTL 与非门的电压传输特性

可见当输入电压小于 1.4V 时，输出为 3.5V，而题中所给出的三种情况：0V、0.8V、0.3V，输入电压都小于 1.4V，因此输出高电平，即输出为逻辑 1，所以输入为逻辑 0。

方法 3： 由 TTL 与非门的主要技术参数可知：$U_{IL(max)}=0.8V$，而在题中所给的三种情况下，输入电压都小于 0.8V，说明在这三种情况下，输入电压都为低电平，而低电平用 0 表示，即逻辑 0。

参照此题的分析思路，可讨论习题 2.3。

习题 2.5 分析：

图 2.48（a）：不能实现所要求的逻辑功能。

由如图 2.14 所示 TTL 门电路输入负载特性可知，输入端接 100Ω 电阻相当于输入低电平，与非门输入有 0，输出为 1，故不能实现题中要求 $F=\overline{AB}$ 的逻辑功能。

改正措施：可以把 100Ω 电阻换成 10kΩ 电阻；或者 100Ω 电阻由接地改为接正电源；或者去掉 100Ω 电阻，而把该输入端与 B 输入端并联。

图 2.48（b）：能实现所要求的逻辑功能。

三输入或非门，两个分别与输入变量 A、B 相连接，另一个输入端通过 100Ω 电阻接地，由 TTL 门电路输入负载特性可知，输入端与地之间接 100Ω 电阻相当于输入低电平，即逻辑 0。所以，$F=\overline{A+B+0}=\overline{A+B}$。

图 2.48（c）：不能实现所要求的逻辑功能。

由 TTL 门电路的输入负载特性可知，输入端悬空相当于输入高电平，或门输入有 1，输出为 1，故不能实现所要求 $F=A+B$ 的逻辑功能。

改正：把该输入端与 B 输入端并联；或者把该输入端通过 100Ω 电阻接地。

图 2.48（d）：不能实现所要求的逻辑功能。

集电极开路的门电路在使用时，输出端应通过电阻接电源。

改正：输出端应通过适当的电阻（应满足式（2.10）的要求）接正电源。

图 2.48（e）：不能实现所要求的逻辑功能。

该三态门电路控制端输入低电平有效，现接高电平，故输出为高阻状态。

改正：三态门电路控制输入端接低电平，即 EN=0。

图 2.48（f）：不能实现所要求的逻辑功能。

异或门一个输入端接 A，另外一个输入端接低电平，即逻辑 0，$F = A \oplus 0 = A\bar{0} + \bar{A}0 = A$，不是要求的 $F = \bar{A}$。

改正：异或门一个输入端接 A，另外一个输入端接高电平，此时异或门相当于一个反相器。

讨论：

有人在修改图 2.48（e）和图 2.48（f）时，设想输入条件不变，采用更换器件的途径实现其要求。即把三态门换成控制端高电平有效的器件，异或门采用同或门替代。这种处理方法从理论分析的角度看是可行的。但如果结合实际情况分析，则这种处理方法具有一定的局限性。如果器件所在的系统还处于设计阶段，则更换器件是可行的。如果器件所在的系统印制电路板已经做好，器件已焊接在印制电路板上，则更换器件的方法不可行。此时，更改输入（控制）信号相对容易一些。

第 3 章 组合逻辑电路

内容提要：本章讨论了组合逻辑电路的 5 种描述方式及组合逻辑电路的分析和设计方法；分别介绍了编码器、译码器、数据选择器、数据分配器、加法器等常用的组合逻辑功能器件；以全加器为例，讨论了组合逻辑电路实现的多样性与灵活性；简要介绍了组合逻辑电路中的竞争冒险。

学习提示：组合逻辑电路作为数字电路的核心内容之一，学习中要明确组合逻辑电路的有关概念；熟练掌握组合逻辑电路的分析和设计方法；熟悉常用组合逻辑功能器件的定义、工作原理、常用芯片、功能扩展等。

3.1 概述

数字电路按其逻辑功能可分为两大类，即组合逻辑电路和时序逻辑电路。本章重点讨论组合逻辑电路的分析与设计方法，介绍常用组合逻辑功能器件的概念及应用。

3.1.1 组合逻辑电路的特点

组合逻辑电路是指在任何时刻，逻辑电路的输出状态只取决于该时刻各输入状态的组合，而与电路原来的状态无关。

组合逻辑电路的结构特点是：电路由各种门电路构成，不存在反馈。

如图 3.1 所示电路由反相器、与门、或门构成，电路中没有反馈，它符合组合逻辑电路的结构特点，因此，该电路是一个简单的组合逻辑电路。

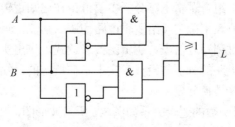

图 3.1 组合逻辑电路

如图 3.1 所示电路的逻辑表达式为：
$$L = \overline{A}B + A\overline{B}$$
在任何时刻，只要输入变量 A、B 取值确定，则输出 L 的值也随之确定。

3.1.2 组合逻辑电路逻辑功能描述方式及各种描述方式的相互关系

描述组合逻辑电路功能的主要方式有以下几种。

1. 逻辑函数表达式

逻辑函数表达式通常以与或表达式表示，并且化简为最简与或表达式。这种表达形式的优点是便于进行逻辑推导，但往往不具备唯一性。

2. 逻辑电路图

逻辑电路图简称为逻辑图，组合逻辑电路图是由各种门电路的逻辑符号及相互连线组成。逻辑电路图最接近数字系统的硬件电路。

3. 真值表

以表格的形式描述输入变量的各种取值组合与输出函数值的对应关系。输入变量取值组合的顺序通常以对应二进制数的顺序表示。逻辑功能的真值表表示主要优点是直观并且具有唯一性。

4. 波形图

波形图是以数字波形的形式表示逻辑电路输入与输出的逻辑关系。在数字系统的仿真或者硬件电路调试时，通常采用测量仪器以波形的形式显示该系统的输入输出关系。

5. 卡诺图

卡诺图不仅可以作为化简逻辑函数的工具，也是描述逻辑函数的一种方式。卡诺图中的每一个小方格与真值表中每一组输入变量取值组合事实上存在一一对应的关系。在某种意义上说，卡诺图是真值表的图形表示。

逻辑函数表达式、逻辑电路图、真值表、卡诺图、波形图是描述特定逻辑功能的不同表达形式，各种表达形式可以相互转换，部分内容曾经在 1.5 节中从逻辑函数不同的描述方式的角度进行了讨论。组合逻辑电路分析主要讨论在已知逻辑电路图的条件下，通过求解逻辑函数表达式、真值表来确定所给逻辑电路的逻辑功能。组合逻辑电路设计是在给定逻辑功能的条件下，通过列写真值表、逻辑函数表达式，作出实现所给逻辑功能的逻辑电路图。因此，组合逻辑电路的分析与设计事实上是在特定的已知条件下，分析和讨论逻辑函数不同表示形式的相互转换问题。

例 3.1 已知一逻辑函数的逻辑关系如图 3.2 所示波形图，其中 A，B，C，D 为输入变量，L 为输出函数。试分析列写出其真值表、逻辑函数表达式，画出逻辑电路图。

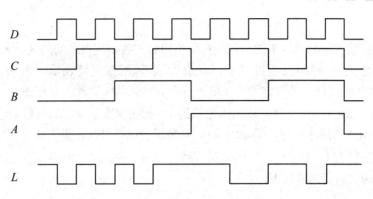

图 3.2 例 3.1 波形图

解：分析如图 3.2 所示波形，可以依据表示输入变量波形的高、低电平变化规律，采用虚线对相同取值组合进行分段，找出输入与输出的对应关系，具体分析如图 3.3 所示。

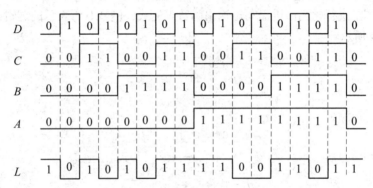

图 3.3 分析例 3.1 输入与输出的对应关系

依据图 3.3 的对应关系，列写真值表如表 3.1 所示。

表 3.1 例 3.1 的真值表

输入				输出	
A	B	C	D	L	
0	0	0	0	1	$\overline{A}\,\overline{B}\,\overline{C}\,\overline{D}$
0	0	0	1	0	
0	0	1	0	1	$\overline{A}\,\overline{B}\,C\,\overline{D}$
0	0	1	1	0	
0	1	0	0	1	$\overline{A}\,B\,\overline{C}\,\overline{D}$
0	1	0	1	0	
0	1	1	0	1	$\overline{A}\,B\,C\,\overline{D}$
0	1	1	1	1	$\overline{A}\,B\,C\,D$
1	0	0	0	1	$A\,\overline{B}\,\overline{C}\,\overline{D}$
1	0	0	1	1	$A\,\overline{B}\,\overline{C}\,D$
1	0	1	0	0	
1	0	1	1	0	
1	1	0	0	1	$A\,B\,\overline{C}\,\overline{D}$
1	1	0	1	1	$A\,B\,\overline{C}\,D$
1	1	1	0	0	
1	1	1	1	1	$A\,B\,C\,D$

对于使输出函数值为 1 的一组变量取值组合，各个变量之间的关系是与的关系，当某个变量取值为 0 时用反变量表示，取值为 1 时用原变量表示。例如，变量取值组合 $ABCD$=0000 时，输出函数值为 1，则表明各个变量以反变量的形式相与，即 $\overline{A}\,\overline{B}\,\overline{C}\,\overline{D}$；变量取值组合 $ABCD$=0010 时，输出函数值为 1，则表明变量 A、B、D 以反变量的形式，变量 C 以原变量的形式相与，即 $\overline{A}\,\overline{B}\,C\,\overline{D}$，其余组合以此类推，见表 3.1。多组变量取值组合使输出函数值为 1，则它们之间的关系是或的关系。按照这一原则，结合表 3.1 中的分析可写出输出函数的表达式如下：

$$L = \overline{A}\,\overline{B}\,\overline{C}\,\overline{D} + \overline{A}\,\overline{B}\,C\,\overline{D} + \overline{A}\,\overline{B}\,C\,D + \overline{A}\,B\,\overline{C}\,\overline{D} + \overline{A}\,B\,C\,D + A\,\overline{B}\,\overline{C}\,\overline{D} + A\,\overline{B}\,C\,\overline{D}$$
$$+ A\,B\,\overline{C}\,\overline{D} + A\,B\,\overline{C}\,D + A\,B\,C\,D$$

求输出函数表达式时，也可以由图 3.1 的输入输出对应关系直接作出所对应的卡诺图，并在卡诺图上进行化简，进而写出输出函数表达式。例 3.1 所表示的逻辑函数对应的卡诺图如图 3.4 所示。

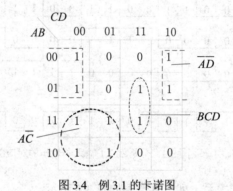

图 3.4 例 3.1 的卡诺图

在卡诺图上进行化简，得到简化的逻辑函数表达式如式（3.1）所示。

$$L = A\overline{C} + \overline{A}\,\overline{D} + BCD \tag{3.1}$$

式（3.1）可以由反相器、与门、或门组成的逻辑电路实现，其逻辑电路图如图 3.5 所示。

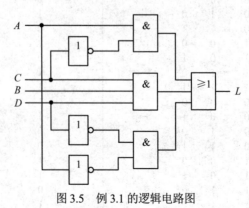

图 3.5 例 3.1 的逻辑电路图

例 3.1 的分析过程可用下述流程图表示，它以实例说明了各种描述方式之间的相互转换过程。

事实上，组合逻辑函数的各种描述方式之间的相互转换关系，可概括如图 3.6 所示。熟悉各种描述方式并能熟练地进行各种描述形式之间的相互转换，是掌握组合逻辑电路分析与设计的必要条件。

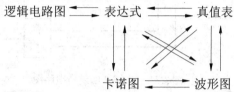

图 3.6　各种描述形式之间的相互转换关系

思考与讨论题：

（1）依据组合逻辑电路的特点，判断如图 1.8 及图 1.9 所示逻辑图是否属于组合逻辑电路。

（2）在例 3.1 中，分别以真值表、卡诺图、表达式、逻辑图作为已知条件，求出其他的描述方式。

3.2　组合逻辑电路的分析方法

组合逻辑电路分析，就是根据已知的逻辑电路图，分析确定其逻辑功能的过程。分析过程一般按下列步骤进行。

（1）写出逻辑函数表达式。

根据已知的逻辑电路图，从输入到输出逐级写出逻辑电路的逻辑函数表达式。

（2）化简逻辑函数表达式。

一般情况下，由逻辑电路图写出的逻辑表达式不是最简与或表达式，因此需要对逻辑函数表达式进行化简或者变换，以便用最简与或表达式来表示逻辑函数。

（3）列写真值表。

根据逻辑表达式列出反映输入输出逻辑变量相互关系的真值表。

（4）分析并用文字概括出电路的逻辑功能。

根据逻辑真值表，分析并确定逻辑电路所实现的逻辑功能。

例 3.2　已知逻辑电路如图 3.7 所示，分析确定该电路的逻辑功能。

解： 由图 3.7 可见，此逻辑电路由反相器和与门组成，电路中不存在反馈，属于组合逻辑电路。电路有两个输入变量 A、B，4 个输出函数 L_0、L_1、L_2、L_3。

（1）由图 3.7 写出逻辑函数表达式：

$$L_0=\overline{A}\cdot\overline{B} \qquad L_1=\overline{A}B \qquad L_2=A\overline{B} \qquad L_3=AB$$

（2）由逻辑函数式列出真值表，如表 3.2 所示。

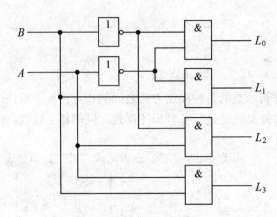

图 3.7　例 3.2 的逻辑电路图

表 3.2　例 3.2 的真值表

输入		输出			
A	B	L_0	L_1	L_2	L_3
0	0	1	0	0	0
0	1	0	1	0	0
1	0	0	0	1	0
1	1	0	0	0	1

（3）由真值表可知：

$AB = 00$ 时，$L_0=1$，其余的输出端均为 0；

$AB = 01$ 时，$L_1=1$，其余的输出端均为 0；

$AB = 10$ 时，$L_2=1$，其余的输出端均为 0；

$AB = 11$ 时，$L_3=1$，其余的输出端均为 0。

由此可以得知，此电路对应每组输入信号只有一个输出端为 1，因此，根据输出状态即可以知道输入的代码值，故此逻辑电路具有译码功能，称为 2 线-4 线译码器，输出端是高电平有效。

对于比较简单的组合逻辑电路，也可通过其波形图进行分析。即根据输入信号的波形，逐级画出输出信号的波形，根据输入与输出波形的关系确定其电路的逻辑功能。

如果将如图 3.7 所示的逻辑电路中的与门用与非门替代，则其逻辑函数式可以写为：

$$L_0 = \overline{\overline{A}\,\overline{B}} \qquad L_1 = \overline{\overline{A}B} \qquad L_2 = \overline{A\overline{B}} \qquad L_3 = \overline{AB}$$

在这种情况下，电路的逻辑功能仍然为 2 线 4 线译码器，只是其输出为低电平有效。

例 3.3　一个 2 输入，2 输出的组合逻辑电路如图 3.8 所示，分析该电路的逻辑功能。

解：（1）根据图 3.8 逐级写出逻辑函数式：

$$Z_1 = AB \qquad Z_2 = \overline{A} + Z_1 = \overline{A} + AB \qquad Z_3 = \overline{B} + Z_1 = \overline{B} + AB$$

$$S = \overline{Z_2 Z_3} = \overline{(\overline{A} + AB)(\overline{B} + AB)} \qquad\qquad C = Z_1 = AB$$

(2) 对 S 表达式进行化简　　$S = \overline{(\overline{A}+AB)(\overline{B}+AB)} = \overline{\overline{A}\,\overline{B}+AB} = A \oplus B$

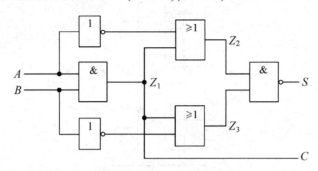

图 3.8　例 3.3 的逻辑电路图

(3) 根据逻辑函数式列出其相应的真值表，如表 3.3 所示。

表 3.3　例 3.3 的真值表

输	入	输	出	输	入	输	出
A	B	S	C	A	B	S	C
0	0	0	0	1	0	1	0
0	1	1	0	1	1	0	1

(4) 由真值表 3.3 可知：

当 A、B 都是 0 时，S 为 0，C 为 0；

当 A、B 中有一个为 1 时，S 为 1，C 为 0；

当 A、B 都是 1 时，S 为 0，C 为 1。

如图 3.8 所示电路的逻辑功能，满足一位二进制数相加原则，A、B 分别表示加数与被加数，S 为和数，C 为向高位的进位。由于输入仅是两个加数，而没有低位来的进位，故称其为半加逻辑，能实现半加逻辑的电路叫作半加器。读者可以思考，如果不仅考虑加数和被加数，而且考虑低位的进位时，其二进制加法又如何实现？

(5) 根据其逻辑函数式或真值表，可以画出其相应的波形图，如图 3.9 所示。

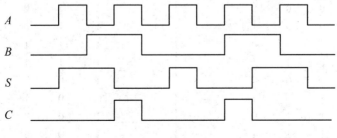

图 3.9　例 3.3 波形图

例 3.4 一组合逻辑电路如图 3.10 所示，试分析该电路的逻辑功能。

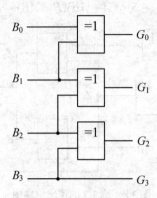

图 3.10 例 3.4 电路图

解：(1) 由图 3.10 可写出输出函数表达式如下：

$$G_0 = B_0 \oplus B_1$$
$$G_1 = B_1 \oplus B_2$$
$$G_2 = B_2 \oplus B_3$$
$$G_3 = B_3$$

(2) 由表达式列写真值表如表 3.4 所示。

表 3.4 例 3.4 的真值表

输		入		输		出	
B_3	B_2	B_1	B_0	G_3	G_2	G_1	G_0
0	0	0	0	0	0	0	0
0	0	0	1	0	0	0	1
0	0	1	0	0	0	1	1
0	0	1	1	0	0	1	0
0	1	0	0	0	1	1	0
0	1	0	1	0	1	1	1
0	1	1	0	0	1	0	1
0	1	1	1	0	1	0	0
1	0	0	0	1	1	0	0
1	0	0	1	1	1	0	1
1	0	1	0	1	1	1	1
1	0	1	1	1	1	1	0
1	1	0	0	1	0	1	0
1	1	0	1	1	0	1	1
1	1	1	0	1	0	0	1
1	1	1	1	1	0	0	0

(3) 真值表 3.4 表明，在 4 位二进制码输入的情况下，输出是 4 位格雷码(参见表 1.3)。因此，如图 3.10 所示电路能够实现 4 位二进制码到 4 位格雷码的转换。

组合逻辑电路分析的目的是确定已知电路的逻辑功能。方法是首先需要从电路的输入到输出逐级写出逻辑函数表达式并进行适当的化简,再由表达式列写真值表,然后依据真值表分析确定电路的逻辑功能。这种分析方法具有一般性,因此,只要掌握了组合逻辑电路的分析方法,任何组合逻辑电路的分析都应该能从容应对。但在实际分析过程中,由真值表确定逻辑功能需要熟悉常见组合逻辑电路的功能及分析经验的积累。

思考与讨论题:

(1) 如果在图 3.10 电路中,把每个异或门都换成同或门,其连接形式不变。试分析所形成电路的逻辑功能。

(2) 你认为分析组合逻辑电路的难点是什么?如何解决?

3.3 组合逻辑电路设计的一般方法

组合逻辑电路的设计是其分析的逆过程。设计问题的已知条件是给出了欲实现的逻辑功能,设计的目的是确定实现所给逻辑功能的组合逻辑电路。

组合逻辑电路设计的基本步骤如下。

(1) 列写真值表。

分析欲实现的逻辑功能的因果关系,把引起事件的原因作为输入逻辑变量,把事件的结果作为输出逻辑变量,并把输入输出变量分别用字母表示,每个输入变量可以取值 1 或者 0,根据输入输出的因果关系列出真值表。

(2) 写出逻辑函数表达式。

依据已经列出的真值表写出逻辑函数表达式。

(3) 简化或变换逻辑函数表达式。

(4) 画出逻辑电路图。

根据化简或变换后的逻辑函数表达式以及所选用的逻辑器件画出逻辑电路图。在工程实际中,一般还应标出所选择的器件型号。

实现组合逻辑电路的逻辑器件有多种类型,比如各种基本的逻辑门电路、译码器和数据选择器、可编程逻辑器件等。本节主要讨论由各种门电路实现组合逻辑电路的设计问题,利用其他器件设计组合逻辑电路的方法,将在后续章节中介绍。

对于一个特定的逻辑函数,实现其逻辑功能的电路不是唯一的。当实现途径有多种选择时,设计者应考虑在保证逻辑功能的前提下,在多种可能的实现途径中,选择较好的电路实现形式。比如说所选用的逻辑器件数量及种类最少,而且器件之间的连线最简单;级数尽量少,以利于提高其工作速度;功耗低,工作稳定性好。

例 3.5 试设计一个三变量表决器,表决规则是少数服从多数。

解:(1) 定义输入、输出变量,根据题意列出真值表。

设 A、B、C 分别代表参加表决的逻辑变量，L 为表决结果。A、B、C 为 1 表示赞成，为 0 表示反对。$L=1$ 表示通过，$L=0$ 表示被否决。依据表决规则列真值表如表 3.5 所示。

表 3.5　例 3.5 的真值表

输 入			输 出	输 入			输 出
A	B	C	L	A	B	C	L
0	0	0	0	1	0	0	0
0	0	1	0	1	0	1	1
0	1	0	0	1	1	0	1
0	1	1	1	1	1	1	1

（2）写出逻辑函数式。

根据真值表可写出逻辑函数表达式为：

$$L = \bar{A}BC + A\bar{B}C + AB\bar{C} + ABC \tag{3.2}$$

对式（3.2）进行化简可得：

$$L = AB + AC + BC \tag{3.3}$$

（3）画出逻辑电路图。

式（3.3）可以用三个与门、一个或门实现，电路如图 3.11（a）所示。

利用摩根定律对式（3.3）进行变换，得到与非与非表达式（3.4），用与非门实现的电路如图 3.11（b）所示。

$$L = \overline{\overline{AB}\ \overline{AC}\ \overline{BC}} \tag{3.4}$$

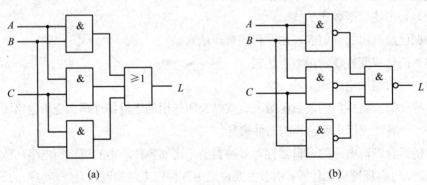

图 3.11　例 3.4 的逻辑电路图

例 3.6　试设计一逻辑电路，实现 4 位格雷码到 4 位二进制码的转换。

解：（1）设用 G_3，G_2，G_1，G_0 表示输入的 4 位格雷码，用 B_3，B_2，B_1，B_0 表示输出的 4 位二进制码，依据格雷码与二进制码的对应关系（参见表 3.4），列写真值表如表 3.6 所示。

表 3.6 例 3.6 的真值表

输入					输出			
G_3	G_2	G_1	G_0		B_3	B_2	B_1	B_0
0	0	0	0		0	0	0	0
0	0	0	1		0	0	0	1
0	0	1	1		0	0	1	0
0	0	1	0		0	0	1	1
0	1	1	0		0	1	0	0
0	1	1	1		0	1	0	1
0	1	0	1		0	1	1	0
0	1	0	0		0	1	1	1
1	1	0	0		1	0	0	0
1	1	0	1		1	0	0	1
1	1	1	1		1	0	1	0
1	1	1	0		1	0	1	1
1	0	1	0		1	1	0	0
1	0	1	1		1	1	0	1
1	0	0	1		1	1	1	0
1	0	0	0		1	1	1	1

（2）求输出函数表达式。

真值表表明，$B_3=G_3$，借助卡诺图求解其他的输出函数表达式如图 3.12 所示。

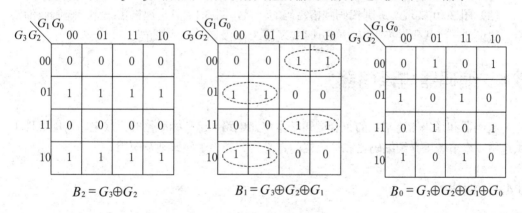

图 3.12 例 3.6 的卡诺图

所以

$$B_3 = G_3$$
$$B_2 = G_3 \oplus G_2 = B_3 \oplus G_2$$
$$B_1 = G_3 \oplus G_2 \oplus G_1 = B_2 \oplus G_1$$
$$B_0 = G_3 \oplus G_2 \oplus G_1 \oplus G_0 = B_1 \oplus G_0$$

(3) 用异或门实现,画出电路图如图 3.13 所示。

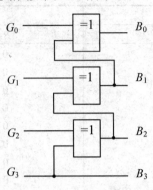

图 3.13　例 3.6 的电路图

组合逻辑电路设计的目的是确定实现已知逻辑功能的电路图。方法是首先分析所给的逻辑功能,定义输入输出变量,列写真值表;其次由真值表求出输出函数表达式,并进行适当的化简;最后依据化简后的逻辑表达式选择适当的门电路画出逻辑电路图。在组合逻辑电路设计中,正确列写真值表是关键,也是设计过程中较为困难的一步,需要多练习,在设计实践中积累经验,以便熟练掌握组合逻辑电路设计的方法。

思考与讨论题:

(1) 如果在 3 变量表决逻辑中,规定 A 具有否决权,试设计实现其逻辑功能的电路。
(2) 图 3.10 实现二进制代码到格雷码的转换,图 3.13 可实现格雷码到二进制码的转换。试设计一个代码转换电路,能分时实现图 3.10 及图 3.13 的功能。

3.4　编码器与译码器

编码器和译码器是常见的组合逻辑基本单元电路,已有标准化的集成电路功能器件可供选用,本节着重介绍编码器和译码器的定义与分类、工作原理及应用。

3.4.1　编码器

在数字系统中,用特定代码(比如 BCD 码、二进制码等)表示各种不同的符号、字母、数字等有关信息的过程称为编码。编码建立了输入信息与输出代码之间的一一对应关系,具有编码功能的电路称为编码器。

编码器分为二进制编码器、优先编码器、8421BCD 码编码器等多种类型。

1. 二进制编码器

能够实现用 n 位二进制代码对 $N = 2^n$ 个一般信号进行编码的电路,称为二进制编码器,这种编码器又称为普通编码器。

普通编码器的主要特点是：任何时刻只允许一个输入信号有效，否则输出代码将会发生混乱。

现以图 3.14 两位二进制编码器为例，分析编码器的工作原理。此处 $n=2$，$N=2^2=4$，对 $I_0 \sim I_3$ 4 个输入信号分别进行编码，输出 A_1、A_0 为一组相应的二进制代码，这种编码器习惯上称为 4 线-2 线编码器。

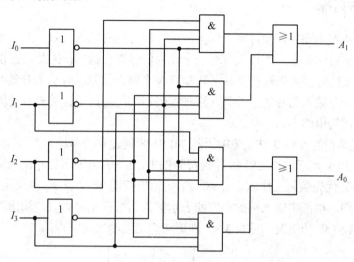

图 3.14　4 线-2 线编码器电路图

对照图 3.14，依据组合逻辑电路的分析方法，可写出其输出函数表达式如下：

$$\begin{aligned} A_1 &= \bar{I}_0\bar{I}_1 I_2 \bar{I}_3 + \bar{I}_0 \bar{I}_1 \bar{I}_2 I_3 \\ A_0 &= \bar{I}_0 I_1 \bar{I}_2 \bar{I}_3 + \bar{I}_0 \bar{I}_1 \bar{I}_2 I_3 \end{aligned} \quad (3.5)$$

在 4 个输入端中，每次仅令一个输入高电平，其余输入低电平，共有 4 种情况，分别代入式（3.5）确定输出函数的值，可见仅当 $I_0=1$ 时，$A_1A_0=00$；仅当 $I_1=1$ 时，$A_1A_0=01$；仅当 $I_2=1$ 时，$A_1A_0=10$；仅当 $I_3=1$ 时，$A_1A_0=11$。结果如表 3.7 所示，即实现了对输入信号的二进制编码。

表 3.7　两位二进制编码器功能表

输 入				输 出	
I_0	I_1	I_2	I_3	A_1	A_0
1	0	0	0	0	0
0	1	0	0	0	1
0	0	1	0	1	0
0	0	0	1	1	1

注意表 3.7 的名称不是真值表，而叫作功能表，它清楚地描述了 4 线-2 线编码器的功能，输入信号仅考虑有效的几种情况，而不是输入变量的所有取值组合。在后续内容中经常用到功能表，希望读者注意功能表与真值表的区别。

如果每次有两个或者多于两个输入端为高电平，例如 $I_1 I_2$ 同时输入高电平，把 $I_0 I_1 I_2 I_3 = 0110$ 代入式（3.5），可得 $A_1 A_0 = 00$，显然编码出现错误，因为表 3.7 表明输出 00

表示输入端 $I_0 = 1$。因此,图 3.14 属于普通的 4 线-2 线编码器,每次仅允许一个输入端有效(此电路输入高电平有效)。

普通编码器任何时刻只允许一个输入端有效这一特点,限制了其应用场合。为了解决这一问题,有必要对电路进行改进。

2. 优先编码器

在优先编码器电路中,允许两个以上的输入信号同时输入有效,为了保证输出代码与输入信号的一一对应关系,即每次只对一个输入信号进行编码,因此,在设计优先编码器时,将所有输入信号按优先顺序排好了队,当 N 个输入信号同时输入有效时,只能对其中优先权最高的一个输入信号进行编码。这种编码器广泛应用于计算机系统的中断请求和数字控制的排队逻辑电路中。

图 3.15 是典型的 8 线-3 线优先编码器 74LS148 的逻辑符号图,其逻辑功能表如表 3.8 所示。在如图 3.15 所示的 74LS148 逻辑符号图中,$I_0 \sim I_7$ 为编码信号输入端,$A_0 \sim A_2$ 为编码输出端,C_S 为优先编码工作状态标志,E_O 为输出使能端,C_S、E_O 主要用于级联和扩展。E_I 为输入使能端。框图中输入端的小圆圈表示输入信号低电平有效,输出端的小圆圈表示反码输出。74LS148 功能表(见表 3.8)则更清楚地表明了这一点。

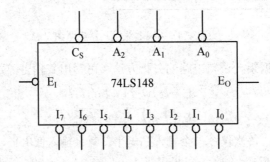

图 3.15 74LS148 逻辑符号图

表 3.8 74LS148 功能表

序号	输入									输出				
	E_I	I_7	I_6	I_5	I_4	I_3	I_2	I_1	I_0	A_2	A_1	A_0	C_S	E_O
1	1	×	×	×	×	×	×	×	×	1	1	1	1	1
2	0	1	1	1	1	1	1	1	1	1	1	1	1	0
3	0	0	×	×	×	×	×	×	×	0	0	0	0	1
4	0	1	0	×	×	×	×	×	×	0	0	1	0	1
5	0	1	1	0	×	×	×	×	×	0	1	0	0	1
6	0	1	1	1	0	×	×	×	×	0	1	1	0	1
7	0	1	1	1	1	0	×	×	×	1	0	0	0	1
8	0	1	1	1	1	1	0	×	×	1	0	1	0	1
9	0	1	1	1	1	1	1	0	×	1	1	0	0	1
10	0	1	1	1	1	1	1	1	0	1	1	1	0	1

由功能表 3.8 可知：

（1）输入信号低电平有效，输出代码是输入信号下标所对应的二进制数的反码。

（2）当 $E_I = 1$ 时，电路处于禁止编码工作状态，输出 $A_2A_1A_0 = 111$，$E_O = C_S = 1$。

（3）当 $E_I = 0$ 时，电路允许编码。若电路各输入端 $I_0 \sim I_7$ 均无有效输入，即 $I_0 \sim I_7$ 均为高电平，则 $C_S = 1$，$E_O = 0$，$A_2A_1A_0 = 111$；若 $I_0 \sim I_7$ 中存在输入有效信号，即输入有低电平，则 $C_S = 0$，$E_O = 1$，$A_2A_1A_0$ 以反码形式输出对输入有效信号中级别最高的输入有效信号的编码。

（4）在所有输入端中，I_7 优先级别最高，I_0 优先级别最低。

（5）$A_2A_1A_0 = 111$ 总共出现三次，但每次表明的含义不同。

① $E_I = 1$，$A_2A_1A_0 = 111$，电路禁止编码；

② $E_I = 0$，$C_S = 1$，$A_2A_1A_0 = 111$，电路允许编码，但输入信号均处于无效状态；

③ $E_I = 0$，$C_S = 0$，$A_2A_1A_0 = 111$，I_0 的编码输出。

3．二-十进制编码器

将表示十进制数 0、1、2、3、4、5、6、7、8、9 的 10 个信号分别转换成 4 位二进制代码的电路，称为二-十进制编码器。输出所用的代码是 8421BCD 码，故也称之为 8421BCD 码编码器。

以键盘输入 8421BCD 码编码器为例，其逻辑功能如表 3.9 所示。

表 3.9　10 个按键 8421BCD 码编码器功能表

十进制数 N	输入										输出				C_S
	S_9	S_8	S_7	S_6	S_5	S_4	S_3	S_2	S_1	S_0	A_3	A_2	A_1	A_0	
x	1	1	1	1	1	1	1	1	1	1	0	0	0	0	0
0	1	1	1	1	1	1	1	1	1	0	0	0	0	0	1
1	1	1	1	1	1	1	1	1	0	1	0	0	0	1	1
2	1	1	1	1	1	1	1	0	1	1	0	0	1	0	1
3	1	1	1	1	1	1	0	1	1	1	0	0	1	1	1
4	1	1	1	1	1	0	1	1	1	1	0	1	0	0	1
5	1	1	1	1	0	1	1	1	1	1	0	1	0	1	1
6	1	1	1	0	1	1	1	1	1	1	0	1	1	0	1
7	1	1	0	1	1	1	1	1	1	1	0	1	1	1	1
8	1	0	1	1	1	1	1	1	1	1	1	0	0	0	1
9	0	1	1	1	1	1	1	1	1	1	1	0	0	1	1

分析表 3.9 可知：

（1）C_S 为编码状态输出标志。$C_S = 0$ 表示编码器处于禁止工作状态，$C_S = 1$ 表示编码器工作。

（2）$S_0 \sim S_9$ 代表 10 个按键，与十进制数 0~9 的输入键相对应。$S_0 \sim S_9$ 均为高电平时，表示无编码申请。当按下 $S_0 \sim S_9$ 其中任一键时，表示有编码申请，相应的输入以低电平的形式出现，故此编码器为输入低电平有效。

（3）$A_3A_2A_1A_0$ 为编码器的输出端。在两种情况下，会出现 $A_3A_2A_1A_0 = 0000$，当 $C_S = 0$ 时，

出现 $A_3A_2A_1A_0=0000$，表示无信号输入，即无编码申请；当 $C_S=1$ 时，出现 $A_3A_2A_1A_0=0000$，表示十进制数 $0(S_0)$ 的编码输出。

由表 3.9 得到各输出端逻辑函数表达式为：

$$\begin{aligned}
A_3 &= \overline{S_8} + \overline{S_9} = \overline{S_8 \cdot S_9} \\
A_2 &= \overline{S_4} + \overline{S_5} + \overline{S_6} + \overline{S_7} = \overline{S_4 \cdot S_5 \cdot S_6 \cdot S_7} \\
A_1 &= \overline{S_2} + \overline{S_3} + \overline{S_6} + \overline{S_7} = \overline{S_2 \cdot S_3 \cdot S_6 \cdot S_7} \\
A_0 &= \overline{S_1} + \overline{S_3} + \overline{S_5} + \overline{S_7} + \overline{S_9} = \overline{S_1 \cdot S_3 \cdot S_5 \cdot S_7 \cdot S_9} \\
C_S &= \overline{S_0} + \overline{S_1} + \overline{S_2} + \overline{S_3} + \overline{S_4} + \overline{S_5} + \overline{S_6} + \overline{S_7} + \overline{S_8} + \overline{S_9} \\
&= \overline{S_0} + (\overline{S_8} + \overline{S_9}) + (\overline{S_4} + \overline{S_5} + \overline{S_6} + \overline{S_7}) + (\overline{S_2} + \overline{S_3} + \overline{S_6} + \overline{S_7}) + (\overline{S_1} + \overline{S_3} + \overline{S_5} + \overline{S_7} + \overline{S_9}) \\
&= \overline{S_0} + A_3 + A_2 + A_1 + A_0 = \overline{S_0 \overline{(A_3 + A_2 + A_1 + A_0)}}
\end{aligned} \quad (3.6)$$

10 个按键 8421BCD 编码器如图 3.16 所示。

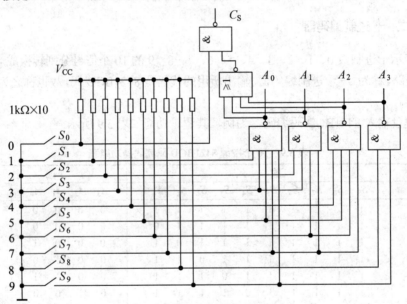

图 3.16 8421BCD 编码器电路

例如，当键盘输入 7 时，即 S_7 接地，其他输入均为高电平，$C_S=1$，编码输出为 $A_3A_2A_1A_0=0111$。此电路每次只允许有一个输入信号有效。

在如图 3.16 所示电路中，与非门的输入端通过电阻接电源，当按键没有闭合时，使各个输入端确定是高电平，此类电阻叫作上拉电阻。它防止门电路输入端悬空而产生干扰。

3.4.2 译码器

译码是编码的逆过程。它的功能是对具有特定含义的代码进行辨别，并转换成相应的输出信号。具有译码功能的组合逻辑电路称为译码器。

译码器根据输入代码的形式及用途可以分为二进制译码器、二-十进制译码器、显示译码器等。

1. 二进制译码器

二进制译码器输入是 n 位二进制码，输出有 2^n 条线。译码器的输出每次只有一个输出端为有效电平，与当时输入的二进制码相对应，其余输出端为无效电平。此类译码器又称为基本译码器或唯一地址译码器。例如，在计算机和其他数字系统中进行数据读写时，每输入一组二进制代码，则会输出与此对应的一个存储地址，从而选中对应的存储单元，以便对该单元的数据进行读或者写操作。

由于二进制译码器有 n 个输入端，2^n 条输出线，习惯上称之为 n 线-2^n 线译码器。常见的中规模集成二进制译码器有 2 线-4 线译码器（74139）、3 线-8 线译码器（74138）、4 线-16 线译码器（74154）等。现以 74138 译码器为例，分析讨论其工作原理和应用。

图 3.17 是集成译码器 74138 的逻辑电路图及逻辑符号。译码器 74138 有三个输入端 A_2、A_1、A_0，8 个输出端 $Y_0 \sim Y_7$，故称为 3 线-8 线译码器。S_3、S_2、S_1 为三个控制输入端（使能控制端）。只有控制输入端处于有效状态时，输入与输出之间才具有相应的逻辑关系。

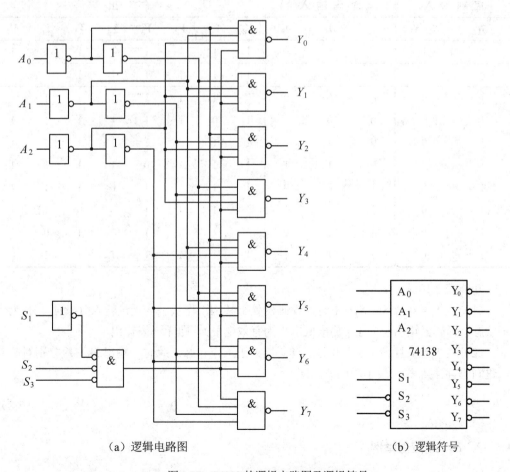

(a) 逻辑电路图　　　　　　　　　　　　(b) 逻辑符号

图 3.17　74138 的逻辑电路图及逻辑符号

分析74138的逻辑电路图，可得其输出函数表达式如下：

$$Y_0 = \overline{\overline{S_1}\overline{S_2}\overline{S_3}\overline{A_2}\overline{A_1}\overline{A_0}} = \overline{S_1\overline{S_2}\overline{S_3}m_0} \quad Y_1 = \overline{\overline{S_1}\overline{S_2}\overline{S_3}\overline{A_2}\overline{A_1}A_0} = \overline{S_1\overline{S_2}\overline{S_3}m_1}$$

$$Y_2 = \overline{\overline{S_1}\overline{S_2}\overline{S_3}\overline{A_2}A_1\overline{A_0}} = \overline{S_1\overline{S_2}\overline{S_3}m_2} \quad Y_3 = \overline{\overline{S_1}\overline{S_2}\overline{S_3}\overline{A_2}A_1A_0} = \overline{S_1\overline{S_2}\overline{S_3}m_3}$$

$$Y_4 = \overline{\overline{S_1}\overline{S_2}\overline{S_3}A_2\overline{A_1}\overline{A_0}} = \overline{S_1\overline{S_2}\overline{S_3}m_4} \quad Y_5 = \overline{\overline{S_1}\overline{S_2}\overline{S_3}A_2\overline{A_1}A_0} = \overline{S_1\overline{S_2}\overline{S_3}m_5}$$

$$Y_6 = \overline{\overline{S_1}\overline{S_2}\overline{S_3}A_2A_1\overline{A_0}} = \overline{S_1\overline{S_2}\overline{S_3}m_6} \quad Y_7 = \overline{\overline{S_1}\overline{S_2}\overline{S_3}A_2A_1A_0} = \overline{S_1\overline{S_2}\overline{S_3}m_7}$$

上述各式可归纳为如式（3.7）所示的通式：

$$Y_i = \overline{S_1\overline{S_2}\overline{S_3}m_i} \quad i = 0 \sim 7 \tag{3.7}$$

依据74138的逻辑电路图或者输出函数表达式分析可得其功能表，如表3.10所示。

表3.10　3线-8线译码器74138的功能表

控制输入		译码输入			输出							
S_1	S_2+S_3	A_2	A_1	A_0	Y_0	Y_1	Y_2	Y_3	Y_4	Y_5	Y_6	Y_7
×	1	×	×	×	1	1	1	1	1	1	1	1
0	×	×	×	×	1	1	1	1	1	1	1	1
1	0	0	0	0	0	1	1	1	1	1	1	1
1	0	0	0	1	1	0	1	1	1	1	1	1
1	0	0	1	0	1	1	0	1	1	1	1	1
1	0	0	1	1	1	1	1	0	1	1	1	1
1	0	1	0	0	1	1	1	1	0	1	1	1
1	0	1	0	1	1	1	1	1	1	0	1	1
1	0	1	1	0	1	1	1	1	1	1	0	1
1	0	1	1	1	1	1	1	1	1	1	1	0

功能表3.10表明：

（1）当$S_1 = 0$或$S_2 + S_3 = 1$时，译码器处于禁止工作状态，无论输入A_2、A_1、A_0为何种状态，译码器输出全为1（输出低电平为有效电平），即无译码输出。

（2）当$S_1 = 1$且$S_2 + S_3 = 0$时，译码器处于工作状态。此时，输出$Y_0 \sim Y_7$分别对应着二进制码$A_2A_1A_0$相应最小项的非，即：

$$Y_i = \overline{m_i} \quad i = 0 \sim 7 \tag{3.8}$$

2. 74138应用举例

74138的基本功能是3线-8线译码器，但由于它具有三个使能控制端S_1、S_2、S_3及能提供最小项的与非门电路结构，使 74138 译码器的扩展及灵活应用比较方便。具体应用通过举例说明。

例 3.7 试用两片 3 线-8 线译码器 74138 接成 4 线-16 线译码器。

解：74138 只有三个代码输入端（即地址输入端），而 4 线-16 线译码器应有 4 个代码输入端，故选用一个使能控制端作为第 4 位地址 A_3 输入端。应用两片 74138 扩展为 4 线-16 线译码器，如图 3.18 所示。

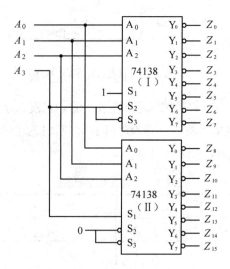

图 3.18 例 3.7 的电路图

由图可见，74138（Ⅰ）的 S_1 接高电平，74138（Ⅱ）的 S_2、S_3 接地，A_3 分别与 74138（Ⅰ）的 S_2、S_3 和 74138（Ⅱ）的 S_1 相连接，A_3 的状态直接决定两片 74138 的工作状态。当 $A_3 = 0$ 时，74138（Ⅰ）处于译码工作状态，74138（Ⅱ）处于禁止工作状态；当 $A_3 = 1$ 时，74138（Ⅰ）处于禁止工作状态，74138（Ⅱ）处于译码工作状态。

（1）74138（Ⅰ）输出为 $Z_0 \sim Z_7$，74138（Ⅱ）输出为 $Z_8 \sim Z_{15}$。

（2）当 $A_3A_2A_1A_0$ 为 0000～0111 时，74138（Ⅰ）译码，74138（Ⅱ）被禁止；当 $A_3A_2A_1A_0$ 为 1000～1111 时，74138（Ⅱ）译码，74138（Ⅰ）禁止。

上述分析表明，图 3.18 能够实现 4 线-16 线译码电路的功能。如果设计要求改为利用 74138 实现 5 线-32 线译码器，读者试分析给出其连接方式。

图 3.17（a）的译码器电路结构在控制输入端处于有效工作状态时，各个输出端如果外接反相器则可得到输入地址变量对应的全部最小项。由于任何组合逻辑函数都可以表示为最小项之和的形式，因此，译码器配合适当的门电路就可以实现任一组合逻辑函数。

例 3.8 图 3.19 是一个加热水容器的示意图。图中 A、B、C 为水位传感器。当水面在 AB 之间时，为正常状态，绿灯 G 亮；当水面在 BC 之间或者在 A 以上时，为异常状态，黄灯 Y 亮；当水面在 C 以下时，为危险状态，红灯 R 亮。现要求用中规模集成译码器设计一个按上述要求控制三种灯亮或暗的逻辑电路。

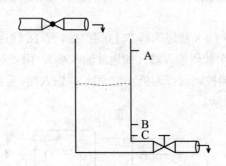

图 3.19 加热水容器的示意图

解：设水位传感器 A、B、C 为输入逻辑变量，它们被浸入水中时为逻辑 1，否则为 0。指示灯 G、Y、R 为输出逻辑函数，灯亮为逻辑 1，灯暗时为逻辑 0。

根据题意可列出真值表，如表 3.11 所示。

表 3.11 例 3.8 的真值表

输		入	输		出	输		入	输		出
A	B	C	G	Y	R	A	B	C	G	Y	R
0	0	0	0	0	1	1	0	0	×	×	×
0	0	1	0	1	0	1	0	1	×	×	×
0	1	0	×	×	×	1	1	0	×	×	×
0	1	1	1	0	0	1	1	1	0	1	0

根据真值表可写出 G、Y、R 的逻辑函数表达式：

$$G = \overline{A}BC \qquad Y = \overline{A}\,\overline{B}C + ABC \qquad R = \overline{A}\,\overline{B}\,\overline{C}$$

由于输入是三个变量，故采用 3 线-8 线译码器 74LS138 实现。选取 $A_2A_1A_0=ABC$，$S_1=1$，$S_2=S_3=0$。考虑到式（3.7）则有：

$$G = \overline{A}BC = m_3 = \overline{Y}_3$$

$$Y = \overline{A}\,\overline{B}C + ABC = m_1 + m_7 = \overline{\overline{m_1}\,\overline{m_7}} = \overline{Y_1 Y_7}$$

$$R = \overline{A}\,\overline{B}\,\overline{C} = m_0 = \overline{Y}_0$$

按照上述选择采用 74LS138 和反相器、与非门设计的电路如图 3.20 所示。

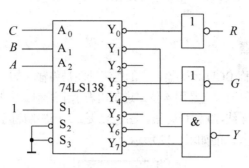

图 3.20 例 3.8 的电路图

基本译码器实际上是一个最小项发生器,利用译码器和门电路可以构成各种多变量逻辑函数发生器,产生各种逻辑函数。

例 3.9 试用 74LS138 译码器和适当的门电路实现下述逻辑函数。

$$L_1 = A \oplus B \oplus C$$
$$L_2 = AB + (A \oplus B)C$$

解:(1)把所给逻辑函数转换为最小项表达式。

$$L_1(ABC) = \overline{A}\,\overline{B}C + \overline{A}B\overline{C} + A\overline{B}\,\overline{C} + ABC = m_1 + m_2 + m_4 + m_7 = \overline{\overline{m_1} \cdot \overline{m_2} \cdot \overline{m_4} \cdot \overline{m_7}}$$

$$L_2(ABC) = \overline{A}BC + A\overline{B}C + AB\overline{C} + ABC = m_3 + m_5 + m_6 + m_7 = \overline{\overline{m_3} \cdot \overline{m_5} \cdot \overline{m_6} \cdot \overline{m_7}}$$

(2)确定函数的输入变量与 74LS138 地址变量的对应关系。

选取 $A_2A_1A_0=ABC$,$S_1=1$,$S_2=S_3=0$。考虑到式(3.7)则有:

$$L_1(ABC) = \overline{\overline{m_1} \cdot \overline{m_2} \cdot \overline{m_4} \cdot \overline{m_7}} = \overline{Y_1Y_2Y_4Y_7}$$

$$L_2(ABC) = \overline{\overline{m_3} \cdot \overline{m_5} \cdot \overline{m_6} \cdot \overline{m_7}} = \overline{Y_3Y_5Y_6Y_7}$$

(3)作图。

采用 74LS138 和与非门实现所给逻辑函数的电路图如图 3.21 所示。

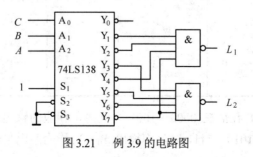

图 3.21 例 3.9 的电路图

集成译码器的应用可概括为基本应用,即器件设计时所考虑的译码器功能;扩展应用,即利用使能端的控制作用,通过多片译码器的适当连接扩展译码器的输入地址变量数；译码器用作逻辑函数发生器，即利用译码器和适当的门电路实现一般的组合逻辑函数。

3. 二-十进制译码器

二-十进制译码器也称 BCD 译码器，它的逻辑功能是将输入的一组 BCD 码译成 10 个高低电平输出信号。BCD 码的含义是用 4 位二进制码表示十进制数中的 0～9 这 10 个数码，因此，BCD 译码器又称为 4 线-10 线译码器。图 3.22 是二-十进制译码器 74LS42 的逻辑符号，其输入是 8421BCD 码，其功能如表 3.12 所示。

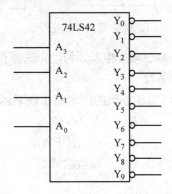

图 3.22　二-十进制译码器的逻辑符号

表 3.12　4 线-10 线译码器功能表

序号	输入				输出									
	A_3	A_2	A_1	A_0	Y_0	Y_1	Y_2	Y_3	Y_4	Y_5	Y_6	Y_7	Y_8	Y_9
0	0	0	0	0	0	1	1	1	1	1	1	1	1	1
1	0	0	0	1	1	0	1	1	1	1	1	1	1	1
2	0	0	1	0	1	1	0	1	1	1	1	1	1	1
3	0	0	1	1	1	1	1	0	1	1	1	1	1	1
4	0	1	0	0	1	1	1	1	0	1	1	1	1	1
5	0	1	0	1	1	1	1	1	1	0	1	1	1	1
6	0	1	1	0	1	1	1	1	1	1	0	1	1	1
7	0	1	1	1	1	1	1	1	1	1	1	0	1	1
8	1	0	0	0	1	1	1	1	1	1	1	1	0	1
9	1	0	0	1	1	1	1	1	1	1	1	1	1	0

若输入信号 $A_3A_2A_1A_0$ 在 0000～1001 之间时，相应的输出端产生一个低电平有效信号。如果 $A_3A_2A_1A_0$=1010～1111 时，则输出 Y_0～Y_9 均为高电平输出，即译码器处于无效工作状态。

4．数字显示译码器

数字显示译码器不同于上述的译码器，它的主要功能是译码驱动数字显示器件。数字显示的方式一般分为三种：①字型重叠式，即将不同字符的电极重叠起来，使相应的电极发亮，则可显示需要的字符；②分段式，即在同一个平面上按笔画分布发光段，利用不同发光段组合，显示不同的数码；③点阵式，由一些按一定规律排列的可发光的点阵组成，通过发光点组合显示不同的数码。数字显示方式以分段式应用最为广泛，现以驱动七段数码管显示的译码器为例，介绍显示译码器的工作原理。

1）七段数码管的结构及工作原理

七段数码管的结构如图 3.23 所示，它有 7 个发光段，即 a、b、c、d、e、f、g，数码显示与发光段之间的对应关系如表 3.13 所示。七段数码管内部由发光二极管组成。在发光二极管两端加上适当的电压时，就会发光。发光二极管有两种接法：即共阴极接法和共阳极接法，如图 3.24 所示。

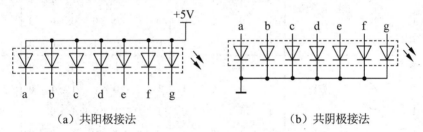

（a）共阳极接法　　　　　　　　（b）共阴极接法

图 3.24　发光二极管的两种接法

表 3.13　BCD 码与显示发光段对应关系

BCD 码	显示数码	发 光 段	BCD 码	显示数码	发 光 段
0000	0	abcdef	0101	5	acdfg
0001	1	bc	0110	6	cdefg
0010	2	abdeg	0111	7	abc
0011	3	abcdg	1000	8	abcdefg
0100	4	bcfg	1001	9	abcfg

当选用共阳极数码管时，应选用低电平输出有效的七段译码器驱动；当选用共阴极数码管时，应选用高电平输出有效的七段译码器驱动。在实际应用数码管时，应考虑接入限流电阻。

2）七段显示译码器 7447

7447 七段显示译码器输出低电平有效，用于驱动共阳极数码管。图 3.25 给出了 7447 七段显示译码器的逻辑符号，其功能表如表 3.14 所示。

表 3.14 7447 七段显示译码器功能表

十进制数	输入							输出							显示字型
	$\overline{LT}$	$\overline{RBI}$	$\overline{BI}/\overline{RBO}$	A_3	A_2	A_1	A_0	a	b	c	d	e	f	g	
	0	×	1/	×	×	×	×	0	0	0	0	0	0	0	日
	×	×	0/	×	×	×	×	1	1	1	1	1	1	1	熄灭
	1	0	/0	0	0	0	0	1	1	1	1	1	1	1	熄灭
0	1	1	/1	0	0	0	0	0	0	0	0	0	0	1	0
1	1	×	/1	0	0	0	1	1	0	0	1	1	1	1	1
2	1	×	/1	0	0	1	0	0	0	1	0	0	1	0	2
3	1	×	/1	0	0	1	1	0	0	0	0	1	1	0	3
4	1	×	/1	0	1	0	0	1	0	0	1	1	0	0	4
5	1	×	/1	0	1	0	1	0	1	0	0	1	0	0	5
6	1	×	/1	0	1	1	0	1	1	0	0	0	0	0	6
7	1	×	/1	0	1	1	1	0	0	0	1	1	1	1	7
8	1	×	/1	1	0	0	0	0	0	0	0	0	0	0	8
9	1	×	/1	1	0	0	1	0	0	0	1	1	0	0	9
10	1	×	/1	1	0	1	0	1	1	1	0	0	1	0	c
11	1	×	/1	1	0	1	1	1	1	0	0	1	1	0	⊐
12	1	×	/1	1	1	0	0	1	0	1	1	1	0	0	u
13	1	×	/1	1	1	0	1	0	1	1	0	1	0	0	⊑
14	1	×	/1	1	1	1	0	1	1	1	0	0	0	0	t
15	1	×	/1	1	1	1	1	1	1	1	1	1	1	1	熄灭

$\overline{LT}$、$\overline{RBI}$、$\overline{BI}/\overline{RBO}$ 是 7447 七段显示译码器的辅助控制输入端，其作用是实现灯测试和灭零功能。

（1）试灯输入 $\overline{LT}$。试灯输入主要用于检测数码管的各个发光段能否正常发光。当 $\overline{LT}=0$，$\overline{BI}/\overline{RBO}=1$ 时，七段数码管的每一段都被点亮，显示字型：日。如果此时数码管的某一段不亮，则表明该段已经烧坏。正常工作时，应使 $\overline{LT}=1$。

（2）灭零输入 $\overline{RBI}$。灭零用于取消多位数字中不必要的 0 的显示。例如，在 6 位数字显示中，如果不采用灭零控制，则数字 15.2 可能被显示为 015.200。把整数有效数字前面的 0 熄灭称为头部灭零，把小数点后面数字尾部的 0 熄灭称为尾部灭零。注意，只是把不需要的 0 熄灭。比如数字 030.080 将显示为 30.08（需要的 0 仍然保留）。

当 $\overline{\text{LT}}$ =1，$\overline{\text{RBI}}$ = 0 时，若输入代码为 $A_3A_2A_1A_0$ = 0000，则相应的零字型不显示，即灭零，此时 $\overline{\text{BI}}/\overline{\text{RBO}}$ 输出 0。当 $\overline{\text{LT}}$ =1，$\overline{\text{RBI}}$ =1 时，若输入代码为 $A_3A_2A_1A_0$=0000，则显示零字型，此时 $\overline{\text{BI}}/\overline{\text{RBO}}$ 输出 1。

（3）熄灯输入/灭零输出 $\overline{\text{BI}}/\overline{\text{RBO}}$。$\overline{\text{BI}}/\overline{\text{RBO}}$ 是特殊控制端。输出 $\overline{\text{RBO}}$ 和输入 $\overline{\text{BI}}$ 共用一根引脚 $\overline{\text{BI}}/\overline{\text{RBO}}$ 与外部连接。也就是说，引脚 $\overline{\text{BI}}/\overline{\text{RBO}}$ 既可以用作输入也可以用作输出。当把它作为输入 $\overline{\text{BI}}$（熄灯输入）且为低电平时，它优先于所有其他的输入，使得所有段输出为高电平（无效状态）即数码管处于熄灭状态。$\overline{\text{BI}}$（熄灯输入）功能与灭零控制无关。当把 $\overline{\text{BI}}/\overline{\text{RBO}}$ 作输出端使用时，是动态灭零输出。常与相邻位的 $\overline{\text{RBI}}$ 相连，通知下一位如果出现零，则熄灭。图 3.26 给出了灭零控制的应用举例。

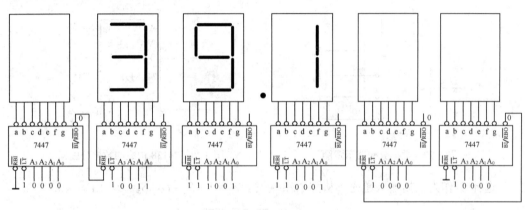

图 3.26　显示系统动态灭零控制举例

整数部分最高位和小数部分最低位的灭零输入 $\overline{\text{RBI}}$ 接地，以便灭零。整数最高位的 $\overline{\text{RBO}}$ 与次高位的 $\overline{\text{RBI}}$ 连接；小数位的最低位的 $\overline{\text{RBO}}$ 与高一位的 $\overline{\text{RBI}}$ 相连，以便去掉多余的零。即整数最高位是零，并且被熄灭时，次高位才有灭零信号。同理，小数最低位是零，并且被熄灭时，高一位才有灭零输入信号。整数个位和小数最高位没用灭零功能。

思考与讨论题：

（1）参照表 3.7 的 4 线-2 线编码器的功能表，列写出 8 线-3 线编码器的功能表，求出输出函数表达式并适当化简，画出逻辑电路图。

（2）如果有 4 片 74138 译码器，你能够组成多少种译码器？

（3）译码器与适当的门电路结合，能够形成逻辑函数发生器。如果有两片 74138 和一个与非门（输入端个数自选），举例说明你能够分别实现多少个输入变量的组合逻辑函数。

3.5 数据分配器与数据选择器

3.5.1 数据分配器

在数据传输过程中,常需要把一条通道上的数据分配到不同的数据通道上,实现这一功能的电路称为数据分配器(也称多路数据分配器,多路数据调节器)。图 3.27 为数据分配器功能示意图。

数据分配器可以直接用译码器来实现。例如,用 3 线-8 线 74138 译码器,可以把三个控制端中的一个控制端作为数据输入通道,根据地址码 $A_2A_1A_0$ 不同组合,将输入数据 D 分配到 8 个 ($Y_0 \sim Y_7$) 相应的输出通道上去,如图 3.28 所示。

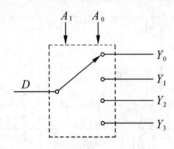

图 3.27 数据分配器示意图

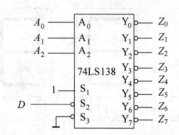

图 3.28 74138 构成的数据分配器

选择 S_2 作为数据输入通道,从图 3.28 可见,$S_1=1$,$S_2=D$,$S_3=0$,由式(3.7)有

$$Z_i = Y_i = \overline{\overline{S_1}\overline{S_2}\overline{S_3}m_i} = \overline{\overline{D}m_i}$$

其中,m_i 为与地址 $A_2A_1A_0$ 对应的最小项。例如,当 $A_2A_1A_0 = 011$ 时,选择 Z_3 通道,$m_3=1$,则有 $Z_3=D$。当地址 $A_2A_1A_0 = 111$ 时,选择 Z_7 通道,$m_7=1$,则有 $Z_7=D$。根据输入地址的不同,可将输入数据分配到 8 路数据输出中的任一通道。

3.5.2 数据选择器

数据选择器(MUX)的逻辑功能是在地址选择信号的控制下,从多路数据中选择出一路数据作为输出信号,相当于多输入的单刀多掷开关,其示意图如图 3.29 所示。

1. 数据选择器的功能描述

图 3.30 是四选一数据选择器的电路图。$D_0 \sim D_3$ 是数据输入端,即数据输入通道;A_1A_0 是地址输入端;Y 是输出端;E 是使能端,低电平有效。依据图 3.30 可写出数据选择器的逻辑函数表达式:

$$Y = \overline{E}\,\overline{A_1}\,\overline{A_0}D_0 + \overline{E}\,\overline{A_1}A_0D_1 + \overline{E}A_1\overline{A_0}D_2 + \overline{E}A_1A_0D_3 = \overline{E}\sum_{i=0}^{3}m_iD_i \qquad (3.9)$$

式中,m_i 是地址变量 A_1A_0 所对应的最小项,D_i 表示对应的输入数据。

式（3.9）表明：当使能端 $E = 1$ 时，地址输入端 A_1A_0 无论为何值，输出 $Y = 0$，数据选择器处于禁止工作状态；当使能端 $E = 0$ 时，根据地址输入端 A_1A_0 的组合，从数据输入端 $D_0 \sim D_3$ 中选择出相应的一路输出。四选一数据选择器的逻辑功能如表 3.15 所示。

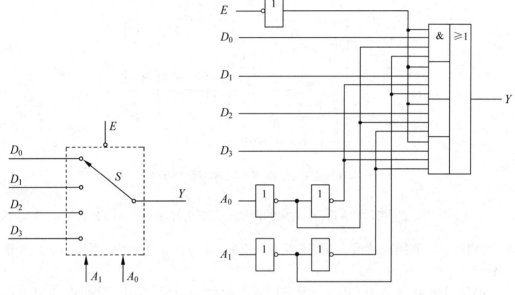

图 3.29　数据选择器示意图　　　　图 3.30　四选一数据选择器的电路图

表 3.15　四选一数据选择器功能表

E	A_1	A_0	Y	E	A_1	A_0	Y
1	×	×	0	0	1	0	D_2
0	0	0	D_0	0	1	1	D_3
0	0	1	D_1				

二位地址码可以有 4 个输入通道，三位地址码可选数据通道数为 8 个。若地址码是 n 位，则数据通道数为 2^n 个，故 2^n 选一数据选择器的逻辑表达式为：

$$Y = \overline{E} \sum_{i=0}^{2^n-1} m_i D_i \tag{3.10}$$

常用集成数据选择器有双四选一数据选择器 74LS153、74LS253 等；八选一数据选择器有 74LS152、74LS151 等；十六选一数据选择器有 74LS150、74850、74851 等。

2. 数据选择器的扩展

如需要选择的数据通道较多时，可以选用八选一或十六选一数据选择器，也可以把几个数据选择器连接起来扩展数据输入端。

如图 3.31 所示的是利用使能端将四选一数据选择器扩展为八选一数据选择器的实例。

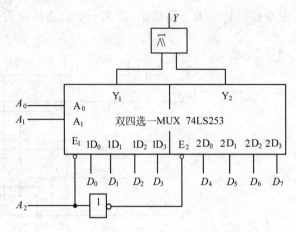

图 3.31　双四选一 MUX 扩展为八选一 MUX

当 $A_2=0$ 时，$E_1=0$，$E_2=1$，Y_1 对应的四选一数据选择器工作，即 $Y_1=\sum_{i=0}^{3}m_{1i}D_{1i}$，$Y_2$ 对应的四选一数据选择器处于禁止工作状态，即 $Y_2=0$。所以，$Y=Y_1$，即从 $D_0 \sim D_3$ 中选一路输出。

当 $A_2=1$ 时，$E_1=1$，$E_2=0$，Y_1 对应的四选一数据选择器处于禁止工作状态，即 $Y_1=0$，Y_2 对应的四选一数据选择器处于工作状态，所以，$Y=Y_2=\sum_{i=0}^{3}m_{2i}D_{2i}$，即从 $D_4 \sim D_7$ 中选一路输出。

上述扩展过程给出的启示是，利用高位地址进行片选，当选定工作芯片后，再利用其余地址对工作芯片的数据进行选择输出。这种规律对芯片的功能扩展具有一般性。

3. 数据选择器的应用

数据选择器的应用很广泛，它不仅可以实现有选择地传递数据，还可以作为逻辑函数发生器，实现所要求的逻辑函数功能，也可以将并行数据转换为串行数据进行传输。

数据选择器能够实现任一组合逻辑函数的基础在于反映其逻辑功能的表达式（3.10）是一个可控最小项表达式，而任何一个逻辑函数都可以表示为最小项表达式。因此，数据选择器经常被用来设计组合逻辑电路。

例 3.10　试分析写出如图 3.32 所示电路的逻辑表达式。

解： 由如图 3.32 所示电路的连接关系可知：

$$A_2A_1A_0=ABC,\ D_0=D_1=D_2=D_4=0,\ D_3=D_5=D_6=D_7=1,\ E=0$$

代入八选一数据选择器的公式 $Y=\sum_{i=0}^{7}m_iD_i$ 并整理有：

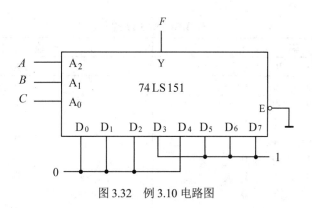

图 3.32 例 3.10 电路图

$$F = Y = \bar{A}BC + A\bar{B}C + AB\bar{C} + ABC$$

利用数据选择器设计组合逻辑电路有三种方法，即比较系数法、真值表法、卡诺图法。下述举例分别说明这三种方法的具体应用。

例 3.11 应用八选一数据选择器实现下述逻辑函数：

$$L = A\bar{B}C + AB + \bar{C}$$

解：通过配项，将 L 展开为最小项表达式有：

$$L = \bar{A}\bar{B}\bar{C} + \bar{A}B\bar{C} + A\bar{B}\bar{C} + A\bar{B}C + AB\bar{C} + ABC = m_0 + m_2 + m_4 + m_5 + m_6 + m_7 \quad (3.11)$$

由于有三个输入变量，选用八选一数据选择器。根据数据选择器的通式（3.10），选取 $A_2A_1A_0 = ABC$，当使能输入 $E = 0$ 时，有：

$$Y = \sum_{i=0}^{7} m_i D_i = D_0 m_0 + D_1 m_1 + D_2 m_2 + D_3 m_3 + D_4 m_4 + D_5 m_5 + D_6 m_6 + D_7 m_7 \quad (3.12)$$

比较式（3.11）和式（3.12），若要求 $L = Y$，则应满足：

$$D_0 = D_2 = D_4 = D_5 = D_6 = D_7 = 1 \qquad D_1 = D_3 = 0$$

根据上述分析，可画出实现所给逻辑函数的逻辑电路图如图 3.33 所示。

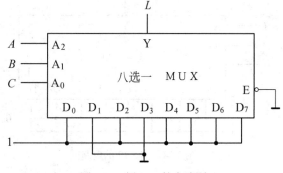

图 3.33 例 3.11 的电路图

例 3.12 已知一逻辑函数的真值表如表 3.16 所示，利用数据选择器实现此逻辑函数。

表 3.16 例 3.12 的真值表

输入			输出
A	B	C	F
0	0	0	0
0	0	1	1
0	1	0	1
0	1	1	0
1	0	0	1
1	0	1	0
1	1	0	0
1	1	1	1

解：如果令数据选择器的地址变量与题目中给定的逻辑函数的输入变量相对应，即 $A_2A_1A_0 = ABC$，对于每一组输入变量的取值组合，数据选择器的输出数据与逻辑函数值相对应，即 $F = D_i$。由此可确定 D_i 的取值，并列表如表 3.17 所示。

表 3.17 例 3.12 输出函数值与 D_i 的对应关系表

输入			输出	
A	B	C	F	D_i
0	0	0	0	0
0	0	1	1	1
0	1	0	1	1
0	1	1	0	0
1	0	0	1	1
1	0	1	0	0
1	1	0	0	0
1	1	1	1	1

依据上述分析及表 3.17 给出的 D_i 值，作电路图如图 3.34 所示。

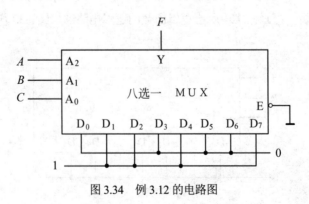

图 3.34 例 3.12 的电路图

上述举例中，逻辑函数的输入变量数与数据选择器的地址输入端个数恰好相同，通过逻辑函数的最小项表达式与数据选择器的表达式比较系数或者利用真值表，容易确定各个数据输入端的输入值，且 D_i 的值是常数 1 或者 0。

当逻辑函数的输入变量数大于数据选择器的地址输入数时，某些输入变量就要通过 D_i 反映其对输出逻辑函数的作用。换句话说，D_i 是多余输入变量的函数。因此，问题的关键是如何确定 D_i。此时，同样可以利用比较系数法、真值表法。但采用卡诺图法更直观方便。

采用数据选择器实现所给逻辑函数，用卡诺图法确定 D_i 连接关系的一般步骤如下。

（1）画出所给逻辑函数的卡诺图；
（2）确定逻辑函数输入变量与数据选择器地址输入变量的对应关系；
（3）在卡诺图上确定地址变量的控制范围，即输入数据区；
（4）由输入数据区确定每一数据输入端的连接关系；
（5）依据分析所得的连接关系作图。

例 3.13 试用四选一数据选择器实现三变量多数表决器。

解： 由例 3.5 已知，三变量多数表决器的逻辑表达式为：

$$L = \overline{A}BC + A\overline{B}C + AB\overline{C} + ABC$$

画出逻辑函数 L 的卡诺图如图 3.35（a）所示，若令 $BC = A_1A_0$ 作为地址输入变量，则可确定地址输入变量的控制范围如图 3.35（b）所示，并由此得出 $D_0 = 0$，$D_1 = D_2 = A$，$D_3 = 1$。用四选一数据选择器实现三变量多数表决器的电路如图 3.35（c）所示。

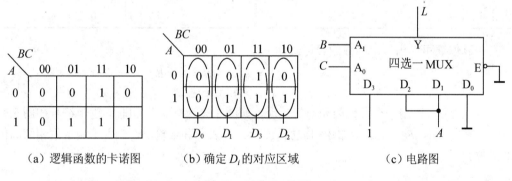

(a) 逻辑函数的卡诺图　　(b) 确定 D_i 的对应区域　　(c) 电路图

图 3.35　例 3.13 的图

用数据选择器实现逻辑函数，关键在于地址变量和数据输入端连接方式的确定。当地址变量确定之后，D_i 的连接方式可通过比较系数法、真值表法、卡诺图法分析确定。

思考与讨论题：

（1）译码器可作为数据分配器使用，如果希望利用两片 74138 实现一路输入数据 D 到 16 路输出的数据分配器，试分析画出电路图。如果希望在实现数据分配的同时，前 8 路输出数据反相，即输出 $\overline{D}$，后 8 路输出数据保持 D 不变，如何实现？

（2）利用数据选择器实现给定的逻辑函数时，所给函数的变量与数据选择器的地址输入入变量的对应关系具有一定的灵活性。在例 3.13 中，试令 $AB = A_1A_0$ 或者 $AC = A_1A_0$ 作为地址输入变量，通过卡诺图确定 D_i 的连接方式，画出相应的电路图。

3.6 算术运算电路

3.6.1 加法器

1. 半加器和全加器

1）半加器

如果不考虑来自低位的进位而将两个一位二进制数相加，称作半加。实现半加运算的逻辑电路叫作半加器。

若用 A、B 表示输入，S、C 分别表示和与进位输出。根据半加器的逻辑功能，可做出其真值表如表 3.18 所示。

表 3.18 半加器真值表

输	入	输	出	输	入	输	出
A	B	S	C	A	B	S	C
0	0	0	0	1	0	1	0
0	1	1	0	1	1	0	1

由真值表可求出输出函数的表达式如下：

$$S = A\bar{B} + \bar{A}B = A \oplus B$$
$$C = AB \tag{3.13}$$

式（3.13）可用一个异或门和与门实现，如图 3.36 所示。半加器的逻辑符号如图 3.37 所示。其中，A、B 分别表示加数和被加数输入，S 表示和数输出，C 表示输送到相邻高位的进位。

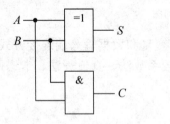
图 3.36 半加器的逻辑电路图

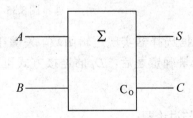
图 3.37 半加器的逻辑符号

2）全加器

如果不仅考虑两个一位二进制数相加，而且考虑来自低位的进位的加法运算称作全加。实现全加运算的逻辑电路叫作全加器。

全加器的逻辑符号如图 3.38 所示，其中，A_i、B_i 分别为加数和被加数，C_{i-1} 是相邻低位的进位，S_i 为本位和，C_i 是向相邻高位的进位。

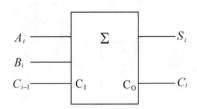

图 3.38 全加器的逻辑符号

反映全加器逻辑功能的真值表如表 3.19 所示。

表 3.19 全加器真值表

输		入	输	出	输		入	输	出
A_i	B_i	C_{i-1}	S_i	C_i	A_i	B_i	C_{i-1}	S_i	C_i
0	0	0	0	0	1	0	0	1	0
0	0	1	1	0	1	0	1	0	1
0	1	0	1	0	1	1	0	0	1
0	1	1	0	1	1	1	1	1	1

从表 3.19 出发，写出全加器的逻辑函数表达式并进行整理可得：

$$S_i = A_i \oplus B_i \oplus C_{i-1}$$
$$C_i = A_i B_i + (A_i \oplus B_i) C_{i-1} \tag{3.14}$$

请读者按式（3.14）画出全加器的逻辑电路图。

2．多位二进制加法器

实现多位二进制数加法运算的电路称为多位加法器。按各数相加时进位方式不同，多位加法器分为串行进位加法器和超前进位加法器。

1）串行进位并行加法器

图 3.39 是一个 4 位串行进位并行加法器。由图可见，全加器的个数等于相加数的位数，高位的运算必须等低位运算结束，送来进位信号以后才能进行。它的进位是由低位向高位逐位串行传递的，故称为串行进位并行加法器。其优点是电路简单，连接方便，缺点是运算速度低。

2）超前进位并行加法器

为了提高运算速度，通常使用超前进位并行加法器。图 3.40 是中规模 4 位二进制超前进位加法器 74LS283 的逻辑符号。其中，$A_0 \sim A_3$、$B_0 \sim B_3$ 分别为 4 位加数和被加数的输入端，$S_0 \sim S_3$ 为 4 位和数输出端，C_I 为最低进位输入端，C_O 向高位输送进位的输出端。

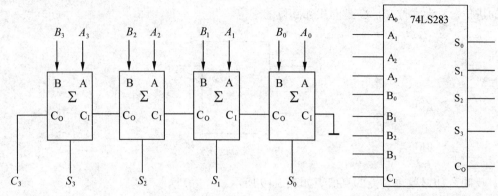

图 3.39　4 位串行进位并行加法器　　　　图 3.40　74LS283 的逻辑符号

这种超前进位加法电路的运算速度高的主要原因在于，进位信号不再是逐级传递，而是采用超前进位技术。超前进位加法器内部进位信号 C_i 可写为如下表达式：

$$C_i = f_i(A_0, \cdots, A_i, B_0, \cdots, B_i, C_I)$$

各级进位信号仅由加数、被加数和最低进位信号 C_I 决定，而与其他进位无关。这就有效地提高了运算速度。位数越多，超前进位电路越复杂。目前，中规模集成超前进位加法器多为 4 位，常用的型号有 74LS283、54283 等。

3.6.2　二进制减法运算

二进制减法运算可采用不同的实现途径。一是类似于二进制加法的处理方式，采用门电路设计半减器和全减器；二是利用变补相加法的运算规则，用加法器实现减法运算。为了讨论问题的方便，这里把前者称为二进制减法的直接电路实现。

1. 全减器的直接电路实现

不仅考虑减数和被减数，而且考虑低位借位的 1 位二进制减法运算称为全减，能够实现全减运算的电路称为全减器。

设 A、B、C 分别表示被减数、减数、低位借位信号，D、V 分别表示差及向高位的借位信号。依据二进制减法的运算规则，可列写真值表如表 3.20 所示。

表 3.20　全减器真值表

输		入	输	出	输		入	输	出
A	B	C	D	V	A	B	C	D	V
0	0	0	0	0	1	0	0	1	0
0	0	1	1	1	1	0	1	0	0
0	1	0	1	1	1	1	0	0	0
0	1	1	0	1	1	1	1	1	1

从表 3.20 出发，写出全减器的逻辑函数表达式并进行整理可得：

$$D = A \oplus B \oplus C$$
$$V = \overline{A}B + \overline{A \oplus B}\,C \tag{3.15}$$

依据式（3.15）画出全减器的电路图如图 3.41 所示。

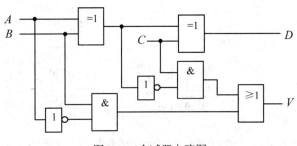

图 3.41　全减器电路图

2. 利用变补相加法实现减法运算

在数字系统中，为了简化系统结构，通常不另设减法器，而是利用补码将减法运算变为加法运算来处理，使运算器既能够实现加法运算，又可以实现减法运算。

1）原码、反码、补码

自然二进制码称为原码，它不包含二进制数的正负号，属于无符号数。例如，采用 4 位二进制码时，$[+3]_D = [+0011]_{原}$，$[-3]_D = [-0011]_{原}$。

反码由原码逐位取反而得到，反码加 1 可获得补码。规定正二进制数的补码与其原码相同。例如：

$$[+3]_D = [+0011]_{原} = [+0011]_{补} \qquad [-3]_D = [-0011]_{原} = [-1100]_{反} = [-1101]_{补}$$

为了方便数值在数字系统的运算、存储与传输，在二进制数的最高位前增加一位符号位，用来区分正二进制数和负二进制数，符号位为 0 表示正数，符号位为 1 表示负数。例如：

$$[+3]_D = [00011]_{原} = [00011]_{补} \qquad [-3]_D = [10011]_{原} = [11100]_{反} = [11101]_{补}$$

2）用补码完成减法运算

设：有 A、B 两个数，则减法运算便可以用 $A - B = A + (-B)$ 的补码加法完成。

例 3.14　求 $9 - 3$ 和 $3 - 9$ 的值。

解：先求 $9 - 3$ 的值：

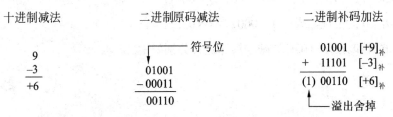

可以看出正数的二进制数原码和其补码是一致的。

再求 3 − 9 的值：

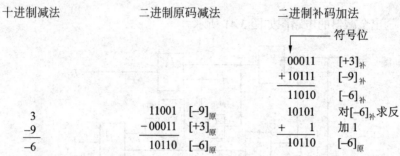

由上述例题可以看出：用原码表示有符号的数简单、直观，但运算并不方便。

例如，两个数相加或者相减，首先要判断两者的符号位和比较两者绝对值的大小。若是两个符号位不同的数相加，或是两个符号位相同的数相减，就需要比较其绝对值的大小，用绝对值大的数减去绝对值小的数，求得计算结果的绝对值，而计算结果的符号位应与绝对值较大的数的符号位相同。

因此，用原码进行运算将会使数字逻辑系统变得非常繁杂，因为数字逻辑系统除了正常的运算功能外，还需要具备判别逻辑功能，使得系统硬件增多，运算时间增加。

补码运算则是将绝对值的运算和符号的判断合二为一，从而简化了系统，提高了运算速度。

利用补码加法运算时应该注意以下几点。

（1）补码运算时，符号位被看成一位数码，参与运算。

（2）两补码相加如有溢出，则舍去。

（3）当符号位为 0 时，运算结果为正数，补码即为原码。当符号位为 1 时，说明运算结果为负数，应该对补码（运算结果）再次求补得到原码。

3）原码输出二进制减法电路

按照补码运算规则设计的原码输出 4 位二进制减法电路，如图 3.42 所示。下面以 $A−B \geqslant 0$ 和 $A−B < 0$ 两种情况用实例说明其工作过程。

（1）$A−B \geqslant 0$ 的情况，设：$A = 0100$，$B = 0001$。

（2）$A−B < 0$ 的情况，设：$A = 0001$，$B = 0101$。

$A − B < 0$ 时和 $A − B \geqslant 0$ 时的减法演算过程分别如下。

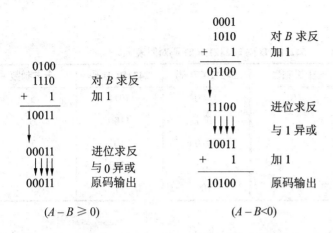

$A-B \geqslant 0$ 的情况是 $4-1=+3$，$A-B<0$ 的情况是 $1-5=-4$，可见运算结果正确。

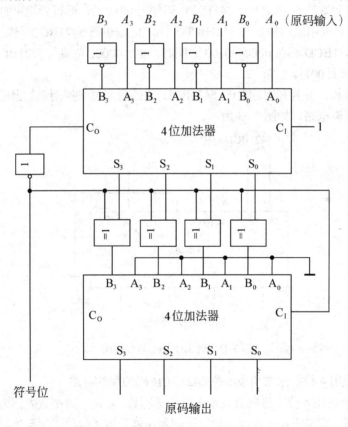

图 3.42　利用补码加法实现减法运算的电路

3.6.3　加法器应用举例

例 3.15　利用加法器 74LS283 将 5421BCD 码转换为 2421BCD 码。

解：为了便于完成所要求的两种编码之间的转换，首先应该列出两种编码表，如表 3.21 所示。

表 3.21　5421BCD 码与 2421BCD 码对照表

5421BCD 码	2421BCD 码	十进制数	5421BCD 码	2421BCD 码	十进制数
0000	0000	0	1000	1011	5
0001	0001	1	1001	1100	6
0010	0010	2	1010	1101	7
0011	0011	3	1011	1110	8
0100	0100	4	1100	1111	9

分析两种编码可以发现：

(1) 在十进制数的 0~4 之间，两种编码完全相同。

(2) 在十进制数的 5~9 之间，5421BCD 码加上 0011 后，即得到相应的 2421BCD 码。

这就是说，只要用适当的数与 5421BCD 码相加，则可将 5421BCD 码转换成 2421BCD 码。即当输入 5421BCD 码在 0000~0100 之间时，加上 0000；当输入 5421BCD 码在 1000~1100 之间时，加上 0011。

根据以上分析，并且利用输入的 5421BCD 码的最高位来控制全加器的加数，即可得出符合题意的逻辑电路，如图 3.43 所示。

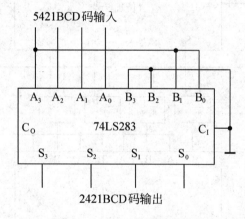

图 3.43　例 3.15 的逻辑电路图

例 3.16　使用 4 位加法器构成 1 位 8421BCD 码的加法电路。

解：BCD 码是用 4 位二进制数表示 1 位十进制数，4 位二进制数内部为二进制，BCD 码之间是十进制，即逢十进一。而 4 位二进制加法器是按 4 位二进制数进行运算，即逢十六进一。二者进位关系不同。当和数大于 9 时，即 $S_3S_2S_1S_0>1001$ 时，8421BCD 码产生进位，而此时十六进制则不一定产生进位，因此需对二进制和数进行修正，即加上 6（0110），让其产生一个进位。当 $S_3S_2S_1S_0 \leqslant 1001$（即和数小于等于 9）时，则不需要修正或者说加上 0（即 0000）。

将大于 9 的最小项填在如图 3.44 所示的卡诺图中，还要考虑到，若相加产生进位，则同样出现大于 9 的结果，综合考虑，可求得需要进行修正和数的条件为：

$$L = C_3 + S_3S_2 + S_3S_1 = \overline{\overline{C_3} \cdot \overline{S_3S_2} \cdot \overline{S_3S_1}}$$

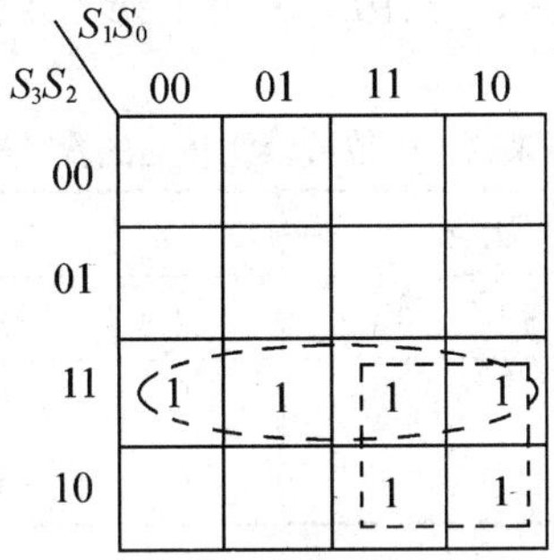

图 3.44 和数大于 9 的卡诺图

由此可得到具有修正电路的 1 位 8421BCD 码加法器电路，如图 3.45 所示。

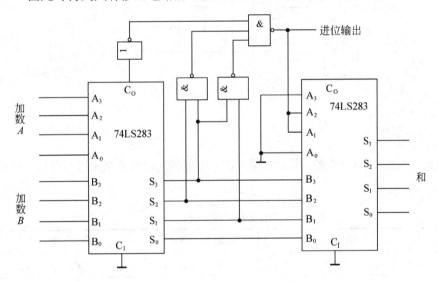

图 3.45 1 位 8421BCD 码加法器电路图

3.6.4 数值比较器

在各种数字系统中，经常需要对两个数的大小进行比较，完成这一功能的逻辑电路称为数值比较电路，相应的逻辑器件称为数值比较器。

1. 一位数值比较器

两个一位二进制数 A、B 进行大小比较，会出现以下三种可能。

（1）$A>B$（即 $A=1$，$B=0$），则输出 $Y_{A>B}=1$；

（2）$A<B$（即 $A=0$，$B=1$），则输出 $Y_{A<B}=1$；

（3）$A=B$（即 $A=B=0$ 或 $A=B=1$），则输出 $Y_{A=B}=1$。

其真值表如表 3.22 所示，由真值表可以写出其逻辑表达式：

$$Y_{A>B} = A\overline{B} \quad Y_{A<B} = \overline{A}B \quad Y_{A=B} = AB + \overline{A}\,\overline{B} = \overline{\overline{A}B + A\overline{B}}$$

表 3.22　一位数值比较器的真值表

输	入	输		出	输	入	输		出
A	B	$Y_{A>B}$	$Y_{A<B}$	$Y_{A=B}$	A	B	$Y_{A>B}$	$Y_{A<B}$	$Y_{A=B}$
0	0	0	0	1	1	0	1	0	0
0	1	0	1	0	1	1	0	0	1

由逻辑表达式可画出一位数值比较器逻辑电路图，如图 3.46 所示。

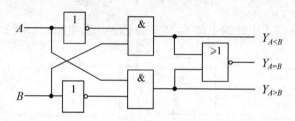

图 3.46　一位数值比较器逻辑图

2. 两位数值比较器

设有两位数 $A = A_1A_0$，$B = B_1B_0$，可以利用上述一位数值比较器的结果进行分析，其分析过程如表 3.23 所示。

表 3.23　两位数值比较分析

输		入		输		出	输		入		输		出
A_1	B_1	A_0	B_0	$Y_{A>B}$	$Y_{A<B}$	$Y_{A=B}$	A_1	B_1	A_0	B_0	$Y_{A>B}$	$Y_{A<B}$	$Y_{A=B}$
$A_1 > B_1$		×	×	1	0	0	$A_1 = B_1$		$A_0 < B_0$		0	1	0
$A_1 < B_1$		×	×	0	1	0	$A_1 = B_1$		$A_0 = B_0$		0	0	1
$A_1 = B_1$		$A_0 > B_0$		1	0	0							

对于两位二进制数的比较，从表 3.22 可归纳出下述结论。

（1）若 $A_1 > B_1$ 或者 $A_1 = B_1$ 且 $A_0 > B_0$，则有 $A > B$，即 $Y_{A>B} = A_1\overline{B_1} + (A_1B_1 + \overline{A_1}\,\overline{B_1})A_0\overline{B_0}$；

（2）若 $A_1 < B_1$ 或者 $A_1 = B_1$ 且 $A_0 < B_0$，则有 $A < B$，即 $Y_{A<B} = \overline{A_1}B_1 + (A_1B_1 + \overline{A_1}\,\overline{B_1})\overline{A_0}B_0$；

（3）若 $A_1 = B_1$ 且 $A_0 = B_0$，则有 $A = B$，即 $Y_{A=B} = (A_1B_1 + \overline{A_1}\,\overline{B_1})(A_0B_0 + \overline{A_0}\,\overline{B_0})$。

上述分析过程表明，两个多位数比较大小时，必须自高而低逐位进行比较，若高位的数不等，则可确定数的大小；当高位数相等时，需要比较低位来确定数的大小。建议读者根据上述分析结果，自己画出两位数值比较器的逻辑电路图。

3. 集成数值比较器

目前常用的集成数值比较器是 4 位并行数值比较器，例如 74LS58、MC14585、CC14585 等。

1）逻辑功能

图 3.47 是 4 位数值比较器 74LS58 逻辑符号。其中，$A_3 \sim A_0$，$B_3 \sim B_0$ 是待比较的两组 4 位二进制数的输入，$Y_{A<B}$、$Y_{A=B}$、$Y_{A>B}$ 是比较结果输出，$I_{A<B}$、$I_{A=B}$、$I_{A>B}$ 是三个级联输入端。在需要扩展待比较的二进制数的位数时，可以将低位比较器的输出端 $Y_{A<B}$、$Y_{A=B}$、$Y_{A>B}$ 分别接到高位比较器的三个级联输入端 $I_{A<B}$、$I_{A=B}$、$I_{A>B}$。关于级联扩展问题，后面将会举例说明。

4 位数值比较器 74LS58 逻辑功能表如表 3.24 所示。

表 3.24 4 位数值比较器 74LS58 逻辑功能表

比较器输入				级 联 输 入			输　　出		
$A_3 B_3$	$A_2 B_2$	$A_1 B_1$	$A_0 B_0$	$I_{A>B}$	$I_{A=B}$	$I_{A<B}$	$Y_{A>B}$	$Y_{A=B}$	$Y_{A<B}$
$A_3 > B_3$	××	××	××	×	×	×	1	0	0
$A_3 < B_3$	××	××	××	×	×	×	0	0	1
$A_3 = B_3$	$A_2 > B_2$	××	××	×	×	×	1	0	0
$A_3 = B_3$	$A_2 < B_2$	×	××	×	×	×	0	0	1
$A_3 = B_3$	$A_2 = B_2$	$A_1 > B_1$	××	×	×	×	1	0	0
$A_3 = B_3$	$A_2 = B_2$	$A_1 < B_1$	××	×	×	×	0	0	1
$A_3 = B_3$	$A_2 = B_2$	$A_1 = B_1$	$A_0 > B_0$	×	×	×	1	0	0
$A_3 = B_3$	$A_2 = B_2$	$A_1 = B_1$	$A_0 < B_0$	×	×	×	0	0	1
$A_3 = B_3$	$A_2 = B_2$	$A_1 = B_1$	$A_0 = B_0$	0	1	0	0	1	0
$A_3 = B_3$	$A_2 = B_2$	$A_1 = B_1$	$A_0 = B_0$	1	0	0	1	0	0
$A_3 = B_3$	$A_2 = B_2$	$A_1 = B_1$	$A_0 = B_0$	0	0	1	0	0	1

参照两位二进制数比较时逻辑表达式的列写过程，由表 3.23 可得：

$$Y_{A>B} = A_3\overline{B_3} + (A_3 \odot B_3)A_2\overline{B_2} + (A_3 \odot B_3)(A_2 \odot B_2)A_1\overline{B_1} + (A_3 \odot B_3)(A_2 \odot B_2)(A_1 \odot B_1)A_0\overline{B_0}$$
$$+ (A_3 \odot B_3)(A_2 \odot B_2)(A_1 \odot B_1)(A_0 \odot B_0)I_{A>B}$$

$$Y_{A=B} = (A_3 \odot B_3)(A_2 \odot B_2)(A_1 \odot B_1)(A_0 \odot B_0)I_{A=B}$$

$$Y_{A<B} = \overline{A_3}B_3 + (A_3 \odot B_3)\overline{A_2}B_2 + (A_3 \odot B_3)(A_2 \odot B_2)\overline{A_1}B_1 + (A_3 \odot B_3)(A_2 \odot B_2)(A_1 \odot B_1)\overline{A_0}B_0$$
$$+ (A_3 \odot B_3)(A_2 \odot B_2)(A_1 \odot B_1)(A_0 \odot B_0)I_{A<B}$$

在上述表达式中，特别应注意级联输入变量在表达式中的逻辑关系，如果级联输入端没有输入变量（例如单片应用时），为了获得正确的比较结果，级联输入端 $I_{A<B}$、$I_{A>B}$ 应接低电平，$I_{A=B}$ 应接高电平。

2）数值比较器的级联

4 位数值比较器可直接用来比较两个 4 位或小于 4 位的二进制数的大小。但当待比较数的位数超过 4 位时，则需要两片以上的数值比较器通过级联的方法进行扩展。下面通过举例说明级联输入端的用法。

例 3.17 应用 4 位数值比较器 74LS58 比较两个 6 位二进制整数的大小。

解：采用两片 4 位集成数值比较器 74LS58 进行级联扩展，可以实现 6 位二进制数值大小的比较，其逻辑图如图 3.48 所示。

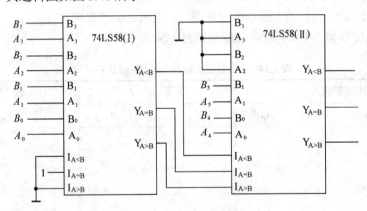

图 3.48　例 3.17 的逻辑图

低位片 74LS58（Ⅰ）的输出端 $Y_{A>B}$、$Y_{A=B}$、$Y_{A<B}$ 分别与高位片 74LS58（Ⅱ）的级联输入端 $I_{A>B}$、$I_{A=B}$、$I_{A<B}$ 相连接，数值比较的顺序是由高位到低位逐次进行比较。

当 $A_5 = B_5$，$A_4 = B_4$（即高位片（Ⅱ）中的 $A_1 = B_1$，$A_0 = B_0$）时，输出则由低位片 74LS58(Ⅰ)的输出端（即高位片（Ⅱ）的级联输入端）决定。

对于实现题目中的要求，除图 3.48 所给出的连接形式外，读者考虑是否可以给出其他的连接形式？

思考与讨论题：

（1）如何利用两片 74LS283 实现两个 8 位二进制数相加？画出电路图，分析其进位有什么特点？

（2）如何实现多位 8421BCD 数相加？试画出两个三位 8421BCD 数相加的电路图。

（3）多片数值比较器的扩展应用有两种途径，即并行扩展与串行扩展。如何利用 74LS58 实现 12 位比较器？画出电路图。

3.7 组合逻辑电路应用举例

组合逻辑电路是各种数字系统的重要组成部分，常用组合逻辑功能器件是构成复杂数字系统的基本单元电路，学习掌握常用组合逻辑功能器件是为了更好地把它应用于数字系统的分析与设计。本节通过几个举例，试图说明组合逻辑电路应用的普遍性与灵活性。

3.7.1 奇偶发生器/校验器在数据传输中的应用

当数据代码在系统中从一点传送到另外一点，或者数据代码由一个系统传送到另外一个系统时，可能由于器件的故障或者电子噪声，使某一位代码由 1 变成 0，或者由 0 变成 1，即数据在传输过程中发生错误。尽管出现这种错误的概率很小，但有必要对出现的错误进行检测。许多系统都使用一个奇偶校验位作为位错误检测的手段。任意的多位数码组都包含奇数个 1 或者偶数个 1，一个奇偶校验位附加到多位数码组中，使得这组数码中 1 的个数总保持偶数或者奇数，这种方法叫作奇偶校验。一个偶校验位使得 1 的总数保持偶数，而奇校验位使得 1 的总数为奇数（参见表 1.4）。对于一个特定的系统，只能选择奇校验或者偶校验一种校验方式。在数码组中附加的奇偶校验位可以在原数码组的开头或者结尾。

74LS280 是 9 位奇偶发生器/校验器，其逻辑符号如图 3.49 所示。74LS280 可以对一个 9 位代码（8 位数据位和一位校验位）进行奇校验或者偶校验。或者对一个 9 位代码（9 位数据位）产生一个校验位。当输入 $I_0 \sim I_8$ 中有偶数个 1 时，Σ_O 偶数输出端为高电平，Σ_J 奇数输出端为低电平；当输入 $I_0 \sim I_8$ 中有奇数个 1 时，Σ_O 偶数输出端位低电平，Σ_J 奇数输出端为高电平。

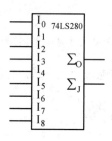

图 3.49　74LS280 的逻辑符号

图 3.50 是一个简单的数据传输系统的原理图，用于说明奇偶发生器/校验器、数据选择器、数据分配器的应用。

图 3.50 表明系统通过传输线把数据从一处传送到另外一处。数据的远距离传送是串行传输，发送方利用数据选择器 74LS151 实现数据并行到串行的转换。从发送方 74LS280 的连接形式可见，数据发送时是偶校验，如果输入数据 $D_6 \sim D_0$ 中 1 的个数是奇数，则 Σ_J 输出高电平，即 $D_7 = 1$；如果输入数据 $D_6 \sim D_0$ 中 1 的个数是偶数，则 Σ_J 输出低电平，即

$D_7 = 0$,保证发送出的数据 $D_7 \sim D_0$ 中 1 的个数为偶数。接收方利用 74LS138 作为数据分配器实现数据串行到并行的转换,数据发送与接收的同步是通过控制信号 $A_2A_1A_0$(000~111) 实现的。数据寄存器(数据寄存器将在第 5 章中介绍)把数据分配器的输出数据 $D_7 \sim D_0$ 存储后送到由 74LS280 构成的偶校验器输入端,当 $A_2A_1A_0 = 111$ 时,如果数据传输正确,偶校验器的输出 Σ_J 为低电平,检错门输出低电平;如果数据传输出错,偶校验器的输出 Σ_J 为高电平,检错门输出 $F = 1$ 提示出现传输错误。

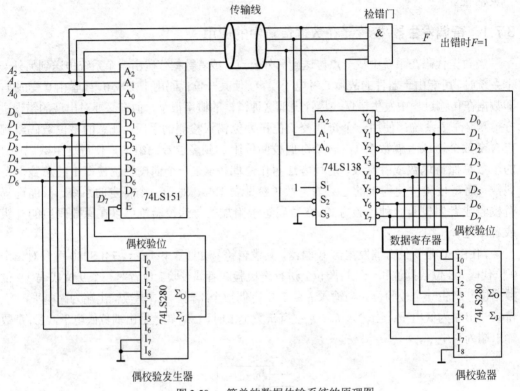

图 3.50 简单的数据传输系统的原理图

读者可以考虑改变图 3.50 的电路连接形式,但同样可以实现原来的功能。

3.7.2 简易交通信号灯控制电路

交通信号灯在城市道路平交路口的车流控制中起着重要的作用,而控制交通信号灯变换的是交通信号灯控制系统。实现交通信号灯控制系统有多种方案可供选择,用数字逻辑器件设计交通信号灯控制系统是其方案之一。一个完整的交通信号灯控制系统单凭组合逻辑电路是无法实现的,但其中的部分功能可以利用组合逻辑电路设计。此处仅考虑组合逻辑电路部分,完整的电路将在学习了后续有关章节后逐步给出。

图 3.51 给出了某一平交路口交通信号灯定周期控制的灯时波形图。分析各种灯时的要求,可见最小分辨时间为 5s,一个周期为 80s。如果以 5s 为单位,可以把一个周期区分为 16 种状态组合,用 $S_3S_2S_1S_0$ 表示,$S_3S_2S_1S_0$ 分别取值 0000~1111。如果主干道

的绿灯、黄灯、红灯分别用 MG、MY、MR 表示，支干道的绿灯、黄灯、红灯分别用 BG、BY、BR 表示，结合图 3.51 可列写出各个灯控制信号与 $S_3S_2S_1S_0$ 之间的关系如表 3.25 所示。

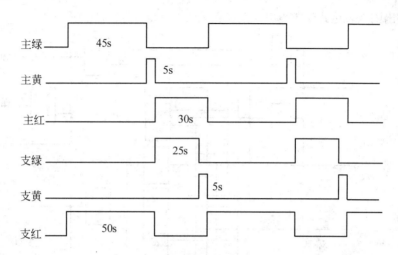

图 3.51　交通信号灯定周期控制时间分配

表 3.25　交通信号灯输出控制真值表

$S_3S_2S_1S_0$	MG	MY	MR	BG	BY	BR
0000	1	0	0	0	0	1
0001	1	0	0	0	0	1
0010	1	0	0	0	0	1
0011	1	0	0	0	0	1
0100	1	0	0	0	0	1
0101	1	0	0	0	0	1
0110	1	0	0	0	0	1
0111	1	0	0	0	0	1
1000	1	0	0	0	0	1
1001	0	1	0	0	0	1
1010	0	0	1	1	0	0
1011	0	0	1	1	0	0
1100	0	0	1	1	0	0
1101	0	0	1	1	0	0
1110	0	0	1	1	0	0
1111	0	0	1	0	1	0

依据表 3.25 并化简可得各个输出函数的表达式如下。

$$MG = \overline{S_3} + \overline{S_2}\,\overline{S_1}\,\overline{S_0}$$

$$MY = S_3\overline{S_2}\,\overline{S_1}S_0$$

$$MR = BG + BY$$

$$BG = S_3S_2\overline{S}_1 + S_3\overline{S}_2S_1 + S_3S_1\overline{S}_0$$
$$BY = S_3S_2S_1S_0$$
$$BR = MG + MY$$

由输出函数表达式作逻辑电路图如图 3.52 所示。

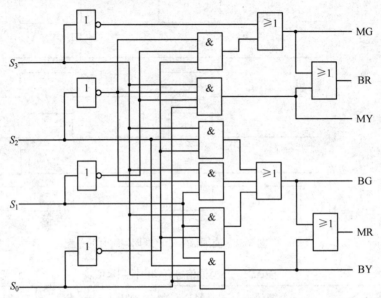

图 3.52　交通信号灯定周期控制组合逻辑电路图

交通信号灯控制系统所需要的时序电路部分将在第 5 章中介绍。

3.7.3　全加器电路实现形式的多样性讨论

全加器是典型的组合逻辑电路，其电路形式在本章中多次出现。为了说明常见组合逻辑功能电路其实现形式的灵活性与多样性，此处以全加器电路为例，讨论其多种可能的实现途径。

1. 采用反相器和与或门实现

由全加器的真值表 3.19 可写出输出函数的表达式：

$$S_i = \overline{A}_i\overline{B}_iC_{i-1} + \overline{A}_iB_i\overline{C}_{i-1} + A_i\overline{B}_i\overline{C}_{i-1} + A_iB_iC_{i-1} \tag{3.16}$$

$$C_i = \overline{A}_iB_iC_{i-1} + A_i\overline{B}_iC_{i-1} + A_iB_i\overline{C}_{i-1} + A_iB_iC_{i-1} \tag{3.17}$$

对式（3.16）进行化简有：

$$C_i = A_iB_i + A_iC_{i-1} + B_iC_{i-1} \tag{3.18}$$

式（3.16）和式（3.18）可分别用反相器和与或门实现，电路图如图 3.53 所示。
用反相器和与或门实现全加器，其特点是表达式基本没有变化，实现途径简单明了，缺点是连线较多。

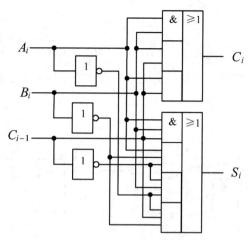

图 3.53　全加器的与或门实现

2. 采用二输入门电路实现

对式（3.16）和式（3.17）稍作变换有：

$$S_i = A_i \oplus B_i \oplus C_{i-1} \tag{3.19}$$

$$C_i = A_iB_i + (A_i \oplus B_i)C_{i-1} \tag{3.20}$$

采用异或门、与门、或门实现式（3.19）和式（3.20），有电路如图 3.54 所示。

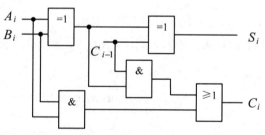

图 3.54　全加器的异或门、与门、或门实现

若对式（3.20）进行变换有：

$$C_i = A_iB_i + (A_i \oplus B_i)C_{i-1} = \overline{\overline{A_iB_i} \cdot \overline{(A_i \oplus B_i)C_{i-1}}} \tag{3.21}$$

采用异或门、与非门的全加器电路如图 3.55 所示。

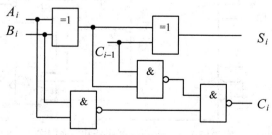

图 3.55　全加器的异或门、与非门实现

考虑到

$$A_i \oplus B_i = A_i\overline{B_i} + \overline{A_i}B_i = \overline{\overline{A_i\overline{A_iB_i}} + \overline{B_i\overline{A_iB_i}}} = \overline{\overline{A_i\overline{A_iB_i}} \cdot \overline{B_i\overline{A_iB_i}}} \quad (3.22)$$

即一个异或门可用 4 个二输入与非门实现，则全加器可用 9 个二输入与非门实现，电路如图 3.56 所示。

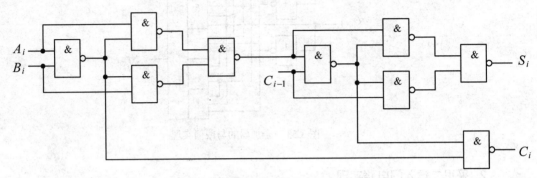

图 3.56 全加器的与非门实现

比较如图 3.54~图 3.56 所示电路，尽管所用的都是二输入器件，但如图 3.55 所示电路只需用 7486 和 7400 各一片即可，并且连接线较少。

3. 采用 74138 译码器实现

由 74138 译码器的输出表达式的通式（3.7）可知：

当 $S_1=1, S_2=S_3=0$ 时，$Y_i = \overline{m_i}$。取 $A_2A_1A_0 = A_iB_iC_{i-1}$，全加器的表达式（3.16）和式（3.17）可表示为：

$$S_{i(A_iB_iC_{i-1})} = \overline{\overline{m_1}\,\overline{m_2}\,\overline{m_4}\,\overline{m_7}} = \overline{Y_1Y_2Y_4Y_7} \quad (3.23)$$

$$C_{i(A_iB_iC_{i-1})} = \overline{\overline{m_3}\,\overline{m_5}\,\overline{m_6}\,\overline{m_7}} = \overline{Y_3Y_5Y_6Y_7} \quad (3.24)$$

则采用 74138 译码器和与非门实现的全加器电路如图 3.57 所示。

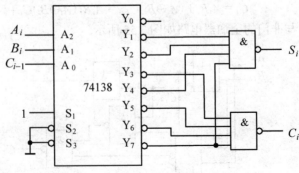

图 3.57 全加器的译码器和与非门实现

4. 采用数据选择器实现全加器

当采用数据选择器实现全加器时，双四选一数据选择器是最佳选择，其输出表达式为：

$$Y_1 = \overline{E}_1(D_{10}\overline{A}_1\overline{A}_0 + D_{11}\overline{A}_1 A_0 + D_{12}A_1\overline{A}_0 + D_{13}A_1 A_0) \tag{3.25}$$

$$Y_2 = \overline{E}_2(D_{20}\overline{A}_1\overline{A}_0 + D_{21}\overline{A}_1 A_0 + D_{22}A_1\overline{A}_0 + D_{23}A_1 A_0) \tag{3.26}$$

如若选取 $A_1 A_0 = A_i B_i$，$Y_1 = S_i$，$Y_2 = C_i$，$E_1 = 0$，$E_2 = 0$，则式（3.25）和式（3.26）可改写为：

$$S_i = Y_1 = D_{10}\overline{A}_i\overline{B}_i + D_{11}\overline{A}_i B_i + D_{12}A_i\overline{B}_i + D_{13}A_i B_i \tag{3.27}$$

$$C_i = Y_2 = D_{20}\overline{A}_i\overline{B}_i + D_{21}\overline{A}_i B_i + D_{22}A_i\overline{B}_i + D_{23}A_i B_i \tag{3.28}$$

比较式（3.16）与式（3.27），可见：

$$D_{10} = D_{13} = C_{i-1}, \quad D_{11} = D_{12} = \overline{C}_{i-1}$$

比较式（3.17）与式（3.28），可见：

$$D_{20} = 0, \quad D_{21} = D_{22} = C_{i-1}, \quad D_{23} = 1$$

依据上述连接关系，采用双四选一数据选择器及反相器实现的全加器如图 3.58 所示。

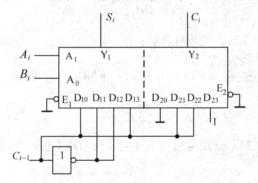

图 3.58 全加器的数据选择器实现

进一步分析表明，采用双四选一数据选择器及反相器实现全加器的电路连接形式还可以采用如图 3.59 所示的两种电路形式。

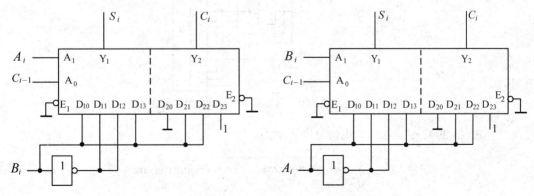

图 3.59 改变输入变量的连接形式后的电路

5. 采用反函数取非的方式设计全加器

在通常的组合逻辑电路设计中，人们总是按照输出函数的原函数进行分析。逻辑代数的基本定理表明：$F = \overline{\overline{F}}$，由此可得出组合逻辑电路设计的另一途径，即先求出 $\overline{F}$ 再反相。这样做看起来是麻烦一点儿，但对于某些应用场合，设计过程并不增加麻烦，反而提供了解决问题的一种途径。对于全加器，在真值表 3.19 中对 0 分别写出 S_i 和 C_i 的反函数有：

$$\overline{S_i} = \overline{A_i}\,\overline{B_i}\,\overline{C_{i-1}} + \overline{A_i} B_i C_{i-1} + A_i \overline{B_i} C_{i-1} + A_i B_i \overline{C_{i-1}} \tag{3.29}$$

$$\overline{C_i} = \overline{A_i}\,\overline{B_i}\,\overline{C_{i-1}} + \overline{A_i} B_i \overline{C_{i-1}} + \overline{A_i}\,\overline{B_i} C_{i-1} + A_i \overline{B_i}\,\overline{C_{i-1}} \tag{3.30}$$

对式（3.30）化简有：

$$\overline{C_i} = \overline{A_i}\,\overline{B_i} + \overline{A_i}\,\overline{C_{i-1}} + \overline{B_i}\,\overline{C_{i-1}} \tag{3.31}$$

对式（3.29）、式（3.31）两边取反有：

$$S_i = \overline{\overline{A_i}\,\overline{B_i}\,\overline{C_{i-1}} + \overline{A_i} B_i C_{i-1} + A_i \overline{B_i} C_{i-1} + A_i B_i \overline{C_{i-1}}} \tag{3.32}$$

$$C_i = \overline{\overline{A_i}\,\overline{B_i} + \overline{A_i}\,\overline{C_{i-1}} + \overline{B_i}\,\overline{C_{i-1}}} \tag{3.33}$$

式（3.32）、式（3.33）分别可用与或非门及反相器实现，电路如图 3.60 所示。

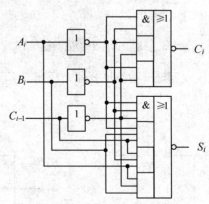

图 3.60 用与或非门及反相器实现

式（3.29）、式（3.30）也可分别表示为：

$$S_{i(A_i B_i C_{i-1})} = \overline{m_0 + m_3 + m_5 + m_6} = \overline{m_0}\,\overline{m_3}\,\overline{m_5}\,\overline{m_6} \tag{3.34}$$

$$C_{i(A_i B_i C_{i-1})} = \overline{m_0 + m_1 + m_2 + m_4} = \overline{m_0}\,\overline{m_1}\,\overline{m_2}\,\overline{m_4} \tag{3.35}$$

式（3.34）、式（3.35）若用 74138 译码器和与门实现，选取 $A_2 A_1 A_0 = A_i B_i C_{i-1}$，$S_1=1$，

$S_2 = S_3 = 0$ 时，有电路图如图 3.61 所示。

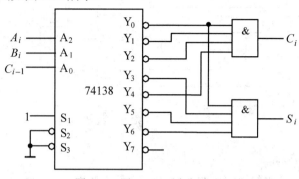

图 3.61　用 74138 及与门实现

图 3.53～图 3.61 给出了全加器的多种电路实现形式，事实上还可以列举出全加器的其他电路形式，建议读者开阔思路，寻求给出与图 3.53～图 3.61 不同的电路实现形式。

上述讨论是以全加器为例分析了组合逻辑电路实现形式的灵活性与多样性，事实上，组合逻辑电路实现形式的灵活性与多样性具有一般性，建议读者分析讨论其他组合逻辑电路的多种实现形式，加深对组合逻辑电路的理解。

思考与讨论题：

（1）如何改变图 3.50 的电路连接形式，实现奇校验？

（2）参照全加器的讨论思路，给出全减器的多种电路实现形式。

（3）参照全加器的讨论思路，给出判奇电路的多种电路实现形式。

3.8　组合逻辑电路中的竞争-冒险

3.8.1　产生竞争-冒险的原因

1. 竞争

在前述讨论组合逻辑电路的分析和设计方法时，均是以输入、输出电平已处于稳定状态为前提进行的，而没有涉及逻辑电路在两个稳态之间进行转换时可能出现的问题，即没有考虑到门电路的延迟时间对逻辑电路产生的影响。实际上，信号从输入到输出的过程中，所通过的路径不同，其经过的门的级数有可能不同；门电路的种类不同，则其平均延迟时间也不尽相同，这些因素都有可能造成一个输入信号经过不同的路径到达同一点的时间不同，这种现象称为竞争。

在如图 3.62 所示的逻辑组合电路中，变量 B 有两条路径可以到达 G_4 门（一条是经过 G_1 门、G_3 门到 G_4 门；另一条是经过 G_2 门到 G_4 门），两条路径所用的时间不同，即同一信号到达 G_4 门的时间不同，因此说变量 B 具有竞争能力。而变量 A 和变量 C 因为只有一条路径到达 G_4 门，故无竞争能力。

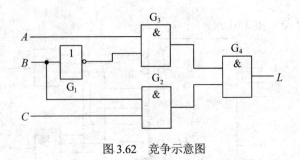

图 3.62 竞争示意图

2. 冒险

竞争现象有可能引起电路的逻辑混乱，因而导致逻辑电路瞬时输出出现错误信号，这一现象称为冒险（或称为险象）。下面通过几个简单的例子分析冒险现象。

在如图 3.63（a）所示的组合逻辑电路中，变量 A 可以通过两条路径到达 G_2 门，G_2 门（与门）的输入是 A 与 $\overline{A}$ 两个互补信号。由图 3.63（a）可得出电路的逻辑表达式为：

$$L = A \cdot \overline{A} = 0$$

实际上，由于 G_1 的传输延迟，$\overline{A}$ 波形的下降沿与 A 波形的上升沿不能同时出现，而是滞后于 A 波形的上升沿，从而导致输出波形出现一个高电平窄脉冲，如图 3.63（b）所示。瞬时出现 $L=1$，这与逻辑分析结果矛盾。由此可知，同一信号到达同一地点所用时间不同，即竞争现象造成了逻辑电路输出瞬时错误信号，电路存在冒险现象。

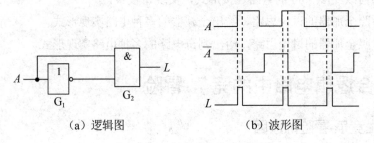

（a）逻辑图　　　　　　　　（b）波形图

图 3.63　竞争产生的正尖脉冲

在如图 3.64（a）所示的组合逻辑电路中，变量 A 可以通过两条路径到达 G_2 门，G_2 门（或门）的输入是 A 与 $\overline{A}$ 两个互补信号。由图 3.64（a）可得出电路的逻辑表达式为：

$$L = A + \overline{A} = 1$$

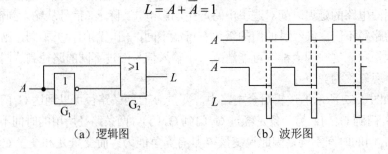

（a）逻辑图　　　　　　　　（b）波形图

图 3.64　竞争产生的负尖脉冲

由于 G_1 的传输延迟，使 $\overline{A}$ 的变化滞后于 A 的变化，导致 L 的波形出现负脉冲，如图 3.64（b）所示，即出现了 $L=0$ 的现象，它与逻辑分析结果相矛盾。这也是由于竞争引起电路出现逻辑混乱的冒险现象。

正尖峰脉冲和负尖峰脉冲都属于电压毛刺。对于数字系统，当出现电压毛刺的后一级对脉冲信号敏感时，电压毛刺就可能使系统发出错误指令，导致误操作。因此，设计电路时，应该尽量避免冒险现象的发生。但值得注意的是，竞争经常发生，但并不是所有的竞争都能产生冒险，有一些竞争是不会产生冒险的。

3.8.2 冒险现象的判别

根据上述的两个例子可知，当逻辑电路的输出表达式在一定的输入取值下，可以化为 $L = A \cdot \overline{A}$ 或 $L = A + \overline{A}$ 的形式时，A 的变化将会引起冒险。下面介绍几种常用的判别冒险现象的方法。

1. 代数法

首先找出具有竞争能力的变量，然后逐次改变其他变量，判断是否存在冒险现象。

例 3.18 判断 $L = A\overline{C} + \overline{A}B + \overline{A}C$ 是否存在冒险现象。

解： 由逻辑函数式可以看出变量 A 和 C 都具有竞争能力。

观察所给逻辑函数表达式可见，在 $B=1$，$C=0$ 时，$L = A + \overline{A}$，A 可以引起冒险。而 C 虽然具有竞争能力，但始终不会引起冒险现象。

例 3.19 判断 $L = (\overline{A} + \overline{C}) \cdot (A + B) \cdot (B + C)$ 是否存在冒险现象。

解： 由逻辑函数式可以看出变量 A 和 C 都具有竞争能力。

当 $B=0$，$C=1$ 时，$L = A \cdot \overline{A}$，A 可以引起冒险现象。

当 $B=0$，$A=1$ 时，$L = C \cdot \overline{C}$，C 可以引起冒险现象。

2. 卡诺图法

将上述例题分别用卡诺图表示出来，如图 3.65 所示。

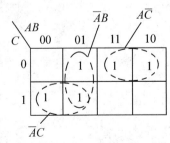   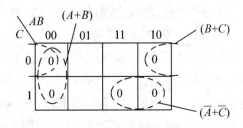

（a）$L = A\overline{C} + \overline{A}B + \overline{A}C$ 的卡诺图　　（b）$L = (\overline{A} + \overline{C}) \cdot (A + B) \cdot (B + C)$ 的卡诺图

图 3.65　卡诺图判别冒险

由图3.65（a）可知：

在 $A\overline{C}$ 与 $\overline{A}B$ 两个卡诺圈相切处，$B=1$、$C=0$，当 A 发生变化时则会出现冒险现象，而 $A\overline{C}$ 与 $\overline{A}C$ 两个卡诺圈不相切，故不存在冒险。

由图3.65（b）可知：

$(B+C)$ 与 $(\overline{A}+\overline{C})$ 两个卡诺圈的相切处，$A=1$、$B=0$，C 发生变化时会出现冒险现象。

$(A+B)$ 与 $(\overline{A}+\overline{C})$ 两个卡诺圈的相切处，$B=0$、$C=1$，A 发生变化时会出现冒险现象。

由此可见，在卡诺图中，若卡诺圈之间存在着相切，而相切处又未被其他卡诺圈包围，则会发生冒险现象。

3. 实验法

实验法是检验电路是否存在冒险现象的最有效、最可靠的方法。

实验法是利用实验手段检查冒险的方法，即在逻辑电路的输入端，加入信号所有可能的组合状态，用逻辑分析仪或示波器，捕捉输出端可能产生的冒险现象。实验法检查的结果是最终的结果。

3.8.3 消除冒险现象的方法

当逻辑电路存在着冒险现象时，会对电路的正常工作造成威胁。因此，必须设法消除。常采用的消除冒险现象的方法有以下几种。

1. 修改逻辑设计

1）增加多余项法

在逻辑表达式中添加多余项，消除冒险现象。

例3.20 判断 $L = A \cdot C + \overline{A} \cdot B + \overline{A} \cdot \overline{C}$ 是否存在冒险，若有消除之。

解：分析 L 的表达式可知：在 $B = C = 1$ 时，$L = A + \overline{A}$，A 可以产生冒险现象。而 C 虽然具有竞争能力，但始终不会产生冒险现象。

若在逻辑表达式中，增加多余项 BC，则当 $B = C = 1$ 时，L 恒为 1，即消除了冒险。

L 表达式的卡诺图如图3.66所示。分析卡诺图可见，添加多余项则意味着在相切处多画一个卡诺圈 BC，使相切变为相交，从而消除了冒险现象。在化简时，为了简化逻辑电路，多余项通常会被舍去。在图3.66中，为了保证逻辑电路能够可靠地工作，又需要添加多余项消除冒险现象。这说明最简设计并不一定是最可靠设计。

2）消掉互补变量法

对逻辑表达式进行逻辑变换，以便消掉互补变量。

例 3.21 消除 $L = (\overline{A} + \overline{C}) \cdot (A + B) \cdot (B + C)$ 中的冒险现象。

解：由例 3.19 已知，变量 A 与 C 均存在着冒险现象。现对逻辑表达式进行变换：

$$L = (\overline{A} + \overline{C}) \cdot (A + B) \cdot (B + C) = \overline{A}B + AB\overline{C} + B\overline{C} + \overline{A}BC = \overline{A}B + B\overline{C}$$

在上述逻辑变换过程中，消去了表达式中隐含的 $A \cdot \overline{A}$ 和 $C \cdot \overline{C}$ 项。由表达式 $\overline{A}B + B\overline{C}$ 组成的逻辑电路，就不会出现冒险现象了。

2．加滤波电路

由于冒险现象产生的电压毛刺一般都很窄，所以，只要在逻辑电路的输出端并联一个很小的滤波电容，就可以把电压毛刺的尖峰脉冲的幅度削弱至门电路的阈值以下。

在实现逻辑功能 $L = A \cdot C + \overline{A} \cdot B + \overline{A} \cdot \overline{C}$ 的组合逻辑电路的输出端，并联上一个很小的电容 C，如图 3.67（a）所示。由于小电容的作用，使冒险现象的尖峰幅度变得很小，极大地削弱了冒险现象对逻辑电路的影响，如图 3.67（b）所示，但同时也使得输出上升沿的变化较缓。

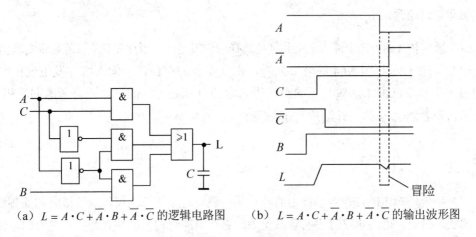

(a) $L = A \cdot C + \overline{A} \cdot B + \overline{A} \cdot \overline{C}$ 的逻辑电路图　　(b) $L = A \cdot C + \overline{A} \cdot B + \overline{A} \cdot \overline{C}$ 的输出波形图

图 3.67　加小电容消除冒险

3．引入选通电路

在组合逻辑电路中引入选通脉冲，使电路在输入信号变化时处于禁止状态，待输入信号稳定后，令选通信号有效使电路输出正常结果。这样可以有效地消除任何冒险现象。如图 3.68 所示电路就是利用选通信号消除冒险现象的一个例子，但此电路输出信号的有效时间与选通脉冲的宽度相同。

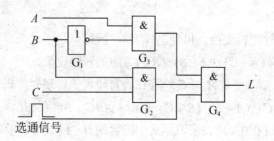

图 3.68 利用选通信号消除冒险现象

4. 三种消除冒险方法的比较

（1）修改逻辑设计的方法简便，但局限性较大，不适合于输入变量较多及较复杂的电路。

（2）加入小电容滤波的方法简单易行，但输出电压的波形边沿会随之变形。因此，仅适合于对输出波形前、后沿要求不高的电路。

（3）引入选通电路的方法简单且不需要增加电路元件，但要求选通脉冲与输入信号同步，而且对选通脉冲的宽度、极性、作用时间均有严格要求。

思考与讨论题：

（1）采用仿真的方法，能否观察到你所选择的逻辑电路是否存在竞争冒险？说明理由。

（2）从图 3.63 和图 3.64 的波形来看，由于竞争的存在，当输入信号发生变化时，使输出产生了窄脉冲，这对正常的组合逻辑电路可能是有害的。你能否考虑利用相应电路来检测脉冲信号的上升沿或者下降沿？

小结

（1）组合逻辑电路在逻辑功能上的特点是：任意时刻的输出仅取决于该时刻的各输入变量的状态组合，而与电路过去的状态无关。它在电路结构上的特点是：只包含门电路，没有存储（记忆）单元。

（2）分析组合电路的目的是确定已知电路的逻辑功能，难点在于依据真值表确定逻辑功能，解决此问题的关键在于多练习，积累经验。设计组合电路的目的是确定已知逻辑功能的电路实现，难点在于分析所给逻辑功能正确列写真值表。组合逻辑电路设计常以电路简单、所用器件个数以及种类最少为设计原则。组合逻辑电路分析与设计的方法可归纳如图 3.69 所示。

（3）对于常用组合逻辑功能器件，应注意其定义、工作原理、常用芯片、功能扩展。

（4）组合逻辑电路实现形式的多样性与灵活性，增加了电路分析与设计的难度，但同时提供了电路设计方案多种选择的可能性，为设计者展现自己的知识提供了舞台。

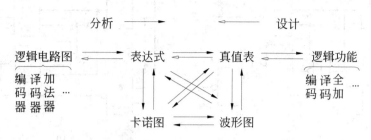

图 3.69　组合逻辑电路分析与设计方法示意图

（5）竞争-冒险是组合逻辑电路工作状态转换过程中经常会出现的一种现象。如果负载是一些对尖峰脉冲敏感的电路，则必须采取措施消除由于冒险而产生的尖峰脉冲。如果负载电路对尖峰脉冲不敏感（例如光电显示器），就不必考虑冒险问题。

习题

3.1　试分析如图 3.70 所示组合逻辑电路的逻辑功能，写出逻辑函数表达式，列出真值表，说明电路完成的逻辑功能。

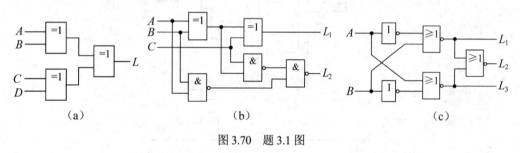

图 3.70　题 3.1 图

3.2　试分析如图 3.71 所示电路的逻辑功能，要求写出输出函数表达式，列出其真值表，说明其逻辑功能。

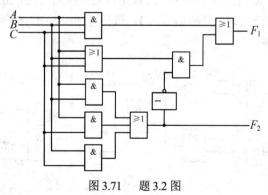

图 3.71　题 3.2 图

3.3　试分析如图 3.72 所示电路的逻辑功能，要求写出输出函数表达式，做出真值表，说明电路的逻辑功能。此题的分析结论对你有什么启示？

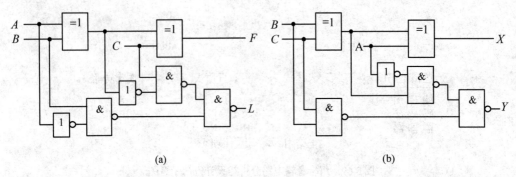

图 3.72　题 3.3 图

3.4　一组合逻辑电路如图 3.73 所示，试分析其逻辑功能。

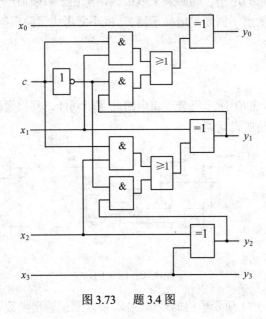

图 3.73　题 3.4 图

3.5　图 3.74 是一密码锁控制电路。开锁条件是：拨对密码；钥匙插入锁眼将开关 S 闭合。当两个条件同时满足时，开锁信号为 1，锁被打开。否则，报警信号为 1，接通警铃。试分析密码 $ABCD$ 为多少？

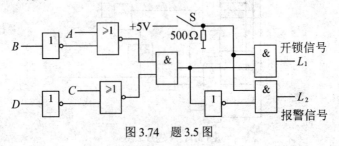

图 3.74　题 3.5 图

3.6　设有 4 种组合逻辑电路，它们的输入波形（A、B、C、D）如图 3.75 所示，其对应的输出波形分别为 W、X、Y、Z，试分别写出它们逻辑表达式并化简。

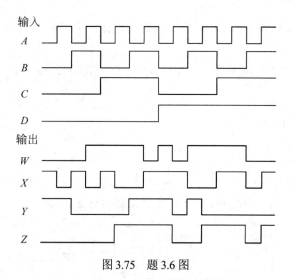

图 3.75 题 3.6 图

3.7 X、Y 均为 4 位二进制数，它们分别是一个逻辑电路的输入和输出。

设：当 $0 \leqslant X \leqslant 4$ 时，$Y = X + 1$；当 $5 \leqslant X \leqslant 9$ 时，$Y = X - 1$，且 X 不大于 9。

（1）试列出该逻辑电路完整的真值表；

（2）用与非门实现该逻辑电路。

3.8 用两片 74LS148 接成的 16 线-4 线优先编码器，其逻辑电路图如图 3.76 所示，试分析其电路特点。

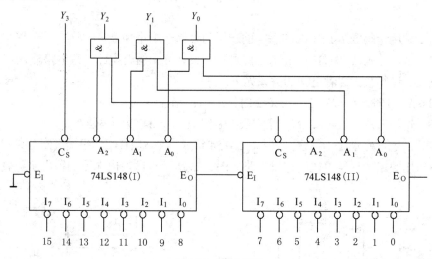

图 3.76 题 3.8 图

3.9 设计一交通灯监测电路。红、绿、黄三只灯正常工作时只能一只灯亮，否则将会发出检修信号，用两输入与非门设计逻辑电路，并给出所用 74 系列的型号。

3.10 试用优先编码器 74LS148 和门电路设计医院优先照顾重患者呼唤的逻辑电路。医院的某科有一、二、三、四 4 间病房，每间病房设有呼叫按钮，护士值班室内对应地装有一号、二号、三号、四号 4 个指示灯。患者按病情由重至轻依次住进 1~4 号病房。护士值班室内的 4 盏指示灯每次只亮一盏对应于较重病房的呼唤灯。

3.11 试用译码器 74LS138 和适当的逻辑门设计一个三输入变量的判奇电路（判别 1 的个数）。

3.12 试用译码器 74LS138 和与非门实现下列逻辑函数：

（1） $\begin{cases} L_1 = AB + A\overline{B}C \\ L_2 = A\overline{C} + \overline{A} + \overline{B} \\ L_3 = \overline{\overline{AB} \cdot \overline{AC}} \end{cases}$

（2） $L = \sum m(0,2,6,8)$

3.13 某一组合逻辑电路如图 3.77 所示，试分析其逻辑功能。

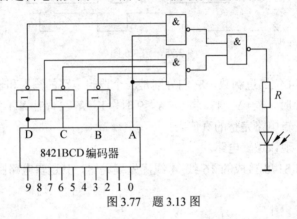

图 3.77 题 3.13 图

3.14 试用译码器 74LS138 和适当的逻辑门设计一个全加器。

3.15 试用译码器 74LS138 和适当的逻辑门设计一个组合电路。该电路输入 X 与输出 L 均为三位二进制数。二者之间的关系如下：

当 $2 \leqslant X \leqslant 5$ 时，$L = X + 2$；当 $X < 2$ 时，$L = 1$；当 $X > 5$ 时，$L = 0$。

3.16 试用三片 3 线-8 线译码器 74LS138 组成 5 线-24 线译码器。

3.17 试用一片 4 线-16 线译码器 74LS154 组成一个 5421BCD 码十进制数译码器。

3.18 由数据选择器组成的逻辑电路如图 3.78 所示，试写出电路的输出函数表达式。

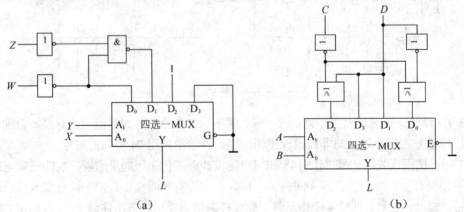

图 3.78 题 3.18 图

3.19 试用四选一数据选择器实现下列逻辑函数：

（1） $L = \sum m(0, 2, 4, 5)$

（2） $L = \sum m(1, 3, 5, 7)$

（3） $L = \sum m(0, 2, 5, 7, 8, 10, 13, 15)$

（4） $L = \sum m(1, 2, 3, 14, 15)$

3.20 试用四选一数据择器设计一判定电路。只有在主裁判同意的前提下，三名副裁判中多数同意，比赛成绩才被承认，否则，比赛成绩不被承认。

3.21 试画出用两个半加器和一个或门构成一位全加器的逻辑图，要求写出 S_i 和 C_i 的逻辑表达式。

3.22 利用 4 位集成加法器 74LS283 实现将余 3 码转换为 8421BCD 码的逻辑电路。

3.23 利用 4 位集成加法器 74LS283 和适当的逻辑门电路，实现一位余 3 代码的加法运算，画出逻辑图。（提示：列出余 3 代码的加法表，再对数进行修正。）

3.24 设：A、B 均为三位二进制数，利用 4 位二进制加法器 74LS283，实现一个 $L = 2(A+B)$ 的运算电路。

3.25 图 3.79 是 3 线-8 线译码器 74LS138 和八选一数据选择器 74LS151 组成的电路，试分析整个电路的功能。八选一数据选择器 74LS151 的功能如表 3.26 所示。

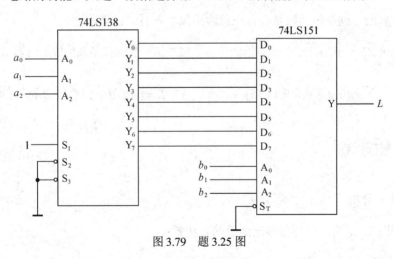

图 3.79 题 3.25 图

表 3.26 74LS151 的功能表

S_T	A_2	A_1	A_0	Y	S_T	A_2	A_1	A_0	Y
1	×	×	×	0	0	1	0	0	D_4
0	0	0	0	D_0	0	1	0	1	D_5
0	0	0	1	D_1	0	1	1	0	D_6
0	0	1	0	D_2	0	1	1	1	D_7
0	0	1	1	D_3					

3.26 试用十六选一数据选择器和一个异或门，实现一个八用逻辑电路，其逻辑功能要求如表 3.27 所示。

表 3.27 逻辑电路的功能表

S_2	S_1	S_0	L	S_2	S_1	S_0	L
0	0	0	0	1	0	0	1
0	0	1	$A+B$	1	0	1	$\overline{A+B}$
0	1	0	$\overline{AB}$	1	1	0	AB
0	1	1	$A \oplus B$	1	1	1	$A \odot B$

3.27 两位二进制加法电路的框图如图 3.80 所示，试利用 74LS00 和 74LS86 各一片实现，要求画出电路图，在图中注明器件的管脚编号。

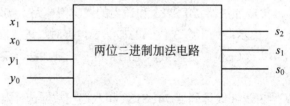

图 3.80 题 3.27 图

3.28 判断下列逻辑函数是否存在冒险现象？若有，试消除之。

(1) $L = \overline{A}B + A\overline{C} + \overline{B}C$ 　　(2) $L = \sum m(2,6,8,9,11,12,14)$

(3) $L = \sum m(0,2,3,4,8,9,14,15)$ 　　(4) $L = (A+B+\overline{C})(\overline{A}+B+C)(\overline{A}+B+\overline{C})$

习题分析举例

习题 3.4 分析：

观察图 3.73 电路，可写出输出函数的表达式：

$$y_3 = x_3$$
$$y_2 = x_2 \oplus x_3$$
$$y_1 = x_1 \oplus (cx_2 + \overline{c}y_2) = x_1 \oplus [cx_2 + \overline{c}(x_2 \oplus x_3)]$$
$$y_0 = x_0 \oplus (cx_1 + \overline{c}y_1) = x_0 \oplus (cx_1 + \overline{c}(x_1 \oplus (cx_2 + \overline{c}(x_2 \oplus x_3))))$$

以表达式为依据，列写真值表如表 3.28 所示。

表 3.28 真值表

c	x_3	x_2	x_1	x_0	y_3	y_2	y_1	y_0	c	x_3	x_2	x_1	x_0	y_3	y_2	y_1	y_0
0	0	0	0	0	0	0	0	0	1	0	0	0	0	0	0	0	0
0	0	0	0	1	0	0	0	1	1	0	0	0	1	0	0	0	1
0	0	0	1	1	0	0	1	0	1	0	0	1	0	0	0	1	1
0	0	0	1	0	0	0	1	1	1	0	0	1	1	0	0	1	0
0	0	1	1	0	0	1	0	0	1	0	1	0	0	0	1	1	0
0	0	1	1	1	0	1	0	1	1	0	1	0	1	0	1	1	1
0	0	1	0	1	0	1	1	0	1	0	1	1	0	0	1	0	1
0	0	1	0	0	0	1	1	1	1	0	1	1	1	0	1	0	0
0	1	1	0	0	1	0	0	0	1	1	0	0	0	1	1	0	0
0	1	1	0	1	1	0	0	1	1	1	0	0	1	1	1	0	1
0	1	1	1	1	1	0	1	0	1	1	0	1	0	1	1	1	1
0	1	1	1	0	1	0	1	1	1	1	0	1	1	1	1	1	0
0	1	0	1	0	1	1	0	0	1	1	1	0	0	1	0	1	0
0	1	0	1	1	1	1	0	1	1	1	1	0	1	1	0	1	1
0	1	0	0	1	1	1	1	0	1	1	1	1	0	1	0	0	1
0	1	0	0	0	1	1	1	1	1	1	1	1	1	1	0	0	0

从真值表出发，分析总结输入输出变量的对应规律，可见电路的逻辑功能是：当 $c=0$ 时，电路实现格雷码到 8421 码的转换；当 $c=1$ 时，电路实现 8421 码到格雷码的转换。c 作为电路逻辑功能转换的控制信号。

组合逻辑电路分析的已知条件是逻辑电路图，目的是确定该电路的逻辑功能，分析过程的难点在于由真值表确定逻辑功能。虽然实际问题千变万化，但常用的逻辑电路还是有规律可循的。由真值表确定逻辑功能，建议采用下述途径进行试探。

（1）在电路分析中积累经验，熟知半加器、全加器、半减器、全减器、数值比较器、数据选择器、表决器、奇偶校验器等的逻辑功能与真值表，奠定逻辑电路分析的良好基础。

（2）采用排除法迅速缩小分析范围。例如，如若是三输入变量，则排除半加器、半减器、数值比较器的可能；如若是单输出函数，则排除是全加器、全减器等的可能；如若电路具有 4 输入变量、4 输出函数，则考虑电路可能具有代码转换的逻辑功能。

（3）采用系统的方法分析问题。对于多输出端的情况，应综合考虑多输出函数的整体情况，不能单独认定某一个输出端的功能，例如，全加器的和函数，不能认为其是判奇功能，进位函数不能认为是表决功能。

（4）对于初步确定的逻辑功能，需要对真值表的每一组输入变量组合进行验证，以便保证所确定的逻辑功能准确无误。

习题 3.19 分析：

数据选择器能够实现逻辑函数发生器的基础在于其内部电路结构是可控与或门，它提供了地址变量的全部最小项之和的形式，$Y = \sum m_i D_i$。采用数据选择器实现给定的逻辑函数，可利用图 3.81 说明，虚线框内是已有的数据选择器器件（以八选一数据选择器为例），虚线框外代表要求实现的逻辑函数的输入输出变量。输出的连接关系是唯一的，即 L 和 Y 相连接；但输入变量与数据选择器输入端之间的连接，需要依据逻辑功能要求而确定，针对具体情况进行分析。

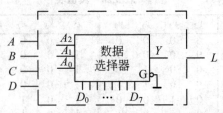

图 3.81 利用数据选择器实现逻辑函数的方法示意图

（1）逻辑函数的输入变量数与数据选择器的地址变量数相等，则输入变量与地址变量可以建立一一对应的关系，然后，借助比较系数法、真值表法、卡诺图法来确定其数据输入端接 0 或者 1，即 $D_i=f(0,1)$。

（2）如果逻辑函数的输入变量数多于数据选择器的地址变量数，此时，途径一是利用数据选择器的扩展方法，使逻辑函数的输入变量数与扩展后的数据选择器的地址变量数相等，然后，采用（1）中介绍的方法进行处理；途径二是令部分输入变量与数据选择器的地址变量建立对应关系，剩余的输入变量借助比较系数法、卡诺图法来确定其与某些数据输入端连接，即 $D_i=f$（未与地址变量建立对应关系的输入变量，0，1），对于图 3.81，如果取 $A_2A_1A_0=ABC$，则 $D_i=f(D,0,1)$。

基于上述讨论，结合习题 3.19（1），（2）具体说明如下。题目要求采用四选一数据选择器实现所给逻辑函数，第 1 个题目涉及最小项 m_0、m_2、m_4、m_5，因此有三个输入变量，问题属于上述（2）所列情况，此处采用途径二进行处理。设输入变量为 A、B、C，则原函数可表示为：

3.19（1） $\qquad L(ABC)=\sum m(0,2,4,5)=\bar{A}\bar{B}\bar{C}+\bar{A}B\bar{C}+A\bar{B}\bar{C}+A\bar{B}C$

四选一数据选择器的表达式为：

$$Y=\bar{G}(\bar{A_1}\bar{A_0}D_0+\bar{A_1}A_0D_1+A_1\bar{A_0}D_2+A_1A_0D_3)$$

令 $AB=A_1A_0$，则 $D_i=f(C,0,1)$，取 $G=0$，采用比较系数法：

$$L=\bar{A}\bar{B}\bar{C}+\bar{A}B\bar{C}+A\bar{B}(\bar{C}+C)$$

$$Y=\bar{A_1}\bar{A_0}D_0+\bar{A_1}A_0D_1+A_1\bar{A_0}D_2+A_1A_0D_3$$

可见：$D_0=\bar{C}$、$D_1=\bar{C}$、$D_2=1$、$D_3=0$，画出电路图如图 3.83（a）所示。

如果令 $BC=A_1A_0$（同理也可以令 $AC=A_1A_0$），利用卡诺图法确定 D_i 的连接关系，如图 3.82 所示。

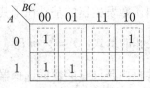

$D_0=1$，$D_1=A$，$D_2=\bar{A}$，$D_3=0$

图 3.82 利用卡诺图法确定 D_i 的连接关系

画出电路图如图 3.83（b）所示。

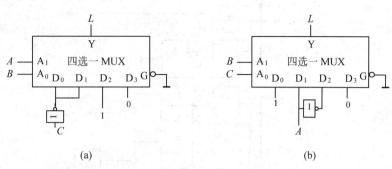

图 3.83　习题 3.19（1）电路图

3.19（2）$L(ABC)=\sum m(1,3,5,7)$ 令 $BC=A_1A_0$，则 $D_i=f(A,0,1)$，利用如图 3.84 所示的卡诺图法求解。

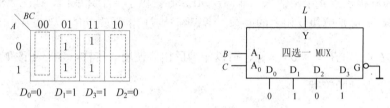

图 3.84　习题 3.19（2）卡诺图与电路图

事实上，原逻辑函数可化简为：$L(ABC)=\sum m(1,3,5,7)=C$，令 $A_1=0$，$A_0=C$，四选一作为二选一使用，输出与 D_2、D_3 无关。则 $D_0=0$，$D_1=1$（$D_2=A$，$D_3=B$），作图如图 3.85 所示。

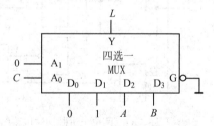

图 3.85　习题 3.19（2）电路图二

习题 3.27 分析：

分析本题目的要求，采用限定器件实现两位二进制加法。求解此题目应注意两点，一是低位 x_0 与 y_0 相加，属于半加器问题；高位 x_1 与 y_1 相加，属于全加器问题。在已熟悉半加器和全加器电路的基础上，没有必要列写真值表分析输入输出的函数关系。二是考虑到采用异或门和与非门实现半加器、全加器时，电路如图 3.86 所示。

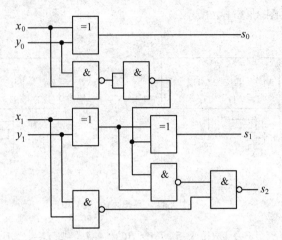

图 3.86 两位二进制加法电路图一

74LS00 提供了 4 个两输入与非门，74LS86 提供了 4 个异或门，在图 3.86 中，异或门多余一个，关键是解决反相器的问题。考虑到异或门的逻辑功能，当其中一个输入端接高电平时，$L = A \oplus B = A \oplus 1 = \overline{A}$，可以作为反相器使用。这样，电路更改如图 3.87 所示，图中注明了器件的管脚。

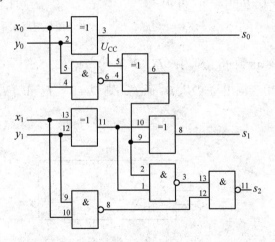

图 3.87 两位二进制加法电路图

器件管脚的标注要考虑器件在印制电路板上的位置，为了使管脚之间的连线最短并且尽量减少交叉，以方便印制电路板布线。此处，按 7400 和 7486 的位置左右相邻考虑管脚标注，如果器件按上下位置排列，则应调整管脚标注。当然，管脚连线的调整也可以在印制电路板布线前，按照飞线的提示进行调整。尽管，此处解题侧重理论分析与方法训练，但也应适当考虑与实践相结合。

第4章 触发器

内容提要: 本章从基本 RS 触发器出发,分析了同步触发器、主从触发器、边沿触发器的电路结构和工作原理;重点讨论了 RS 触发器、JK 触发器、D 触发器、T 触发器的逻辑功能及其描述方法;简要介绍了触发器的脉冲工作特性。

学习提示: 了解触发器的电路结构是熟悉其动作特点的基础;掌握触发器的逻辑功能是正确使用触发器的前提条件。触发器是构成时序逻辑电路的基本单元,因此,熟练掌握触发器的特性表、特性方程、状态转换图等对于进一步学习时序逻辑电路十分重要。

4.1 概述

在数字系统中,不但需要对二值信号进行算术运算和逻辑运算,还常需要把所用到的信号及运算结果保存下来,例如在如图 3.50 所示的简单的数据传输系统中就需要保存所传输的数据。因此,数字系统需要具有存储功能的逻辑电路。

能够存储一位二值信号的基本单元电路称为触发器(Flip-Flop,FF)。

触发器的基本特点是:具有两个稳定状态,能分别表示 0 和 1;在输入控制信号的作用下,能实现 0 与 1 两个状态之间的转换。

触发器的基本电路由门电路引入适当的反馈构成。根据电路结构形式不同,可以将触发器分为基本 RS 触发器、同步触发器、主从触发器、边沿触发器等。不同的电路结构在状态变化过程中具有不同的动作特点,掌握其动作特点对于正确使用这些触发器是十分必要的。

由于控制方式不同(即信号的输入方式以及触发器状态随输入信号变化的规律不同),触发器按逻辑功能的不同又可分为 RS 触发器、D 触发器、JK 触发器、T 触发器等几种类型。

描述触发器逻辑功能的方式有特性表、特性方程、状态转换图等。熟悉各类触发器的描述方法是分析和设计时序逻辑电路的基础。

有些教材依据存储单元电路的结构形式,把能够存储一位二值信号的基本单元电路区分为锁存器与触发器。锁存器和触发器的共同特点是都具有两个稳定状态,锁存器的电路结构最简单,可以直接由输入信号控制置 0 或者置 1,不需要时钟脉冲输入信号;触发器的电路结构中包含锁存器的基本电路形式,触发器的输入信号包括输入控制信号和时钟脉冲信号,输入控制信号确定触发器的输出状态变为什么,时钟脉冲信号决定触发器的输出状态什么时刻翻转。在时序逻辑电路中，广泛应用到触发器。本教材以触发器为主线进行讨论，有关锁存器的概念读者可参阅相关文献资料。

门电路是构成组合逻辑电路的基本单元电路，触发器是组成时序逻辑电路的基本单元电路。

4.2 触发器的电路结构与工作原理

4.2.1 基本 RS 触发器

1. 电路结构

组合逻辑电路的基本特点是电路中没有反馈，在如图 4.1（a）所示的由两个与非门组成的电路中，尽管电路的输出可能有 0、1 两种状态，但当输入信号改变后输出状态随着发生变化，即不能自行保持。如果在图 4.1（a）的电路中引入反馈，如图 4.1（b）所示，电路的性质发生了变化，即它已不属于组合逻辑电路。为了分析问题的方便，电路重画如图 4.1（c）所示，两个输入端分别标记为 S 和 R，两个输出端分别标记为 Q 和 $\bar{Q}$，一般情况下两个输出端总是互为反相的。这种电路通常称其为基本 RS 触发器。

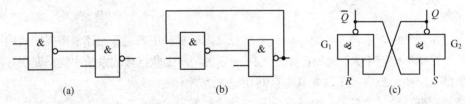

图 4.1 基本 RS 触发器的形成

2. 工作原理

由图 4.1（c）的基本 RS 触发器可以写出：

$$Q = \overline{S\bar{Q}}$$
$$\bar{Q} = \overline{RQ} \tag{4.1}$$

R、S 的取值可能有 4 种组合，分别代入式（4.1）进行分析可得以下结论。

当 $S=0$，$R=1$ 时，$Q=1$，$\bar{Q}=0$。使 Q 端输出高电平习惯上称其为置位，S 为置位端。

当 $S=1$，$R=0$ 时，$Q=0$，$\bar{Q}=1$。使 Q 端输出低电平习惯上称其为复位，R 为复位端。

当 $S=1$，$R=1$ 时，触发器将保持原状态（1 或 0）不变。

当 $S=0$，$R=0$ 时，Q 和 $\bar{Q}$ 输出均为高电平，触发器输出端失去互补特性。如果当 R、S 端同时从 0 变成 1 时，两个输出端将趋向于变为低电平。由于门电路的传输延迟时间总会有一些微小的差别，因此其中有一个门在转变中首先使输出变为 0，反过来这就会迫使传输延迟时间较长的门输出保持高电平。在这种情况下，无法准确预知触发器的下一个状态，习惯上称其为触发器的状态不确定。因此，在正常工作时，输入 S、R 不能同时为 0，即存

在约束条件 $S+R=1$。

综上所述,可归纳出基本 RS 触发器的功能如表 4.1 所示。

表 4.1 由与非门组成的基本 RS 触发器特性表

R	S	Q	$\bar{Q}$	说　明
0	0	1	1	禁止输入状态,输入信号同时消失后状态不确定
0	1	0	1	置 0
1	0	1	0	置 1
1	1	Q	$\bar{Q}$	保持原状态不变

触发器正常工作时,Q 和 $\bar{Q}$ 端的状态总是互补的。习惯上定义 Q 端的状态为触发器的状态。例如 $Q=1$,我们说触发器处在高电平状态。

例 4.1　如果把如图 4.2 所示的 R、S 信号加到图 4.1(c)基本 RS 触发器的相应输入端,试分析画出 Q 和 $\bar{Q}$ 端的波形。

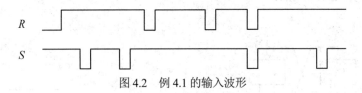

图 4.2　例 4.1 的输入波形

解：分析此问题可以有三种途径,一是按 R、S 不同的取值组合,分别代入式(4.1)求出 Q 和 $\bar{Q}$ 的对应值,然后作图;二是按 R、S 不同的状态组合查表 4.1,即可得到 Q 和 $\bar{Q}$ 的对应值,然后画出相应波形;三是按 R、S 的不同取值,分别加到图 4.1(c)的相应输入端,分析在特定输入条件下各个与非门的输出值,再对应画出波形图。由此可画出 Q 和 $\bar{Q}$ 的对应波形如图 4.3 所示。

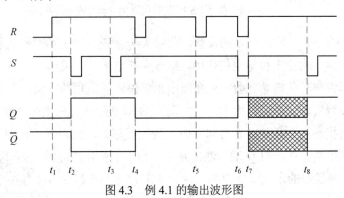

图 4.3　例 4.1 的输出波形图

图 4.3 的波形图表明了基本 RS 触发器的三种工作模式(置位、复位、保持不变)和状态不确定的情况。在 t_2 时刻,基本 RS 触发器在原状态为 0 的情况下置位,使 $Q=1$,当 S 端由 0 变回到 1 后,触发器的状态保持 1 不变。在 t_3 时刻,又出现置位信号,但触发器已经置位,故触发器的状态没有发生变化。在 t_4 时刻,基本 RS 触发器在原状态为 1 的情

况下复位，使 $Q=0$，当 R 端由 0 变回到 1 后，触发器的状态保持 0 不变。在 t_5 时刻，又出现复位信号，但触发器已经复位，故触发器的状态没有发生变化。在 $t_6 \sim t_7$ 之间，由于 $R=S=0$，迫使 Q 和 $\bar{Q}$ 同时为 1。在 t_7 时刻，R 和 S 同时由 0 变为 1，出现了输出状态不确定的情况。在 t_8 时刻，S 由 1 变为 0，不确定状态结束，触发器被置位。

基本 RS 触发器也可以用两个或非门交叉连接构成。其工作原理分析留作习题，请读者自己分析。

3. 应用举例

基本 RS 触发器的主要用途是作为基本单元电路以便组成各种改进型的触发器。基本 RS 触发器还可以用来消除机械开关接触"抖动"。当机械开关从一个位置扳到另一个位置时，开关的触点和开关闭合处的接触面撞击，会发生多次振动或者抖动，然后才能形成最后的稳定接触。虽然这些抖动的持续时间很短，但它在电路中产生的电压尖脉冲会影响对脉冲信号敏感的数字系统的正常工作。基本 RS 触发器可以用来消除开关抖动的影响，如图 4.4 所示。

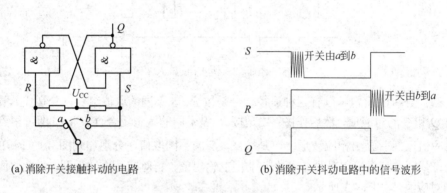

(a) 消除开关接触抖动的电路　　　　(b) 消除开关抖动电路中的信号波形

图 4.4　基本 RS 触发器用以消除开关的接触抖动

图 4.4 中的开关一般处在 a 的位置，此时 $R=0$ 使基本 RS 触发器处于复位状态。当开关由 a 合向 b 时，由于上拉电阻的作用，R 变为高电平。开关闭合的第一次接触，使 S 变为低电平。尽管在开关抖动之前，S 在低电平仅停留了很短的时间，但这点儿时间足以使基本 RS 触发器置位。此后，由于开关抖动在 S 端产生的任何尖脉冲都不会影响基本 RS 触发器的输出状态。当开关由 b 合向 a 时，情况类似。因此，尽管在图 4.4 的电路中，开关抖动的情况依然存在，但 Q 端的输出是由 0 到 1（或由 1 到 0）的一次性变化。

基本 RS 触发器的常见集成电路芯片如 74LS279，其芯片内部有 4 个相互独立的基本 RS 触发器，其管脚排列请查阅有关集成电路资料网站或者集成电路器件手册。

基本 RS 触发器电路简单，具有两个稳定状态和记忆功能，在 R、S 的控制下，能够实现置 1、置 0，即已具备触发器的基本功能。但输入控制信号存在约束条件，另外把它应用于时序逻辑电路时，无法与其他器件的动作保持同步。因此，必须对基本 RS 触发器的电路结构进行改进，以便保持其优点，克服不足之处。

4.2.2 同步 RS 触发器

在数字系统中，常常要求多个触发器于同一时刻动作，为此，引入同步控制时钟脉冲信号（Clock Pulse，CP）。这种工作状态转换受时钟脉冲控制的触发器称为同步触发器或时钟控制触发器。

1. 电路结构

前述分析表明，基本 RS 触发器的缺点之一是其状态变化无法和其他器件保持同步。为了克服基本 RS 触发器这一缺点，在其输入端引入门控电路，增加输入控制脉冲信号 CP，改进后的电路如图 4.5（a）所示。其电路结构可分为基本 RS 触发器和门控电路两部分，基本 RS 触发器实现记忆功能，门控电路保证电路状态的转换受时钟脉冲控制。图 4.5（b）是其逻辑符号，框内的 C1 表示 CP 是编号为 1 的一个控制信号。1S 和 1R 表示受 C1 控制的两个输入信号，只有在 C1 为有效电平时，1S 和 1R 的输入信号才能起作用。

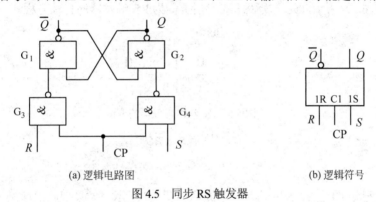

(a) 逻辑电路图　　　　　　　　　　(b) 逻辑符号

图 4.5　同步 RS 触发器

2. 工作原理

同步 RS 触发器的工作原理分析分为 CP=0 和 CP=1 两种情况。

当 CP=0 时，G_3、G_4 门被封锁，其输出为高电平，输入信号 R、S 不会影响输出 Q 和 $\overline{Q}$ 的状态，触发器保持原来的状态不变。

当 CP=1 时，R、S 信号通过门 G_3、G_4 反相后，加到由 G_1、G_2 门组成的基本 RS 触发器的输入端，使 Q 和 $\overline{Q}$ 的状态跟随输入状态的变化而改变。

当 $S=R=0$ 时，触发器将保持原状态（1 或 0）不变；当 $S=1$，$R=0$ 时，$Q=1$，$\overline{Q}=0$；当 $S=0$，$R=1$ 时，$Q=0$，$\overline{Q}=1$；当 $S=R=1$ 时，Q 和 $\overline{Q}$ 输出均为高电平，触发器输出端失掉互补特性。因此，同步 RS 触发器不允许 R、S 输入端同时为 1，即存在约束条件 RS=0。

为了便于讨论，设触发器原状态为 Q^n，转换后的状态为 Q^{n+1}，Q^n 称为现态，Q^{n+1} 称为次态。由于触发器的次态 Q^{n+1} 不仅与输入信号 R 和 S 有关，还与原来的状态 Q^n 有关，因此将 Q^n 也作为一个输入变量考虑。列出 Q^{n+1} 与 R、S 和 Q^n 的逻辑真值表，也叫触发器的特性表。综合上述分析，可归纳出图 4.5 同步 RS 触发器的特性表如表 4.2 所示，其中，×表示任意值（0 或 1），1*表示约束状态，在卡诺图中作为无关项处理。

表 4.2 同步 RS 触发器的特性表

CP	S	R	Q^n	Q^{n+1}	说明
0	×	×	0	0	保持原状态不变
0	×	×	1	1	
1	0	0	0	0	保持原状态不变
1	0	0	1	1	
1	0	1	0	0	置 0
1	0	1	1	0	
1	1	0	0	1	置 1
1	1	0	1	1	
1	1	1	0	1*	约束状态
1	1	1	1	1*	

依据表 4.2 作卡诺图如图 4.6 所示，可以求出在 CP=1 期间，Q^{n+1} 与 Q^n、R、S 的逻辑关系式如式（4.2）所示，此逻辑表达式习惯上称为 RS 触发器的特性方程。

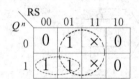

图 4.6 同步 RS 触发器的卡诺图

$$Q^{n+1} = S + \overline{R}Q^n \qquad (4.2)$$
$$RS = 0 \qquad 约束条件$$

例 4.2 已知 CP、R、S 的输入信号波形如图 4.7 所示，如果把此组信号加到图 4.5 同步 RS 触发器的对应输入端，并设 Q 的初态为 0，试分析画出 Q 端的波形。

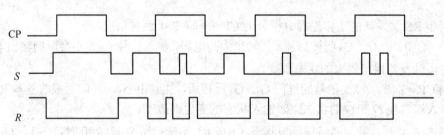

图 4.7 例 4.2 的输入波形

依据同步 RS 触发器的工作原理，在 CP=0 期间，无论输入信号 R、S 如何变化，触发器的输出状态保持不变。因此，在第一个时钟脉冲高电平到来之前，Q 保持初态 0 不变。在第一个时钟脉冲高电平期间，由于 S=1，R=0，与非门 G_3 输出为 1，G_4 输出为 0。所以，在 t_1 时刻，Q 端由 0 变为 1 且一直处于高电平状态。在第二个时钟脉冲高电平期间，R、S 的状态发生多次变化，因此 Q 的状态要具体分析。在 $t_2 \sim t_3$ 之间，无论是 S=1，R=0（置 1）还是 S=R=0（保持不变），Q 都维持了原来的高电平不变。在 $t_3 \sim t_4$ 之间，先是 S=0，R=1，

故 Q 由 1 变为 0，然后 $S=R=0$，Q 保持低电平不变。在 t_4 时刻，$S=1$，$R=0$，故 Q 由 0 变为 1。在 t_5 时刻，$S=0$，$R=1$，故 Q 由 1 变为 0。在第三个时钟脉冲高电平期间，先有置 0 信号出现，但触发器原来的状态就是低电平，故 Q 保持 0 不变。随后在 t_6 时刻，出现置 1 信号，使 Q 由 0 变为 1 并保持不变。在第 4 个时钟脉冲高电平期间，先有两次置 1 信号出现，但触发器原来的状态就是高电平，故保持 Q 保持 1 不变。在 t_7 时刻，出现置 0 信号，使 Q 由 1 变为 0 并保持不变。依据上述分析可画出在如图 4.7 所示输入信号的作用下，同步 RS 触发器的输出波形如图 4.8 所示。

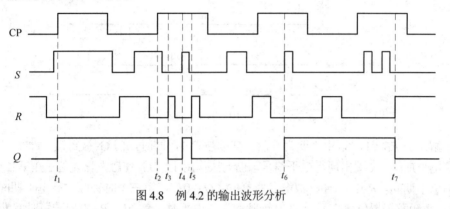

图 4.8　例 4.2 的输出波形分析

如图 4.8 所示，在第一个时钟脉冲高电平期间，由于输入信号保持不变，因此 Q 的状态只发生了一次变化。但在第二个时钟脉冲高电平期间，由于输入信号 R、S 的多次变化，致使 Q 的状态发生多次翻转，这种现象叫作空翻。在触发器中引入时钟控制信号的目的在于控制触发器的状态变化与时钟脉冲同步，即每来一个时钟脉冲，触发器的状态翻转一次。因此，空翻现象是需要避免的。

图 4.5 中的 R、S 输入信号只有在时钟脉冲信号有效时，才能影响触发器的输出状态变化，因此，其 R、S 输入端又叫作同步控制输入端。在有些应用场合，需要在时钟脉冲到来前，预先对触发器进行置位或者复位。为了满足这一要求，可在如图 4.5 所示的同步 RS 触发器电路中增加异步输入（或者叫作直接置位、直接复位）端 S_D、R_D，电路图如图 4.9 所示。R_D、S_D 输入信号可以独立于时钟脉冲而直接影响触发器的状态，即直接置位输入信

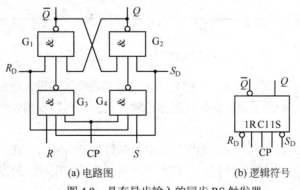

(a) 电路图　　　　　　　(b) 逻辑符号

图 4.9　具有异步输入的同步 RS 触发器

号有效会使触发器置位,而直接复位输入信号有效会使触发器复位。此处异步输入是低电平有效,对于同步操作,异步输入端必须处于无效状态即保持高电平。

例 4.3 已知 CP、R_D、S_D、R、S 的输入信号波形如图 4.10 所示,如果把此组信号加到如图 4.9 所示的同步 RS 触发器的对应输入端,并设 Q 的初态为 0,试分析画出 Q 端的波形。

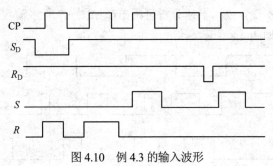

图 4.10 例 4.3 的输入波形

解: 当 $R_D=1$,S_D 由 1 变为 0 后,Q 端被置 1,同时,门 G_3 被封锁,即是在 CP 脉冲为高电平期间,R 端出现高电平信号,也无法作用于门 G_3 使触发器复位。在第二个时钟脉冲高电平期间,$R=1$,$S=0$,故触发器复位,$Q=0$。在第三个时钟脉冲高电平期间,$R=0$,$S=1$,故触发器置位,$Q=1$。在时钟脉冲为低电平时,$S_D=1$,R_D 出现较短时间的低电平,仍然使触发器复位。在第 5 个时钟脉冲高电平期间,$R=0$,$S=1$,故触发器置位,$Q=1$。按上述分析可画出 Q 端的波形如图 4.11 所示。

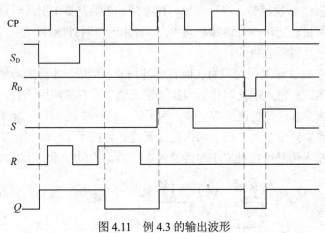

图 4.11 例 4.3 的输出波形

图 4.11 的波形图说明:异步输入信号的优先级别高于同步输入信号,同步输入信号在时钟脉冲的有效电平配合下才能影响触发器的输出状态,而异步输入能够直接对触发器进行置位、复位操作。

从基本 RS 触发器到同步 RS 触发器,引入时钟控制信号后,在一定条件下可实现触发器的输出状态变化与时钟脉冲同步。但由于电路结构的局限性,触发器存在空翻现象,且约束条件没有解除。因此,其电路结构需要进一步改进。

4.2.3 主从触发器

同步 RS 触发器在 CP=1 期间,输出状态随着输入信号的改变而变化是由电路结构决定的。从时序逻辑电路的工作要求来看,不希望出现一个触发脉冲引起触发器输出状态的多次变化,即应设法消除空翻现象。时钟脉冲的高电平宽度及输入信号变化是客观存在的,消除空翻现象只能在改进电路结构上下功夫。针对产生空翻现象的原因,可以从两方面着手改进电路结构。一是如何在外部输入信号变化的情况下,保证同步触发器的输入端得到的信号在其触发脉冲持续高电平期间保持不变;二是缩短触发脉冲的作用时间,减少输入信号变化的机会。按照这两种思路,改进后的触发器分别为主从触发器和边沿触发器。

1. 主从 RS 触发器

主从触发器由两组同步 RS 触发器构成,如图 4.12 所示。其中,由与非门 $G_5 \sim G_8$ 组成的同步 RS 触发器称为主触发器,时钟控制信号就是输入时钟脉冲。由与非门 $G_1 \sim G_4$ 组成的同步 RS 触发器称为从触发器,其时钟控制信号是由输入时钟脉冲经 G_9 反相后提供,CP 与 CP′ 互补是这个电路的关键。

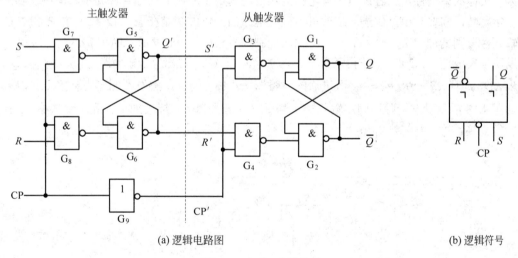

图 4.12 主从 RS 触发器

由如图 4.12 所示电路可见,当 CP=1 时,主触发器的 G_7、G_8 门被打开,它可以接收输入信号,其输出 Q' 的状态由 R、S 决定,Q' 可能发生多次变化。时钟脉冲经 G_9 反相后使 CP′=0,则门 G_3、G_4 被封锁,尽管此时 R'、S' 可能发生多次变化,但从触发器保持其状态不变。

当 CP 从 1 变 0 时,CP′ 由 0 变 1。主触发器的 G_7、G_8 门被封锁,截断了输入端 R、S 与主触发器的联系,Q' 的输出状态由 CP 从 1 变 0 前的 R、S 的值决定,且在 CP=0 期间,主触发器保持状态不变。在 CP′ 由 0 变 1 后,G_3、G_4 门被打开,从触发器可以接收 Q' 和 $\overline{Q'}$

的信号，即主触发器的输出状态决定了从触发器的 Q、$\bar{Q}$ 端的状态。

综上所述，可将主从 RS 触发器的工作原理概括如下：在 CP=1 时 CP′=0，主触发器接收输入端 R、S 的信号决定 Q' 的状态，从触发器保持状态不变；当 CP=0 时 CP′=1，主触发器保持输出状态不变，从触发器的输出 Q 由 Q' 决定。尽管在 CP=1 期间，主触发器的状态可以随着输入 R、S 的改变而发生多次变化，但从触发器的输出状态仅由 CP 从 1 变 0 时主触发器的状态决定。主从触发器的输出取自从触发器的输出端，因此，保证了每来一个时钟脉冲，触发器的输出状态仅变化一次，解决了同步 RS 触发器的空翻问题。

比较主从 RS 触发器与同步 RS 触发器，可见二者的逻辑功能相同，但动作特点不同。主从 RS 触发器是利用 CP=1 控制输入信号的接收，CP 下降沿决定触发器输出状态的改变。因此，在如图 4.12（b）所示的逻辑符号中，框内 "⌐" 号表示延迟输出，即 CP=0（输入时钟脉冲由高电平下降为低电平）以后，触发器输出状态才改变。

主从 RS 触发器解决了同步 RS 触发器的空翻问题，但对输入信号的约束条件 RS=0 依然存在。为了方便应用，有必要进一步改进其电路结构。

2. 主从 JK 触发器

主从结构的 RS 触发器仍然存在约束条件，即 RS=0，这对于许多应用来说是不方便的。为了去掉约束条件，或者说设法使电路能够自动满足 RS=0 的约束条件并不影响触发器的正常翻转，需要对电路做进一步改进。改进电路的具体做法是在图 4.12（a）中 R 和 S 的输入端分别增加一个二输入的与门，输入控制信号采用 J、K 表示（Jack Kilby 于 1958 年发明了集成电路，2000 年获得诺贝尔物理学奖），把 Q、$\bar{Q}$ 反馈到输入端，并且使 $S=J\bar{Q}$，$R=KQ$，则有 $RS=JK\bar{Q}Q=0$。改进后的电路如图 4.13 所示，此触发器叫作主从 JK 触发器。如图 4.13 所示触发器除了同步输入端 J、K 及 CP 脉冲以外，还增加了不受时钟脉冲 CP 控制的直接置 1、置 0 端 S_d 和 R_d。

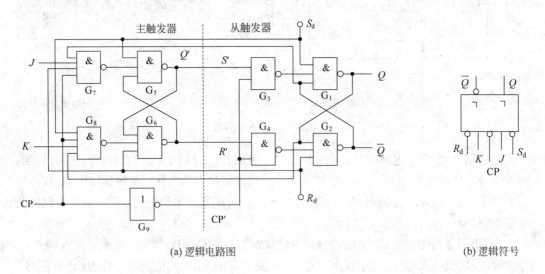

图 4.13 主从 JK 触发器

主从 JK 触发器的工作原理是：当 CP=1 时 CP′=0，门 G_3、G_4 被封锁，从触发器保持原状态不变，而门 G_7、G_8 被打开，J、K 和 Q、$\bar{Q}$ 状态决定主触发器的状态。由于 Q 和 $\bar{Q}$ 两条反馈线的作用使主触发器状态一旦改变成与从触发器相反的状态，就不会再翻转了。当 CP 从 1 变成 0 时，门 G_3、G_4 被打开，主触发器的状态决定了从触发器的 Q、$\bar{Q}$ 端的状态，同时门 G_7、G_8 被封锁，切断了输入端与主触发器的联系，J、K 输入信号无效。在 CP=0 期间，主触发器不翻转，抑制了干扰信号。

把 $S=J\bar{Q}$，$R=KQ$ 代入 RS 触发器的特性方程式（4.2），可得 JK 触发器的特性方程如式（4.3）所示。

$$Q^{n+1} = S + \bar{R}Q^n = J\bar{Q}^n + \overline{KQ}^n Q^n = J\bar{Q}^n + \bar{K}Q^n \qquad (4.3)$$

例 4.4 在如图 4.13 所示的主从 JK 触发器中，已知 R_d、S_d、CP、J、K 各输入端的波形如图 4.14 所示。试画出与之对应的 Q 输出端的波形。

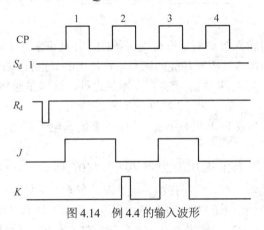

图 4.14 例 4.4 的输入波形

解：从输入信号波形可见，在 CP 脉冲信号到来之前，异步输入控制信号出现 S_d=1，R_d=0，使触发器置 0，即 Q=0，$\bar{Q}$=1。此后，S_d=1，R_d=1，异步输入控制信号处于无效状态。

由图 4.14 可见，第一个 CP 脉冲为高电平期间，一直保持 J=1，K=0，根据输入信号分析可见有 G_7 门输出为 0，G_8 门输出为 1，故 $Q′$=1。在 CP 下降沿到达后主触发器控制从触发器使其输出 Q=1。

第二个 CP 脉冲为高电平期间，出现了短时间的 J=0，K=1 状态，此时主触发器被置 0，虽然在 CP 脉冲下降沿到达前，输入状态回到了 J=K=0，但在 CP 下降沿到达后从触发器仍按主触发器状态被置 0，即 Q=0。

第三个 CP 脉冲为高电平期间，J、K 几乎同时变为 1，此时主触发器被置 1，即 $Q′$=1。在 CP 下降沿到达后，从触发器接收主触发器状态被置 1，即 Q=1。

第四个 CP 脉冲到达后，J=K=0 保持不变，G_7 门、G_8 门被封锁，主触发器和从触发器均保持输出状态不变。

按照上述分析，可画出 $Q′$、Q 的波形图如图 4.15 所示。

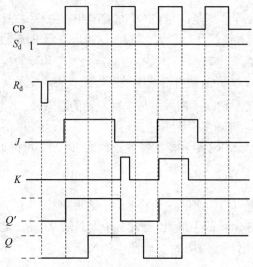

图 4.15 例 4.4 的输出波形

主从 JK 触发器对输入控制信号没有约束条件,并且每来一个时钟脉冲,触发器的输出仅可能翻转一次。因此,就逻辑功能的完善性、使用的灵活性和通用性来说,JK 触发器具有明显优势。但是,主从 JK 触发器也存在不足之处,这就是通常所说的一次变化问题。例如在例 4.4 的分析中,在第二个 CP 脉冲的下降沿到来前,$J=0$,$K=0$,若按 JK 触发器的特性表分析,Q 的状态应保持 1 状态不变。但在 CP 的高电平期间,出现了短时间的 $J=0$,$K=1$ 状态,结果使 $Q=0$。

进一步的分析表明,若主从 JK 触发器的现态为 0,即 $Q=0$,$\overline{Q}=1$,由于 Q 和 $\overline{Q}$ 分别反馈到 G_7 门和 G_8 门的输入端,G_8 门被 $Q=0$ 封锁。在 $CP=1$ 期间,只有 G_7 门能接收输入端 J 信号的变化,而 K 端信号的变化对电路状态没有影响。比如 J 由 0 变为 1,则 G_7 门输出的 0 使 G_5 门输出为 1,G_6 门输出为 0。G_6 门输出的 0 使 G_5 门被封锁,此后即使输入端 J 再由 1 变 0,主触发器的状态也将保持 1 不变。若主从 JK 触发器的现态为 1,即 $Q=1$,$\overline{Q}=0$,Q 和 $\overline{Q}$ 反馈的结果使 G_7 门被 $\overline{Q}=0$ 封锁。在 $CP=1$ 期间,只有 G_8 门能接收输入端 K 的变化,而 J 端信号的变化对电路状态没有影响。比如 K 由 0 变为 1,则 G_8 门输出的 0 使 G_6 门输出为 1,G_5 门输出为 0。G_5 门输出的 0 使 G_6 门被封锁,此后即使输入端 K 再由 1 变 0,主触发器的状态也将保持 0 不变。上述分析过程概括如图 4.16 所示。

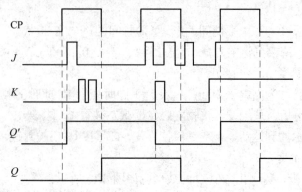

图 4.16 JK 触发器的一次变化分析举例

一次变化现象的存在，如果这个变化是因干扰信号引起的，当干扰信号消失后，输出状态与由当时 JK 所决定的状态不符。因此，主从 JK 触发器一次变化现象，降低了其抗干扰能力。

主从 JK 触发器的常见集成电路芯片如 7473，其芯片内部有两个相互独立的 JK 触发器，其管脚排列请查阅有关集成电路资料网站或者集成电路器件手册。

4.2.4 边沿触发器

从前面的讨论已知，随着触发器电路结构的改进，触发器的电气性能与动作特点在不断变化，同步触发器的引入，解决了控制信号与时钟脉冲相联系的问题；主从 RS 触发器的引入，解决了同步触发器存在的空翻问题；主从 JK 触发器的引入，消除了主从 RS 触发器的约束条件，但主从 JK 触发器存在一次变化问题，在 CP=1 期间，其抗干扰能力降低。为了提高触发器的抗干扰能力，又引入了边沿触发器。边沿触发器的次态仅取决于 CP 脉冲上升沿（或下降沿）到达时刻输入信号的状态，而在 CP 其他时刻输入信号的变化对触发器状态均无影响。因此增强了电路的抗干扰能力，提高了触发器的可靠性。

目前，数字集成电路产品中的边沿触发器有利用门电路传输延迟时间的边沿触发器、维持阻塞型触发器等多种形式。在具体讨论边沿触发器的工作原理之前，先认识一类脉冲转换检测电路，如图 4.17 所示。

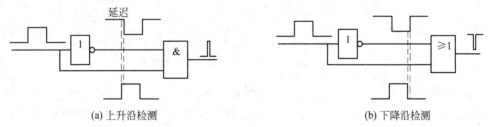

(a) 上升沿检测　　　　　　　　(b) 下降沿检测

图 4.17　脉冲转换检测电路

考虑到门电路的传输延迟时间 t_{pd} 的影响，在图 4.17（a）的电路中，由于传输延迟使与门的两个输入端在很短的时间内，同时出现高电平，因此，在输出端出现一个正的窄脉冲，它反映了输入脉冲上升沿的变化。在图 4.17（b）的电路中，由于传输延迟使或门的两个输入端在很短的时间内，同时出现低电平，因此，输出端出现一个负的窄脉冲，它反映了输入脉冲下降沿的变化。

综合上述分析，可见如图 4.17 所示电路能够检测脉冲信号的上升沿或下降沿的变化。

如果在同步 RS 触发器的 CP 输入端，增加如图 4.17（a）所示的脉冲上升沿检测电路，则可使门控电路的时钟控制信号维持高电平的时间很短，把原来的电平触发转换为边沿触发，从而提高了触发器的抗干扰能力。

图 4.18 反映了边沿 RS 触发器分别置 1 和置 0 的具体工作过程。

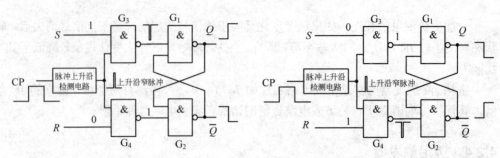

(a) 触发器在时钟脉冲的上升沿完成从0到1的翻转　　(b) 触发器在时钟脉冲的上升沿完成从1到0的翻转

图 4.18　边沿 RS 触发器的置 1、置 0 过程

边沿 RS 触发器同样存在约束条件 RS=0，然而，理解边沿 RS 触发器的工作原理是十分重要的，因为 RS 触发器可以衍生 JK 触发器和其他类型的触发器。图 4.19 是上升沿触发的 JK 触发器的基本逻辑电路，图 4.19（b）为 JK 触发器逻辑符号。逻辑符号中时钟脉冲输入端上的小三角形表明边沿触发器。注意这个小三角形说明了边沿触器与其他类型触发器的区别。

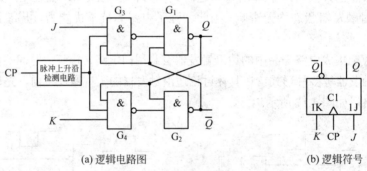

(a) 逻辑电路图　　　　　　　　　(b) 逻辑符号

图 4.19　上升沿触发的边沿 JK 触发器

JK 触发器在 $J=K=1$ 时，其工作过程如图 4.20 所示，即每来一个时钟脉冲，触发器的状态就会变为与原状态相反的状态。这一点是 JK 触发器与 RS 触发器主要的不同之处。

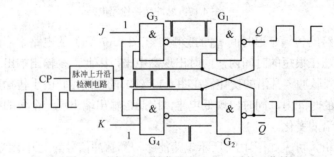

图 4.20　边沿 JK 触发器当 $J=K=1$ 时的工作情况

边沿触发器的电路结构可能有多种形式，如图 4.21 所示是下降沿触发的边沿 JK 触发器的电路原理图及逻辑符号。逻辑符号框内时钟脉冲输入端的小圆圈与小三角结合表明是下降沿触发。

在如图 4.21（a）所示电路中，G_1 门、G_{11} 门、G_{12} 门（G_1 门、G_{11} 门、G_{12} 门构成与或

非门)、G_2门、G_{21}门、G_{22}门构成基本 RS 触发器,两个与非门 G_3、G_4 作为输入信号引导门,而且与非门的传输延迟时间大于基本 RS 触发器的翻转时间。下面按 CP 脉冲的 4 个阶段来分析它的工作原理。

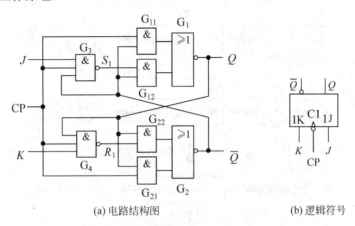

图 4.21 下降沿触发的边沿 JK 触发器

(1) 当 CP=0 时,G_{11}门、G_{21}门、G_3门、G_4门被封锁,不论 J、K 为何种状态,R_1、S_1 均为 1,电路通过 G_{12}门、G_{22}门实现自锁,基本触发器保持 Q、$\bar{Q}$ 的状态不变。这说明 CP=0 时,无论 J、K 怎样变化,对触发器都不起作用。

(2) 当 CP 从 0 变成 1 时,即上升沿瞬间,触发器保持现态不变。因为一旦 CP 变化为 1,G_{11}门、G_{21}门较 G_3门、G_4门先被打开,设原来 Q=0,$\bar{Q}$=1,则 G_{11}门输出为 1,它保证了 G_1门输出为 0。由于 Q=0 使 G_{21}门、G_{22}门被封锁,无法接收 K 输入端的信号。当 J 输入端的信号经 G_3门传送到 G_{12}门时,由于 G_{11}门输出已为 1,不管 G_{12}门的输出如何都不影响 G_1门的输出状态。其结果使触发器状态保持不变。

(3) 当 CP=1 时,无论触发器处于什么状态,电路通过 G_{11}门、G_{21}门实现自锁,触发器保持状态不变,因此,J、K 输入信号不起作用。

(4) 当 CP 从 1 变成 0 时,即下降沿瞬间,G_{11}门、G_{21}门先被封锁,其输出 0,而由于 G_3门、G_4门的传输延迟,S_1、R_1 端的状态还维持 CP 下降沿作用前由 J、K 的输入状态所确定的输出值,由此值决定基本 RS 触发器的输出状态,并进入自锁状态。

综上所述,图 4.21 的负边沿 JK 触发器是在 CP 脉冲下降沿产生翻转,翻转后的状态取决于 CP 脉冲下降沿到达前 J、K 端的输入信号,这说明只要在 CP 脉冲下降沿到达前的短暂时间内保持 J、K 端的输入信号稳定即可。而在 CP=0 和 CP=1 期间,J、K 信号的任何变化都不会影响触发器的输出状态。因此,边沿触发器的抗干扰能力很强。

边沿触发器的常见集成电路芯片如 74LS76、74LS113,其芯片内部有两个相互独立的 JK 触发器,其管脚排列请查阅有关集成电路资料网站或者集成电路器件手册。

触发器电路结构的改进过程,正好体现了科学研究实践中发现问题解决问题的过程。随着触发器电路结构的不断改进,其逻辑功能与动态性能逐步完善。不同电路结构触发器的特点及演变过程可用图 4.22 来说明,图中注明了电路改进所采取的措施、改进后触发器的特点及存在的问题。

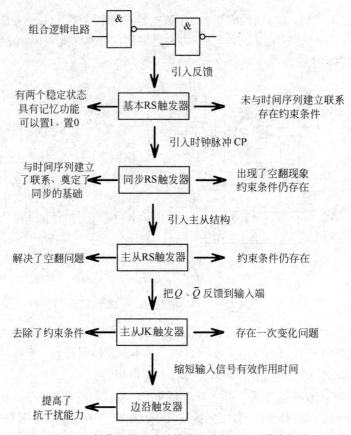

图 4.22 触发器的电路结构改进过程及主要特点归纳

思考与讨论题：

（1）利用两个或非门交叉连接构成基本 RS 触发器，分析其工作原理，并与图 4.1 电路进行比较。

（2）如图 4.18 所示电路能否采用下降沿触发方式？改进电路有几种途径？

（3）在如图 4.18 所示电路中，如果脉冲检测电路产生的触发脉冲高电平宽度较窄，不能确保触发器的翻转，如何改进脉冲边沿检测电路以增加所产生的触发脉冲高电平宽度？

（4）触发器电路结构的不断改进，促使其逻辑功能与动态性能逐步完善。能否举例说明你所了解的某种电路存在类似的演化过程。

4.3 触发器的逻辑功能及其描述方法

在 4.2 节讨论触发器的电路结构时，已经初步熟悉了 RS 触发器、JK 触发器。当时为了突出改进电路结构这一主题，没有提及 D 触发器和 T 触发器。事实上，同一电路结构可以构成不同逻辑功能的触发器，反之，同一逻辑功能的触发器可以由不同的电路结构来实现。正如门电路是构成组合逻辑电路的基本单元电路一样，触发器是构成时序逻辑电路的基本单元电路。为了更好地把触发器应用于时序逻辑电路的分析与设计，应进一步熟悉触发器的逻辑功能及其描述方法。

4.3.1 RS 触发器

无论采用什么样的电路结构，只要其逻辑功能满足式（4.4）所表示的特性方程的触发器，均称其为 RS 触发器。

$$Q^{n+1} = S + \overline{R}Q^n \qquad (4.4)$$
$$RS = 0 \qquad 约束条件$$

特性方程反映了触发器次态与现态及输入信号之间的逻辑关系，熟练掌握 RS 触发器的特性方程，是分析和设计包含 RS 触发器的时序逻辑电路的基础。但特性方程没有给出触发方式的信息，触发方式与电路结构有关，通常触发方式的信息反映在触发器的逻辑符号中。因此，在具体应用时，还应注意触发器的逻辑符号所给出的触发方式。

特性表是以表格的形式来反映触发器的逻辑功能。对于同一逻辑功能的触发器，不同的描述方式所反映的逻辑功能是相同的。因此，各种描述方式是可以相互转换的，依据式（4.4）可列出 RS 触发器的特性表如表 4.3 所示。

表 4.3　RS 触发器的特性表

S	R	Q^n	Q^{n+1}	说　明
0	0	0	0	保持原状态不变
0	0	1	1	
0	1	0	0	置 0
0	1	1	0	
1	0	0	1	置 1
1	0	1	1	
1	1	0	1*	禁止输入
1	1	1	1*	（约束状态）

触发器具有两个稳定状态（0 和 1），在时钟脉冲有效状态的控制下，按其输入条件所确定的状态进行转换，状态转换图就形象地反映了这种转换关系。在状态转换图中，用带圆圈的 0 和 1 分别表示触发器的两个稳定状态，用带箭头的有向线段表示转换的方向，并在有向线段的旁边注明转换的输入条件。按此约定，可以由 RS 触发器的特性方程（或者特性表）作出其状态转换图如图 4.23 所示。

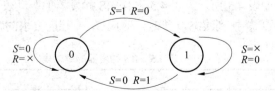

图 4.23　RS 触发器的状态转换图

特性方程、特性表、状态转换图是描述触发器逻辑功能的三种常用方式。有时，也利用时序图来反映触发器的逻辑功能。对于给定的输入信号，在时钟脉冲序列的作用下，触发器状态随时间变化的波形图叫作时序图。如图 4.24 所示是上升沿触发的 RS 触发器的时序图。时序图的优点是不仅反映了触发器的逻辑功能,而且反映了触发器的触发方式。

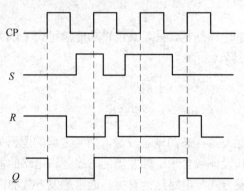

图 4.24　上升沿触发的 RS 触发器的时序图

综上所述,触发器的逻辑功能可用特性表、特性方程、状态转换图、波形图等方式进行描述。值得注意的是,尽管各种描述方法的形式不同,但所反映的逻辑功能本质是相同的,且各种描述方式可互相转换。

上述关于 RS 触发器逻辑功能描述方法的讨论,具有一般性,即上述介绍的各种描述方法同样适用于其他类型触发器逻辑功能的描述。

例 4.5　如果已知 RS 触发器的现态和次态如表 4.4 所示,试确定其相对应的输入条件 R 和 S 的值。

表 4.4　例 4.5 的已知条件

Q^n	Q^{n+1}	S	R
0	0		
0	1		
1	0		
1	1		

解:特性方程、特性表、状态转换图、波形图等都是在已知输入条件及现态的情况下,给出了确定其次态的途径。此处已知条件是现态与次态,需要确定相对应的输入条件。解决这一问题最直接的方法是对照状态转换图,查找由给定现态转换到次态的有向线段旁边所标注的条件。例如现态是 0,次态是 1,从图 4.23 中可查得 $S=1$,$R=0$。以此类推,可求出其余的输入条件如表 4.5 所示。表 4.5 称作 RS 触发器的驱动表(又叫激励表),驱动表表明触发器由现态 Q^n 转换到次态 Q^{n+1} 时,对应 S、R 端所要求的输入状态。

表 4.5　RS 触发器的驱动表

Q^n	Q^{n+1}	S	R
0	0	0	×
0	1	1	0
1	0	0	1
1	1	×	0

4.3.2 JK 触发器

JK 触发器的特性方程如式（4.5）所示，它以逻辑表达式的形式描述了 JK 触发器的逻辑功能。

$$Q^{n+1} = J\overline{Q}^n + \overline{K}Q^n \tag{4.5}$$

依据式（4.5）可作出 JK 触发器的特性表和状态转换图分别如表 4.6 和图 4.25 所示。

表 4.6 JK 触发器的特性表

J K Q^n	Q^{n+1}	说　明
0　0　0	0	输出状态不变
0　0　1	1	
0　1　0	0	输出状态为 0
0　1　1	0	
1　0　0	1	输出状态为 1
1　0　1	1	
1　1　0	1	每输入一个时钟脉冲状态改变一次
1　1　1	0	

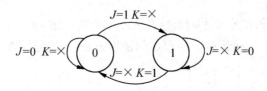

图 4.25 JK 触发器的状态转换图

4.3.3 D 触发器

无论是 RS 触发器还是 JK 触发器，都具有两个输入控制端。在某些应用场合，一个输入控制端可能更方便，D 触发器就是为了满足这一需要而产生的。图 4.26 说明了 D（Data）触发器的电路组成和逻辑符号。

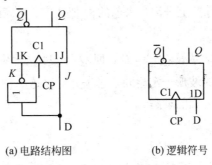

(a) 电路结构图　　　　(b) 逻辑符号

图 4.26 D 触发器

由图 4.26 可见，$J = D$，$K = \bar{D}$，代入式（4.5）有：$Q^{n+1} = D\bar{Q}^n + \bar{\bar{D}}Q^n = D$，所以，D 触发器的特性方程如式（4.6）所示。

$$Q^{n+1} = D \qquad (4.6)$$

依据式（4.6）可作出 D 触发器的特性表和状态转换图分别如表 4.7 和图 4.27 所示。

表 4.7 D 触发器特性表

D	Q^{n+1}	说　明
0	0	置 0
1	1	置 1

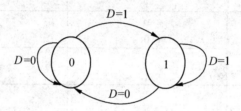

图 4.27 D 触发器的状态转换图

例 4.6 已知输入信号 D 和时钟脉冲的波形如图 4.28（a）所示，把此信号加到图 4.26 的 D 触发器输入端，试分析画出其 Q 端的输出波形。设触发器的初态为 0。

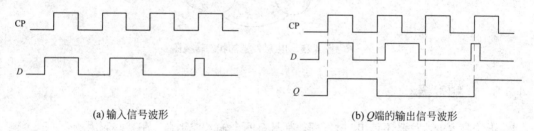

(a) 输入信号波形　　　　　　　　(b) Q 端的输出信号波形

图 4.28 例 4.6 的波形

解：如图 4.26 所示触发器为上升沿触发的 D 触发器，输入信号仅在 CP 脉冲的上升沿有效，即次态仅由时钟脉冲上升沿到来前的 D 值决定。对应画出 Q 端的波形如图 4.28（b）所示。

图 4.28 的波形表明，尽管 $Q^{n+1} = D$，但 Q 与 D 的波形明显不同。在组合逻辑电路中，如果 $F = A$，则 F 与 A 的波形一定相同。思考并对比这两种情况，可进一步加深对组合逻辑电路与时序逻辑电路区别的理解。

4.3.4 T 触发器

D 触发器虽然满足了仅有一个输入端的要求，但输出状态由 D 决定，在时钟脉冲的作用下，还想保持输出状态不变则不易实现。如果把 JK 触发器的 J、K 输入端连接在一起并标记为 T，则构成 T 触发器，如图 4.29 所示。

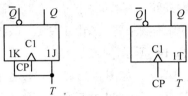

图 4.29　T 触发器的逻辑符号

把 $J=K=T$ 代入式（4.5）可得 T 触发器的特性方程如式（4.7）所示。

$$Q^{n+1} = T\bar{Q}^n + \bar{T}Q^n \tag{4.7}$$

依据式（4.7），可作出 T 触发器的特性表和状态转换图如表 4.8 和图 4.30 所示。

表 4.8　T 触发器的特性表

T	Q^n	Q^{n+1}	说　明
0	0	0	$Q^{n+1} = Q^n$
0	1	1	
1	0	1	$Q^{n+1} = \bar{Q}^n$
1	1	0	

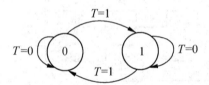

图 4.30　T 触发器的状态转换图

例 4.7　一下降沿触发的 T 触发器的输入信号 T 及 CP 的波形如图 4.31（a）所示，试画出 Q 端的波形。设触发器的初始状态为 0。

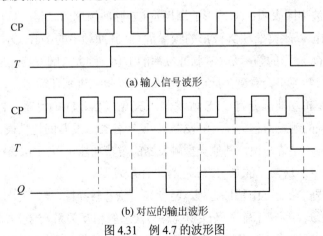

(a) 输入信号波形

(b) 对应的输出波形

图 4.31　例 4.7 的波形图

解：由输入信号波形可见，在前两个时钟脉冲期间，$T=0$，因此，触发器的状态保持 0 不变；在第 3~7 个时钟脉冲期间，$T=1$，每出现一个时钟脉冲下降沿，触发器的状态翻转一次；在第 8 个时钟脉冲下降沿到来前，T 由 1 变 0，故触发器状态保持不变。按照分析可做出其输出波形如图 4.31（b）所示。

例 4.8 触发器的应用电路之一如图 4.32 所示，设各个触发器的初态均为 0，试分析画出各个触发器 Q 端的波形图，并说明此电路的可能用途。

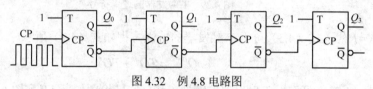

图 4.32　例 4.8 电路图

解：由图 4.32 可见，上升沿触发的 T 触发器其 T 输入端均接 1，则有 $Q^{n+1}=\bar{Q}^n$；后一个触发器的时钟脉冲输入端与前一个触发器的 $\bar{Q}$ 端相接。因此，时钟脉冲输入端每出现一个上升沿，触发器的状态就翻转一次。依据分析可画出在时钟脉冲的作用下，各触发器输出端 Q 的波形如图 4.33 所示。

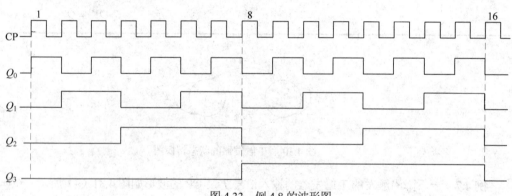

图 4.33　例 4.8 的波形图

图 4.33 的波形图表明：Q_0 波形的周期是 CP 脉冲周期的二倍，即 Q_0 波形的频率是 CP 脉冲频率的 1/2；以此类推，Q_1 波形的频率是 CP 脉冲频率的 1/4；Q_2 波形的频率是 CP 脉冲频率的 1/8；Q_3 波形的频率是 CP 脉冲频率的 1/16。因此，触发器的适当连接，可以构成分频电路。后续学习将会看到，此电路也可作为异步二进制计数器。

触发器按逻辑功能区分有：RS 触发器、JK 触发器、D 触发器、T 触发器（当 T 直接接高电平时形成的触发器称为 T′ 触发器），比较各类触发器的特性表，可见 JK 触发器的逻辑功能最完善，也就是说，其他类型触发器的逻辑功能可以用 JK 触发器来实现。因此，在 IC 芯片系列中，最常见的是 JK 触发器和 D 触发器。

触发器的逻辑功能可由特性方程、特性表、状态转换图、时序图等方式来描述。它们以不同的表现形式，反映了输入条件和现态与次态的相互关系。当已知输入条件和现态时，利用它们可以方便地确定触发器的次态值。如果已知条件是现态和次态，欲确定对应的输入条件，可通过查看状态转换图或者驱动表来解决。

思考与讨论题：

（1）对于触发器的状态变化可概括为：什么时间改变？变为什么？决定什么时间改变的关键是触发脉冲，其本质取决于触发器的结构类型；决定其状态变为什么的关键是输入条件。对讨论过的几种逻辑功能的触发器按照上述思路列表进行归纳比较。

（2）图 4.26、图 4.29 说明可以将 JK 触发器转换为 D 触发器、T 触发器。事实上，将一种逻辑功能的触发器通过增加适当的门电路或者连线可以转换为具有其他逻辑功能的触发器，这种转换规律具有一般性。建议把 D 触发器、RS 触发器分别转换为其他类型的触发器。

4.4 触发器的脉冲工作特性

触发器是构成时序逻辑电路的基本单元电路，掌握触发器的逻辑功能和动作特点是正确使用触发器的必要条件，但不是充分条件。触发器的逻辑功能描述了其静态特性，触发器的动作特点体现了其结构特点，这两方面属于触发器本身的特性。触发器的正常工作离不开外部输入信号，为了保证触发器可靠工作，对输入信号的特性提出了一定的要求，这些要求通过触发器的有关动态参数来规范。这些参数包括传输延迟时间、建立时间、保持时间、最大时钟频率等。

触发器对时钟脉冲、输入信号之间的时间关系的要求称为触发器的脉冲工作特性。

4.4.1 传输延迟时间

传输延迟时间是指施加输入信号，导致输出发生变化并使新状态稳定地建立起来所经历的时间间隔。在触发器的状态翻转过程中，涉及的传输延迟时间主要有 4 种情况，分别针对时钟脉冲和异步置位与复位。

（1）传输延迟 t_{PLH}：从时钟脉冲的触发边沿到触发器输出状态由低电平变为高电平所测得的时间。这种延迟如图 4.34（a）所示。

（2）传输延迟 t_{PHL}：从时钟脉冲的触发边沿到触发器输出状态由高电平变为低电平所测得的时间。这种延迟如图 4.34（b）所示。

（3）传输延迟 t_{PLH}：从异步置位输入信号的前沿到触发器输出状态由低电平变为高电平所测得的时间。这种延迟如图 4.34（c）所示，此处以 S_D 低电平有效为例。

（4）传输延迟 t_{PHL}：从异步复位输入信号的前沿到触发器输出状态由高电平变为低电平所测得的时间。这种延迟如图 4.34（d）所示，此处以 R_D 低电平有效为例。

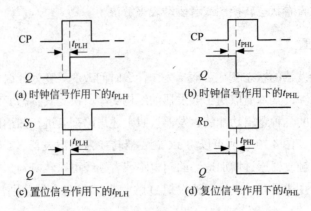

图 4.34 传输延迟时间

4.4.2 建立时间

建立时间 t_{set} 是指输入信号先于时钟脉冲触发沿到达所需要的最小时间间隔。在此时间里输入信号（J 和 K 或者 R 和 S，或者 D）的逻辑电平保持不变，这样就使得输入电平可靠地按时序进入触发器。如果以上升沿触发的 D 触发器为例，建立时间如图 4.35 所示，为了数据可靠进入触发器，在时钟脉冲上升沿到来之前，D 输入的逻辑电平提前出现的时间必须不小于 t_{set}。

图 4.35 D 触发器的建立时间

4.4.3 保持时间

保持时间 t_H 是指在时钟脉冲触发边沿到达之后，输入信号（J 和 K 或者 R 和 S，或者 D）的逻辑电平需要保持的最小时间间隔，以使得输入电平可靠地按时序进入触发器。如果以上升沿触发的 D 触发器为例，保持时间如图 4.36 所示，为了数据可靠进入触发器，在时钟脉冲上升沿到来之后，D 输入端的逻辑电平必须保持的时间应不小于 t_H。

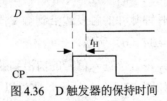

图 4.36 D 触发器的保持时间

4.4.4 最大时钟频率

最大时钟频率 f_{max} 是指触发器能够可靠触发的最高速度。如果触发器的输入时钟脉冲频率大于 f_{max}，则触发器将不能足够快地做出响应，并且可能造成逻辑功能混乱。

触发器的动态工作参数与其电路结构密切相关，实际应用中应注意查阅器件手册中给出的典型值。表 4.9 提供了 4 个同类型的 CMOS 和 TTL D 触发器的比较，以便使读者对上述参数有一个定量的了解。

表 4.9 D 触发器的 4 个系列在 25℃时动态参数的比较

参数	CMOS		TTL	
	74HC74A	74AHC74	74LS74A	74F74
t_{PLH}	17ns	4.6ns	40ns	6.8ns
t_{PHL}	17ns	4.6ns	25ns	8.0ns
t_{PLH}	18ns	4.8ns	40ns	9.0ns
t_{PHL}	18ns	4.8ns	25ns	6.1ns
t_{set}	14ns	5.0ns	20ns	2.0ns
t_H	3.0ns	0.5ns	5.0ns	1.0ns
f_{max}	35MHz	170MHz	25MHz	100MHz

小结

（1）触发器是数字系统中极为重要的基本逻辑单元电路，其特点是具有两个稳定状态，在输入信号的作用下，可以分别置 0、置 1。每个触发器能够存储一位二进制数码。

（2）触发器按电路结构分类有基本 RS 触发器、同步触发器、主从触发器和边沿触发器。它们的触发方式不同，有高电平 CP=1、低电平 CP=0、上升沿和下降沿 4 种触发形式。

（3）触发器按逻辑功能分类可有 RS 触发器、JK 触发器、D 触发器、T 触发器。其逻辑功能可用特性表、特性方程、状态图、逻辑符号、波形图描述。

（4）在使用触发器时，要注意触发方式及逻辑功能。如同步触发器在 CP=1 时触发翻转，属于电平触发，有空翻现象。主从触发器和边沿触发器的触发翻转虽然都发生在脉冲跳变时，但对输入信号的输入时间要求不同，如果是负跳变触发的主从触发器，输入信号必须在脉冲正跳变前加入，而边沿触发器可以在触发沿到来前加入信号。

（5）同一电路结构可构成不同逻辑功能的触发器，同一逻辑功能的触发器可用不同的电路结构实现。

触发器的逻辑符号是其电路结构形式的代表符号，反映了该触发器的动作特点信息；特性方程反映了具体触发器的逻辑功能。因此，特性方程和逻辑符号结合，可以较为全面地反映触发器的基本信息。

习题

4.1 在图 4.1（c）由与非门组成的基本 RS 触发器中，若 R、S 端的输入波形如图 4.37 所示，试画出其输出端 $\bar{Q}$、Q 的波形。设触发器的初态为 0。

4.2 若在图4.5同步RS触发器的CP、S、R输入端加入如图4.38所示波形的信号,试画出其Q和$\bar{Q}$端波形,设初态$Q=0$。

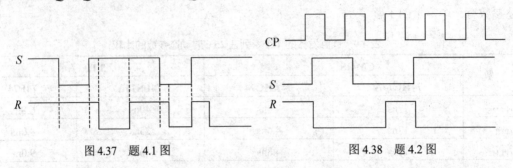

图4.37 题4.1图   图4.38 题4.2图

4.3 如图4.39(a)所示电路习惯上称其为D锁存器,图中EN是锁存允许控制端,试分析此电路的工作原理。如果输入信号D、EN的波形如图4.39(b)所示,并设初态时$Q=0$,试画出Q端的输出波形。

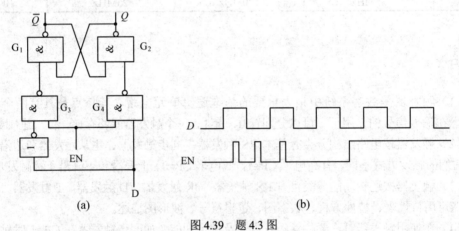

图4.39 题4.3图

4.4 一上升沿触发的D触发器电路如图4.40所示,试分析其工作原理。

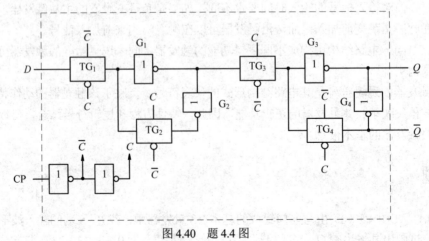

图4.40 题4.4图

4.5 归纳基本 RS 触发器、同步触发器、主从触发器和边沿触发器翻转的特点。

4.6 设图 4.41 中各触发器的初始状态皆为 $Q=0$，画出在 CP 脉冲连续作用下各个触发器输出端的波形图。

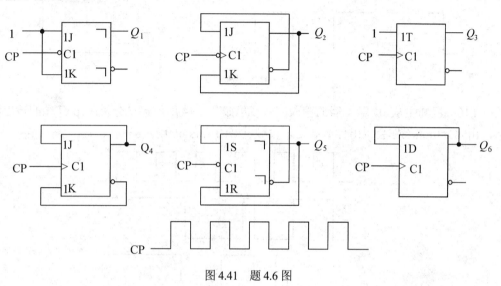

图 4.41 题 4.6 图

4.7 试分析给出 JK 触发器的驱动表。

4.8 试写出图 4.42（a）中各触发器的次态函数（即 Q_1^{n+1}、Q_2^{n+1} 与现态和输入变量之间的函数关系表达式），并画出在图 4.42（b）给定信号的作用下 Q_1、Q_2 的波形。假定各触发器的初始状态均为 $Q=0$。

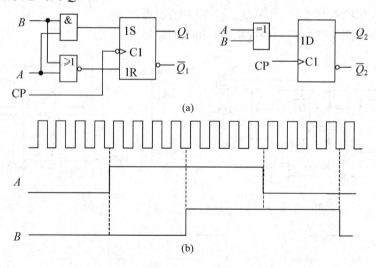

图 4.42 题 4.8 图

4.9 由 JK 触发器组成的逻辑电路如图 4.43 所示，已知时钟脉冲和输入控制信号 X 的波形如图示，试画出触发器 Q 端的波形。设触发器的初态为 0。

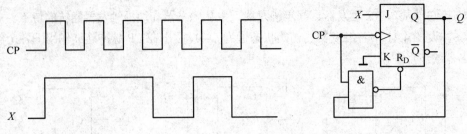

图 4.43　题 4.9 图

4.10　已知主从 JK 触发器的输入信号波形如图 4.44 所示，试分析画出 Q 端的输出波形，由此分析结果你会得出什么结论？设触发器的初态为 0。

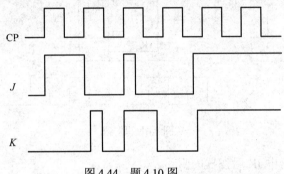

图 4.44　题 4.10 图

4.11　图 4.45（a）、图 4.45（b）分别给出了触发器和逻辑门构成的脉冲分频电路，CP 脉冲如图 4.45（c）所示，设各触发器的初始状态均为 0。

（1）试画出图 4.45（a）中的 Q_1、Q_2 和 F 的波形。

（2）试画出图 4.45（b）中的 Q_3、Q_4 和 Y 的波形。

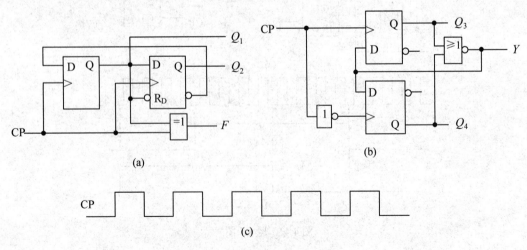

图 4.45　题 4.11 图

4.12　电路如图 4.46 所示，设各触发器的初始状态均为 0。已知 CP 和 A 的波形，试分别画出 Q_1、Q_2 的波形。

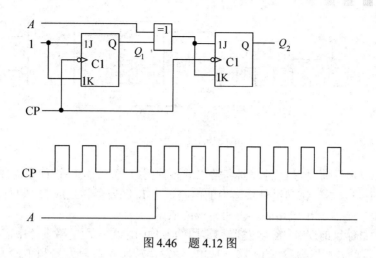

图 4.46　题 4.12 图

4.13　（1）电路如图 4.47 所示，设各触发器的初始状态均为 0。已知 CP_1、CP_2 的波形如图 4.47 所示，试分别画出 Q_1、Q_2 的波形。

（2）如果图中脉冲信号 CP_2 的上升沿比 CP_1 的上升沿超前，试分别画出 Q_1、Q_2 的波形。

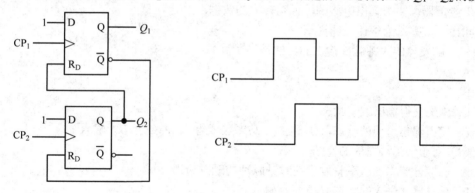

图 4.47　题 4.13 图

4.14　电路如图 4.48 所示，设各触发器的初始状态均为 1。已知 CP_1、CP_2 的波形如图示，试分别画出 Q_1、Q_2 的波形。

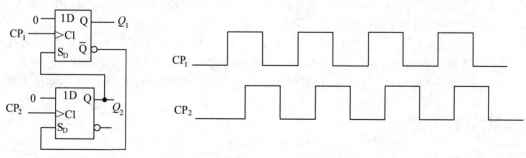

图 4.48　题 4.14 图

4.15　如图 4.49 所示电路由同步 D 触发器组成，在图示输入信号的作用下，试画出 Q_1、Q_2 端的输出波形，设触发器的初态均为 0。通过此电路的分析，你能得出什么样的结论？

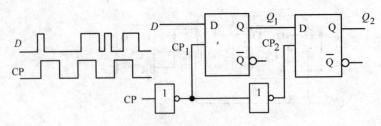

图 4.49 题 4.15 图

4.16 如果你目前仅有 D 触发器和常用的各种门电路，而电路设计中需要 JK 触发器、RS 触发器、T 触发器，试通过外接适当的电路，把 D 触发器转换成 JK 触发器、RS 触发器和 T 触发器。要求画出电路图，说明转换的依据。

4.17 如果你目前仅有 JK 触发器和常用的各种门电路，而电路设计中需要 D 触发器及 T 触发器，试通过外接适当的电路，把 JK 触发器转换成 D 触发器和 T 触发器。要求画出电路图，说明转换的依据。

4.18 如果你目前仅有 RS 触发器和常用的各种门电路，而电路设计中需要 JK 触发器、D 触发器、T 触发器，试通过外接适当的电路，分别用 RS 触发器实现 JK 触发器、D 触发器、T 触发器。要求画出电路图，说明转换的依据。

4.19 依据所给条件，选择填空。

（1）触发器的时钟脉冲输入的目的是（   ）。

A. 复位

B. 置位

C. 总是使得输出改变状态

D. 使得输出呈现的状态取决于控制（R、S 或者 J、K 或者 D）输入

（2）对于边沿触发的 D 触发器（   ）。

A. 触发器状态的改变只发生在时钟脉冲的触发边沿

B. 触发器要进入的状态取决于 D 输入

C. 在每一个时钟脉冲作用下，输出跟随输入 D

D. 上述所有答案

（3）区分 JK 触发器和 RS 触发器特征的是（   ）。

A. 自动翻转情况   B. 预置位输入   C. 时钟类型   D. 清零输入

（4）JK 触发器处于自动翻转情况的条件是（   ）。

A. $J=1$，$K=0$ B. $J=1$，$K=1$ C. $J=0$，$K=0$ D. $J=0$，$K=1$

（5）T 触发器当 $T=1$ 时，输入时钟脉冲的频率为 20 kHz，此时，Q 端输出（   ）。

A. 保持为高电平   B. 保持低电平   C. 10 kHz 方波   D. 20kHz 方波

习题分析举例

习题 4.7 分析：

触发器的特性方程、状态转换图、状态转换表以不同的形式描述了触发器的逻辑功能，

它们反映了触发器的输入条件、现态、次态的关系。在应用中，一般是把输入条件和现态作为已知条件，由它们来确定相对应的次态。但触发器的驱动表以现态和将要得到的次态作为已知条件，要求确定完成此状态转换需要的输入条件。

JK 触发器的驱动表可以由状态转换图、特性方程、状态转换表得到。

1. 状态转换图 —→ 驱动表

当已知 JK 触发器的状态转换图时，可以直接由图中有向线段上方的转换条件给出驱动表。

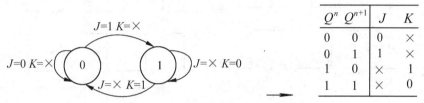

图 4.50 JK 触发器的状态转换图及驱动表

2. 特性方程 —→ 驱动表

由特性方程确定驱动表相对麻烦一点儿，需要分步求解。

如果 $Q^n=0$，$Q^{n+1}=0$，代入 JK 触发器的特性方程 $Q^{n+1}=J\overline{Q^n}+\overline{K}Q^n$ 可求得：

$$0 = J \cdot \overline{0} + \overline{K} \cdot 0 \longrightarrow J=0 \quad K=\times$$

如果 $Q^n=0$，$Q^{n+1}=1$，则：

$$1 = J \cdot \overline{0} + \overline{K} \cdot 0 \longrightarrow J=1 \quad K=\times$$

如果 $Q^n=1$，$Q^{n+1}=0$，则：

$$0 = J \cdot \overline{1} + \overline{K} \cdot 1 \longrightarrow J=\times \quad K=1$$

如果 $Q^n=1$，$Q^{n+1}=1$，则：

$$1 = J \cdot \overline{1} + \overline{K} \cdot 1 \longrightarrow J=\times \quad K=0$$

结果与上述驱动表相同。

3. 状态转换表 —→ 驱动表

J	K	Q^n	Q^{n+1}	
0	0	0	0	→ $J=0$ $K=\times$
0	1	0	0	
0	0	1	1	→ $J=\times$ $K=0$
1	0	1	1	
1	0	0	1	→ $J=1$ $K=\times$
1	1	0	1	
0	1	1	0	→ $J=\times$ $K=1$
1	1	1	0	

Q^n	Q^{n+1}	J	K
0	0	0	$\times$
0	1	1	$\times$
1	0	$\times$	1
1	1	$\times$	0

习题 4.13 分析：

观察图 4.47 可见，电路由两个 D 触发器构成，上升沿触发，各触发器的触发脉冲不同，清零信号高电平有效。由电路的连接关系可得：

$$D_1=1, \quad R_{D1}=Q_2, \quad D_2=1, \quad R_{D2}=\overline{Q}_1$$

D 触发器的特性方程 $Q^{n+1}=D$，把驱动条件代入 D 触发器的特性方程有：

$$Q_1^{n+1}=1 \qquad\qquad Q_2^{n+1}=1$$

可见在时钟脉冲作用下，触发器的次态为 1，但此处应考虑清零信号的作用效果。画波形图如图 4.51 所示。

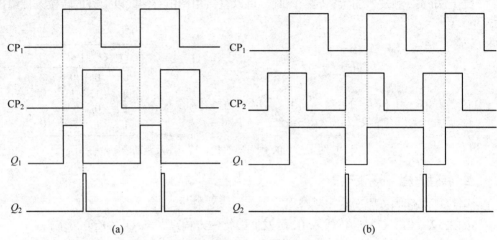

图 4.51　习题 4.13 波形图

注意图 4.51（a）中，在 CP_1 上升沿的作用下，使 $Q_1=1$，$R_{D2}=\overline{Q}_1=0$；CP_2 上升沿到达时，$Q_2=1$，由于 $R_{D1}=Q_2=1$，所以，Q_1 立即被清零；$Q_1=0$ 后，$R_{D2}=\overline{Q}_1=1$，则 Q_2 又立即被清零，因此，Q_2 处于高电平的时间很短，为了画图清楚，图中 Q_2 高电平的宽度有所增加。

注意在图 4.51（b）中，CP_2 第一个上升沿比 CP_1 上升沿到达早，但由于此时 $R_{D2}=\overline{Q}_1=1$，异步清零的优先级别高，使 Q_2 无法置 1。CP_1 上升沿到达后，$Q_1=1$，$R_{D2}=\overline{Q}_1=0$，所以，CP_2 第二个上升沿到达时，$Q_2=1$。其后的情况与图 4.51（a）类同。

图 4.51（a）中，Q_1 的高电平时间反映了两相脉冲上升沿的时间差，如果输入脉冲是借助过零比较器对正弦信号整形得到的信号，则通过对 Q_1 高电平时间的测量，能够换算出它们的相位差。

另外，图 4.51 中 Q_1 高电平时间的宽度反映了两相脉冲信号的超前滞后信息。由图 4.51（a）可见，CP_1 超前 CP_2，Q_1 高电平的宽度小于时钟脉冲周期的二分之一；由图 4.51（b）可见，CP_2 超前 CP_1，Q_1 高电平的宽度大于时钟脉冲周期的二分之一。因此，通过对 Q_1 高电平宽度的测量，能够判断 CP_1 与 CP_2 的前后顺序。

习题 4.16 分析：

本题目要求利用已有的触发器通过适当地增加外部电路，把它转换为具有其他逻辑功能的触发器。先讨论实现触发器逻辑功能转换的一般方法，然后再具体分析题目的要求及实现。触发器逻辑功能的转换可以利用图 4.52 来说明，关键是如何建立已有触发器的驱动输入端与欲实现的触发器的驱动输入的关系。具体方法是借助特性方程联立求解，求出已有触发器的驱动方程；也可以借助驱动表，通过卡诺图求出已有触发器的驱动方程。

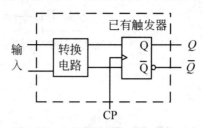

图 4.52　触发器逻辑功能的转换示意图

1. D ⟶ JK

D 的特性方程：$\qquad Q^{n+1} = D$

JK 的特性方程：$\qquad Q^{n+1} = J\overline{Q}^n + \overline{K}Q^n$

比较特性方程可见：$\qquad D = J\overline{Q}^n + \overline{K}Q^n$

即转换电路由与或门实现，如图 4.53 所示。

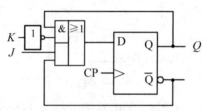

图 4.53　D 触发器转换为 JK 触发器

2. D ⟶ RS

D 的特性方程：$\qquad Q^{n+1} = D$

RS 的特性方程：$\qquad Q^{n+1} = S + \overline{R}Q^n$

比较特性方程可见：$\qquad D = S + \overline{R}Q^n$

即转换电路由与或门实现，如图 4.54 所示。

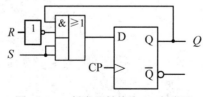

图 4.54　D 触发器转换为 RS 触发器

3. D ⟶ T

D 的特性方程：$\qquad Q^{n+1} = D$

T 的特性方程：$\qquad Q^{n+1} = T\overline{Q}^n + \overline{T}Q^n$

比较特性方程可见：$\qquad D = T\overline{Q}^n + \overline{T}Q^n = T \oplus Q^n$

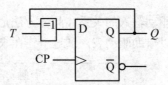

图 4.55　D 触发器转换为 T 触发器

4. JK ⟶ RS

作驱动表如表 4.10 所示。

表 4.10　驱动表

Q^n	Q^{n+1}	R	S	J	K
0	0	×	0	0	×
0	1	0	1	1	×
1	0	1	0	×	1
1	1	0	×	×	0

分析驱动表可得:

$$J=S \quad K=R$$

画出电路如图 4.56 所示。

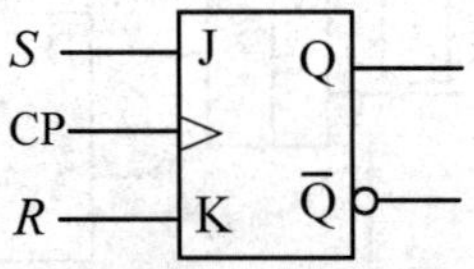

图 4.56　JK 触发器转换为 RS 触发器

采用上述方法,也可以实现其他触发器逻辑功能的转换。

第5章 时序逻辑电路

内容提要：本章首先介绍了时序逻辑电路的特点、描述方法和分析方法，重点讲述了寄存器、移位寄存器、计数器的工作原理及常用中规模集成电路；简要讨论了计数器电路的设计方法；以实例说明了计数器电路设计方法的灵活性与趣味性。

学习提示：时序逻辑电路作为数字电路的重点内容之一，熟悉其工作原理和描述方法是前提，掌握分析方法及相关电路的设计方法是关键。

5.1 概述

门电路是构成组合逻辑电路的基本单元电路，故组合逻辑电路在逻辑功能上的特点是电路任一时刻的输出状态仅取决于当时输入信号的取值组合。触发器是构成时序逻辑电路的基本单元电路，触发器具有记忆功能，因此，时序逻辑电路在逻辑功能上的特点是在任意时刻，电路的输出状态不仅取决于当时的输入信号，而且与电路原来的状态有关。

时序逻辑电路依据电路中各个触发器状态的转换时间是否相同，可以把时序逻辑电路分为同步时序电路和异步时序电路。在同步时序电路中，所有触发器状态变化都发生在同一时刻，即各个触发器由一个共同的时钟脉冲在相同的时间触发。而在异步时序电路中，各个触发器状态的变化不是同时发生的。

时序逻辑电路依据其逻辑功能进行分类，可以分为寄存器、计数器、顺序脉冲发生器、序列信号发生器等多种类型。

此外，还可以从其他角度进行电路分类，不再赘述。

5.1.1 时序逻辑电路的一般结构形式

时序逻辑电路因其逻辑功能的不同，其电路结构可能有多种形式，但时序逻辑电路的电路组成具有一定的共性，为了分析研究时序逻辑电路描述方法的方便，可以用如图 5.1 所示的结构框图来表示一般的时序逻辑电路。时序逻辑电路的一般结构形式表明，其电路通常包括组合逻辑电路和存储电路（具有记忆功能的器件）两部分，而具有记忆功能的器件是时序逻辑电路的核心，或者说是必须包含的部分，否则就不是时序逻辑电路。

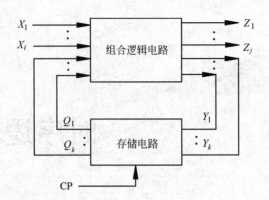

图 5.1 时序逻辑电路的一般结构形式

图 5.1 中 $X(X_1, X_2, \cdots, X_i)$ 代表外部输入信号，$Z(Z_1, Z_2, \cdots, Z_j)$ 代表输出信号，$Y(Y_1, Y_2, \cdots, Y_k)$ 代表存储电路的驱动信号，$Q(Q_1, Q_2, \cdots, Q_k)$ 代表存储电路的输出状态（状态变量）。这些信号之间的逻辑关系可分别用输出方程、驱动方程、状态方程表示：

输出方程　　　　　　$Z = F[X, Q]$　　　　　　　　　　（5.1）

驱动方程　　　　　　$Y = G[X, Q]$　　　　　　　　　　（5.2）

状态方程　　　　　　$Q^{n+1} = H[Y, Q^n]$　　　　　　　（5.3）

输出方程和驱动方程反映的是电路的连接关系，其表达式是组合逻辑函数。状态方程由触发器的特性方程代入驱动条件而得到，它反映的是次态与现态的关系。

如图 5.1 所示的时序逻辑电路的一般结构形式，在具体电路中可能有所简化。例如对于某些时序逻辑电路，就没有输入信号 X，此时电路的输出及存储电路的驱动信号仅由存储电路的状态来决定；而对于另外一些时序逻辑电路，存储电路的输出状态就是整个时序逻辑电路的输出。但无论何种时序逻辑电路形式，电路都具有驱动信号和状态变量。

5.1.2　时序逻辑电路的描述方法

1．逻辑方程式

时序逻辑电路的功能可以被输出方程和状态方程所确定，因此，输出方程和状态方程是描述时序逻辑电路的基本形式。逻辑方程式可以描述时序电路的逻辑功能，但这种描述形式不够直观，且在设计时序逻辑电路时，很难根据实际问题的要求直接写出逻辑方程式。

2．时序逻辑电路图

时序逻辑电路图由触发器、门电路及相互连线组成。如图 5.1 所示时序逻辑电路的一般结构形式表明，触发器的输出状态 $Q(Q_1, Q_2, \cdots, Q_k)$ 反馈到组合逻辑电路的输入端，即时序逻辑电路一般存在反馈。在介绍组合逻辑电路的特点时，也强调了组合逻辑电路不存在反馈的重要性。时序逻辑电路图中是不是必须存在明显的反馈连接呢？例 4.8 中图 4.32 属于计数器电路（典型的时序逻辑电路之一），但各个触发器的输出并没有反馈到电路的输入端（当然，触发器内部是存在反馈的）。因此，有没有反馈并不是判断时序逻辑电路的必要条件，但电路图中包含触发器却是判断时序逻辑电路的必要条件。

3. 状态转换表

状态转换表是以表格的形式来描述时序逻辑电路的输入变量、输出函数、电路的现态与次态之间的逻辑关系，其一般形式如表 5.1 所示，它表明了处于现态 Q^n、输出为 Z 的时序逻辑电路，当输入为 X 时，在时钟脉冲的作用下电路将进入次态 Q^{n+1}。

状态转换表简称状态表。

表 5.1 状态转换表

现 态	次态/输出 　　　输 入	X
	Q^n	Q^{n+1}/Z

将已知输入变量 X 及电路现态 Q^n 的所有取值代入状态方程和输出方程，即可求出对应的次态 Q^{n+1} 和输出 Z 的数值，并按表 5.1 的形式列表即可求出所要求的状态表。

状态表比状态方程和输出方程更直观地描述了时序逻辑电路的逻辑功能。

4. 状态转换图

时序逻辑电路的状态转换图与触发器的状态转换图类似，其区别在于状态数更多一些且标明了输出 Z 的值。时序逻辑电路状态转换图的一般形式如图 5.2 所示，它以圆圈表示电路所处的现态，以有向线段表示状态转换的方向，标注在有向线段一侧的字符 X/Z 表示状态转换前输入信号 X 的值和输出值 Z。状态转换图的意义与状态表相同，即表明了处于现态 Q^n、输出为 Z 的时序逻辑电路，当输入为 X 时，在时钟脉冲的作用下电路将进入次态 Q^{n+1}。

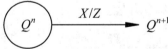

图 5.2 状态转换图示意图

状态转换图简称状态图。状态图的主要特点是直观地描述了时序逻辑电路的状态转换过程。

5. 时序图

在时钟脉冲序列及输入信号的作用下，电路状态、输出状态随时间变化的波形叫作时序图。它是时序逻辑电路的工作波形图。

上述几种时序逻辑电路的描述方法，尽管表现形式不同，但它们所描述的逻辑功能是相同的,并且各种描述形式可以相互转换。

思考与讨论题:

(1) 从逻辑功能、电路组成两方面比较时序逻辑电路与组合逻辑电路。

(2) 当一个逻辑电路图中没有明显出现反馈连接时,能否断定此电路一定属于组合逻辑电路?

5.2 时序逻辑电路的分析方法

时序逻辑电路分析的目的,是找出电路的状态和输出状态在输入信号和时钟脉冲信号作用下的变化规律,确定该电路的逻辑功能。

时序逻辑电路分析的一般步骤如下。

(1) 依据所分析的时序电路逻辑图,写出下列各方程式。

① 各触发器的驱动方程和时钟方程;

② 电路的输出方程;

③ 把每个触发器的驱动方程代入其特性方程,求得电路的状态方程。

(2) 根据状态方程和输出方程,列出状态转换表,画出状态转换图或时序图。

(3) 用文字概括描述其逻辑功能。

5.2.1 同步时序逻辑电路分析举例

例 5.1 时序逻辑电路如图 5.3 所示,试分析其逻辑功能。

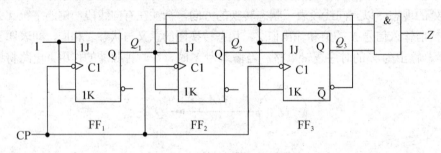

图 5.3 例 5.1 的逻辑电路图

解:图 5.3 电路由 JK 触发器和与门组成,电路没有输入控制信号,输出信号为 Z,各个触发器共用一个时钟脉冲在其下降沿进行状态转换,电路属于同步时序电路,分析时可以省略时钟方程。

(1) 写出各逻辑方程式。

① 驱动方程: $J_1=1$ $J_2=Q_1\bar{Q}_3$ $J_3=Q_1Q_2$

  $K_1=1$ $K_2=Q_1$ $K_3=Q_1$

② 输出方程: $Z=Q_1Q_3$

③ 将驱动方程代入 JK 触发器特性方程中，求得状态方程：

$$Q_1^{n+1} = \overline{Q}_1^n$$
$$Q_2^{n+1} = Q_1^n \overline{Q}_3^n \overline{Q}_2^n + \overline{Q}_1^n Q_2^n$$
$$Q_3^{n+1} = Q_1^n Q_2^n \overline{Q}_3^n + \overline{Q}_1^n Q_3^n$$

（2）列状态表并画状态图和时序图。

设电路初态 $Q_3^n Q_2^n Q_1^n$ =000，代入状态方程和输出方程，求出次态 $Q_3^{n+1} Q_2^{n+1} Q_1^{n+1}$ =001，Z=0；再以 $Q_3^n Q_2^n Q_1^n$ =001 作为现态，代入状态方程和输出方程，求出 $Q_3^{n+1} Q_2^{n+1} Q_1^{n+1}$ =010，Z=0；按此方法，求出所有 $Q_3^n Q_2^n Q_1^n$ 取值对应下的 $Q_3^{n+1} Q_2^{n+1} Q_1^{n+1}$ 和 Z，列成状态表如表 5.2 所示。

表 5.2　例 5.1 的状态转换表

$Q_3^n Q_2^n Q_1^n$	$Q_3^{n+1} Q_2^{n+1} Q_1^{n+1}$	Z	$Q_3^n Q_2^n Q_1^n$	$Q_3^{n+1} Q_2^{n+1} Q_1^{n+1}$	Z
0 0 0	0 0 1	0	1 0 0	1 0 1	0
0 0 1	0 1 0	0	1 0 1	0 0 0	1
0 1 0	0 1 1	0	1 1 0	1 1 1	0
0 1 1	1 0 0	0	1 1 1	0 0 0	1

状态转换图可以由状态方程求出，也可以根据状态转换表画出状态转换图，如图 5.4 所示。

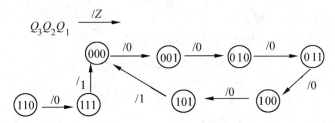

图 5.4　例 5.1 的状态转换

由于此电路没有输入信号，所以状态图中斜线上方空着。另外，完整的状态转换图，一定要画上图标 $Q_3 Q_2 Q_1$ 和/Z。

根据状态表和状态图，可画出该电路的时序图，如图 5.5 所示。

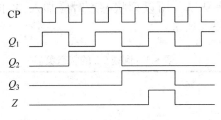

图 5.5　例 5.1 的时序图

（3）逻辑功能说明。

在 CP 脉冲的作用下，$Q_3 Q_2 Q_1$ 的状态从 000 到 101，以递增的形式每输入 6 个 CP 脉冲信号循环一次。可见，该电路对时钟脉冲信号有计数功能。所以，这个电路是一个同步六进制加计数器，Z 为进位信号。000～101 这 6 个状态为有效状态，有效状态构成的循环为有效循环。110 和 111 状态为无效状态。无效状态在 CP 脉冲作用下能够进入有效循环，说明该电路能够自启动。若无效状态在 CP 作用下不能进入有效循环，则表明电路不能自启动。例 5.1 电路能够自启动。

另外，由时序图可以看出，Z 和 Q_3 的变化频率是 CP 输入脉冲频率的六分之一，所以，又可将计数器作为分频器使用。

例 5.2 电路如图 5.6 所示，试分析其逻辑功能。

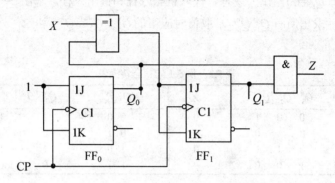

图 5.6 例 5.2 的逻辑电路图

解：（1）写出各逻辑方程式。

① 这仍是一个同步时序电路，时钟方程可以不写。

② 驱动方程： $J_0=1$ $J_1=X \oplus Q_0$

$K_0=1$ $K_1=X \oplus Q_0$

③ 输出方程： $Z=Q_1 Q_0$

④ 将驱动方程代入 JK 触发器特性方程中，求得状态方程：

$$Q_0^{n+1} = \bar{Q}_0^n$$

$$Q_1^{n+1} = X \oplus Q_0^n \oplus Q_1^n$$

（2）列状态表，画状态图和时序图。

由于本例中有输入信号 X，所以列状态表时应加入 X 的取值组合，设电路初态 $Q_1^n Q_0^n = 00$，列状态表如表 5.3 所示。

表 5.3 例题 5.2 的状态表

$Q_1^n Q_0^n$ \ $Q_1^{n+1} Q_0^{n+1}/Z$ \ X	0	1
00	01/0	11/0
01	10/0	00/0
10	11/0	01/0
11	00/1	10/1

由状态表容易画出状态转换图和时序图，分别如图 5.7 和图 5.8 所示。

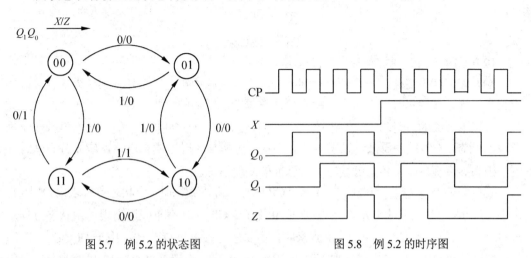

图 5.7　例 5.2 的状态图　　　　　图 5.8　例 5.2 的时序图

（3）功能说明。

该电路受输入信号 X 控制，当 $X=0$ 时，Q_1Q_0 随 CP 输入脉冲变化规律是从 00 到 11 每 4 个脉冲状态递增循环一次。当 $X=1$ 时，Q_1Q_0 随 CP 输入脉冲变化规律为从 11 到 00 每 4 个脉冲递减循环一次。故该电路功能为同步四进制可逆计数器。当 $X=0$ 时，为四进制加计数器，Z 为进位位。当 $X=1$ 时，为四进制减计数器，Z 为借位位。

5.2.2　异步时序电路分析举例

例 5.3　分析如图 5.9 所示电路的逻辑功能。

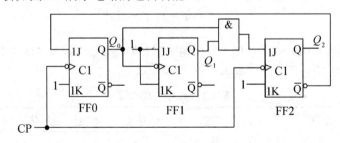

图 5.9　例 5.3 的逻辑电路

解：图 5.9 电路由下降触发的 JK 触发器和与门组成，电路没有输入控制信号，也没有专用的输出信号。各个触发器的时钟脉冲不同，该电路是异步时序电路。

（1）写出各逻辑方程式。

① 时钟方程：　　　$CP_0 = CP$　　　$CP_1 = Q_0$　　　$CP_2 = CP$

② 驱动方程：　　　$J_0 = \overline{Q}_2$　　　$J_1 = 1$　　　$J_2 = Q_0Q_1$

　　　　　　　　　$K_0 = 1$　　　　$K_1 = 1$　　　$K_2 = 1$

③ 将驱动方程代入 JK 触发器特性方程，求得电路的状态方程：

$$Q_0^{n+1} = \bar{Q}_2^n \bar{Q}_0^n$$

$$Q_1^{n+1} = \bar{Q}_1^n$$

$$Q_2^{n+1} = Q_0 Q_1 \bar{Q}_2^n$$

（2）画时序图、列状态表、画状态图。

触发器的状态变化，一是什么时间改变，由时钟脉冲决定；二是状态变为什么，取决于状态方程。在异步时序电路中，特别要注意每个触发器的新状态 Q^{n+1} 一定是在它的 CP 脉冲作用下形成的。因此，首先要看 CP 脉冲有没有，CP 脉冲来了才能按状态方程变化形成 Q^{n+1} 状态。CP 脉冲没来，触发器状态不变。分析异步时序逻辑电路，应先分析画时序图，因为其直观反映了各个触发器时钟脉冲的变化情况。

设电路初态 $Q_2^n Q_1^n Q_0^n$ =000，当第一个 CP 脉冲下降沿到来时，由状态方程求出 Q_0^{n+1} =1；由于 $CP_1 = Q_0$ 出现的是上升沿，故 Q_1 保持 0 不变；CP_2=CP 有下降沿出现，由状态方程求出 Q_2^n =0。当第二个 CP 脉冲下降沿到来时，由状态方程求出 Q_0^{n+1} =0；由于 $CP_1 = Q_0$ 出现的是下降沿，故 Q_1^{n+1} =1；CP_2=CP 有下降沿出现，但由状态方程求出 Q_2^n =0。以此类推，画出时序图如图 5.10 所示。

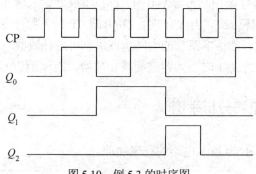

图 5.10 例 5.3 的时序图

参照时序图可做出状态表，由于时序图中没有出现 101、110、111 三种状态，在状态表中，应补齐并求出其次态，状态表如表 5.4 所示。

表 5.4 例 5.3 的状态表

$Q_2^n Q_1^n Q_0^n$	$Q_2^{n+1} Q_1^{n+1} Q_0^{n+1}$	$CP_0\ CP_1\ CP_2$	$Q_2^n Q_1^n Q_0^n$	$Q_2^{n+1} Q_1^{n+1} Q_0^{n+1}$	$CP_0\ CP_1\ CP_2$
0 0 0	0 0 1	⊥ ⊥	1 0 0	0 0 0	⊥ ⊥
0 0 1	0 1 0	⊥ ⊥ ⊥	1 0 1	0 1 0	⊥ ⊥ ⊥
0 1 0	0 1 1	⊥ ⊥	1 1 0	0 1 0	⊥ ⊥
0 1 1	1 0 0	⊥ ⊥ ⊥	1 1 1	0 0 0	⊥ ⊥ ⊥

参照时序图或者状态表可画出状态图如图 5.11 所示。

（3）功能说明。

时序图与状态图表明，该电路为异步五进制加法计数器，可以自启动。

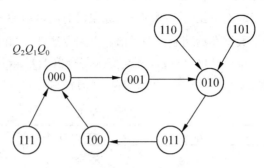

图 5.11 例 5.3 的状态图

思考与讨论题：

（1）在如图 5.6 所示电路中，如果各个触发器都换成上升沿触发的触发器，试分析电路状态图、时序图是否会发生变化。

（2）在如图 5.9 所示电路中，如果各个触发器都换成上升沿触发的触发器，试分析电路的状态图、时序图是否会发生变化。

（3）对比由（1）、（2）得出的结果，对你有什么启发？

5.3 寄存器和移位寄存器

5.3.1 寄存器

一个触发器能够存储一位二进制数码，在数字系统中常用 n 个触发器集成为 n 位寄存器，用以存储 n 位二进制数码。74LS175 是用 4 个 D 触发器组成的 4 位寄存器。它的逻辑电路图和引脚图如图 5.12（a）和图 5.12（b）所示。

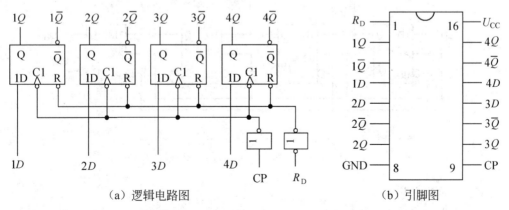

图 5.12 集成寄存器 74LS175

由于 $Q^{n+1} = D$，图 5.12 的电路图表明，在 CP 上升沿到达时，1D～4D 端的输入信号同时被各触发器接收，形成次态 $1Q^{n+1} \sim 4Q^{n+1}$。如果没有时钟脉冲上升沿出现，各触发器保持原状态不变，实现了数据存储功能。为了增加电路灵活性，74LS175 中加了异步清 0 控制端 R_D。当 R_D=0 时，不需要和 CP 同步，就可完成寄存器 $1Q \sim 4Q$ 的清零工作。74LS175 功能表见表 5.5，它清楚地反映了清零、接收数据、保持三种操作功能。

表 5.5　74LS175 功能表

CP	R_D	1D 2D 3D 4D	Q_0 Q_1 Q_2 Q_3
×	0	× × × ×	0 0 0 0
↑	1	1D 2D 3D 4D	1D 2D 3D 4D
1	1	× × × ×	保持
0	1	× × × ×	保持
↓	1	× × × ×	保持

利用 74LS175，可以方便地实现多片扩展，即各片 CP 输入端相连接、R_D 输入端相连接，构成 8 位、12 位、16 位等数据寄存器。

5.3.2　移位寄存器

在数字系统中，有时需要将寄存器中的数据在 CP 脉冲控制下依次进行向左移位或者向右移位，用以实现数值运算及数据的串行-并行转换等。因此，需要具有移位功能的寄存器，简称为移位寄存器。

图 5.13 是 4 个边沿 D 触发器串接构成的 4 位移位寄存器，由各触发器的连接关系可得：

$$Q_0^{n+1} = D_I \qquad Q_1^{n+1} = Q_0^n \qquad Q_2^{n+1} = Q_1^n \qquad Q_3^{n+1} = Q_2^n \tag{5.4}$$

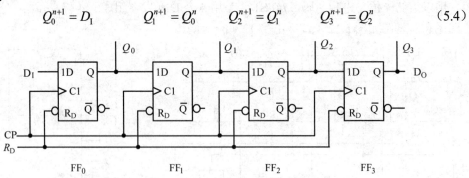

图 5.13　边沿 D 触发器构成的 4 位移位寄存器

其工作原理分析如下。

（1）数据输入之前，各个触发器清零。异步清零输入端 R_D 输入一个低电平的窄脉冲，使各个触发器清零。正常工作时，R_D 输入端保持高电平。

（2）从数据输入端 D_I 输入数码，设输入的数码为 1101 0000（前 4 位是参与移位的数据，无数据时补 0）。当 CP 的上升沿作用于各触发器时，触发器由式（5.4）确定新状态，$Q_3Q_2Q_1$ 的次状态分别与其左边触发器的现态输出相同，D_1 的输入移到 Q_0 的输出端。因此，总的效果相当于移位寄存器中的数码依次右移。经过 4 个时钟脉冲后，1101 出现在寄存器的输出 $Q_3Q_2Q_1Q_0$ 端。实现了数据串入-并出的转换。在第 8 个时钟脉冲作用后，数码从 Q_3 端全部移出寄存器，说明存入该寄存器的数码也可以从 Q_3 端串行输出。

图 5.14 反映了上述移位过程的工作波形。如图 5.13 所示电路是 4 位右移寄存器。

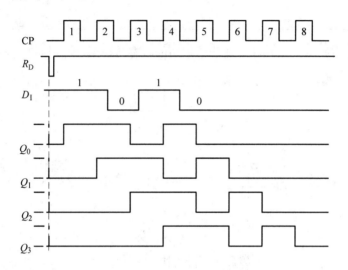

图 5.14 图 5.13 电路的时序图

建议读者参照图 5.13 的电路，画出 4 位左移寄存器的电路图。

移位寄存器作为常用的时序逻辑单元电路，已有多种型号的集成电路芯片可供选用。为增加使用灵活性，集成移位寄存器又附加了左移、右移控制、数据并行输入、异步复位、保持等功能。图 5.15（a）和图 5.15（b）分别给出了集成移位寄存器 74194 的逻辑符号和引脚图。图中 D_{SR} 为数据右移串行输入端，D_{SL} 为数据左移串行输入端。$D \sim A$ 为数据并行输入端。$Q_D \sim Q_A$ 为数据并行输出端。S_1、S_0 控制着移位寄存器的 4 种工作状态。表 5.6 是 74194 的功能表。

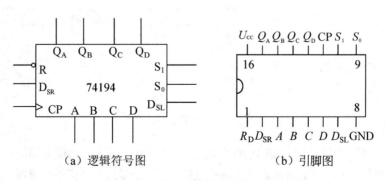

(a) 逻辑符号图　　　　(b) 引脚图

图 5.15　4 位双向移位寄存器 74194

表 5.6　74194 功能表

R_D	S_1	S_0	D_{SL}	D_{SR}	CP	D	C	B	A	Q_D	Q_C	Q_B	Q_A	说　明
0	×	×	×	×	×	×	×	×	×	0	0	0	0	清零
1	1	1	×	×	↑	D	C	B	A	D	C	B	A	并行输入
1	1	0	D_{SL}	×	↑	×	×	×	×	D_{SL}	Q_D	Q_C	Q_B	左移
1	0	1	×	D_{SR}	↑	×	×	×	×	Q_C	Q_B	Q_A	D_{SR}	右移
1	0	0	×	×	↑	×	×	×	×	Q_D	Q_C	Q_B	Q_A	保持

例 5.4　电路如图 5.16 所示,画出该电路的状态转换图,并说明其逻辑功能。

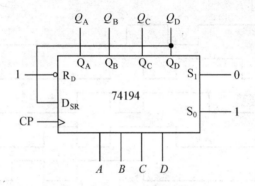

图 5.16　例 5.4 的逻辑电路图

解:从图 5.16 电路可见控制输入端 $S_1S_0 = 01$,寄存器处于右移工作状态;D_{SR} 与 Q_D 相连接,在时钟脉冲的作用下,Q_D 端移出的数据由右移串行输入端 D_{SR} 又移入了 Q_A 端,因此该电路能把寄存器中数据循环右移,称为环型移位寄存器。

当电源接通后,$Q_AQ_BQ_CQ_D$ 的状态可能是 0000~1111 中的任意一个,因此,分析可得其状态转换存在多种可能性,如图 5.17 所示。

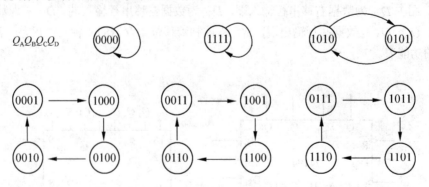

图 5.17　例 5.4 的状态转换图

图 5.17 表明,如果初始状态是 0000 或者 1111,则电路状态出现自循环;如果初始状态是 0101 或者 1010,则电路在这两个状态之间循环;其余 12 个状态,形成三种不同的循环状态,如图 5.17 所示。此处状态转换图相互不连通,则该电路不能自启动。

为了解决自启动问题，可以对图 5.16 进行改进，增加启动控制信号。改进电路之一如图 5.18 所示。

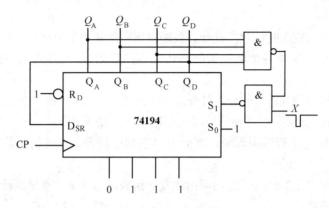

图 5.18 能够自启动的环型移位寄存器

电路开始工作时，启动控制信号 X 输入一个低电平窄脉冲，使 S_1 输入端为 1，由于 $S_0=1$，此时，74194 工作在并行置数状态，在 CP 脉冲的作用下，完成置数操作，$Q_A Q_B Q_C Q_D=0111$，4 输入与非门输出高电平，启动控制信号 X 恢复高电平后，$S_1=0$，$S_0=1$，74194 工作在循环右移状态。

图 5.18 解决了自启动问题，但电路的有效循环状态仅有 4 个，触发器的利用率低。为了提高其状态利用率，可把 Q_D 取反再反馈到串行输入 D_{SR} 端。这样就构成了扭环型计数器（又叫约翰逊计数器），如图 5.19 所示。其工作过程请读者自己分析。

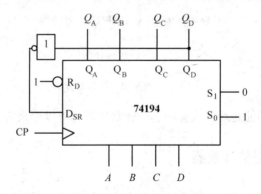

图 5.19 扭环型计数器

思考与讨论题：

(1) 如果要求采用 74194 组成循环左移寄存器，电路如何连接？
(2) 如何利用多片 74194，扩展成 8 位、12 位移位寄存器？
(3) 查阅 74194A 的技术资料，对比它与 74194 的区别，分析 74194 需要改进的原因。

5.4 计数器

计数器是用于对输入时钟脉冲进行计数的时序逻辑基本单元电路。

如果按计数器电路中各个触发器的动作是否同步划分,可分为同步计数器和异步计数器。

如果按计数过程增减趋势划分,可分为加法计数器(对 CP 脉冲递增计数)、减法计数器(对 CP 脉冲递减计数)和可逆计数器(可控制进行加或减计数)。

如果按计数器进位规律来划分,可分为二进制计数器、十进制计数器、任意进制计数器。

各种计数器在电路实现形式上均可由触发器组成,二进制、十进制计数器有各种集成计数器芯片可供选择。

计数器的分类及名称归纳如图 5.20 所示。

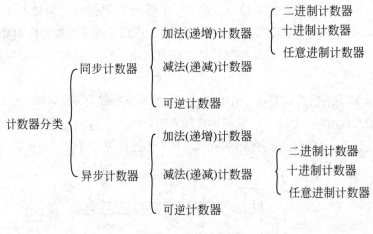

图 5.20 计数器分类

计数器的基本功能是对输入脉冲进行计数,但也可以用来实现分频、定时等。

5.4.1 触发器组成的计数器

对于由触发器组成的计数器电路,重点在于理解计数器的工作原理,掌握分析方法。

1. 异步 4 位二进制加法计数器

在输入时钟脉冲作用下,触发器的状态变化符合二进制计数规律的电路,称为二进制计数器。

如图 5.21 所示是由 D 触发器组成的异步 4 位二进制加法计数器电路图。由图 5.21 可写出电路的时钟方程和状态方程:

$$CP_0=CP \quad CP_1=\overline{Q}_0 \quad CP_2=\overline{Q}_1 \quad CP_3=\overline{Q}_2 \quad (5.5)$$

$$Q_0^{n+1} = \overline{Q}_0^n \qquad Q_1^{n+1} = \overline{Q}_1^n \qquad Q_2^{n+1} = \overline{Q}_2^n \qquad Q_3^{n+1} = \overline{Q}_3^n \qquad (5.6)$$

式（5.6）表明各个 D 触发器连接成计数型触发器，结合式（5.5）的时钟方程，可见当前一个触发器的 $\overline{Q}$ 端出现上升沿（即 Q 端出现下降沿）时，本级触发器产生翻转。

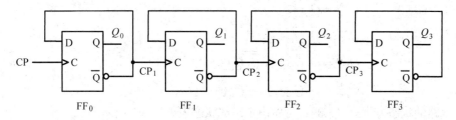

图 5.21 异步 4 位二进制加法计数器电路图

依据上述分析，画出图 5.21 电路的时序图如图 5.22 所示，时序图清楚地表明了在时钟脉冲作用下，$Q_3Q_2Q_1Q_0$ 由 0000，0001，0010，0011，…，1110，1111，0000，按二进制计数规律递增变化的过程。

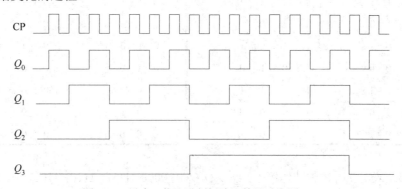

图 5.22 异步 4 位二进制加法计数器时序图

如果把图 5.21 中各上升沿触发的 D 触发器换成下降沿触发的 D 触发器，电路的连接形式保持不变，即可形成异步 4 位二进制减法计数器，建议读者自行分析其工作原理。

2. 同步 4 位二进制减法计数器

由 JK 触发器组成的 4 位二进制减法计数器电路如图 5.23 所示，各个触发器共用同一个时钟脉冲，因此电路属于同步计数器电路。

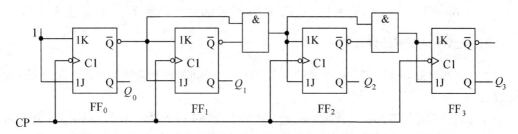

图 5.23 同步 4 位二进制减计数器电路图

由图 5.23 可写出电路的驱动方程：

$$J_0 = K_0 = 1 \quad J_1 = K_1 = \overline{Q}_0 \quad J_2 = K_2 = \overline{Q}_1\overline{Q}_0 \quad J_3 = K_3 = \overline{Q}_2\overline{Q}_1\overline{Q}_0 \quad (5.7)$$

把式（5.7）驱动方程代入 JK 触发器的特性方程，得到电路的状态方程：

$$Q_0^{n+1} = \overline{Q}_0^n$$
$$Q_1^{n+1} = \overline{Q}_0\overline{Q}_1^n + Q_0 Q_1^n$$
$$Q_2^{n+1} = \overline{Q}_0\overline{Q}_1\overline{Q}_2^n + \overline{\overline{Q}_0\overline{Q}_1}Q_2^n \quad (5.8)$$
$$Q_3^{n+1} = \overline{Q}_0\overline{Q}_1\overline{Q}_2\overline{Q}_3^n + \overline{\overline{Q}_0\overline{Q}_1\overline{Q}_2}Q_3^n$$

依据电路的状态方程式（5.8），可做出电路的状态表如表 5.7 所示。

表 5.7 同步 4 位二进制减法计数器状态转换表

$Q_3^n\ Q_2^n\ Q_1^n\ Q_0^n$	$Q_3^{n+1}\ Q_2^{n+1}\ Q_1^{n+1}\ Q_0^{n+1}$	$Q_3^n\ Q_2^n\ Q_1^n\ Q_0^n$	$Q_3^{n+1}\ Q_2^{n+1}\ Q_1^{n+1}\ Q_0^{n+1}$
0 0 0 0	1 1 1 1	1 0 0 0	0 1 1 1
1 1 1 1	1 1 1 0	0 1 1 1	0 1 1 0
1 1 1 0	1 1 0 1	0 1 1 0	0 1 0 1
1 1 0 1	1 1 0 0	0 1 0 1	0 1 0 0
1 1 0 0	1 0 1 1	0 1 0 0	0 0 1 1
1 0 1 1	1 0 1 0	0 0 1 1	0 0 1 0
1 0 1 0	1 0 0 1	0 0 1 0	0 0 0 1
1 0 0 1	1 0 0 0	0 0 0 1	0 0 0 0

表 5.7 表明在时钟脉冲作用下，$Q_3Q_2Q_1Q_0$ 由 0000，1111，1110，1101，…，0010，0001，0000，按二进制计数规律递减变化的过程。

观察图 5.23 由 JK 触发器组成的同步 4 位二进制减法计数器的电路特点，分析驱动方程式（5.7）所反映的规律性，可归纳出 JK 触发器组成多位二进制减法计数器的驱动方程的通式：

$$J_0 = K_0 = 1 \quad \cdots \quad J_m = K_m = \overline{Q}_{m-1}\overline{Q}_{m-2}\cdots\overline{Q}_0 \quad (m = 1,2,3,4,5,\cdots) \quad (5.9)$$

如果在图 5.23 的电路中，按照式（5.10）所示的驱动方程修改连接关系，即可形成同步 4 位二进制加法计数器，建议读者自行画出电路图并分析其工作原理。

$$J_0 = K_0 = 1 \quad J_1 = K_1 = Q_0 \quad J_2 = K_2 = Q_1Q_0 \quad J_3 = K_3 = Q_2Q_1Q_0 \quad (5.10)$$

3. 同步十进制减法计数器

在输入时钟脉冲作用下，触发器的状态变化符合十进制计数规律的电路，称为十进制计数器。

十进制计数器按照同步、异步、加法、减法区分为 4 种类型，此处讨论同步十进制减法计数器的电路与工作原理，同步十进制加法计数器的电路将在 5.4.3 节计数器的设计方法中介绍，关于异步十进制计数器，建议读者参阅其他文献。

如图 5.24 所示是由 JK 触发器组成的同步十进制减法计数器电路。由图 5.24 可写出电路的驱动方程：

$$J_0 = K_0 = 1 \quad J_1 = (Q_2 + Q_3)\overline{Q}_0 \quad K_1 = \overline{Q}_0 \quad J_2 = \overline{Q}_0 Q_3 \quad K_2 = \overline{Q}_1 \overline{Q}_0$$
$$J_3 = \overline{Q}_2 \overline{Q}_1 \overline{Q}_0 \quad K_3 = \overline{Q}_0 \tag{5.11}$$

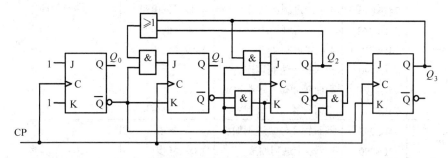

图 5.24　同步十进制减计数器电路图

把式（5.11）驱动方程代入 JK 触发器的特性方程，得到电路的状态方程：

$$\begin{aligned}
Q_0^{n+1} &= \overline{Q}_0^n \\
Q_1^{n+1} &= (Q_2 + Q_3)\overline{Q}_0 \overline{Q}_1^n + Q_0 Q_1^n \\
Q_2^{n+1} &= \overline{Q}_0 Q_3 \overline{Q}_2^n + \overline{\overline{Q}_0 \overline{Q}_1} Q_2^n \\
Q_3^{n+1} &= \overline{Q}_0 \overline{Q}_1 \overline{Q}_2 \overline{Q}_3^n + Q_0 Q_3^n
\end{aligned} \tag{5.12}$$

由式（5.12）状态方程作状态转换图如图 5.25 所示。

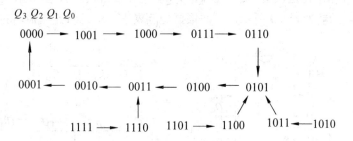

图 5.25　同步十进制减计数器状态转换图

图 5.25 的状态转换图验证了图 5.24 同步十进制减计数器的功能，电路可以自启动。

5.4.2　集成计数器

中规模集成计数器主要是二进制计数器与十进制计数器两种类型，它们具有体积小、功耗低、功能灵活等优点。表 5.8 列举了几种中规模集成计数器产品，下面选择其中几个典型集成计数器电路进行分析介绍。对于集成计数器，重点在于理解其功能表，掌握基本应用与功能扩展。

表 5.8 几种中规模集成计数器

CP 脉冲引入方式	型号	计数器模式	清零方式	预置数方式
同步	74160	十进制加法	异步（低电平）	同步
	74161	4 位二进制加法	异步（低电平）	同步
	74HC161	4 位二进制加法	异步（低电平）	同步
	74HCT161	4 位二进制加法	异步（低电平）	同步
	74LS190	单时钟十进制可逆	无	异步
	74LS191	单时钟 4 位二进制可逆	无	异步
	74LS193	双时钟 4 位二进制可逆	异步（高电平）	异步
异步	74LS293	双时钟 4 位二进制加法	异步	无
	74LS290	二-五-十进制加法	异步	异步

1. 74161 的功能

74161 是同步 4 位二进制加法计数器，其功能特点是：上升沿触发、异步清零、同步置数，当计数控制信号处于高电平、清零与置数控制信号处于无效状态时，实现同步 4 位二进制加法计数器功能。

图 5.26（a）和图 5.26（b）分别是它的引脚图和逻辑符号图。R_D 端为异步清零端，L_D 是预置数控制端，A、B、C、D 是预置数输入端，E_P 和 E_T 是计数使能（控制）端，$R_{CO}=Q_DQ_CQ_BQ_AE_T$ 是进位输出端，$Q_DQ_CQ_BQ_A$ 是计数器状态的输出端，Q_D 是最高位，Q_A 是最低位，其功能如表 5.9 所示，下面根据功能表进一步说明各控制端的作用。

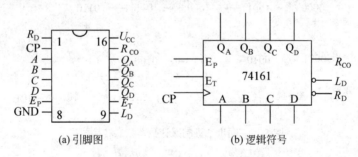

(a) 引脚图 (b) 逻辑符号

图 5.26 74161 引脚图和逻辑符号图

表 5.9 74161 功能表

CP	R_D	L_D	E_P	E_T	D	C	B	A	Q_D	Q_C	Q_B	Q_A
×	0	×	×	×	×	×	×	×	0	0	0	0
↑	1	0	×	×	D	C	B	A	D	C	B	A
×	1	1	0	×	×	×	×	×	保持			
×	1	1	×	0	×	×	×	×	保持			
↑	1	1	1	1	×	×	×	×	加计数			

（1）异步清零：当 $R_D=0$ 时，其他输入端任意取值，计数器将被直接清零，由此可见清零控制信号的优先级别最高。

（2）同步置数：如果 $R_D=1$，$L_D=0$，E_P 和 E_T 端可以是任意状态，当 CP 脉冲出现上升沿时，完成将输入端 $DCBA$ 的数据置入计数器操作，使 $Q_DQ_CQ_BQ_A=DCBA$。由于这个操作需要与 CP 上升沿同步，所以称为同步置数。L_D 的优先级别仅低于 R_D。

（3）计数：当 $R_D=L_D=1$，$E_P=E_T=1$ 时，74161 处于计数工作状态，每出现一个 CP 脉冲上升沿，$Q_DQ_CQ_BQ_A$ 在当前状态上加 1，实现 4 位二进制加法计数。

（4）保持：当 $R_D=L_D=1$ 时，若 $E_P \cdot E_T=0$，不管有无 CP 脉冲上升沿作用，计数器保持原输出状态不变。考虑到 $R_{CO}=Q_DQ_CQ_BQ_AE_T$，当 $E_T=0$ 时，进位输出 $R_{CO}=0$。

高速 CMOS 集成计数器 74HC161、74HCT161 的逻辑功能、外形尺寸、引脚图等与 74161 完全相同。另外，与 74161 类似的还有同步十进制加计数器 74160，各输入输出功能及功能表和符号图都与 74161 一致，只是计数进制不同，这里不再赘述。

图 5.27 为 74161 的时序图，它进一步表述了 74161 的功能和各控制信号间的时间关系。特别需要关注的是时序图所反映的同步预置数、异步清零的控制特点。

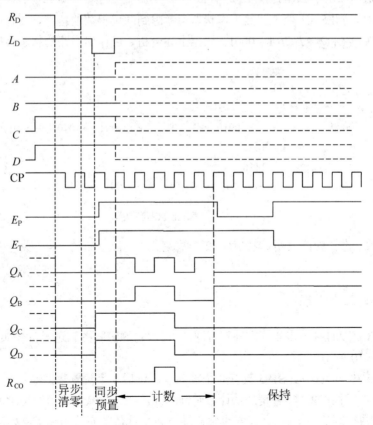

图 5.27　74161 的时序图

例 5.5 由 74LS161 组成的计数器电路如图 5.28 所示，试分析画出其状态转换图，说明电路的逻辑功能。

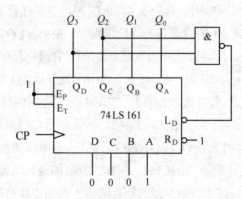

图 5.28 例 5.5 的电路图

解：由图 5.28 电路的连接关系可见，$E_T=1$，$E_P=1$，$R_D=1$，$L_D=\overline{Q_3Q_2}$，$DCBA$=0001。电路的工作状态取决于 L_D 的值。当 $L_D=1$，74LS161 处于递增计数工作状态；当 $L_D=0$，即 Q_3Q_2=11 时，74LS161 处于置数工作状态。考虑到同步置数的特点，在时钟脉冲上升沿的作用下，$Q_DQ_CQ_BQ_A= DCBA = 0001$。依据上述分析，可作出电路的状态转换图如图 5.29 所示。

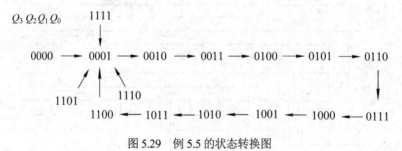

图 5.29 例 5.5 的状态转换图

例 5.5 的状态转换图表明，电路有 12 个稳定状态，能自启动，可作为十二进制计数器使用。

2. 74LS193 的功能

74LS193 是双时钟同步 4 位二进制可逆计数器，它的管脚图和逻辑符号如图 5.30 所示，其功能如表 5.10 所示。

观察图 5.30 可见：74LS193 具有 8 个输入端，包括 4 个预置数据输入端 $DCBA$；两个上升沿有效的时钟脉冲，CP_U 是加法计数时钟脉冲，CP_D 是减法计数时钟脉冲；清零控制信号 R_D，置数控制信号 L_D。具有 6 个输出端，包括计数状态输出端 $Q_DQ_CQ_BQ_A$、低电平有效的进位信号 C_O 输出端、低电平有效的借位信号 B_O 输出端。

分析表 5.10 可见表中每一行反映了 74LS193 的一种功能。

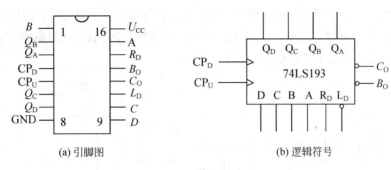

(a) 引脚图 (b) 逻辑符号

图 5.30 74LS193 引脚图和符号图

表 5.10 74193 功能表

CP_U	CP_D	R_D	L_D	工作状态
×	×	1	×	清零
×	×	0	0	预置数
↑	1	0	1	加计数
1	↑	0	1	减计数

（1）异步清零。当 R_D 为高电平时，无论时钟脉冲信号、置数控制信号处于何种状态，立即完成清零操作，使 $Q_D Q_C Q_B Q_A =0000$，可见清零控制信号在所有输入控制信号中的优先级别最高。

（2）异步置数。当 $R_D=0$ 处于无效状态、$L_D=0$ 时，不管时钟脉冲状态如何，完成置数操作，使 $Q_D Q_C Q_B Q_A = DCBA$。L_D 的优先级别仅低于 R_D。

（3）加法计数。当 $R_D=0$、$L_D=1$，即清零与置数控制信号处于无效状态，且 $CP_D=1$ 时，芯片处于加法计数工作状态，每出现一个 CP_U 脉冲上升沿，$Q_D Q_C Q_B Q_A$ 在当前状态上加 1，实现 4 位二进制加法计数功能。74LS193 的相关资料表明，进位信号 $C_O = \overline{CP_U Q_D Q_C Q_B Q_A}$，低电平有效。

（4）减法计数。当 $R_D=0$、$L_D=1$，即清零与置数控制信号处于无效状态，且 $CP_U=1$ 时，芯片处于减法计数工作状态，每出现一个 CP_D 脉冲上升沿，$Q_D Q_C Q_B Q_A$ 在当前状态上减 1，实现 4 位二进制减法计数功能。74LS193 的相关资料表明，进位信号 $B_O = \overline{CP_D \overline{Q_D} \overline{Q_C} \overline{Q_B} \overline{Q_A}}$，低电平有效。

例 5.6 由 74LS193 及门电路组成的逻辑电路如图 5.31 所示，试分析在图中输入信号波形的作用下，电路的工作过程并画出各输出端信号的波形图。

解：由图 5.31 的电路连接关系可见，$CP_U = \overline{XCP}$，$CP_D = \overline{\overline{X}CP}$，电路引入了加减控

制信号 X，把芯片的双脉冲转变为单输入脉冲。如果芯片工作在计数状态，当 $X=1$ 时，$CP_U=\overline{CP}$，$CP_D=1$，74LS193 实现加法计数，在 CP 脉冲出现下降沿时，完成在当前状态上加 1 操作；当 $X=0$ 时，$CP_U=1$，$CP_D=\overline{CP}$，74LS193 工作在减法计数状态，在 CP 脉冲出现下降沿时，完成在当前状态上减 1 操作。

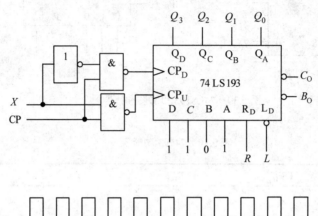

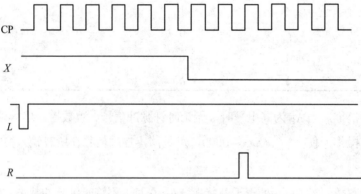

图 5.31　例 5.6 的电路图及输入信号

注意到 R_D 端是高电平异步清零，当输入信号 $R=1$ 时，计数器被清零即 $Q_3Q_2Q_1Q_0=0000$。

考虑到 L_D 端是低电平异步置数控制及置数输入端的连接关系，$DCBA=1101$。当 $R=0$、$L=0$ 时，74LS193 工作在置数状态，$Q_3Q_2Q_1Q_0=1101$。按照上述分析，对应输入信号的波形，可画出各个输出端的信号波形如图 5.32 所示。

图 5.32 表明，例 5.6 中的 74LS193 的工作状态经历了置数、加法计数、减法计数、清零、减法计数几个过程。加法计数从预置数 1101 开始，经过了 1110、1111、0000、0001、0010、0011 这 6 个状态，进位信号负脉冲出现在 $Q_3Q_2Q_1Q_0=1111$ 且 $CP=1$ 时。当 X 由 1 变为 0 后，进入减法工作状态，减法计数从 0011 开始递减，在 0001 状态时，清零信号有效，电路进入 0000 状态，产生借位输出信号。在后续时钟脉冲作用下，计数器减法计数。

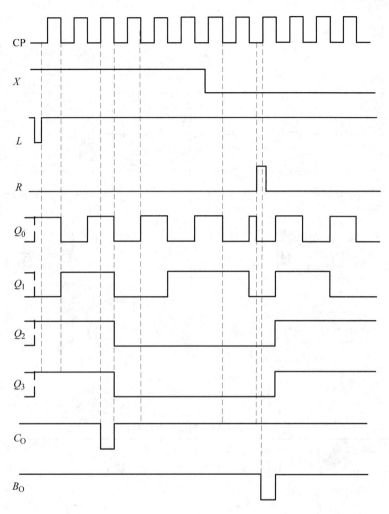

图 5.32　例 5.6 的输出信号波形图

3. 74LS290 的功能

74LS290 是异步二-五-十进制计数器。其逻辑电路图、引脚图和逻辑符号如图 5.33（a）~图 5.33（c）所示，功能表见表 5.11。

仔细观察如图 5.33（a）所示逻辑电路的连接关系，电路可划分为两个部分，第一部分触发器 FF_0 与后面三个触发器没有连接关系，CP_0 作为时钟脉冲，Q_0 作为输出，一个触发器实现一位二进制计数器；右边三个触发器的驱动条件与触发脉冲的连接关系与图 5.9（例 5.3）所示异步五进制加法计数器电路相同，所以，CP_1 作为时钟脉冲输入端，$Q_3Q_2Q_1$ 为输出端，完成异步五进制加法计数器功能。电路的清零与置数控制信号与 4 个触发器都有连接关系。

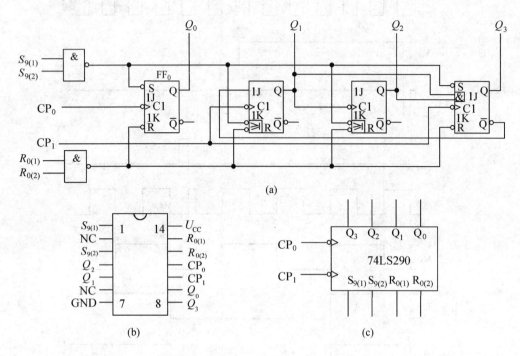

图 5.33 74LS290 异步二-五-十计数器

表 5.11 74LS290 功能表

清零输入		置数输入		时钟		输出			
$R_{0(1)}$	$R_{0(2)}$	$S_{9(1)}$	$S_{9(2)}$	CP_0	CP_1	Q_3	Q_2	Q_1	Q_0
1	1	0	×	×	×	0	0	0	0
1	1	×	0	×	×	0	0	0	0
×	0	1	1	×	×	1	0	0	1
0	×	1	1	×	×	1	0	0	1
$R_{0(1)} R_{0(2)}$=0		$S_{9(1)} S_{9(2)}$=0		CP	×	二进制记数			
				×	CP	五进制记数			
				CP	Q_0	十进制记数（8421 码）			
				Q_3	CP	十进制记数（5421 码）			

分析表 5.11，74LS290 的功能特点归纳如下。

（1）异步清零。当 $R_{0(1)} = R_{0(2)} =1$，且 $S_{9(1)} \cdot S_{9(2)} =0$，$CP_0$、$CP_1$ 可以是任意状态，芯片实现异步清零。

（2）异步置数。当 $S_{9(1)} = S_{9(2)} =1$，且 $R_{0(1)} \cdot R_{0(2)} =0$，$CP_0$、$CP_1$ 可以是任意状态，计数器输出将被置 9，即 $Q_3Q_2Q_1Q_0$=1001。

（3）计数。当 $S_{9(1)} \cdot S_{9(2)} =0$，且 $R_{0(1)} \cdot R_{0(2)} =0$ 时，芯片处于计数工作状态。依据芯片外部的连接关系不同，分别实现 4 种计数形式。

① CP_0=CP，Q_0 输出，实现一位二进制计数器。

② $CP_1=CP$,$Q_3Q_2Q_1$ 输出,实现异步五进制计数器。
③ $CP_0=CP$,$CP_1=Q_0$,$Q_3Q_2Q_1Q_0$ 输出,实现异步十进制计数器(8421BCD 码)。
④ $CP_0=Q_3$,$CP_1=CP$,$Q_0Q_3Q_2Q_1$ 输出,实现异步十进制计数器(5421BCD 码)。

上述分析表明,74LS290 的使用比较灵活,特别是一位二进制计数器与五进制计数器的级联构成十进制计数器的实例,启示读者可以采用多个模值较小的计数器级联实现模值较大的计数器。

例 5.7 由 74LS290 组成的计数器电路如图 5.34 所示,试分析画出电路在时钟脉冲作用下各输出端的波形图,说明电路的逻辑功能。

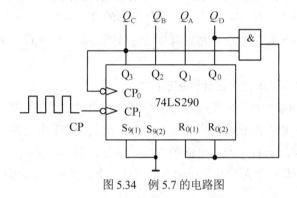

图 5.34 例 5.7 的电路图

解:由图 5.34 的连接关系可见,$CP_0=Q_C$,$CP_1=CP$,$S_{9(1)}=S_{9(2)}=0$,$R_{0(1)}=R_{0(2)}=Q_DQ_C$,即当 $Q_DQ_C=1$ 时,电路异步清零。依据电路的连接关系并参考 74LS290 的功能表,可画出电路各输出端的波形如图 5.35 所示。

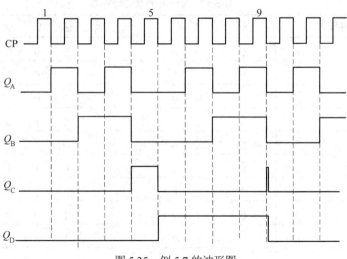

图 5.35 例 5.7 的波形图

在图 5.34 中,事实上是五进制计数器与二进制计数器的级联,利用异步清零形成九进制计数器(5421 码)。波形图表明,在第 9 个时钟脉冲下降沿到来后,Q_D 与 Q_C 在很短的时间内同时为 1,为 74LS290 提供异步清零信号使计数器清零。因此 1100 状态不属于稳定状态,计数器的稳定状态至少保持一个时钟脉冲周期,这在波形图中反映得很清楚,应引起读者的注意。

5.4.3 计数器的设计方法

设计计数器电路的目的是确定已知记数进制的电路实现。从前述介绍计数器电路原理的过程可见，计数器电路可以触发器作为基本单元电路来实现；也可以利用现成的集成计数器芯片，通过适当的外部电路连接来改变原有的记数进制，形成所需进制的计数器，例如图 5.28 和图 5.34 所示电路。事实上，以现有的集成计数器芯片为基础，设计具有新功能的计数器的过程更简单方便。此处先以同步计数器的设计为例，讨论以触发器作为基本元件时的设计过程，说明设计方法。然后以集成计数器为基础时，重点讨论任意进制计数器的设计方法。

1. 以触发器作为基本元件设计计数器的方法

时序逻辑电路的设计过程应是时序逻辑电路分析的逆过程，因此，在已知计数器模数的前提下，需要作出电路的状态转换图或者状态转换表，求出电路的状态方程，选择所用触发器类型，确定驱动方程，画出电路图。

例 5.8 试以触发器作为基本单元电路，设计一个同步十进制加法计数器（采用 8421 编码）。

解：十进制计数器有 10 个稳定状态，题中已确定采用 8421 编码，因此需要 4 个触发器。依据计数规律作状态转换表如表 5.12 所示。

表 5.12 例 5.8 的状态转换表

CP 脉冲输入	Q_3^n	Q_2^n	Q_1^n	Q_0^n	Q_3^{n+1}	Q_2^{n+1}	Q_1^{n+1}	Q_0^{n+1}
1	0	0	0	0	0	0	0	1
2	0	0	0	1	0	0	1	0
3	0	0	1	0	0	0	1	1
4	0	0	1	1	0	1	0	0
5	0	1	0	0	0	1	0	1
6	0	1	0	1	0	1	1	0
7	0	1	1	0	0	1	1	1
8	0	1	1	1	1	0	0	0
9	1	0	0	0	1	0	0	1
10	1	0	0	1	0	0	0	0

根据状态转换表并考虑到计数器正常工作时 1010~1111 状态不会出现，故将 1010~1111 作为无关项处理，利用卡诺图化简过程如图 5.36 所示。

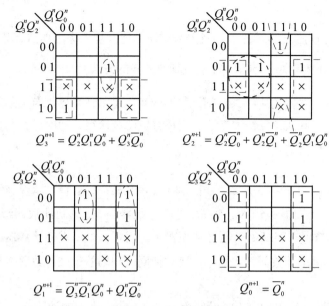

图 5.36 例 5.8 的卡诺图

由卡诺图化简得到电路的状态方程如下：

$$Q_0^{n+1} = \overline{Q}_0^n$$
$$Q_1^{n+1} = \overline{Q}_3^n Q_0^n \overline{Q}_1^n + \overline{Q}_0^n Q_1^n$$
$$Q_2^{n+1} = Q_1^n Q_0^n \overline{Q}_2^n + \overline{Q_0^n Q_1^n} Q_2^n$$
$$Q_3^{n+1} = Q_2^n Q_1^n Q_0^n + \overline{Q}_0^n Q_3^n$$

状态方程确定后，画电路图的关键是选择触发器类型。如果采用 JK 触发器，应将 JK 触发器的特性方程 $Q^{n+1} = J\overline{Q}^n + \overline{K}Q^n$ 与电路的各个状态方程进行比较，可确定各个触发器的驱动方程如下（在确定 J_2 时对表达式进行了配项处理，$Q_3^{n+1} = Q_2^n Q_1^n Q_0^n \overline{Q}_3^n + \overline{Q}_0^n Q_3^n$）。

$$J_0 = K_0 = 1$$
$$J_1 = \overline{Q}_3 Q_0 \qquad K_1 = Q_0$$
$$J_2 = Q_1 Q_0 \qquad K_2 = Q_1 Q_0$$
$$J_3 = Q_2 Q_1 Q_0 \qquad K_3 = Q_0$$

依据驱动方程画出电路图如图 5.37 所示。

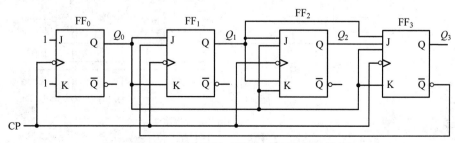

图 5.37 例 5.8 的电路图（同步十进制加法计数器）

读者试选用 D 触发器或者 T 触发器来实现上述同步十进制加法计数器。

2. 以集成计数器为基础设计任意进制计数器的方法

常见的集成计数器是 4 位二进制计数器或者十进制计数器,当实际需要其他进制计数器时,一般通过级联法、反馈清零法、反馈置数法等途径,利用已有的集成计数器构成所需要的任意进制计数器。

1)级联法

计数器可以按照级联的方式连接以便实现更高模的计数器。级联就是前一个计数器的输出驱动后一个计数器的输入。将 M_1 进制计数器与 M_2 进制计数器级联,可构成 $M = M_1 \times M_2$ 进制计数器。74LS290 就是典型例子,它将一个二进制计数器和一个五进制计数器级联构成了十进制计数器。实际中,经常把同一进制的集成计数器多片级联,形成模数更大的计数器。

例 5.9 试利用两片 74LS161 设计一个二百五十六进制的计数器。

解: 74LS161 是 4 位二进制计数器,即十六进制计数器,两片 74LS161 级联可形成二百五十六进制计数器。具体的电路连接形式有两种选择,如图 5.38 所示。

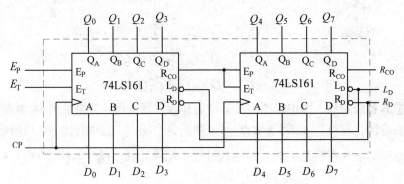

(a) 同步计数器

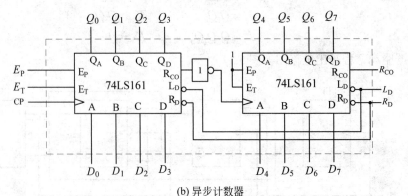

(b) 异步计数器

图 5.38 二百五十六进制计数器

图 5.38（a）中两片 74LS161 的时钟脉冲相同，利用前级 74LS161 的进位信号控制后级的使能端，只有在前级的进位信号为 1 时，后一级才处于工作状态，接收时钟脉冲信号进行计数，因此这种连接形式构成同步计数器。图 5.38（b）中外部时钟脉冲只与前级 74LS161 的时钟脉冲输入端相连，前级的进位输出信号反相后作为后级的时钟脉冲信号，故这种连接形式构成异步计数器。

级联计数器常常用来对高频时钟信号进行分频，以便提高输出脉冲频率的精度。

2）反馈清零法

反馈清零法是指以已有的 M 进制计数器为基础，当计数到某个特定状态时，通过状态译码产生控制信号，作用于计数器的清零信号输入端，使计数器中断原有的循环顺序，提前返回到 0 状态，进入下一个计数循环。

考虑到集成计数器有同步清零和异步清零两种情况，当利用 M 进制计数器通过反馈清零法形成 $N(M>N)$ 进制计数器时，具体的实现方法有两种，如图 5.39 所示。

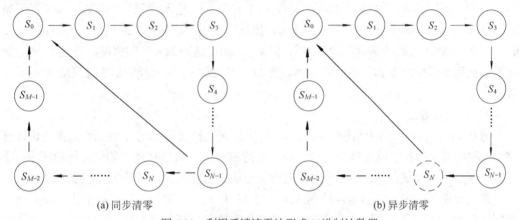

(a) 同步清零　　　　　　　　　　　　　(b) 异步清零

图 5.39　利用反馈清零法形成 N 进制计数器

图 5.39（a）的状态转换图适用于具有同步清零的计数器，当清零信号高电平有效时，$R_D = S_{N-1}$；当清零信号低电平有效时，$R_D = \overline{S}_{N-1}$。图 5.39（b）的状态转换图适用于具有异步清零的计数器，当清零信号高电平有效时，$R_D = S_N$；当清零信号低电平有效时，$R_D = \overline{S}_N$。由于 N 进制计数器有 N 个稳定状态，当计数状态从 S_0 开始变化到 S_{N-1} 时，按照计数规律应返回到 S_0 开始下一个计数循环，故在图 5.39（b）中 S_N 不是一个稳定状态，而是为了获得反馈清零控制信号而出现的一个短暂过渡状态，为了表明与稳态的区别，图中过渡状态用虚线框表示。

事实上，例 5.7 采用了二进制计数器与五进制计数器级联，形成十进制计数器，然后利用异步反馈清零（$R_{0(1)} = R_{0(2)} = Q_D Q_C$），产生九进制计数器。图 5.35 的波形图，清楚地表明了 $Q_D Q_C Q_B Q_A = 1100$（5421 码）是一个短暂的过渡状态。

例 5.10　试用 74161 采用反馈清零法构成十进制计数器。

解：74161 是十六进制计数器，具有异步清零功能，清零信号低电平有效，当要用其实现十进制计数器时，$R_D = \overline{S}_{10} = \overline{Q_3 \overline{Q}_2 \overline{Q}_1 \overline{Q}_0}$。在正常计数状态下，1011～1111 状态是不会

出现的，因此，可作为无关项对清零信号表达式进行化简，化简可得 $R_D = \overline{Q_3Q_1}$。按照以上分析，利用 74161 采用反馈清零法设计的十进制计数器电路如图 5.40 所示。

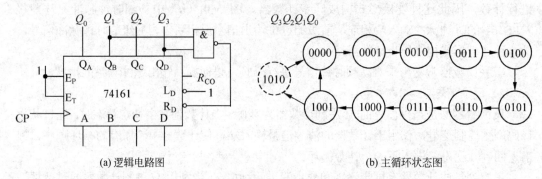

(a) 逻辑电路图　　　　　　　　　　　(b) 主循环状态图

图 5.40　例 5.10 的逻辑电路图及状态转换图

注意，在图 5.40 中，E_P、E_T 输入端高电平有效，L_D 输入端低电平有效，为了保证当 R_D 处于高电平时，计数器工作在计数状态，因此，电路的连接使 $E_P = E_T = 1$，$L_D = 1$。

在 M 进制计数器的基础上设计 N 计数器时，如果遇到 $M < N$ 的情况，应先将 M 进制计数器利用级联法产生 M' 进制计数器，使 $M' > N$，然后再利用反馈清零法形成 N 进制计数器。

3）反馈置数法

分析如图 5.39 所示的状态转换图，可见用 M 进制计数器实现 N 进制计数器的设计思路是，利用特定的状态反馈产生清零信号，迫使 M 进制计数器在原有的状态转换图中，跳过 $M-N$ 个状态而提前返回到 0 状态，这样所形成新的计数器有 N 个稳定状态，即 N 进制计数器。事实上，也可以利用反馈置数法，使 M 进制计数器跳过 $M-N$ 个状态而实现 N 进制计数器。当计数器的置数值可以使计数器重复预置到其 M 个状态中的任一状态时，选择所跳过的 $M-N$ 个状态具有更大的灵活性。以同步置数为例，利用反馈置数法将 M 进制计数器设计成 N 进制计数器的状态转换图如图 5.41 所示。

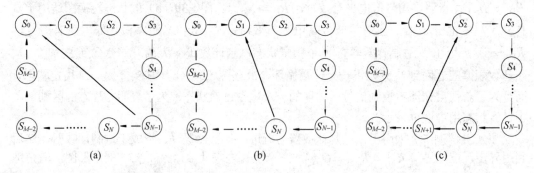

(a)　　　　　　　　　　　(b)　　　　　　　　　　　(c)

图 5.41　利用反馈置数法（同步置数）形成 N 进制计数器

图 5.41（a）表明，预置数输入全部为 0，当置数控制信号有效且时钟脉冲到达时，计数器置数到 S_0 状态（同步置数）进入下一个计数循环。从 S_0 到 S_{N-1} 共有 N 个稳定状态，因此，形成 N 进制计数器。此状态转换图与同步清零所形成的计数器的状态转换图相同，

但进入 S_0 状态的途径不同。

图 5.41（b）表明，预置数输入仅最低位是 1，其余位全部为 0，当置数控制信号有效且时钟脉冲到达时，计数器置数到 S_1 状态（同步置数）进入下一个计数循环。从 S_1 到 S_N 共有 N 个稳定状态，因此，形成 N 进制计数器。

同理可分析图 5.41（c）的置数工作原理。

图 5.41 给出了这样的启示：通过变化预置数的值，还可以控制置数操作后计数器的状态进入 S_3 或者 S_4 或者 S_5 或者 S_6……。可见利用反馈置数法设计 N 进制计数器比较灵活。

当已有的 M 进制计数器具有异步置数功能时，可参考图 5.42 的状态转换图来设计 N 进制计数器。类同于同步置数法，采用异步置数实现 N 进制计数器的途径不限于图中给出的三种形式。

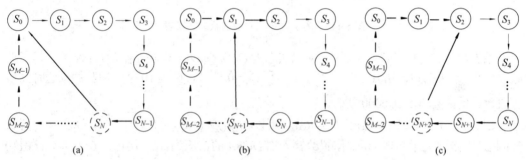

图 5.42　利用反馈置数法（异步置数）形成 N 进制计数器

图 5.43 给出了采用反馈置数法，利用 74161 构成了十进制计数器的三种实现途径。图 5.44 给出了其计数状态变化的状态表。

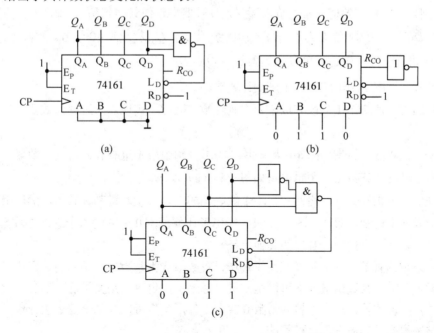

图 5.43　74161 利用同步置数构成十进制计数器的电路图

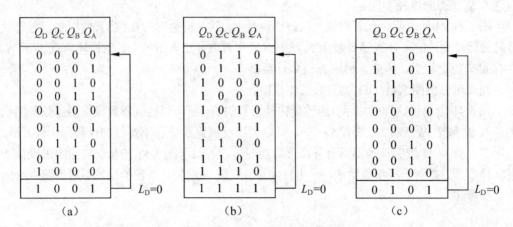

图 5.44　图 5.43 电路对应的状态转换表

图 5.43（a）中，$DCBA$=0000，初始状态为 $Q_DQ_CQ_BQ_A$=0000，当第 9 个脉冲过后，计数器处在 $Q_DQ_CQ_BQ_A$=1001 状态，产生 $L_D=\overline{Q_DQ_A}$=0 信号，待第 10 个时钟脉冲到达时同步预置数，使计数器回到 0000 初态。

图 5.43（b）电路中，由于 $L_D=\overline{R_{CO}}$，所以当 $Q_DQ_CQ_BQ_A$=1111 时，$L_D=\overline{R_{CO}}$=0，置数控制信号有效。为了实现十进制，置数输入端 $DCBA$ 的值应为 $(16-10)_{10}=(0110)_2$，而 0110 为 1010 的补码。

图 5.43（c）电路给出了一般情况，利用预置数控制，完成 M 进制计数器的构成。即计数器初态为同步置数输入端 $DCBA$ 的值，计数终态产生 L_D=0 信号，做好预置数准备。待 CP 脉冲到来时，将初始值从置数输入端置入计数器中，使其回到初态。例如，计数初态为 1100，则 $DCBA$=1100。终态为 $DCBA$=0101，产生 $L_D=\overline{\overline{Q_D}Q_C\overline{Q_B}Q_A}$=0 信号。事实上，利用无关项 0111 进行化简，表达式可以简化为 $L_D=\overline{Q_DQ_CQ_A}$。

例 5.11　试用 74161 实现六十进制计数器。

解：因为一片 74161 只能完成十六进制计数。因此，实现六十进制计数器必须用两片 74161。

方法一：将 60 分解为 10×6，用两片 74161 分别组成十进制和六进制计数器，然后再级联成六十进制的计数器。逻辑电路如图 5.45（a）所示。

方法二：反馈置数法：将两片 74161 级联构成二百五十六进制计数器，然后用反馈置数方法构成六十进制计数器，图 5.45（b）给出了计数范围 0～59 的六十进制计数器。读者可考虑给出实现六十进制计数器的其他途径。

在上述反馈置数法的分析及应用举例中，置数值均为常数。回顾利用数据选择器设计组合逻辑电路时，其数据输入端可以是常量 0 或者 1，也可以是变量这一事实，启发我们思考计数器的置数输入端，除输入常数 0 或者 1 外，是否可以与某个变量相连接。例 5.12 的设计举例说明了如何实现这种想法。

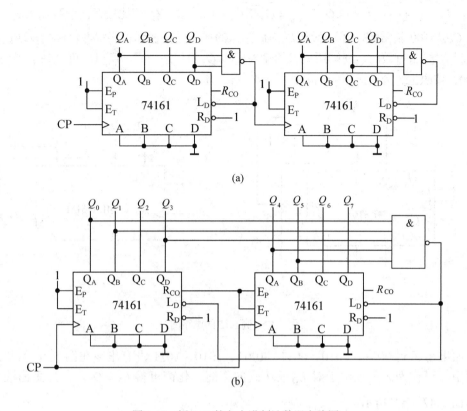

图 5.45　例 5.11 的六十进制计数器电路图

例 5.12　一时序逻辑电路的状态转换图如图 5.46 所示，试用 74LS161 实现其逻辑功能。

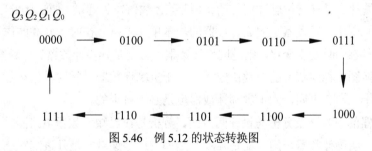

图 5.46　例 5.12 的状态转换图

解：分析图 5.46 的状态转换图，可见有 10 个稳定状态，但状态在 0000 到 0100 及 1000 到 1100 时，出现了两次跳跃，其余状态的变化都是连续的。74LS161 的功能及应用实践表明，要使其跳过某些状态的途径一是反馈清零法，二是反馈置数法。采用反馈清零法所设计的计数器，其计数循环的起点是固定的 S_0，显然反馈清零法不能实现图 5.46 状态转换图的要求。采用反馈置数法所设计的计数器，其计数循环的起点比较灵活。但此例的特点在于需要两次置数，且两次所置的数不同。现需要解决的问题一是确定 L_D 的表达式，二是确定 $DCBA$ 的输入数值。考虑到 74LS161 是同步置数，第一次置数时，反馈状态是 $\overline{Q_3}\overline{Q_2}\overline{Q_1}Q_0$，置数值是 $DCBA = 0100$；第二次置数时，反馈状态是 $Q_3\overline{Q_2}\overline{Q_1}\overline{Q_0}$，置数值是 $DCBA = 1100$。

所以，$L_D = \overline{\overline{Q_3}\,\overline{Q_2}\,\overline{Q_1}\,\overline{Q_0} + \overline{Q_3}\,\overline{Q_2}\,Q_1\,\overline{Q_0}} = \overline{\overline{Q_2}\,\overline{Q_1}\,\overline{Q_0}} = Q_2 + Q_1 + Q_0$。比较两次置数输入的数值，可见 $CBA=100$ 是常数，区别在于 D 前后两次的值不同。仔细观察状态转换图发现，在置数控制信号 L_D 有效时，D 端所要求的输入值与 Q_3 的状态相同。所以，可以确定 $DCBA = Q_3 100$。按照上述分析画出的电路如图 5.47（a）所示。

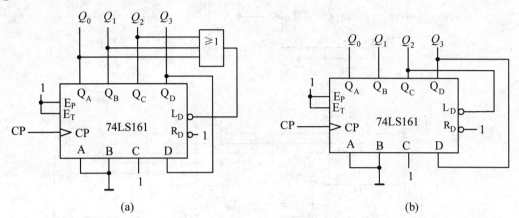

图 5.47　例 5.12 的电路图

如果考虑到 0001、0010、0011、1001、1010、1011 没有出现在图 5.46 的状态转换图中，可作为无关项用于对 L_D 表达式的化简，化简可得 $L_D = Q_2$，由此画出的电路图如图 5.47（b）所示。

例 5.12 的设计过程对读者进行创新思维有一定的启迪作用。

计数器作为典型的时序逻辑电路其种类较多，各类计数器之间既有联系又有区别。计数器的共同特点是在时钟脉冲信号的作用下，计数值发生递增（加法计数器）或者递减（减法计数器）变化。触发器是构成计数器的基本单元电路，在时钟脉冲的作用下，如果各个触发器的状态同时发生变化，则是同步计数器，否则是异步计数器。计数器的模数（进制）由状态转换图中稳定状态的个数决定，二、十进制计数器最常用，但在数字钟表等其他应用场合，十二、二十四、六十进制计数器也是必不可少的。

计数器的内容涉及分析与设计两方面。分析是在已知计数器电路图的前提下，通过一定的途径，明确计数器是同步还是异步？是递增还是递减？是几进制？能否自启动？确定计数器的准确类型。当计数器的电路图是以触发器作为基本元件时，分析过程依据时序逻辑电路的一般分析方法进行。当计数器的电路图是以集成计数器作为核心器件时，分析方法有所不同。首先应清楚所用集成计数器的工作原理，然后依据电路的连接关系，写出集成计数器各个信号输入端的表达式，分析确定在什么条件下电路工作在计数状态？在什么条件下，电路处于清零或者置数工作状态？对于计数工作状态，分析画出状态转换图，由状态转换图的有效循环中稳定状态的个数确定计数器的模数。在分析中要特别注意所用的集成计数器是同步置数还是异步置数，是同步清零还是异步清零。

计数器的设计依据所用器件不同分为两种途径。当采用触发器设计计数器时，设计步骤如图 5.48（a）所示；当采用集成计数器作为基本器件时，设计步骤如图 5.48（b）所示。

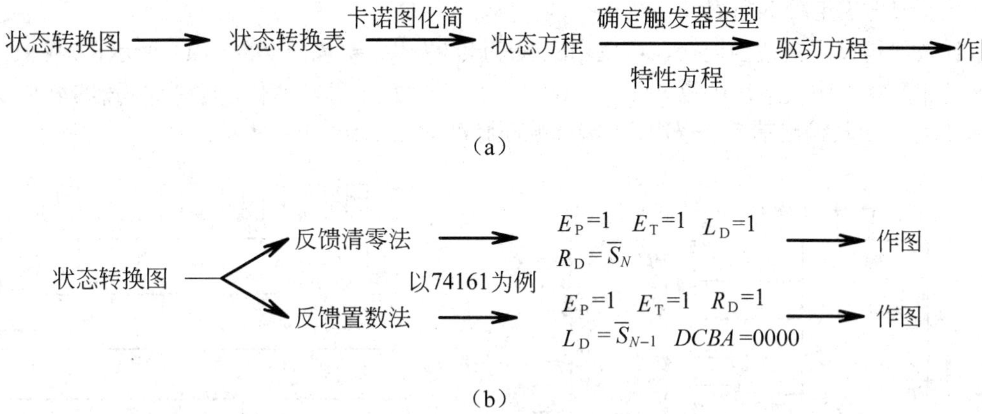

状态转换图 → 状态转换表 —卡诺图化简→ 状态方程 —确定触发器类型 特性方程→ 驱动方程 → 作图

(a)

状态转换图 → 反馈清零法 → 以74161为例 $E_P=1$ $E_T=1$ $L_D=1$ $R_D=\overline{S_N}$ → 作图

反馈置数法 → $E_P=1$ $E_T=1$ $R_D=1$ $L_D=\overline{S_{N-1}}$ $DCBA=0000$ → 作图

(b)

图 5.48　计数器的设计方法

思考与讨论题：

（1）在图 5.21 中，如果改变时钟脉冲的连接方式，即 $CP_0=CP$、$CP_1=Q_0$、$CP_2=Q_1$、$CP_3=Q_2$，其他情况保持不变，试分析电路的逻辑功能。

（2）如果仅用一片 74161 而不用其他器件，能否构成 5 种以上不同进制的计数器？举例说明。

（3）如果仅用一片 74161 和一个反相器，你认为可以构成多少种不同进制的计数器？举例说明。

（4）如果利用两片 74290 来设计二十四进制计数器，输出状态的编码形式不限，试分析讨论电路实现形式的多样性与灵活性。

5.5　顺序脉冲发生器与序列信号发生器

5.5.1　顺序脉冲发生器

顺序脉冲发生器是用来产生在时间上有一定先后顺序的脉冲信号的电路，其示意图如图 5.49 所示。顺序脉冲信号可用来控制某系统按规定顺序进行操作。

图 5.49　顺序脉冲发生器示意图

回顾例 5.4 可知，当环型移位寄存器工作在每个状态中只有一位是 1（或只有一位是 0）的循环状态时，它就是个顺序脉冲发生器。用环型移位寄存器构成的顺序脉冲发生器电路结构简单，不必加译码器。当采用触发器构成环型移位寄存器时，所使用的触发器个数较多，且需要考虑电路的自启动问题。

计数器与译码器适当连接，可以构成顺序脉冲发生器。如图 5.50（a）所示，74LS161 连接成计数器工作状态，其 $Q_CQ_BQ_A$ 在 000~111 之间加 1 循环变化，控制译码器 74LS138 的 $A_2A_1A_0$，使其输出端 $F_0 \sim F_7$ 依次输出顺序脉冲如图 5.50（b）所示。

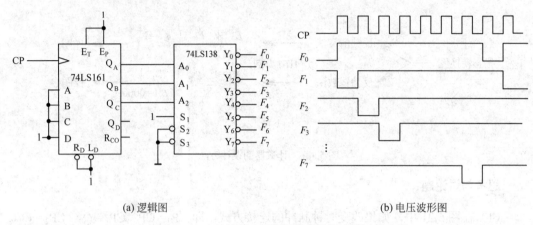

(a) 逻辑图　　　　　　　　　　　　　(b) 电压波形图

图 5.50　由计数器和译码器构成的顺序脉冲发生器

5.5.2　序列信号发生器

序列信号发生器是能够循环产生一组或多组序列信号的时序电路，其电路实现形式包括计数器与数据选择器、带反馈的移位计数器、计数器与译码器及门电路等。在这多种电路实现途径中，比较简单、直观的方法是用计数器和数据选择器组成的电路，如图 5.51 所示。

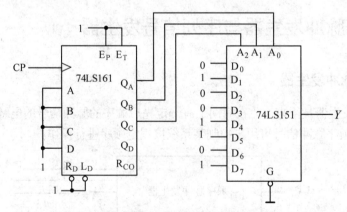

图 5.51　产生 01001101 序列信号的电路

分析如图 5.51 所示电路，当 CP 信号连续到来时，74LS161 的 $Q_CQ_BQ_A$ 输出状态为 000~111 循环变化。控制着数据选择器 74LS151 的 $A_2A_1A_0$ 也按照此规律变化，由于 $D_0=D_2=D_3=D_6=0$，$D_1=D_4=D_5=D_7=1$，所以在 74LS151 数据选择器输出端 Y 得到不断循环的序列信号 01001101，电路状态转换如表 5.13 所示，若需要修改序列信号时，只要修改加到 $D_0 \sim D_7$

的高低电平就可实现，电路使用灵活方便。

表 5.13　图 5.51 电路的状态转换表

CP	Q_C (A_2)	Q_B (A_1)	Q_A (A_0)	Y
0	0	0	0	0
1	0	0	1	1
2	0	1	0	0
3	0	1	1	0
4	1	0	0	1
5	1	0	1	1
6	1	1	0	0
7	1	1	1	1

例 5.13　设计一个能同时产生 101101 和 110100 两组序列码的双序列信号发生器。

解：由于两个序列长度均为 6，所以需要设计一个六进制计数器。此处采用 74LS161 通过反馈置数法设计一个六进制计数器，计数器的状态在 000～101 之间循环变化。如果利用数据选择器来产生所要求的序列信号，则需要两片八选一的数据选择器，仿照图 5.51 进行连接即可。

在六进制计数器的基础上，产生所要求的序列信号，其实现途径可以灵活多样。如果把 $Q_C Q_B Q_A$ 作为输入变量，把要求产生的序列信号作为输出函数，分别用 Z_1、Z_2 表示，列写真值表如表 5.14 所示。

表 5.14　例 5.13 的真值表

Q_C	Q_B	Q_A	对应的最小项	Z_1	Z_2
0	0	0	m_0	1	1
0	0	1	m_1	0	1
0	1	0	m_2	1	0
0	1	1	m_3	1	1
1	0	0	m_4	0	0
1	0	1	m_5	1	0

由表 5.14 可写出 Z_1、Z_2 的表达式如下。

$$Z_1 = m_0 + m_2 + m_3 + m_5 = \overline{\overline{m_0} \overline{m_2} \overline{m_3} \overline{m_5}}$$

$$Z_2 = m_0 + m_1 + m_3 = \overline{\overline{m_0} \overline{m_1} \overline{m_3}}$$

对于上述组合逻辑函数，可用与非门实现，也可以利用 74LS138 和与非门实现，图 5.52 采用了后一种实现途径。

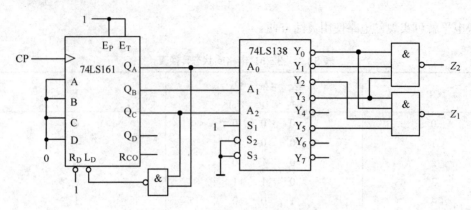

图 5.52　例 5.13 的逻辑电路图

思考与讨论题：

（1）如果要求图 5.50（b）中的输出脉冲是正的顺序脉冲，如何改进电路？如果要求输出脉冲的宽度与 CP 脉冲的宽度相同，又如何改进电路？

（2）图 5.51 能够产生 6 位长度的数序列信号，如果要求序列长度是 16 位，如何实现？

5.6　时序逻辑电路应用举例

5.6.1　定周期交通信号灯控制电路

在 3.7.2 节中曾讨论了所给条件下，交通信号灯控制电路中组合逻辑电路的实现问题，表 3.24 把 $S_3S_2S_1S_0$ 作为输入变量，在此基础上分析给出了相关逻辑函数表达式及图 3.52，当时并没有说明如何实现 $S_3S_2S_1S_0$ 在 0000~1111 之间循环。熟悉了计数器知识之后，解决这个问题就很方便。把周期为 5s 的脉冲信号作为十六进制计数器的时钟脉冲，则计数器的输出状态 $Q_3Q_2Q_1Q_0$ 的变化规律即符合 $S_3S_2S_1S_0$ 的要求。一片 74LS161 就可以解决当时没有解决的问题。电路图如图 5.53 所示。

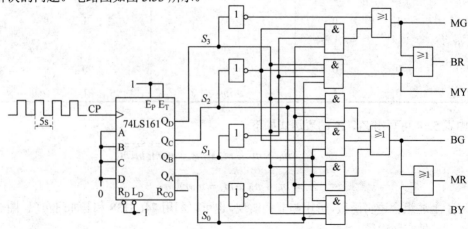

图 5.53　定周期交通信号灯控制电路图

5.6.2 多路脉冲信号形成电路

计数器可以用作定时器和分频器，如果要求对输入脉冲信号（占空比是50%）进行10分频形成两路输出脉冲信号，其两路脉冲信号的占空比分别是5%和50%，实现其功能的电路如图5.54所示。

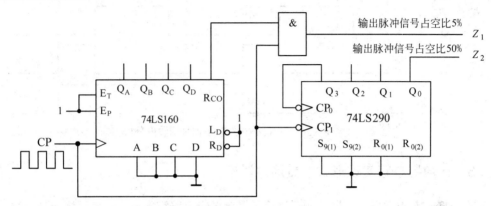

图5.54 多路脉冲信号产生电路图

观察图5.54电路，可见74LS160的连接方式是，$E_P=E_T=1$，$L_D=R_D=1$，$DCBA=0000$，这体现了74LS160的基本应用，十进制加法计数器。每输入10个时钟脉冲，其进位信号输出端产生一个高电平输出信号，即进位信号相当于输入脉冲的十分频，但其占空比是10%。R_{CO}的信号与时钟脉冲信号进行与运算，使输出高电平的宽度减少一半，这样Z_1端的输出脉冲占空比为5%，波形分析如图5.55所示。

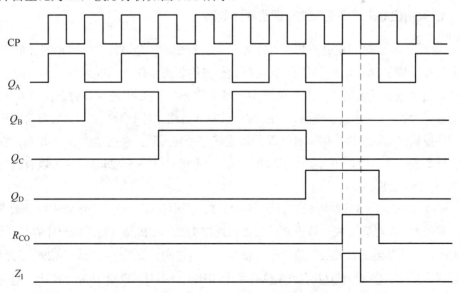

图5.55 图5.54中Z_1输出信号的波形分析

从图5.54电路中74LS290的连接方式可见，电路实现十进制计数器，采用5421码，波形分析如图5.56所示。Z_2的输出信号取自Q_0端，每输入10个时钟脉冲，Q_0产生一个高电平输出信号,即对输入脉冲的十分频,其占空比是50%。

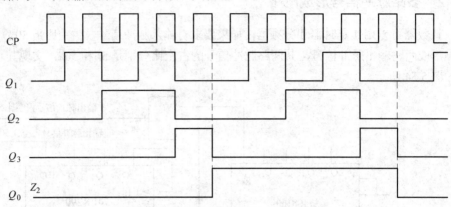

图 5.56 图 5.54 中 Z_2 输出信号的波形分析

5.6.3 计数器电路实现形式的灵活性讨论

在 3.7.3 节中曾以全加器为例,讨论了组合逻辑电路实现形式的灵活性与多样性。实际上,对于特定逻辑功能的时序逻辑电路,其实现形式也存在多样性与灵活性,顺序脉冲发生器及序列信号发生器的电路实现形式已经说明了这一点。此处,以 74290 作为基本器件,以二十四进制计数器电路的设计为例,讨论说明计数器电路实现形式的灵活性,希望对读者加深理解集成计数器的应用有所启示,其设计思路对于采用其他型号的集成计数器设计任意进制计数器仍然适用。

1. 采用级联反馈法实现二十四进制计数器

利用现有 M 进制集成计数器设计 N 进制计数器的一般方法是:当所设计的 N 进制计数器的模值满足 $N<M$ 时,可在 M 进制计数器的状态中任意选取 N 个连续的状态,通过反馈置数(或者反馈清零)人为跳过 $M-N$ 个状态而得到 N 进制计数器;当 $N>M$ 时,可通过 k 片 M 进制计数器级联,形成 M^k 进制计数器,对于 M^k 进制计数器再利用反馈置数或者反馈清零修正 M^k 进制计数器的计数状态循环过程,跳过 M^k-N 个状态,而形成 N 进制计数器。两片 74290 集成计数器如果级联可表示为 $2\times5\times2\times5$;也可以有选择地级联成 $2\times5\times5$ 或者 5×5。

(1)$2\times5\times2\times5$ 级联形成一百进制计数器,采用反馈法设计二十四进制计数器。

两片 74290 级联形成一百进制计数器,连接关系为 $CP_B = Q_A$,第一片的 Q_D 接第二片的 CP_A。在此基础上,采用反馈清零法设计二十四进制计数器,考虑到 74290 是异步清零,反馈状态为 $Q_{23}Q_{22}Q_{21}Q_{20}Q_{13}Q_{12}Q_{11}Q_{10}$ =0010 0100(8421BCD),所以,$R_{01}R_{02}=Q_{21}Q_{12}$。电路如图 5.57 所示。此电路的状态转换过程是从 0000 0000 到 0010 0100 循环,其中,0010 0100 属于过渡状态(暂态)。

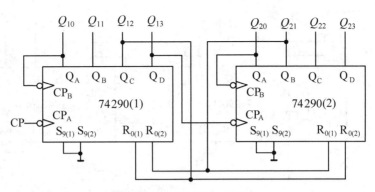

图 5.57 二十四进制电路图之一

基于上述一百进制计数器的状态变化过程，并考虑到 74290 的置 9 功能，实现二十四进制计数器还有三种电路形式，分别如图 5.58~图 5.60 所示。

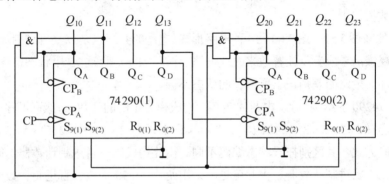

图 5.58 二十四进制电路图之二

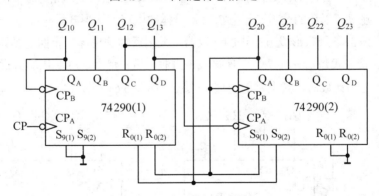

图 5.59 二十四进制电路图之三

分析如图 5.58 所示电路可见：电路的状态变化在 0000 1001 到 0011 0011 之间循环，0011 0011 属于过渡状态，此状态下，第一片 74290 异步置 9，第二片 74290 异步清零。

分析如图 5.59 所示电路可见：电路的状态在 1001 0000 到 0001 0100 之间循环，0001 0100 属于过渡状态，此状态下，第一片 74290 异步清零，第二片 74290 异步置 9。

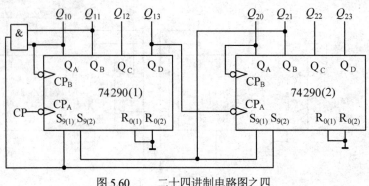

图 5.60　　二十四进制电路图之四

在如图 5.60 所示电路中，当电路出现 0010 0011 状态时，两片 74290 同时异步置 9，电路进入 1001 1001 状态，如果来一个时钟脉冲，电路进入 0000 0000 状态，每来一个时钟脉冲，计数值加 1。

分析比较图 5.57～图 5.60 的 4 种电路形式，电路的共同点是以一百进制计数器为基础，然后采用反馈清零或者反馈置数来改变电路的循环顺序，跳过 75 个状态，形成 24 个稳定状态的循环。电路的差别在于所跳过的状态不同。

依据 74290 的结构特点，由两片 74290 构成模为 100 的计数器，级联顺序除 2×5×2×5 外，还可选择 5×2×5×2（5421 码）、2×5×5×2、5×2×2×5、2×2×5×5、5×5×2×2 等多种级联方式，其区别在于状态编码不同。由此构成的一百进制计数器，同样可利用反馈法设计二十四进制计数器。由此可见，采用两片 74290 构成一百进制计数器的实现形式十分灵活，故在一百进制计数器的基础上，利用反馈法设计二十四进制计数器的途径更是灵活多样。建议有兴趣的读者自己分析讨论具体的电路连接形式。

（2）2×5×5 级联形成五十进制计数器，采用反馈法设计二十四进制计数器。

此种连接形式是把一片 74290 连接成十进制，另一片 74290 利用其五进制，然后级联而形成五十进制计数器，其电路的连接形式之一如图 5.61 所示。

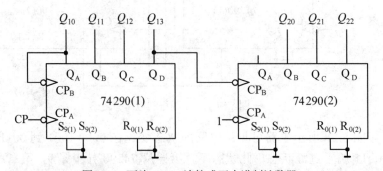

图 5.61　两片 74290 连接成五十进制计数器

由如图 5.61 所示电路设计二十四进制计数器，如果采用反馈清零法，电路如图 5.62 所示；如果采用反馈置数法，电路如图 5.63 所示。

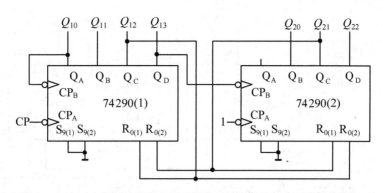

图 5.62　由五十进制计数器采用反馈清零法形成的二十四进制计数器

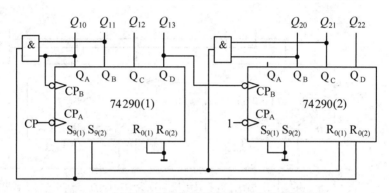

图 5.63　由五十进制计数器设计的二十四进制计数器

比较如图 5.62 和图 5.63 所示电路，二者的区别是如图 5.62 所示电路的稳定状态从 000 0000 递增到 010 0011，然后在 010 0100 状态异步清零，返回到 000 0000 状态；而图 5.63 的稳定状态是由 000 1001 递增到 011 0010，然后在 011 0011 状态异步置数，返回到 000 1001 状态。

五十进制计数器也可采用 5×2×5 的连接形式，然后利用反馈法实现二十四进制计数器。因此，在五十进制计数器的基础上设计二十四进制计数器的途径同样具有灵活性与多样性。

（3）5×5 级联形成二十五进制计数器，采用反馈清零法设计二十四进制计数器。

两片 74290 仅利用其五进制进行级联，构成二十五进制计数器，然后设法跳过一个状态，形成二十四进制计数器。如图 5.64 所示电路是采用反馈清零法实现的二十四进制计数器，图中 $Q_5Q_4Q_3Q_2Q_1Q_0$ = 100100（位权是 20，10，5，4，2，1）属于过渡状态。

考虑到 74290 置数控制是把 $Q_DQ_CQ_BQ_A$ 的状态置为 1001，当仅使用五进制时，事实上置数可认为是置 4，即置数结果为 $Q_DQ_CQ_B$ = 100。在 5×5 级联形成的二十五进制计数器中，采用反馈置数法设计二十四进制计数器，只要其次态与 $Q_DQ_CQ_B$=100 有关，当前状态即可作为暂态去控制置数，满足这一条件的电路状态不止一个，其中，$Q_5Q_4Q_3Q_2Q_1Q_0$ = 100011 是最明显的一种选择。当状态为 100011（暂态）时，电路异步置数，使状态变为 100100，然后进行递增计数。实现上述设计思想的电路如图 5.65 所示。

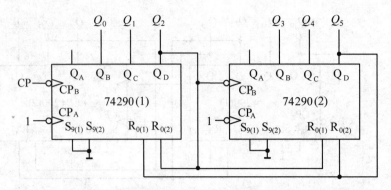

图 5.64　由二十五进制计数器采用反馈清零法设计的二十四进制计数器

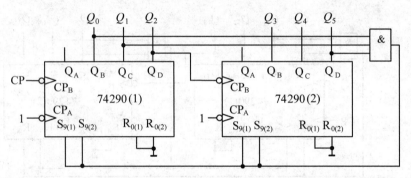

图 5.65　由二十五进制计数器采用反馈置数法设计的二十四进制计数器

上述几种电路的设计思路具有共同点，即先利用 74290 原有的二进制、五进制进行级联，形成大于二十四进制的计数器，然后再通过反馈清零或者反馈置数跳过多余的状态，形成二十四进制计数器。这种设计途径比较直观，电路连线较少，实现途径具有更多的灵活性与多样性。

2. 采用分解因数的方法设计二十四进制计数器

24 可以分解为 4×6 或者 3×8，因此，二十四进制计数器可以通过四进制与六进制级联或者三进制与八进制级联而实现。此处所用到的计数器模均小于 10，因此，单片 74290 采用反馈清零或者反馈置数先实现上述 4 种进制的计数器，然后再分别级联构成二十四进制计数器。按照这一思路，设计的计数器电路如图 5.66 和图 5.67 所示。

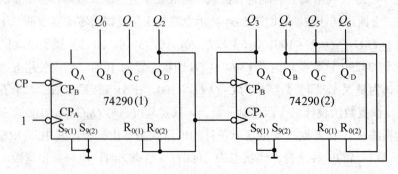

图 5.66　由四进制与六进制级联构成的二十四进制计数器

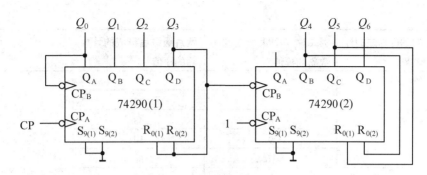

图 5.67　由八进制与三进制级联构成的二十四进制计数器

如果在图 5.66 中，把四进制与六进制的顺序调换，即 6×4，同样可形成二十四进制，只是状态编码不同。三进制与八进制的级联，也存在类似的实现途径。

图 5.66 和图 5.67 分别采用反馈清零法形成四进制、六进制、三进制、八进制，实际上，上述各种进制同样可采用反馈置数法实现，然后进行级联构成二十四进制计数器。

24 也可以分解为 2×12，此时，先利用两个五进制级联反馈形成十二进制计数器，然后，把二进制与十二进制级联，形成二十四进制计数器，电路连接形式略。可见这种实现途径同样具有灵活性与多样性。

3. 反馈置数法与反馈清零法相结合设计二十四进制计数器

对于单片 74290，可以利用反馈清零或者反馈置数设计为模值是 3～9 中的任意一种，然后进行级联，形成模值大于 24 的计数器，再利用反馈法实现二十四进制计数器。按照这一设计思想，其实现的多种途径如表 5.15 所示。

表 5.15　反馈置数法与反馈清零法相结合设计二十四进制计数器的多种选择

第一片 74290 形成的计数器的模值	第二片 74290 形成的计数器的模值	两片级联后形成的计数器的模值	
3	9	27	
3	10	30	
4	7	28	
4	8	32	利用反馈法实现二十四进制计数器
4	9	36	
4	10	40	
5	6	30	
5	7	35	
5	8	40	
5	9	45	
5	10	50	

续表

第一片 74290 形成的计数器的模值	第二片 74290 形成的计数器的模值	两片级联后形成的计数器的模值	
6	6	36	
	7	42	
	8	48	
	9	54	
	10	60	
7	7	49	利用反馈法实现二十四进制计数器
	8	56	
	9	63	
	10	70	
8	8	64	
	9	72	
	10	80	
9	9	81	
	10	90	

例如，第一级采用三进制，第二级采用十进制，二者级联后形成三十进制计数器，对级联后的三十进制计数器利用反馈清零法实现二十四进制计数器的电路如图 5.68 所示。

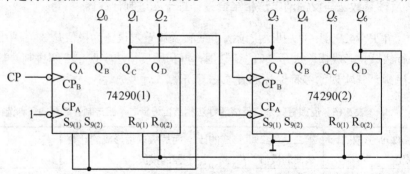

图 5.68　由模 30 计数器反馈清零实现二十四进制计数器

又例如，第一级、第二级均采用反馈置数法形成七进制，二者级联后形成四十九进制计数器，对级联后的四十九进制计数器利用反馈清零法实现二十四进制计数器的电路如图 5.69 所示。

在如表 5.15 所示的多种选择中，如果不注意状态编码的区别，有些电路的反馈连接形式可能雷同，这一点需要注意，但它确实表明了电路设计的灵活性与多样性。

以集成计数器 74290 为基础，通过对二十四进制计数器实现途径的分析设计，说明计数器电路设计的灵活性与多样性。74290 是常见的集成计数器，二十四进制计数器在计时系统中也常用到，以此为例讨论任意计数器的设计方法具有一般性。其他型号的集成计数器一般也具有清零及置数控制端，因此，这一结论对采用其他型号的集成计数器设计任意进制计数器仍然适用。例如采用两片 74161 来实现二十四进制计数器，由于 74161 置数的灵活性更大，因此，实现途径更灵活多样。

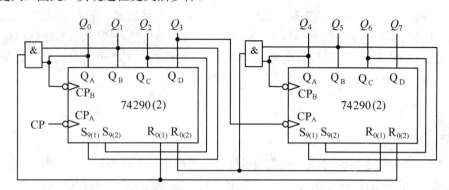

图 5.69　由模 49 计数器反馈清零实现二十四进制计数器

思考与讨论题：

（1）在图 5.53 中，如果信号源提供的时钟脉冲信号的周期是 1s，如何解决这一问题？给出解决问题的方案并画出电路图。

（2）在讨论二十四进制计数器的设计过程中，出于篇幅考虑，没有给出状态转换图，建议读者试分析画出图 5.57～图 5.69 分别对应的状态转换图。

（3）关于计数器电路实现形式多样性与灵活性的讨论，对你有何启示？建议采用两片 74160 或者 74161 来实现六十进制计数器，并讨论其实现途径的多种可能性。

 小结

（1）时序电路由存储器件（触发器）和组合逻辑电路组成，电路存在反馈，这是时序逻辑电路的电路结构特点。存储电路和输入逻辑变量一起，决定输出信号的状态，它决定了时序电路在逻辑功能上的特点，即时序电路在任一时刻的输出信号不仅和当时的输入信号有关，还与电路原来的状态有关。

（2）时序电路按工作方式不同可分为同步时序电路和异步时序电路。熟练掌握时序电路逻辑功能的描述方法是分析和设计时序逻辑电路的基础。

（3）由触发器组成的时序逻辑电路的分析过程可概括如图 5.70 所示。

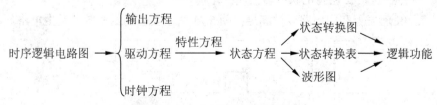

图 5.70　时序逻辑电路分析过程

（4）中规模集成时序逻辑电路器件很多，本章介绍的寄存器、移位寄存器、计数器等只是常见的最基本电路，应熟练掌握这些电路的逻辑功能。

（5）掌握用 MSI 进行简单的时序逻辑电路设计方法。例如：用 M 进制集成计数器构成 N（任意）进制计数器。当 $M>N$ 时，用一片 M 进制计数器，采取反馈清零法或反馈置数法，跳过 $M-N$ 个状态即可；当 $M<N$ 时，选用多片 M 进制计数器进行级联构成 M' 进制计数器，使 $M'>N$，然后利用反馈清零或者反馈置数的方式，构成 N 进制计数器。

（6）计数器电路的实现形式存在灵活性与多样性。

习题

5.1 分析图 5.71 时序电路的逻辑功能，写出电路的驱动方程、状态方程和输出方程，设各触发器的初始状态为 0，画出电路的状态转换图，说明电路能否自启动。

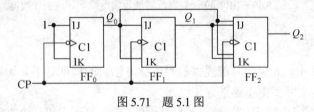

图 5.71 题 5.1 图

5.2 试分析确定如图 5.72 所示时序电路的逻辑功能。要求写出驱动方程、时钟方程、状态方程，画出状态转换图及时序图。

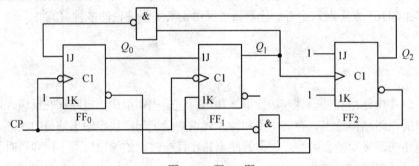

图 5.72 题 5.2 图

5.3 在如图 5.72 所示的电路中，如果电路的连接关系不变，但触发器 FF_0、FF_1 换成上升沿触发的触发器，FF_2 换成下降沿触发的触发器。试重新分析电路的逻辑功能，并比较其状态转换图与题 5.2 所得的状态转换图的差别。

5.4 用 JK 触发器和门电路设计满足如图 5.73 所示要求的两相脉冲发生电路。

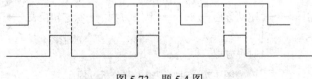

图 5.73 题 5.4 图

5.5 试用双向移位寄存器 74194 构成 6 位扭环型计数器。

5.6 试分析如图 5.74 所示电路的逻辑功能，要求画出电路的状态转换图。

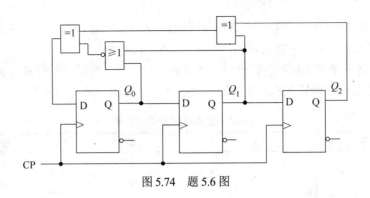

图 5.74 题 5.6 图

5.7 由 74LS290 构成的计数器如图 5.75 所示，分析它们各为多少进制计数器，要求画出状态转换图。

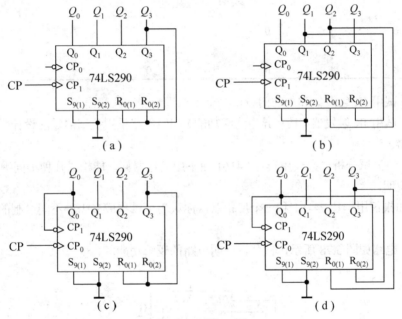

图 5.75 题 5.7 图

5.8 试分析如图 5.76 所示电路，画出它的状态图，说明它是多少进制计数器。

5.9 试用 74161 设计一个计数器：①计数状态为 0111～1111；②计数状态为 1111～0111。

5.10 试画出如图 5.77 所示电路的完整状态转换图，说明电路的逻辑功能及特点。

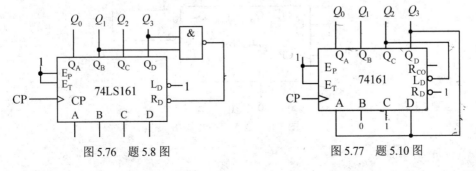

图 5.76 题 5.8 图　　　　图 5.77 题 5.10 图

5.11　试用 74LS160 构成三十二进制计数器，要求采用多种不同的实现途径。

5.12　试设计一个能产生 011100111001110 的序列脉冲发生器。

5.13　设计一个灯光控制逻辑电路。要求红、绿、黄三种颜色的灯在时钟信号作用下按表 5.16 规定的顺序转换状态。表中的 1 表示灯"亮"，0 表示灯"灭"。

表 5.16　题 5.13 的灯亮控制表

CP 顺序	红	黄	绿
0	0	0	0
1	1	0	0
2	0	1	0
3	0	0	1
4	1	1	1
5	0	0	1
6	0	1	0
7	1	0	0
8	0	0	0

5.14　试用 JK 触发器和与非门设计一个十二进制加法计数器。

5.15　试用 JK 触发器（具有异步清零功能）和门电路采用反馈清零法设计一个九进制加法计数器。

5.16　（1）试分析如果仅用一片 74161 而不用其他器件，能构成几种不同进制的计数器？举例说明。

（2）如果仅用一片 74161 和一个反相器，你认为可以构成多少种不同进制的计数器？举例说明。

5.17　电路如图 5.78 所示，试分析说明电路的逻辑功能。

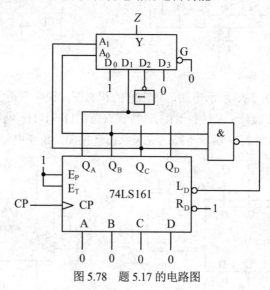

图 5.78　题 5.17 的电路图

5.18 据所给条件，选择填空。

（1）为了将一字节数据串行移位到移位寄存器中，必须有（　　）。

A. 一个时钟脉冲　　　　　　　　B. 八个时钟脉冲
C. 数据中每个 1 都需要一个时钟脉冲　　D. 数据中每个 0 都需要一个时钟脉冲

（2）异步计数器和同步计数器的区别是（　　）。

A. 状态转换图中状态的个数　　　　B. 所使用触发器的类型
C. 时钟脉冲信号的数量　　　　　　D. 计数器中各个触发器的翻转时刻不同

（3）计数器的模是（　　）。

A. 触发器的个数　　　　　　　　B. 状态转换图中稳定状态的个数
C. 状态编码中对应的十进制数的最大值　　D. 一秒内再循环的次数

（4）5 位二进制计数器的最大模是（　　）。

A. 8　　　　　B. 16　　　　　C. 32　　　　　D. 64

（5）三个模 10 计数器级联，形成几进制计数器？（　　）

A. 三十　　　　B. 一百　　　　C. 一千　　　　D. 一万

（6）一个频率为 10MHz 的时钟脉冲，作为一级联计数器的时钟脉冲输入信号，该计数器由一个模 5 计数器、一个模 8 计数器和两个模 10 计数器级联组成，在该计数器的各个输出端，可能获得的最低信号频率是（　　）。

A. 10kHz　　　B. 5kHz　　　C. 2.5kHz　　　D. 250Hz

5.19　试证明一处于偶数 m 状态的 n 位二进制加法计数器，需要多少个脉冲可到达 $m/2$ 状态。如果换成 n 位二进制减法计数器，又将如何？

5.20　现有一数据串需要对其进行不同的延迟，具体延迟时间要求见图 5.79。

（1）试设计电路实现其功能；
（2）如果希望改变输出延迟时间，可采取的措施有哪些？

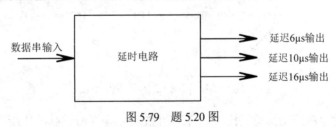

图 5.79　题 5.20 图

5.21　试选择适当的器件，设计一个简易数字钟表，要求能够显示时、分、秒。

习题分析举例

习题 5.2 分析：

观察图 5.72 可见，电路由 JK 触发器和与非门组成，触发器 FF_0、FF_1 是下降沿触发，触发器 FF_2 是上升沿触发，各触发器状态变化的时间不同，电路属于异步时序逻辑电路。

按照电路的连接关系,列写驱动方程、时钟方程。

驱动方程:$J_0=\overline{Q_1Q_2}$ $K_0=1;$ $J_1=Q_0$ $K_1=\overline{\overline{Q_0}\,\overline{Q_2}};$ $J_2=1$ $K_2=1$ (5.13)

时钟方程: $CP_0=CP_1=CP\downarrow$ $CP_2=Q_1\uparrow$ (5.14)

把驱动方程代入 JK 触发器的特性方程可得电路的状态方程:

$$Q_0^{n+1}=\overline{Q_1Q_2}\,\overline{Q_0^n} \qquad Q_1^{n+1}=Q_0\overline{Q_1^n}+\overline{Q_0}\,\overline{Q_2}Q_1^n \qquad Q_2^{n+1}=\overline{Q_2^n} \quad (5.15)$$

设电路的初态为 000,代入状态方程求出次态 001;类似地,分步求出下一个次态 110;画时序图如图 5.80 所示,注意 Q_2 的状态变化只能发生在 Q_1 出现上升沿时。

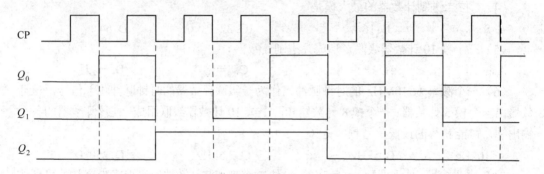

图 5.80 习题 5.2 的波形图

由时序图可画出状态转换图如图 5.81 所示,由于 111 状态没有出现在时序图中,在状态转换图中补充该状态。

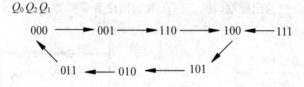

图 5.81 习题 5.2 的状态转换图

时序图及状态转换图均表明,电路有 7 个稳定状态在时钟脉冲作用下形成循环。可以判定电路的逻辑功能是,异步七进制计数器,可自启动。

讨论:

异步时序逻辑电路分析,是时序逻辑电路分析的难点之一,分析中需要特别关注各个触发器时钟脉冲的变化情况。否则,可能出现错误的分析结论。为了加深对异步时序逻辑电路的认识,此处以图 5.72 电路为例,在电路连接关系不变的情况下,即触发器的驱动条件不变,更改触发器的翻转时刻,即对上升沿触发、下降沿触发进行调整,分析电路状态的变化情况。

(1) FF_0、FF_1 保持下降沿触发不变,FF_2 更换为下降沿触发器。

由于电路的连接关系不变,驱动方程保持式(5.13)不变,状态方程也不变,如式(5.15)。

但时钟方程有变化：

$$CP_0=CP_1=CP \downarrow \qquad CP_2=Q_1 \downarrow \qquad (5.16)$$

设电路的初态为 000，代入状态方程（5.15）求出次态 001；以 001 作为现态，求出下一个次态 010；类似地，可以求出其他的状态，画出状态转换图如图 5.82 所示，注意 Q_2 的状态变化只能发生在 Q_1 出现下降沿时。

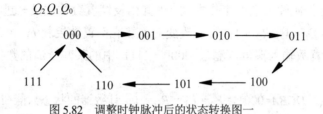

图 5.82　调整时钟脉冲后的状态转换图一

由状态转换图 5.82 可见，电路的有效状态个数没有变化，但状态变化顺序发生改变，电路的逻辑功能更明确，即异步七进制加法计数器，可自启动。

（2）FF_0、FF_1 更换为上升沿触发器，FF_2 保持上升沿触发器不变。

此时，时钟方程为：

$$CP_0=CP_1=CP \uparrow \qquad CP_2=Q_1 \uparrow \qquad (5.17)$$

设定电路的初态为 000，代入状态方程（5.15）求出次态为 001；类似的分析可得状态转换图如图 5.83 所示。

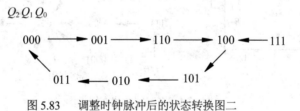

图 5.83　调整时钟脉冲后的状态转换图二

状态转换图与原题的结果相同。

（3）FF_0、FF_1 更换为上升沿触发器，FF_2 更换为下降沿触发器。

此时，时钟方程为：

$$CP_0=CP_1=CP \uparrow \qquad CP_2=Q_1 \downarrow \qquad (5.18)$$

设定电路的初态，代入状态方程（5.15）求次态；类似的分析可得状态转换图与图 5.82 状态转换图相同。

归纳上述分析过程及结论，由于电路的连接关系保持不变，仅改变触发器的触发方式，因此，驱动方程和状态方程不变，时钟方程出现了 4 种情况，电路状态转换图分为两类，可见影响电路状态变化顺序的关键在于 FF_2 的触发方式。借助此习题的分析实践，可以加深对异步时序逻辑电路的理解。

习题 5.16（1）分析：

集成计数器可以采用反馈清零法或者反馈置数法构成任意进制计数器，一般理解是附加与非门电路。如果限定不附加其他器件，仅利用集成计数器本身的功能及外部连线构成计数器，可以增强对集成计数器功能的理解，拓展思维方式，培养学习兴趣有所帮助。思考利用一片 74161 而不用其他器件来构成计数器，途径是利用 74161 的反馈置数功能，可能构成十六进制以内的计数器。由于 74161 是低电平清零有效，当不附加其他器件时，反馈清零法无法使用。

基于 74161 控制输入端的工作方式，当其由反馈置数构成某一进制计数器时。固定的连接有：$E_P = E_T = 1$，$R_D = 1$；可以改变的连接有：置数控制 L_D 可以分别连接到 Q_A、Q_B、Q_C、Q_D，置数输入端可以输入 0000～1111 中的某些合适的数值。具体连接情况分析如下。

（1）$L_D = Q_A$，$DCBA = 0001$，$E_P = E_T = R_D = 1$；计数器的状态只能在 0000 与 0001 之间循环，形成二进制计数器。但 74161 在 $E_P = E_T = 1$，$R_D = 1$，$L_D = 1$ 的情况下，Q_A 输出就是二进制。因此，这种构成方式意义不大。

（2）$L_D = Q_B$，$DCBA = 0010$，$E_P = E_T = R_D = 1$，构成三进制计数器，电路图及状态转换图如图 5.84 所示。

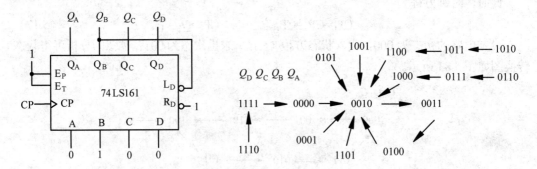

图 5.84　电路图与状态转换图一

在 $L_D = Q_B$ 的情况下，也可令 $DCBA = 0011$，构成二进制计数器。

（3）$L_D = Q_C$，$DCBA = 0100$，$E_P = E_T = R_D = 1$，构成五进制计数器，电路图及状态转换图如图 5.85 所示。

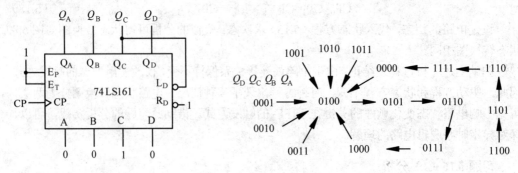

图 5.85　电路图与状态转换图二

在 $L_D=Q_C$ 的情况下，也可令 $DCBA$ 分别为 0101、0110、0111，构成四进制、三进制等。

（4）$L_D=Q_D$，$DCBA=1000$，$E_P=E_T=R_D=1$，构成九进制计数器，电路图及状态转换图如图 5.86 所示。

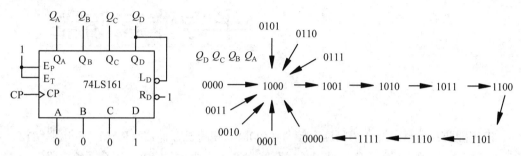

图 5.86　电路图与状态转换图三

在 $L_D=Q_D$ 的情况下，也可令 $DCBA$ 分别为 1001、1010、1011、1100、1101、1110、1111，构成八进制、七进制、六进制等。

（5）前面讨论的几种情况，置数值均为常数，如果考虑置数输入中含有变量，也可构成计数器，例如：$L_D=Q_C$，$DCBA=Q_D100$，$E_P=E_T=R_D=1$，构成十进制计数器，电路图及状态转换图如图 5.87 所示。

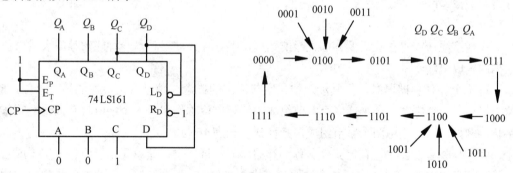

图 5.87　电路图与状态转换图四

事实上，按照这种思维方式，还有多种可能的置数选项，例如：$DCBA=Q_D10Q_D$ 等，此处不一一列举。

当然，74161 在计数工作状态下，即使不用反馈置数，其本身也具有二进制、四进制、八进制、十六进制的计数功能。

第6章 半导体存储器

内容提要：本章主要介绍只读存储器（ROM）和随机存储器（RAM）的电路结构、工作原理，简要讨论利用给定存储器扩展存储容量的方法和存储器在组合逻辑电路设计中的应用。

学习提示：了解存储器的分类是基础，熟悉各类半导体存储器的电路结构及性能特点是关键，掌握存储器的应用是目的。从整体上看，注意系统结构及读写过程；从细节上看，重点关注一位存储器的电路结构形式。

6.1 概述

在数字系统中，往往需要存储大量的数据，半导体存储器就是一种能够存放大量二值数据的集成电路。

讨论半导体存储器时，经常涉及位、字节、字的概念。位是二值数据的最小单位，8 位一组构成一个字节，一个或多个字节组成的信息单位称作字。一个字所具有的位数叫作字长，例如，一个字由两个字节组成，则称其字长为 16 位。

在半导体存储器中，存储元件又称为存储单元，每一个存储单元用以保存一个 1 或者 0。存储单元构成的阵列是半导体存储器的基本结构形式，每个存储单元在存储阵列中的位置由行和列确定，这就是经常提到的存储单元的地址。

图 6.1 给出了一个 64 单元存储阵列的示意图。图 6.1（a）是 8×8 阵列，共有 8 行，每一行有 8 个存储单元，表明字长是 8 位。图 6.1（b）是 16×4 阵列，共有 16 行，每一行有 4 个存储单元，表明字长是 4 位。

1. 半导体存储器的分类

（1）按制造工艺分类：可分为双极型存储器和 MOS 型存储器两类。

双极型存储器是以双极型触发器为存储单元，具有工作速度快、功耗大等特点。主要用于对速度要求较高的场合，例如计算机的高速缓冲存储器。

MOS 型存储器以 MOS 触发器或电荷存储结构为存储单元，具有工艺简单、集成度高、功耗低、成本低等特点。

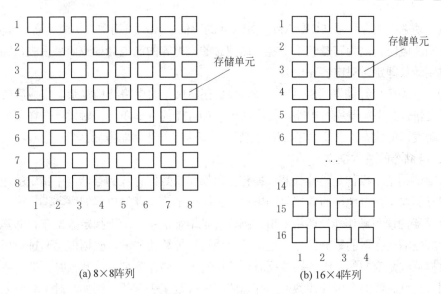

图 6.1　64 单元存储阵列示意图

（2）按数据存取方式分类：可分为只读存储器（ROM）和随机存取存储器（RAM）两大类。

只读存储器（ROM）在正常工作时，只能从存储器的单元中读出数据，不能写入数据。存储器中的数据是在存储器生产时确定的，或事先用专门的写入装置写入的。ROM 中存储的数据可以长期保持不变，即使断电也不会丢失数据。它的不足之处是只适用于存储固定数据的场合。

根据数据写入的方式，只读存储器又可分为以下几种。

（1）掩模只读存储器（ROM），即存储器中的数据由生产厂家一次写入，且只能读出，不能改写。

（2）可编程只读存储器（PROM），即存储器中的数据由用户通过特殊写入器写入，但只能写一次，写入后无法再改变。

（3）可擦除只读存储器（EPROM 和 E^2PROM），即写入的数据可以擦除，因此，可以多次改写其中存储的数据。两者的不同之处是：EPROM 是用紫外线擦除存入的数据，其结构简单，编程可靠，但擦除操作复杂，速度慢；E^2PROM 是用电擦除存入的数据，擦除速度较快，但改写字节则必须在擦除该字节后才能进行，擦/写过程约为 10～15ms，当进行在线修改程序时，这个延时很明显。另外，E^2PROM 的集成度不够高，并且一个字节可擦写的次数限制在 10 000 次左右。

（4）快闪存储器，这是新一代电信号擦除的可编程 ROM，它既吸收了 EPROM 结构简单、编程可靠的优点，又保留了 E^2PROM 擦除快的优点，而且具有集成度高、容量大、成本低等优点。

随机存取存储器（RAM）在正常工作时，可以随时写入（存入）或读出（取出）数据，但断电后，器件中存储的信息也随之消失。

按照存储单元的结构，随机存储器又可分为以下几种。

（1）动态随机存储器（DRAM）。DRAM 的存储单元电路简单，集成度高，价格便宜，但需要刷新电路。因为它是利用电容存储信息的，电容的漏电会导致信息丢失，因此，要求定时刷新（即定时对电容充电）。

（2）静态随机存储器（SRAM）。SRAM 存储单元的电路结构复杂，集成度较低，但读写速度快，且不需要刷新电路，使用简单。SRAM 的存储单元是触发器，在不失电的情况下，触发器的状态不改变。SRAM 主要用于高速缓冲存储器方面。

2．存储器的基本操作

存储器的基本操作是写操作和读操作。写操作将数据存放到存储器中指定的地址，读操作把存储器中指定地址的数据复制出来，读操作不改变存储单元的内容。

存储器的读写操作涉及两组二值数据，一是地址信息，用于指定数据在存储阵列中的位置；二是需要存取的数据信息。地址信息通过地址总线传输，数据信息通过数据总线传输。数据总线是双向的，因为写数据时，数据进入存储器阵列；读数据时，数据离开存储器阵列。地址总线的宽度（线数）与存储阵列的行数多少有关，例如，对于如图 6.1（a）所示的 8×8 阵列，需要三根地址线（$2^3=8$）；而对于如图 6.1（b）所示的 16×4 阵列，则需要 4 根地址线（$2^4=16$）。以此类推，n 根地址线可以选择存储阵列中的 2^n 行。数据总线的宽度（线数）与存储阵列中每一行的存储单元数量相同。

图 6.2 给出了一个简化的写操作过程（以 8×8 阵列为例）。第一步，地址寄存器所保存的地址代码被放到地址总线上，地址译码器对地址代码进行译码，并在存储阵列中选择指定的位置；第二步，数据寄存器中数据字节被放到数据总线上；第三步，写命令使数据总线上的数据写入地址所指定的存储单元，完成一次写操作。

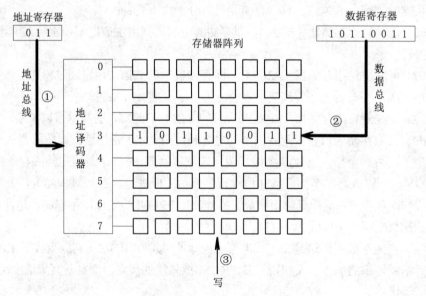

图 6.2　写操作过程示意图

图 6.3 给出了一个简化的读操作过程（以 8×8 阵列为例）。第一步，地址寄存器所保存的地址代码被放到地址总线上，地址译码器对地址代码进行译码，并在存储阵列中选择指

定的位置；第二步，读命令使所选择的存储地址中的数据字节被复制并放到数据总线上；第三步，数据总线的数据放入数据寄存器，完成一次读操作。当数据被从存储器中读出时，原存储单元中的数据不变。

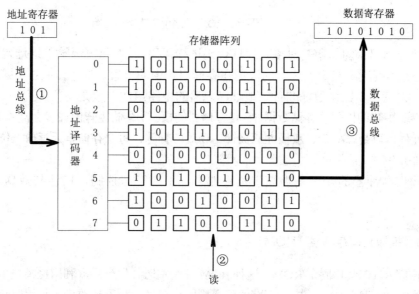

图 6.3 读操作过程示意图

3. 存储器的存储容量

存储容量是指存储器能够存放数据的多少，即存储单元的总数。
存储容量的计算公式为：

$$存储容量 = N(字数) \times M(位数) \tag{6.1}$$

例如，一个存储器能存放 256 个数据，每一个数据有 8 位，则该存储容量为：

$$256 \times 8b = 2048b$$

存储器也可以用存储一个字节（B）为最小存储单元，它由 8 个存放一位二值数据（0 或 1）的基本存储单元组成，即 $256 \times 8b = 256B$。

存储器的存储容量通常采用 KB、MB、GB、TB 为单位，其中，$1KB = 2^{10} B = 1024B$，$1MB = 2^{20} B = 1024 \times 1024B = 1024KB$，$1GB = 2^{30} B = 1024MB$，$1TB = 2^{40} B = 1024GB$。

存储容量也可以用如下的几种形式表示：$256 \times 8b$，$1K \times 4b$，$4M \times 1b$；注意此处 K 代表 2^{10}，M 代表 2^{20}，是一种习惯约定。

6.2 只读存储器

ROM 的类型比较多，各种 ROM 的主要区别在于存储单元的结构不同，但其电路结构的整体组成具有共同特点。ROM 的电路结构可概括为三部分，即地址译码器、存储矩阵、输出缓冲器。ROM 的通用电路结构框图如图 6.4 所示。

图 6.4 ROM 的通用电路结构框图

地址译码器的作用是对输入地址代码进行译码,针对每一组输入地址代码输出唯一的地址选择信号,确定被选中的数据在存储矩阵中的位置,并将其中的数据送至输出缓冲器,为下一步操作做好准备。地址译码器的电路组成一般是与门阵列。

存储矩阵的作用是存储数据,它是存储器的核心。存储矩阵由许多存储单元排列而成,存储元件可以是二极管、双极性三极管、场效应管等,每个存储单元存放一位二进制代码(0 或 1)。

输出缓冲器的作用是提高带负载能力,引入三态控制,以便与数据总线连接或隔离。

1. 掩模只读存储器(ROM)

掩模 ROM 又称固定 ROM。这种 ROM 在制造时,生产厂家利用掩模技术把数据写入存储器中,一旦制成,其内部存储的信息则固化在里边,不能改变,使用时只能读出,不能写入。

ROM 电路结构中的地址译码器、存储阵列和输出缓冲器示意图如图 6.5 所示。

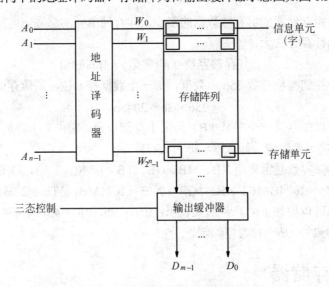

图 6.5 ROM 的电路结构示意图

在如图 6.5 所示 ROM 的电路结构图中,$A_0 \sim A_{n-1}$ 是地址译码器的输入线,称为地址线,一共有 n 条,由此输入地址代码。$W_0 \sim W_{2^n-1}$ 既是译码器的输出线(即地址选择线),又是存储阵列的输入控制线,共有 2^n 条,分别与存储阵列中的字相对应,简称字线。n 个输入

地址代码对应 2^n 条字线。对应地址码的每一种组合,只有一条字线 W_i 被选中,在存储阵列中与 W_i 相应的字也被选中。字中的 m 位信息被送至输出缓冲器,由 $D_{m-1} \sim D_0$ 读出,一般称 $D_{m-1} \sim D_0$ 为数据线,也称它为位线。

存储器的存储容量(即存储单元数)= 字线数 × 位线数。所以,如图 6.5 所示 ROM 存储器的存储容量(即存储单元)为 $2^n \times m$ b。

图 6.6 是具有两位地址输入码和 4 位数据输出的 ROM 电路,其存储单元由二极管或门构成,地址译码器由二极管与门构成。

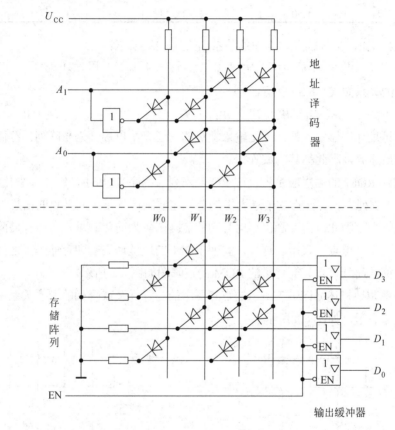

图 6.6 二极管 ROM 结构图

由图 6.6 可见,ROM 地址译码器由 4 个二极管与门组成。两位地址代码 A_1、A_0 可以给出 4 个不同的地址,即 00、01、10、11 共 4 种组合。A_1、A_0 每一种组合经译码器译码后,可选中 $W_0 \sim W_3$ 中的一条字线,被选中的字线 W_i 线为高电平。

ROM 的存储阵列实际上是由 4 个二极管或门组成的编码器。4 条字线 $W_0 \sim W_3$ 分别对应存储阵列中的 4 个字,每个字存放 4 位信息。制作芯片时,若在一个字中的某一位存入 1,则在该字的字线 W_i 与位线 D_i 之间加入二极管;反之,就不接二极管。

由三态门组成输出缓冲器,通过 EN 端对输出进行三态控制。在读取数据时,只要输入指定的地址码,并令 EN = 0,则可以在数据输出端 $D_0 \sim D_3$,获得与该地址对应的字中所存储的数据。

例如，设 EN = 0，当 $A_1A_0 = 01$ 时，$W_1 = 1$，$W_0 = W_2 = W_3 = 0$，即此时 W_1 被选中，读出与 W_1 对应的字中的数据为 $D_3D_2D_1D_0 = 1010$。同理，可以分析出 A_1A_0 为其他组合时，与其相对应的输出数据见表 6.1。

表 6.1 图 6.5 的 ROM 数据表

地址		字线	数据				地址		字线	数据			
A_1	A_0	W_i	D_3	D_2	D_1	D_0	A_1	A_0	W_i	D_3	D_2	D_1	D_0
0	0	W_0	0	1	0	1	1	0	W_2	0	1	1	1
0	1	W_1	1	0	1	0	1	1	W_3	0	1	1	0

由表 6.1 得出，地址输入与字线的关系如式（6.2）所示：

$$W_0 = \overline{A_1}\overline{A_0} \quad W_1 = \overline{A_1}A_0 \quad W_2 = A_1\overline{A_0} \quad W_3 = A_1A_0 \tag{6.2}$$

位线与字线的关系如式（6.3）所示：

$$D_0 = W_0 + W_2 \quad D_1 = W_1 + W_2 + W_3 \quad D_2 = W_0 + W_2 + W_3 \quad D_3 = W_1 \tag{6.3}$$

可见，地址译码器实现的是地址输入变量的与运算，也称其为与阵列；存储阵列实现的是字线的或运算，因此称其为或阵列。

制作固定 ROM 的顺序应是先设计 ROM 阵列（程序），后生产制作（固化程序）。例如，在 ROM 阵列中，交叉点的信息为 1 的单元需要制造管子；交叉点的信息为 0 的单元不需要制造管子。因此，需要画出存储阵列的点阵图，为简化起见，可在存储阵列中有管子的地方用码点（黑点）表示。这样，就使 ROM 的地址译码器和存储阵列之间的逻辑关系变得十分简洁而且直观。简化了的 ROM 的点阵图如图 6.7 所示。

为了更清楚地描述如图 6.7 所示的点阵图中的与阵列及或阵列的逻辑关系，可以通过与门和或门来表示，如图 6.8 所示。

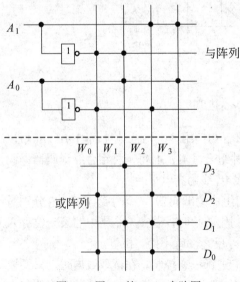
图 6.7 图 6.6 的 ROM 点阵图

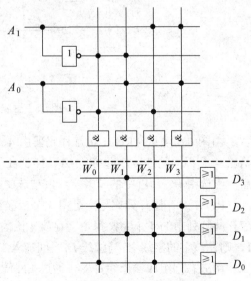
图 6.8 图 6.6 的 ROM 与或阵列图

掩模 ROM 的特点是电路结构简单,但存储内容只能由芯片制造过程确定且不能更改,这一固有不足限制了掩模 ROM 的应用范围。它只适用于存储已开发成功的程序,且批量较大的产品,不适合程序开发过程及应用批量小的场合,因为程序开发过程中需要不断地调试修改。为了适应这种需求,产生了可编程只读存储器 PROM。

2. 可编程只读存储器(PROM)

PROM 的总体结构与掩模 ROM 一样,同样由地址译码器、存储阵列和输出缓冲器组成。不过在出厂时已经在存储阵列的所有交叉点上制作了存储元件,即在所有存储单元里都存入 1(或 0),用户根据需要,可将某一单元改写为 0(或 1),但只能改写一次。因为这种 ROM 采用的是烧断熔丝或击穿 PN 结的方法。这些方法不可逆,一经改写再无法恢复。

在熔丝型 PROM 的存储阵列中,每一存储单元都是由存储管和串接的快速熔断丝组成,如图 6.9 所示。熔丝没有烧断时,相当于所有的存储单元都存的是 1。需要编程时,逐字逐位地选择需要编程为 0 的单元,通过一定幅度和宽度的脉冲电流,将所选中的存储单元中的熔丝熔断,则该单元中的内容由 1 被改写为 0。

用 PN 结击穿法改写 PROM 存储单元的原理,如图 6.10(a)所示。字线与位线相交处由两个肖特基二极管反向串接,由于总有一个二极管处于反向截止,故相当于存储单元中存入 0。编程时,选择需要存储 1 的单元,用一定值的反向直流电流,将 T_1 击穿短路,如图 6.10(b)所示,相当于将该单元的内容由 0 改写成 1。

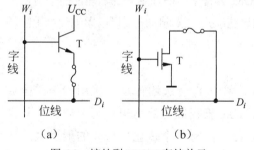

图 6.9 熔丝型 PROM 存储单元

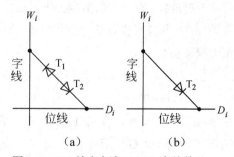

图 6.10 PN 结击穿法 PROM 存储单元

PROM 器件虽然增加了存储电路的复杂程度,但提供了更改存储内容的可能,使 PROM 器件具有通用性。实际的应用程序开发过程往往需要反复调试修改,一次可编程器件仍然满足不了产品开发过程的需要,因此又出现了可擦除可编程只读存储器。

3. 可擦除的可编程只读存储器

1) 光擦除可编程存储器(EPROM)

EPROM 存储单元采用特殊结构的叠栅注入 MOS 管,简称 SIMOS,其符号如图 6.11 所示。这种 MOS 管有两个重叠栅极,即控制栅 G_c 与浮置栅 G_f。控制栅 G_c 有引线引出,与字线相接,用于控制读出和写入;浮置栅 G_f 没有引线引出,用于长期保存注入的负电荷。EPROM 的存储单元如图 6.12 所示。

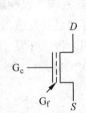 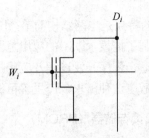

图 6.11　SIMOS 符号　　　图 6.12　EPROM 存储单元

读出时，如果浮置栅 G_f 上没有积累电子，则 MOS 管的开启电压较低，此时，若给控制栅 G_c 上加+5V 的电压（读出电压）时，MOS 管导通，位线上读出 0。反之，如果浮置栅 G_f 上积累了电子，则 MOS 管的开启电压很高，控制栅 G_c 上加+5V 电压时，MOS 管仍然截止，位线上读出 1。

这种 EPROM 出厂时，全为 0，即浮置栅 G_f 上无电子积累，可根据编程的需要再写入 1。写入（即编程）时，首先选中需要存储 1 的单元，在其对应的 MOS 管的漏极上加约几十伏的正脉冲电压，使电子注入浮置栅 G_f 中，即在存储单元中写入了 1。由于 G_f 无引线（即浮置栅上的电子无放电通路），所以电子能够长期保存。

EPROM 擦除的方法是，将器件从系统板中取下来，放置到专用的擦除器中，在紫外线下照射 15～20min，使浮置栅 G_f 上的电子形成光电流而泄放，从而恢复写入前的状态。

为了便于擦除操作，其外壳装有透明的石英盖板。在写好数据以后，应使用不透光的胶带将石英盖板遮蔽，以防数据丢失。虽然，EPROM 具备了可擦除重写的功能，能够多次反复擦写，但擦除操作复杂，速度很慢。为了克服这些缺点，又研制成了可以用电信号擦除的可编程 ROM。

2）电擦除可编程只读存储器（E^2PROM）

E^2PROM 的存储单元如图 6.13（a）所示。图中 T_2 是选通管，T_1 采用的是浮栅隧道氧化层 MOS 管，简称 Flotox 管。它与 SIMOS 管相似之处是也有两个栅极，即控制栅 G_c 和浮栅 G_f。其不同之处是，漏区与浮栅之间有一个氧化层极薄的隧道区，在一定的条件下，隧道区可形成导电隧道，电子可以双向通过，形成电流。此现象称为隧道效应。

读出状态如图 6.13（b）所示。控制栅 G_c 加上+3V 的电压，字线 W_i 上有+5V 电压，T_2 导通，如果 Flotox 管的浮置栅上没有存储电子，则 T_1 导通，可从位线 D_i 上读出 0；若 Flotox 管的浮置栅有存储电子，则 T_1 截止，可从位线 D_i 上读出 1。

写入 1 操作时，对外加电压的要求如图 6.13（c）所示。在控制栅 G_c 和字线 W_i 上加+20V 左右的脉冲电压，位线 D_i 接 0V 电平，Flotox 管的电子通过隧道区存储于浮置栅中。此时，Flotox 管所需要的开启电压高达+7V 以上，远大于读出时控制栅 G_c 上所加的+3V 电压，因此，当控制栅 G_c 上加+3V 电压时，Flotox 管截止。浮置栅注入电子后，存储单元为 1 状态。

写入 0 操作时，对外加电压的要求如图 6.13（d）所示。在要写入 0 的存储单元的 Flotox

管控制栅 G_c 上,加上 0V 电压,字线 W_i 和位线 D_i 上加+20V 左右的脉冲电压,存储于 Flotox 管浮置栅中的电子通过隧道放电,使浮栅上的电子消失,存储单元为 0。读出时,控制栅 G_c 上加 + 3V 的电压,Flotox 管导通,读出数据为 0。

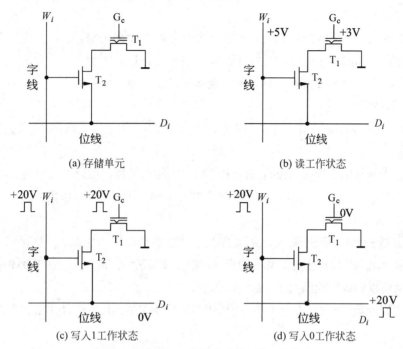

图 6.13　E^2PROM 存储单元及三种工作状态

E^2PROM 虽然实现了电擦除和写入,但擦、写的速度仍然不够快,而且,其存储单元中用了两个 MOS 管,增加了存储单元的复杂程度,限制了器件集成度的提高。

3）快闪存储器

图 6.14 表示的是快闪存储器的存储单元。这是新一代电信号可擦除的可编程 ROM,它既吸收了 EPROM 结构简单,编程可靠的优点,又保留了 E^2PROM 用隧道效应擦除快的优点,而且集成度可以做得很高。管子采用叠栅 MOS 管,其内部结构与 EPROM 中的 SIMOS 管极为相似。数据位的存储依据存储 0 还是 1,对应于浮置栅上有或者没有电荷。

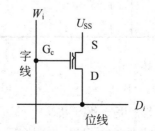

图 6.14　快闪存储器的存储单元

读出状态时，在 W_i 字线上加+5V 电压，$U_{SS}=0V$，如果浮栅 G_c 上没有存储电子，叠栅 MOS 管导通，位线 D_i 上读出 0；如果浮栅上 G_c 有存储电子，则叠栅 MOS 管截止，位线 D_i 输出 1。

写入 1 的过程与 EPROM 相同，擦除方法则类似于 E^2PROM。但由于片内叠栅管的源极是分区连在一起的，所以擦除是按区进行，这一点与 E^2PROM 是有区别的。

快闪存储器具有集成度高，容量大，成本低以及使用方便等优点。

4. 应用举例

例 6.1 使用 ROM 设计一个能够实现函数 $Y=X^2-1$ 的运算电路，X 的取值范围为 1～7 的正整数。

解：因为函数的自变量 X 的取值范围为 1～7 的正整数，所以，可以用三位二进制正整数 $X=A_2A_1A_0$ 来表示，输出 Y 的最大值是 $7^2-1=48$，因此，Y 可以用 6 位二进制数 $Y=Y_5Y_4Y_3Y_2Y_1Y_0$ 来表示。

用存储器 ROM 的地址输入 $A_2A_1A_0$ 作为函数式的逻辑输入变量 X；将存储器 ROM 的数据输出端 $Y_5Y_4Y_3Y_2Y_1Y_0$ 作为函数的输出 Y，根据 $Y=X^2-1$ 的关系，在 ROM 中写入相应的数据，则可以构成实现函数 $Y=X^2-1$ 的运算电路。

根据逻辑函数 $Y=X^2-1$ 的关系，可以用表列出 $Y_5Y_4Y_3Y_2Y_1Y_0$ 与 $A_2A_1A_0$ 之间的关系，如表 6.2 所示。

表 6.2 例 6.1 的真值表

输	入		位 线	输		出				十进制数
A_2	A_1	A_0	W_i	Y_5	Y_4	Y_3	Y_2	Y_1	Y_0	
0	0	0	W_0	0	0	0	0	0	0	0
0	0	1	W_1	0	0	0	0	0	0	0
0	1	0	W_2	0	0	0	0	1	1	3
0	1	1	W_3	0	0	1	0	0	0	8
1	0	0	W_4	0	0	1	1	1	1	15
1	0	1	W_5	0	1	1	0	0	0	24
1	1	0	W_6	1	0	0	0	1	1	35
1	1	1	W_7	1	1	0	0	0	0	48

根据表 6.2 可以写出 Y 的表达式：

$Y_5=W_6+W_7$　　$Y_4=W_5+W_7$　　$Y_3=W_3+W_4+W_5$

$Y_2=W_4$　　$Y_1=W_2+W_4+W_6$　　$Y_0=W_2+W_4+W_6$

根据上述表达式可画出 ROM 存储点阵图，如图 6.15 所示。

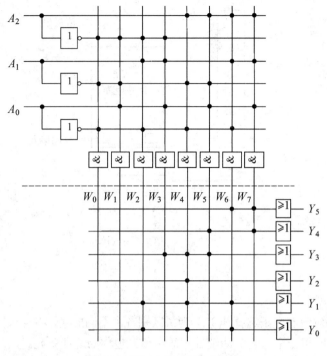

图 6.15 例 6.1 的 ROM 点阵图

思考与讨论题：

（1）ROM 能够实现任何组合逻辑函数的电路结构基础是什么？

（2）ROM 电路结构的发展过程对读者有何启示？

6.3 随机存储器

随机存储器也叫随机读/写存储器，简称 RAM。在正常工作时，可以随时从任何一个指定的地址写入（存入）或读出（取出）信息。RAM 最大的优点是读写方便，但有信息容易丢失的缺点，一旦电源关断，所存储的信息就会随之消失，不利于长期保存。根据存储单元的不同，RAM 可分为静态 RAM 和动态 RAM。

1. RAM 的结构

随机存储器 RAM 的结构与 ROM 类似，仍然是由地址译码器、存储矩阵（又称为存储阵列）和读写控制电路组成，如图 6.16 所示。

1）存储矩阵

存储矩阵是由大量的基本存储单元组成，每个存储单元可以存储一位二进制数码（1 或 0）。与 ROM 存储单元不同的是，RAM 存储单元的数据不是预先固定的，而是取决于外部输入的信息。要存得住这些信息，RAM 存储单元必须由具有记忆功能的电路构成。

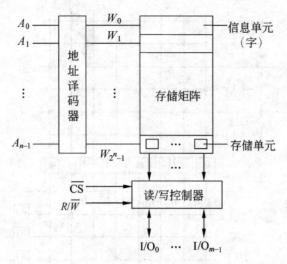

图 6.16 RAM 的电路结构图

2）地址译码器

一组地址码对应着一条选择线 W_i。为了区别各个不同的字，将存放同一个字的存储单元编为一组，并赋予一个号码，即地址。故字单元也称为地址单元。

存储阵列中的存储单元编址方式有两种，一种是单译码地址方式，适用于小容量的存储器；另一种是双译码地址方式，适用于大容量存储器。

单译码地址方式中，RAM 内部字线 W_i 选择的是一个字的所有位。由于 n 个地址输入的 RAM，具有 2^n 个字，所以应有 2^n 根字线。图 6.17 是 16×8 的存储器单译码地址方式的结构图。

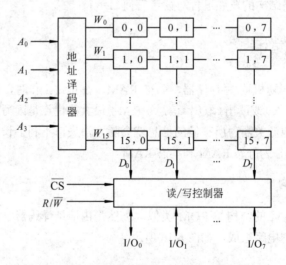

图 6.17 单地址译码方式的电路结构图

存储矩阵排列成 16 行（即 16 个字）8 列，需要 4 位地址输入信号 $A_3A_2A_1A_0$，给出一个地址信号，即可选中存储阵列中相应字的所有存储单元；每一列与每一行的同一位相对应（位线），并通过读/写控制电路与外部的数据线 I/O（输入输出端）相连。例如，当地址输入信号为 0001 时，选中 W_1 字线，对（1，0）～（1，7）的 8 个基本存储单元同时进行读/写操作。

双译码地址方式中，地址译码器分为两个，即行地址译码器和列地址译码器，图 6.18 是双地址译码方式的电路结构图（以 8 位地址为例，图中未画出输出控制电路）。

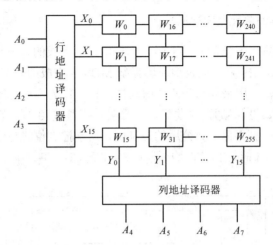

图 6.18　双地址译码方式的电路结构

地址译码器的输出线分别为 X_i、Y_j。存储阵列中的某一个字能否被选中，由行地址 X_i 和列地址线 Y_j 共同作用决定。

双地址译码方式的电路共有 8 根地址输入线，分为 $A_0\sim A_3$、$A_4\sim A_7$ 两组，$A_0\sim A_3$ 是行地址译码器的输入端；$A_4\sim A_7$ 为列地址译码器的输入端。假如 8 位地址输入为 $A_7A_6A_5A_4A_3A_2A_1A_0 = 00011111$ 时，X_{15} 和 Y_1 的地址线为高电平，则字 W_{31} 的存储单元被选中。

3）读写控制器

读写控制电路用于对电路的工作状态进行控制。当地址译码器选中相应的存储阵列中的某个基本单元后，该基本存储单元的输出端与 RAM 内部数据线 D、$\overline{D}$ 直接相连。是读出该基本存储单元中存储的信息，还是将外部信息写入到该基本存储单元中，则由读/写控制电路的工作状态决定。可采用高电平或者低电平作为读/写的控制信号，$R/\overline{W}$ 为读/写控制输入端。

因为，在同一时间内，不可能同时把读控制指令和写控制指令送入 RAM 芯片，所以，输入数据线和输出数据线可以合用一条，即双向数据端 I/O 既作为数据输入端，将外部的数据信息写入存储阵列，也可作为数据输出端，读出存储阵列中存储的信息。

一片 RAM 芯片所能存储的信息是有限的，往往需要把多片 RAM 组成一个容量更大的存储器，以满足实际工作的需要。这个存储器进行读/写操作时，需要与哪一片 RAM 或者与哪几片 RAM 进行数据交换工作，则需要通过片选控制信号进行控制。$\overline{CS}$ 即为片选控制输入端，控制 RAM 芯片能否进行数据交换。

（1）当 $\overline{CS}=0$ 且 $R/\overline{W}=1$ 时，读/写控制器工作在读出状态，RAM 存储器中的信息被读出。

(2) 当 $\overline{CS}=0$ 且 $R/\overline{W}=0$ 时,读/写控制器工作在写入状态,加到 I/O 端的输入数据便被写入指定的 RAM 存储单元中。

(3) 当 $\overline{CS}=1$ 时,所有的 I/O 端均处于禁止状态,将存储器内部电路与外部连线隔离,既不能读出也不能写入。

2. 静态 RAM 存储单元（SRAM）

静态存储单元是在触发器的基础上附加门控电路而构成的。因此,它是靠触发器的记忆功能存储数据的。图 6.19 是采用 N 沟道增强型 MOS 管组成的静态存储单元。其中,$T_1 \sim T_4$ 组成基本 RS 触发器,用来存储一位二值数据。T_5、T_6 为本单元控制门,由行选择线 X_i 控制。当 $X_i=1$ 时,T_5、T_6 导通,触发器与位线接通;当 $X_i=0$ 时,T_5、T_6 截止,触发器与位线隔离。T_7、T_8 为一列存储单元公用的控制门,用于控制位线与数据线的连接状态,由列选择线 Y_j 控制。$Y_j=1$ 时,T_7、T_8 均导通;$Y_j=0$ 时,T_7、T_8 均截止。

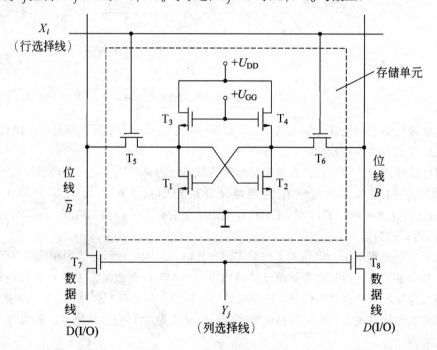

图 6.19 六管静态存储单元

当行地址线 X_i 与列地址线 Y_j 都为高电平时,行、列的门控制管 $T_5 \sim T_8$ 均导通,触发器的输出与 RAM 内部的数据线 D、$\overline{D}$ 接通,将触发器内存储的信息读出。

向触发器写入信息时,将需要写入的信息加在数据线 D、$\overline{D}$ 上,并使得该触发器的地址 X_i 和 Y_j 均处于高电平,行、列的门控制管 $T_5 \sim T_8$ 都导通,这样,D、$\overline{D}$ 上的信息就可写到该触发器中。

由于 SRAM 的存储单元由触发器构成,因此,只要不失电,数据就不会丢失。

静态 RAM 的存储单元所用的管子数目较多,功耗较大、集成度受到限制。为了克服这些缺点,人们研制出了动态 RAM（DRAM）。

3. 动态 RAM 的存储单元（DRAM）

动态 RAM 存储数据的原理是基于 MOS 管栅极电容存储电荷效应。由于漏电流的存在，电容上存储的数据（电荷）不能长久保存，必须定期给电容补充电荷，以避免存储数据的丢失，这种操作称为再生刷新。

早期采用的动态存储单元多为四管电路或三管电路。这两种电路的优点是，外围控制电路比较简单，读出信号也比较大，缺点是电路结构仍不够简单，不利于提高集成度。

单管动态存储单元是所有存储单元中电路结构最简单的一种。图 6.20 是单管动态 MOS 存储单元的电路结构图。

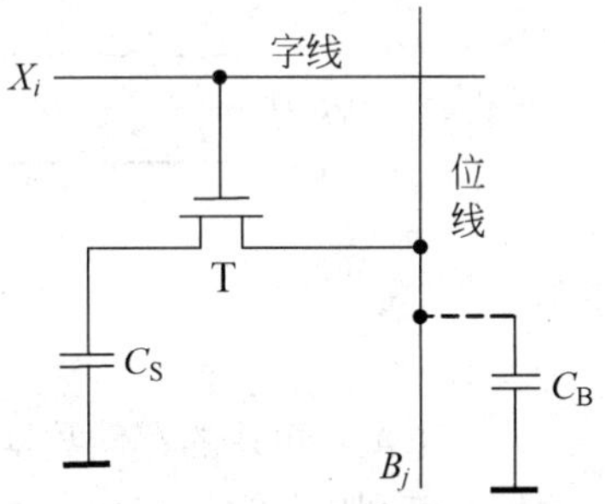

存储单元由一只 N 沟道增强型 MOS 管 T 和一个电容 C_S 组成。C_B 是位线上的分布电容（C_B 远大于 C_S）。T 为门控管，通过控制 T 管的导通或截止，把数据从存储单元送至位线 B_j 读出，或将位线 B_j 上的数据送到存储单元写入。C_S 的作用是存储数据。

写入信息时，字线为高电平，即 $X_i=1$，T 管导通，位线 B_j 上的输入数据经过 T 存入 C_S。

读出信息时，位线原状态为低电平，即 $B_j=0$，字线 X_i 为高电平，即 $X_i=1$，T 管导通，这时，C_S 经 T 向 C_B 充电，使位线 B_j 获得读出的信号电平。

图 6.20 单管动态存储单元

设 C_S 上原来存储有正电荷，其电压 U_{C_S} 为高电平，而位线电压 $U_B=0$，在执行读操作后，位线电平将上升为 $U_B=C_S U_{C_S}/(C_S+C_B)$。

在实际的存储器电路中，位线上总是同时接有很多存储单元，使得 C_B 远大于 C_S，使得位线上读出的电压信号很小。因此，需要在 DRAM 中设置灵敏的读出放大器，将读出信号放大，另外，读出后 C_S 上的电荷也会减少很多，使其所存储的数据被破坏，必须进行刷新操作，恢复存储单元中原来存储的信号，以保证其存储信息不会丢失。

虽然，它的外围控制电路比较复杂，但由于在提高集成度上所具有的优势，使它成为目前所有大容量的 DRAM 首选的存储单元。

4．RAM 存储容量的扩展

在数字系统中，当使用一片 RAM 器件不能满足存储容量要求时，必须将若干片 RAM 连在一起，以扩展存储容量。扩展的方法可以通过增加位数或字数来实现。

1）位数的扩展

当实际需要存储系统的数据位数超过每一片存储器的数据位数，而每一片存储数据的字数够用时，则需要进行位数扩展。位扩展应重点关注数据输出端。

图 6.21 是用 8 个 256×1b 的 RAM 芯片扩展成 256×8b RAM 的存储系统的连接图。

图 6.21 中 8 片 RAM 的所有地址线、$R/\overline{W}$、$\overline{CS}$ 分别对应连接在一起，而每一片的 I/O 端作为整个 RAM 的 I/O 端的一位。扩展后的存储容量为单片存储容量的 8 倍。

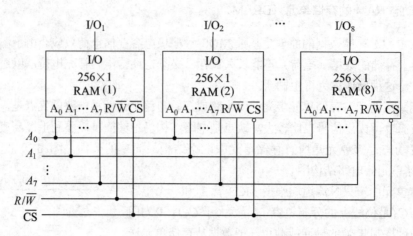

图 6.21 RAM 的位数扩展连接法

2）字数的扩展

若 RAM 单片的存储数据位数够用而字数不够用时，则需要采用字数扩展方式。字数的扩展可利用外加译码器控制存储芯片的片选输入端 $\overline{CS}$ 来实现。字扩展应重点关注输入地址线的连接方式。

具体字数扩展的方法是：将几片 RAM 的输入/输出端、读/写控制端、地址输入端都对应地并联起来，再用一个译码器控制各 RAM 芯片的片选端即可。扩展后的总字数等于所用多片 RAM 的字数之和。

图 6.22 采用字数扩展方式将 4 片 $256 \times 8b$ RAM 芯片组成 $1024 \times 8b$ 存储器的连接图。

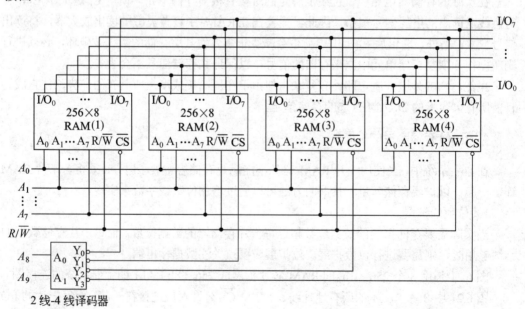

图 6.22 RAM 的字数扩展连接法

256×8b 的 RAM 芯片有 8 位地址输入,而 1024×8b 的存储器需要 10 位地址输入,为此,可把 4 片 RAM 相应的地址输入端都分别连接在一起,构成 1024×8b 存储器的低 8 位地址,1024×8b 存储器的两个高位地址输入 A_8、A_9 加到 2 线-4 线译码器输入端,译码器的 4 个输出端分别与 4 个 256×8b RAM 芯片的片选控制端 $\overline{CS}$ 相连,2 线-4 线译码器可将 A_8、A_9 的 4 种编码 00、01、10、11 分别译成 Y_0、Y_1、Y_2、Y_3 4 个低电平输出信号,然后用它们分别去控制 4 片 RAM 的片选信号 $\overline{CS}$ 端。

例如,$A_9A_8=01$,则 RAM(2)片的 $\overline{CS}=0$,其余各片 RAM 的 $\overline{CS}$ 均为 1,故第二片 RAM 被选中;其他芯片处于禁止工作状态,输出端与数据总线隔离。只有被选中的芯片的信息可以读出,送至位线上,读出的内容则由低位地址 $A_7 \sim A_0$ 决定。4 片 RAM 的地址分配情况如表 6.3 所示。

表 6.3　图 6.22 中各片 RAM 电路的地址分配

器件编号	2 线-4 线译码器输入		2 线-4 线译码器输出				地 址 范 围		相应十进制数
	A_9	A_8	Y_0	Y_1	Y_2	Y_3	A_9A_8	$A_7A_6A_5A_4A_3A_2A_1A_0$	
RAM(1)	0	0	0	1	1	1	00 00000000～00 11111111		0～255
RAM(2)	0	1	1	0	1	1	01 00000000～01 11111111		256～511
RAM(3)	1	0	1	1	0	1	10 00000000～10 11111111		512～767
RAM(4)	1	1	1	1	1	0	11 00000000～11 11111111		768～1023

显然,4 片 RAM 轮流工作,任何时候,只有一片 RAM 处于工作状态,存储容量扩大了 4 倍,而字长仍为 8 位。

实际应用中,常将两种方法相互结合,以达到字数和位数均扩展的要求。可见,无论需要多大容量的存储器系统,均可利用容量有限的存储器芯片,通过位数和字数的扩展来构成。

例 6.2　试用多片 1024×4b 的 RAM 实现 4096×8b 的存储器。

解:分析题目的要求可见,扩展前存储器的数据线是 4 条,扩展后要求 8 条数据线,需要二倍的位扩展;扩展前存储器的字数是 1024,扩展后要求字数是 4096,需要 4 倍的字扩展。故需要 8 片 1024×4b 的 RAM。

4096×8b 存储器需要 1024×4b RAM 的芯片数也可以利用下式确定:

$$C = \frac{总存储容量}{一片存储容量} = \frac{4096 \times 8}{1024 \times 4} 片 = 8 片$$

根据字数等于 2^n 可知,4096 个字的地址线数 $n=12$,利用两片 1024×4 位 RAM 的并联可以实现位扩展,达到 8 位的要求。地址线 A_{11}、A_{10} 接译码器的输入端,译码器的每一条输出线对应接到两片 1024×4 位 RAM 的 $\overline{CS}$ 端,连接方式如图 6.23 所示。

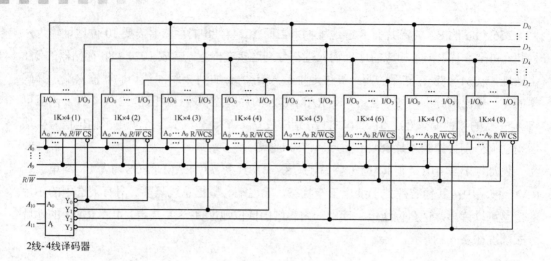

图 6.23 例 6.3 的 RAM 的字、位扩展

思考与讨论题：

(1) 利用 RAM 能否实现函数表？如果能够实现，它与采用 ROM 实现的函数表有何区别？

(2) 译码器的扩展与此处存储器的字扩展有何联系与区别？有人说这种扩展方式是"先片选，后进行片内选择"，如何理解这句话？

小结

(1) 半导体存储器是一种能够存储大量二值数据或代码的集成电路，其电路结构由地址译码器、存储阵列和输入/输出电路三部分组成。

(2) 根据读、写功能的不同，可将半导体存储器分为只读存储器（ROM）和随机存储器（RAM）两大类。

(3) 只读存储器（ROM）主要用于存储固定数据，其结构可以用简化阵列图来表示。根据数据写入的方式，可将 ROM 分为掩模 ROM（ROM）、可编程 ROM（PROM）、可擦除可编程 ROM（EPROM、E^2PROM、快闪存储器）。

(4) 随机存储器（RAM）可以随机读取或写入数据，但其存储的数据只能在不断电的情况下保存。根据随机存储器的结构，可将其分为静态随机存储器（SRAM）和动态随机存储器（DRAM）。

(5) 当存储器的容量不能满足存储要求时，可以将若干个存储器的芯片组合起来，采用字扩展或者位扩展的方法来扩大存储器的容量，构成一个容量更大的存储器。

(6) 半导体存储器的应用领域极为广泛，是数字系统中不可缺少的重要组成部分。不仅在记录数据或各种信息的场合需要用到存储器，还可以利用存储器设计组合逻辑电路，即：把地址输入作为输入逻辑变量，把数据输出端作为函数输出端，根据所需的逻辑函数写入相应的数据，即可得到所需要的组合逻辑电路。

习题

6.1 ROM 有哪些种类？各有何特点？

6.2 指出下列 ROM 存储系统各具有多少个存储单元，应有地址线、数据线、字线和位线各多少根？

(1) $256 \times 4b$ 　　　　　　　(2) $64K \times 1b$

(3) $256K \times 4b$ 　　　　　　(4) $1M \times 8b$

6.3 一个有 16 384 个存储单元的 ROM，它的每个字是 8 位，试问它应有多少个字，有多少根地址线和数据线？

6.4 已知 ROM 如图 6.24 所示，试列表说明 ROM 存储的内容。

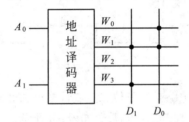

图 6.24　题 6.4 的图

6.5 ROM 点阵图及地址线上的波形图如图 6.25 所示，试画出数据线 $D_3 \sim D_0$ 上的波形图。

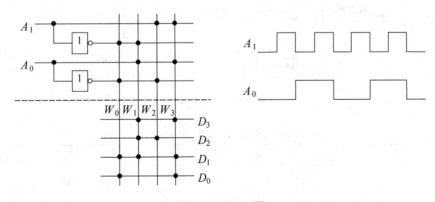

图 6.25　题 6.5 图

6.6 试用 ROM 设计一个组合逻辑电路，用来产生下列一组逻辑函数。画出存储阵列的点阵图。

$Y_1 = \overline{A}\overline{B}\overline{C}D + \overline{A}\overline{B}C\overline{D} + A\overline{B}\overline{C}D + ABC\overline{D}$

$Y_2 = A\overline{B}\overline{C}\overline{D} + A\overline{B}D + \overline{A}CD$

$$Y_3 = \overline{A}B + B\overline{C}D + AC\overline{D} + \overline{B}D$$
$$Y_4 = B\overline{D} + \overline{B}D$$

6.7 试用 ROM 设计一个实现 8421BCD 码到余 3 码转换的逻辑电路，要求选择 EPROM 的容量，画出简化阵列图。

6.8 图 6.26 是用 ROM 构成的七段译码电路框图，$A_0 \sim A_3$ 为 ROM 的输入端。LT 为试灯输入端；当 LT = 1 时，无论二进制数为何值，数码管七段全亮；当 LT = 0 时，数码管显示与输入的 4 位二进制数所对应的十进制数。试列出实现上述功能的 ROM 数据表，并画出 ROM 的阵列图（采用共阴极数码管）。

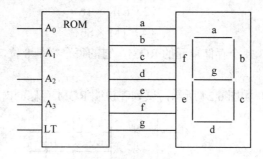

图 6.26 题 6.8 图

6.9 如图 6.27 所示的电路是用三位二进制计数器和 8 × 4 EPROM 组成的波形发生器电路。在某时刻 EPROM 存储的二进制数码如表 6.4 所示，试画出 CP 和 $Y_0 \sim Y_3$ 的波形。

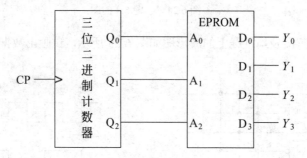

图 6.27 题 6.9 图

表 6.4 题 6.9 的 EPROM 数据表

A_2	A_1	A_0	D_3	D_2	D_1	D_0
0	0	0	1	1	1	1
0	0	1	0	0	1	0
0	1	0	1	0	0	0
0	1	1	0	0	0	0
1	0	0	1	1	1	1
1	0	1	0	0	1	1
1	1	0	0	0	0	1
1	1	1	0	0	0	1

6.10 ROM 和 RAM 有什么相同之处？只读存储器写入信息有几种方式？

6.11 某台计算机的内部存储器设置有 32 位的地址线，16 位并行数据输入/输出端，试计算它的最大存储量为多少。

6.12 一个有 32 768 个存储单元的 RAM，它能存储 4096 个字。试问每个字是多少位？此存储器应有多少根地址线？多少根数据线？

6.13 一个容量为 512×4 位的 RAM，需要多少根地址线？多少根数据线？共有多少个存储单元？每次可以访问多少个存储单元？

6.14 设一片 RAM 芯片的字数 n，位数为 d，扩展后的字数为 N，位数为 D，求需要的片数 x 的公式。

6.15 已知 4×4 位 RAM 如图 6.28 所示。如果把它们扩展成 8×8 位 RAM，问：

（1）需要几片 4×4 位 RAM；

（2）画出扩展电路图（可以用少量的与非门）。

6.16 256×4 位 RAM 芯片的符号图如图 6.29 所示。试用位扩展的方法组成 256×8 位 RAM，并画出逻辑图。

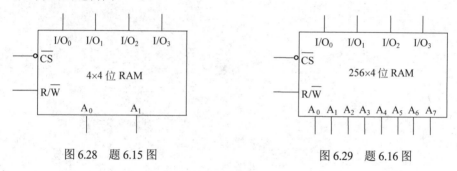

图 6.28 题 6.15 图　　　　　　　　图 6.29 题 6.16 图

6.17 试用 4 片 2114（2144 是静态 RAM，其存储容量为 1024×4 位）和 3 线-8 线译码器 74LS138 组成 4096×4 位的 RAM。

6.18 16 片 2114（2144 是静态 RAM，其存储容量为 1024×4 位）和 3 线-8 线译码器 74LS138 接成 $8K \times 8$ 位的 RAM。

6.19 依据所给条件，选择填空。

（1）一个存储器有 1024 个地址，每个地址可以存储 8 个位信息，那么它的存储容量为（　　）。

A. 1024　　　　　　B. 8192　　　　　　C. 8　　　　　　D. 4096

（2）在一次写数据操作过程中，数据存储到随机存储器中的时间是（　　）。

A. 寻址操作　　　　B. 使能操作　　　　C. 写操作　　　　D. 读操作

（3）随机存储器中给定地址中存储的数据在（　　）情况下，所存储的数据会丢失。

A. 电源关闭　　　　　　　　　　　　B. 数据从地址中读出

C. 在地址中写入新数据　　　　　　　D. 答案 A 和 C

（4）易失性存储器有（　　）；非易失性存储器有（　　）。

A. EPROM　　　　B. SRAM　　　　C. DRAM　　　　D. 闪存

（5）SRAM 中的存储单元是（　　）；DRAM 中的存储单元是（　　）。
　　A. 电容　　　　　　B. 触发器　　　　　　C. 二极管　　　　　　D. 熔丝
（6）某数字系统正常运行时突然断电，当电源恢复正常后，只读存储器 ROM 中的数据（　　）。
　　A. 全部丢失　　　　B. 全部为 0　　　　　C. 不确定　　　　　　D. 保持不变
（7）某数字系统正常运行时突然断电，当电源恢复正常后，随机存储器 RAM 中的数据（　　）。
　　A. 全部丢失　　　　B. 全部为 1　　　　　C. 不确定　　　　　　D. 保持不变
（8）如果将 512×4b 的 RAM 扩展为 4096×8b，则需要（　　）片 512×4b 的 RAM。
　　A. 8　　　　　　　　B. 10　　　　　　　　C. 12　　　　　　　　D. 16

第7章 脉冲波形的产生与变换

内容提要：本章主要介绍多谐振荡器、单稳态触发器、施密特触发器的电路结构、工作原理及其应用。构成多谐振荡器、单稳态触发器、施密特触发器的电路结构形式较多，如门电路与 RC 电路、集成电路外接 RC 元件、555 定时器外接 RC 元件等。

学习提示：学习本章内容熟悉 RC 电路的充放电过程是基础，掌握定性分析、波形分析、定量计算这些基本的分析方法是关键，熟悉多谐振荡器、单稳态触发器、施密特触发器的功能特点及应用是目的。

7.1 概述

在时序电路分析和设计中，经常用到时钟脉冲信号，但没有解释时钟脉冲是如何产生的。时钟脉冲一般是矩形波，熟悉模拟电子技术的读者可能回忆起利用集成运放组成的积分电路与迟滞比较器能够产生矩形波信号。事实上，利用数字电路器件和 RC 元件也能产生矩形波。数字系统中常见的矩形波产生电路可由门电路与 RC 元件或者 555 定时器与 RC 元件构成。

矩形波信号在传输过程中，由于传输线路中杂散电容的影响，往往使得矩形波信号发生变形，使其上升沿和下降沿变差。为了保证边沿触发器件对时钟脉冲边沿的要求，需要对不规则的矩形脉冲信号进行整形。因此，数字系统需要能够对脉冲信号进行整形的单元电路。常用的脉冲整形电路有单稳态触发器和施密特触发器。

本章主要介绍多谐振荡器、单稳态触发器、施密特触发器的电路形式并分析其工作原理。尽管电路功能不同且电路形式各种各样，但分析方法可归纳为定性分析、波形分析、定量计算。定性分析了解电路的具体工作过程；波形分析把工作过程图形化，以便更清楚地了解电路中关键点信号的变化规律；定量分析建立一个数量概念，针对不同的电路，定量分析关注的对象有所区别，例如频率、脉冲宽度、回差电压等。定性分析是基础，波形分析是手段，定量计算是关键，三个步骤相互联系，完整地描述了电路的工作原理。

一个电阻 R 和一个电容 C 可以连接成如图 7.1 所示的积分电路和微分电路。回顾积分电路与微分电路有助于学习多谐振荡器和单稳态触发器。

在电路课程中曾经熟悉 RC 电路的动态过程分析，并把其分析方法归纳为三要素法，

即当已知初始值 $x(t_0)$、终值 $x(t_\infty)$、时间常数 τ 的情况下,电路中电流或者电压的变化规律可用式(7.1)表示:

$$x_{(t)} = x_{(t_\infty)} + (x_{(t_0)} - x_{(t_\infty)})e^{-\frac{t}{\tau}} \tag{7.1}$$

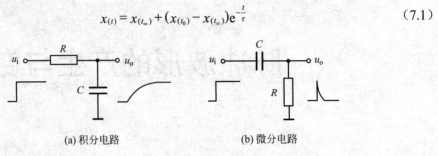

(a) 积分电路   (b) 微分电路

图 7.1 RC 积分电路与微分电路

在多谐振荡器和单稳态触发器电路中,都存在 RC 元件且电阻和电容上电压及电流的变化规律决定了电路中开关元件状态的转换,熟悉 RC 电路动态过程的分析方法是学好本章内容的前提条件。

当矩形脉冲波形是非理想波形时,为了定量描述脉冲信号的特性,引入了脉冲幅度 U_m、脉冲宽度 t_w、上升时间 t_r、下降时间 t_f、占空比 q 等脉冲参数,脉冲参数与波形的关系如图 7.2 所示。

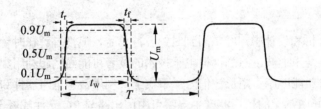

图 7.2 描述矩形脉冲的主要参数

脉冲幅度 U_m:脉冲电压信号的最大变化幅度。

上升时间 t_r:脉冲上升沿从 $0.1U_m$ 上升到 $0.9U_m$ 所需的时间。

下降时间 t_f:脉冲下降沿从 $0.9U_m$ 下降到 $0.1U_m$ 所需时间。

脉冲宽度 t_w:从脉冲上升沿的 $0.5U_m$ 起,到脉冲下降沿的 $0.5U_m$ 为止的一段时间。

脉冲周期 T:周期性重复的脉冲序列中,完成一次周期性变化需要的时间称为脉冲周期。

脉冲频率 f:表示单位时间脉冲重复的次数,$f = 1/T$。

占空比 q:脉冲宽度与脉冲周期之比。即 $q = t_w/T$。

7.2 多谐振荡器

多谐振荡器是一种自激振荡电路,用于产生脉冲信号。电路的特点是,没有稳定状态,不需要输入信号,当电源接通后,就可自动产生矩形波输出信号。

在数字电路中,多谐振荡器的电路形式较多,例如可由门电路及 RC 元件组成,也可以由 555 定时器与 RC 元件组成；单稳态触发器及施密特触发器分别与 RC 元件适当连接也能够形成多谐振荡器。

7.2.1 反相器与 RC 元件组成的环形多谐振荡器

当采用门电路与 RC 元件组成多谐振荡器时，其电路形式包括积分型、微分型多种电路形式。但分析其工作原理的途径具有普遍性，即从电路中某一点出发，讨论其波形能否发生周期性变化，分析中门电路的开关作用及 RC 电路的充放电过程是关键。

1．基本原理电路

利用门电路的传输延迟时间，将奇数个非门首尾相接就构成环形振荡器。如图 7.3 所示，它由三个反相器首尾相连而组成，这个电路是没有稳定状态的。从任何一个门的输出端都可得到高、低电平交替出现的方波。如图 7.4 所示是该电路的工作波形图。

假设三个反相器的传输延迟时间均为 t_{pd}，并设某一时刻 u_O 由高电平 1 跳变为低电平 0，则 G_1 门、G_2 门、G_3 门将依次翻转，经过三级门的传输延迟时间 $3t_{pd}$ 后，使输出 u_O 由低电平 0 跳变为高电平 1。如此周而复始跳变，形成矩形波。由图 7.4 可见，其振荡周期为 $T=6t_{pd}$。

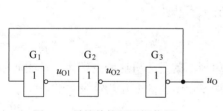

图 7.3 最简单的环形振荡器

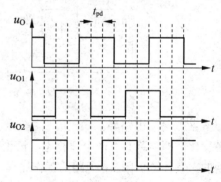

图 7.4 图 7.3 的工作波形图

图 7.3 这种简单的环形振荡器振荡周期短，频率高且不易调节，所以不实用。但它给我们一个启示，如果能通过其他途径使延迟时间变长且能按设计者的愿望调节延迟时间，则不仅降低了振荡频率而且容易改变振荡频率。什么样的电路具有延迟作用呢？RC 积分电路具有延迟功能，基于这一考虑，在如图 7.3 所示电路的 G_2 与 G_3 之间插入 RC 积分电路，所得电路如图 7.5 所示。

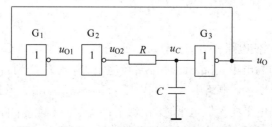

图 7.5 增加 RC 积分延迟环节的环形多谐振荡器

在如图 7.5 所示电路中，设某一时刻 u_{O2} 由低电平 0 跳变为高电平 1，则 u_{O2} 经电阻 R 给电容 C 充电，电容上的电压逐渐上升，也就是说经过一定时间的延迟后，u_C 才变为高电平，使 G_3 输出为低电平，G_1 输出高电平，u_{O2} 变为低电平，电容 C 开始放电，为下一次充电做准备。

加入 RC 积分延迟环节后，通常 RC 电路产生的延迟时间远远大于门电路本身的传输延迟时间 t_{pd}，故门电路的延迟时间可忽略不计，电路的振荡频率主要由 RC 参数决定。

2. 改进的环形多谐振荡器电路

图 7.5 的电路与图 7.3 的电路相比，具有明显的优点，即振荡频率容易调节。但进一步分析发现，在电容充放电过程中，电容上电压的变化范围较小，这对振荡器的频率稳定性不利。为了增大在充放电过程中电容上电压的变化范围，可进一步改进如图 7.5 所示电路，改进的方法是把电容的一端（图 7.5 中的接地端）改接到门 G_1 的输出端，同时在门 G_3 的输入端增加限流保护电阻 R_S。改进后的电路如图 7.6 所示。

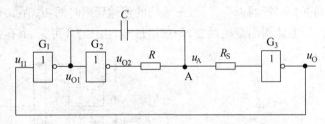

图 7.6 改进的环形多谐振荡器

多谐振荡器电路要求输出周期性矩形脉冲，则电路没有稳定状态。输出端高、低电平交替变化，即电路具有两个暂稳态，讨论其工作原理，就是分析这两个暂稳态是如何相互转换的，具体分析图 7.6 电路的工作原理，电路中 A 点电压的变化规律是关键。

1）定性分析

在如图 7.6 所示电路中，设在 t_0 时刻，$u_{I1} = u_O$ 为低电平，则 G_1 截止，输出高电平 u_{O1H}；G_2 饱和导通，输出低电平 u_{O2L}。此时 u_{O1H} 经电容 C、电阻 R 到 u_{O2L} 形成电容的充电回路如图 7.7（a）所示（R_O 是门电路的等效输出电阻）。设充电电流为 i，则电路中 A 点的电压为 $u_A = R \cdot i + u_{O2L}$。随着充电过程的进行，充电电流逐渐减小，A 点的电压也相应减小，当 u_A 接近门电路的阈值电压 U_{TH} 时，形成下述正反馈过程：

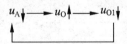

正反馈的结果，使电路在 t_1 时刻，$u_{I1} = u_O$ 变为高电平，则 G_1 饱和导通，输出低电平 u_{O1L}；G_2 截止，输出高电平 u_{O2H}。此时 u_{O2H} 经电阻 R、电容 C 到 u_{O1L} 形成电容的反方向充电回路如图 7.7（b）所示。电路中 A 点的电压为 $u_A = u_C + u_{O1L}$，考虑到电容电压不能突变，A 点电压在 u_{O1} 由高电平变为低电平时，出现下跳，其幅度与 u_{O1} 的变化幅度相同。事实上，电容先放电后反方向充电。随着充放电过程的进行，A 点的电压逐渐增大，当 u_A 接近门电

路的阈值电压 U_{TH} 时，形成下述正反馈过程：

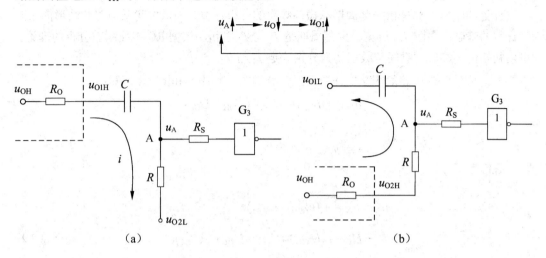

图 7.7　图 7.6 电路的充放电等效电路

正反馈的结果，使电路在 t_2 时刻，返回到 $u_{I1} = u_O$ 为低电平，u_{O1} 为高电平，u_{O2} 为低电平的状态，又开始新一轮的充电过程。考虑到电容电压不能突变，A 点电压在 u_{O1} 由低电平变为高电平时，出现上跳，其幅度与 u_{O1} 的变化幅度相同。

2) 波形分析

图 7.6 电路的工作过程，不仅可以通过定性分析用文字进行描述，而且可以用波形图来描述。事实上，波形分析是文字描述的图形表示。参照定性分析的结论，可作出其工作波形如图 7.8 所示，图中清楚地表明，当电容充放电使 A 点电压等于门电路的门槛电压 U_{TH} 时，电路状态发生变化。

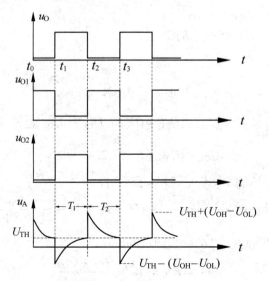

图 7.8　图 7.6 电路工作波形

3）定量计算

此处的定量计算是指振荡周期和振荡频率的分析计算，充放电等效电路和波形图是定量计算的基础。由图 7.8 可见，振荡周期是 T_1 与 T_2 之和，依据 RC 电路瞬态分析的理论，可由初始值、终值、时间常数三要素分别确定 T_1 与 T_2。

T_1 对应的等效电路如图 7.7（b）所示，分析图 7.7（b）和图 7.8 可知：

$$u_{A(0)} = u_{A(t_1)} = U_{TH} - (U_{OH} - U_{OL})$$

$$u_{A(\infty)} = U_{OH}$$

$$\tau = (R_O + R)C$$

按照三要素法有：

$$\begin{aligned} u_A &= u_{A(\infty)} + (u_{A(0)} - u_{A(\infty)})e^{-\frac{t}{\tau}} \\ &= U_{OH} + (U_{TH} - (U_{OH} - U_{OL}) - U_{OH})e^{-\frac{t}{\tau}} \\ &= U_{OH} + (U_{TH} - 2U_{OH} + U_{OL})e^{-\frac{t}{\tau}} \end{aligned} \quad (7.2)$$

当 $t = T_1$ 时，$u_A = U_{TH}$ 代入式（7.2）并整理有：

$$T_1 = \tau \ln \frac{U_{TH} - 2U_{OH} + U_{OL}}{U_{TH} - U_{OH}} = (R + R_O)C \ln \frac{U_{TH} - 2U_{OH} + U_{OL}}{U_{TH} - U_{OH}} \quad (7.3)$$

考虑到 $U_{OL} \approx 0$，所以式（7.3）可近似表示为：

$$T_1 \approx (R + R_O)C \ln \frac{U_{TH} - 2U_{OH}}{U_{TH} - U_{OH}} \quad (7.4)$$

T_2 对应的等效电路如图 7.7（a）所示，分析图 7.7（a）和图 7.8 可知：

$$u_{A(0)} = u_{A(t_2)} = U_{TH} + (U_{OH} - U_{OL})$$

$$u_{A(\infty)} = U_{OL}$$

$$\tau = (R_O + R)C$$

按照三要素法有：

$$\begin{aligned} u_A &= u_{A(\infty)} + (u_{A(0)} - u_{A(\infty)})e^{-\frac{t}{\tau}} \\ &= U_{OL} + (U_{TH} + (U_{OH} - U_{OL}) - U_{OL})e^{-\frac{t}{\tau}} \\ &= U_{OL} + (U_{TH} + U_{OH} - 2U_{OL})e^{-\frac{t}{\tau}} \end{aligned} \quad (7.5)$$

当 $t = T_2$ 时，$u_A = U_{TH}$ 代入式（7.5）并整理有：

$$T_2 = \tau \ln \frac{U_{TH} + U_{OH} - 2U_{OL}}{U_{TH} - U_{OL}} = (R + R_O)C \ln \frac{U_{TH} + U_{OH} - 2U_{OL}}{U_{TH} - U_{OL}} \quad (7.6)$$

考虑到 $U_{OL} \approx 0$，所以式（7.6）可近似表示为：

$$T_2 \approx (R + R_O)C \ln \frac{U_{TH} + U_{OH}}{U_{TH}} \quad (7.7)$$

由式（7.4）和式（7.7）可得多谐振荡器的振荡周期 T 的计算公式为：

$$T = T_1 + T_2 \approx (R+R_O)C\ln\frac{U_{TH}-2U_{OH}}{U_{TH}-U_{OH}}\frac{U_{TH}+U_{OH}}{U_{TH}} \qquad (7.8)$$

注意在上述分析过程中，忽略了 G_3 输入电路对充放电过程的影响。

例 7.1 电路如图 7.9 所示，试分析电路的工作原理。设反相器为 CMOS 门电路。

解：图 7.9 的电路由两个反相器和 RC 元件组成，可以猜想电路是多谐振荡器，但要经过分析证明这种猜想是否正确。

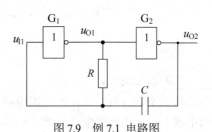

图 7.9 例 7.1 电路图

（1）定性分析。

设在 $t=0$ 时刻，$u_{O1}=1$，$u_{O2}=0$，电容的电压为 0V，则 G_1 输出的高电平经 R、C 到 G_2 输出的低电平给电容 C 充电，如果忽略截止的 T_{N1}、T_{P2}，充电等效电路如图 7.10（a）所示。随着充电的进行，u_{I1} 逐渐增大，当 u_{I1} 接近门电路的阈值电压 U_{TH} 时，出现下述正反馈过程：

$$u_{I1}\uparrow \longrightarrow u_{O1}\downarrow \longrightarrow u_{O2}\uparrow$$

正反馈的结果，使门 G_1 导通、G_2 截止，即有 $u_{O1}=0$，$u_{O2}=1$。电容 C 放电，此时的等效电路如图 7.10（b）所示。电容 C 先放电后反方向充电，随着充放电的进行，u_{I1} 逐渐减小，当 u_{I1} 接近门电路的阈值电压 U_{TH} 时，又出现下述正反馈过程：

$$u_{I1}\downarrow \longrightarrow u_{O1}\uparrow \longrightarrow u_{O2}\downarrow$$

正反馈的结果，使门 G_1 截止，G_2 导通，即有 $u_{O1}=1$，$u_{O2}=0$。这就回到了原来假设的状态，即电路又开始新一轮的充电过程，不同之处是电容充电的初始值不等于 0。

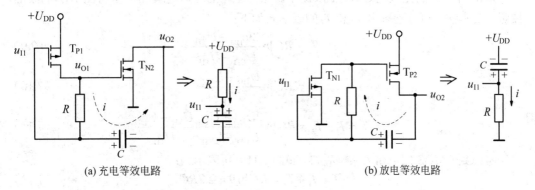

图 7.10 例 7.1 电路的充放电等效电路

上述定性分析过程可用图 7.11 表示。图 7.11 表明，如图 7.9 所示电路没有稳定工作状态，只有两个暂稳态，在电容充放电过程的作用下，电路在两个暂稳态之间转换，形成多谐振荡。

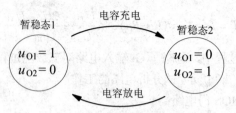

图 7.11 两个暂稳态的相互转换

(2) 波形分析。

依据定性分析过程，可画出电路的工作波形如图 7.12 所示。在电路状态转换时，考虑到电容上电压不能突变，因此，u_{I1} 的跳变值等于 u_{O2} 的跳变值。

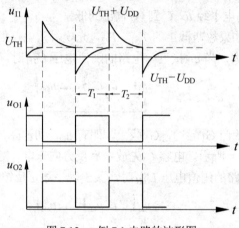

图 7.12 例 7.1 电路的波形图

(3) 计算振荡周期。

依据图 7.10 的充放电等效电路（图中忽略门电路的导通电阻），并参考图 7.12 的波形，按照三要素法，可分别求出 T_1 和 T_2 的表达式如下：

$$T_1 = RC \ln \frac{2U_{DD} - U_{TH}}{U_{DD} - U_{TH}} \tag{7.9}$$

$$T_2 = RC \ln \frac{U_{DD} + U_{TH}}{U_{TH}} \tag{7.10}$$

$$T = T_1 + T_2 = RC \ln \frac{2U_{DD} - U_{TH}}{U_{DD} - U_{TH}} \cdot \frac{U_{TH} + U_{DD}}{U_{TH}} \tag{7.11}$$

考虑到 CMOS 门电路 $U_{TH} = U_{DD}/2$，式（7.11）可表示为：

$$T = T_1 + T_2 = RC \ln 9 \approx 2.2RC \tag{7.12}$$

7.2.2 采用石英晶体的多谐振荡器

由反相器和 RC 元件组成的多谐振荡器，通过改变 R 和 C 的值很容易实现振荡频率的调节，但振荡周期与电路到达阈值电压 U_{TH} 的时间有关，而门电路的 U_{TH} 值不是十分稳定，

当电容电压接近 U_{TH} 时，充、放电过程比较缓慢，微小的干扰就会影响振荡周期的值。因此，在对频率的稳定性要求较高的数字系统中，应采用频率稳定性高的石英晶体振荡器。

图 7.13 为石英晶体的符号和电抗频率特性。由于石英晶体的品质因数 Q 值很高，因而具有很好的选频特性；另外它具有一个极为稳定的串联谐振频率 f_s。而 f_s 只由石英晶体的结晶方向和外形尺寸所决定。具有各种谐振频率的石英晶体已被制成标准化和系列化的器件可供选择。

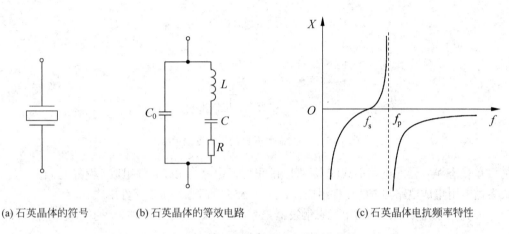

(a) 石英晶体的符号　　(b) 石英晶体的等效电路　　(c) 石英晶体电抗频率特性

图 7.13　石英晶体的符号和电抗频率特性

图 7.14 给出了两种常见的石英晶体振荡器电路，其谐振频率由石英晶体的固有频率决定。在图 7.14（a）中，反相器引入反馈电阻 R_F 使其工作在电压传输特性的转折区，这样电路相当于二级放大电路，对于 $f=f_s$ 的信号，电路形成正反馈，产生自激振荡。在如图 7.14（b）所示电路中，石英晶体相当于电感，与电容 C_1、C_2 构成电容三点式振荡电路。

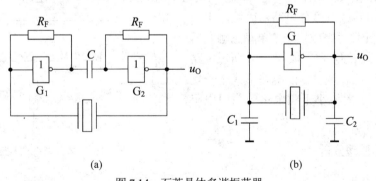

图 7.14　石英晶体多谐振荡器

思考与讨论题：

（1）在图 7.6 电路中，有三个反相器，为什么会出现正反馈过程？

（2）如果图 7.9 电路中的反相器换成 TTL 器件，电路能否产生多谐振荡？如何改进电路？

7.3 单稳态触发器

单稳态触发器有一个稳定状态和一个暂稳态,当外加触发信号时,电路从稳定状态转换到暂稳态,在暂稳态维持一段时间后,由于电路中所包含的电容元件的充放电作用,电路自动返回到稳定状态,其工作过程可用图 7.15 说明。暂稳态维持的时间取决于电路本身的参数,而与外触发信号的宽度和幅度无关。

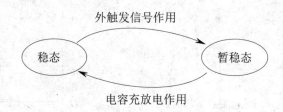

图 7.15　单稳态触发器的工作过程示意图

单稳态触发器的电路形式较多,例如,可由门电路与 RC 元件组成(积分型、微分型);或者由专用集成电路与 RC 元件组成;也可由 555 定时器与 RC 元件组成。

在数字系统中,常利用单稳态触发器来完成整形、延时和定时(产生一定宽度的脉冲信号)等功能。

7.3.1　门电路与 RC 元件构成的单稳态触发器

1. 电路结构

由门电路和 RC 元件组成的单稳态触发器电路形式较多。一个电阻和一个电容元件可以组成积分电路或者微分电路,因此,由门电路和 RC 元件可组成积分型单稳态触发器和微分型单稳态触发器。如图 7.16 所示电路就是微分型单稳态触发器的电路形式之一。电路中电阻 R 的值小于门电路的关门电阻值,即 $R < R_{OFF}$。

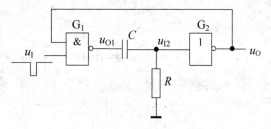

图 7.16　微分型单稳态触发器

2. 工作原理分析

1)定性分析

分析单稳态触发器的工作原理,就是分析如何在外触发信号的作用下,电路由稳态进入暂稳态,然后又如何在电容充放电的作用下,自动返回稳定状态,并计算电路维持暂稳态的时间。

在图 7.16 电路中,输入信号 u_I 在稳态下为高电平。考虑到 $R < R_{OFF}$,所以稳态时 u_{I2} 为低电平,则 u_O 为高电平。与非门 G_1 的两个输入端均为高电平,所以,u_{O1} 为低电平,电

容 C 两端的电压近似为 0V。只要输入信号保持高电平不变,电路就维持在 u_{O1} 为低电平,u_O 为高电平这一稳定状态。

当输入信号出现负脉冲时,即在外触发信号的作用下,与非门 G_1 输出 u_{O1} 变为高电平。此时,u_{O1} 经电容 C 和电阻 R 到地形成充电回路,如图 7.17 所示。电容 C 开始充电,$u_{I2} = u_R$ 变为高电平,输出 u_O 变为低电平,此低电平反馈到 G_1 的输入端,即使 u_I 恢复到高电平,反馈仍然保证了 u_{O1} 维持在高电平。电路处于 u_{O1} 高电平,u_O 低电平的状态就是其暂稳态。

在暂稳态期间,电容 C 充电,随着充电过程的进行,充电电流逐渐减小,u_{I2} 下降。当 u_{I2} 减小接近门电路的阈值电压时(设此时触发脉冲已消失),出现下述正反馈过程:

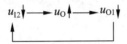

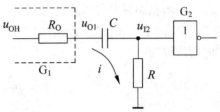

图 7.17 暂稳态期间充电等效电路

此正反馈的结果,使电路自动返回到 u_{O1} 为低电平,u_O 为高电平的稳定状态。此时,电容开始放电,为下一次触发做准备。

2)波形分析

波形分析事实上是将定性分析的文字描述过程用图形表示出来,因此,画波形图也分为三个时段。第一时段是稳态,此时,u_I 高电平、u_{O1} 低电平、u_{I2} 低电平、u_O 高电平,直接在相应坐标平面上用直线段画出;当输入触发信号出现负脉冲时,电路进入第二时段即暂稳态,u_{O1} 高电平、u_O 低电平,u_{I2} 按指数规律下降,当 $u_{I2} = U_{TH}$ 时,暂稳态结束;第三时段是稳态,但与第一时段的区别在于电容放电,使 u_{I2} 按指数规律上升,恢复到正常的低电平,为下次触发做好准备。如此,可画出图 7.16 微分型单稳态触发器的工作波形如图 7.18 所示。

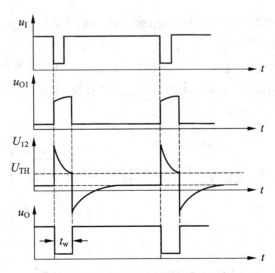

图 7.18 微分型单稳态触发器的工作波形

注意在图 7.17 中，R_O 是门 G_1 输出高电平时的输出等效电阻。考虑到 $u_{O1} = u_{OH} - R_O i$，在开始充电时，由于充电电流较大，因此 R_O 上的压降较大，u_{O1} 虽然为高电平但小于 u_{OH} 较多，随着充电过程的进行，充电电流减小，u_{O1} 逐渐增大。因此，反映在 u_{O1} 的波形上，不是平顶而是按指数规律变化的，如图 7.18 所示。为了改善输出波形，可以在输出端增加一级反相器作为缓冲。

3）定量计算

分析单稳态触发器所涉及的定量计算主要是输出脉冲宽度 t_w 的计算。其分析依据仍然是 RC 电路动态过程的三要素法。参照图 7.17 和图 7.18，可分别求出 u_{I2} 的初始值、终值和时间常数为：

$$u_{I2(0)} = \frac{R}{R + R_O} U_{OH}$$

$$u_{I2(\infty)} = 0\text{V}$$

$$\tau \approx (R + R_O)C$$

所以有：

$$u_{I2} = u_{I2(\infty)} + (u_{I2(0)} - u_{I2(\infty)})e^{-\frac{t}{\tau}} = U_{OH} \frac{R}{R + R_O} e^{-\frac{t}{\tau}} \tag{7.13}$$

当 $t = t_w$ 时，$u_{I2} = U_{TH}$ 代入式（7.13）并整理有

$$t_w = \tau \ln \frac{R}{R + R_O} \frac{U_{OH}}{U_{TH}} = (R + R_O)C \ln \frac{R}{R + R_O} \frac{U_{OH}}{U_{TH}} \tag{7.14}$$

式（7.14）中 R_O 为与非门的输出电阻，可取 $R_O = 100\Omega$。

3. 适合宽脉冲触发的电路

在如图 7.16 所示电路的分析中，事实上假定输入触发信号的脉冲宽度小于 t_w。如果这个条件不满足，则会使电路无法正常工作。为了满足宽脉冲触发输入的要求，必须对电路结构进行改进。既然图 7.16 电路在窄脉冲触发时能正常工作，只要在其输入电路增加宽脉冲到窄脉冲的变换电路即可。实现宽脉冲到窄脉冲的变换，简单的微分电路即可满足要求，改进后的电路如图 7.19 所示。

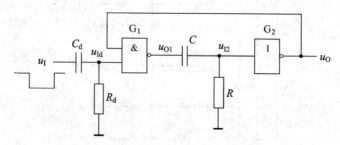

图 7.19 改进的微分型单稳态触发器电路

在如图 7.19 所示电路中，要求 $R_d > R_{ON}$，以保证在稳态时，u_{Id} 为高电平。

7.3.2 集成单稳态触发器

单稳态触发器也有集成电路芯片可供选用,应用时只需要外接少量的元件和连线就可方便使用,且触发方式灵活多样。集成单稳态触发器电路中采取了温漂补偿措施,所以电路的温度稳定性较好。

图 7.20 是 TTL 集成单稳态触发器 74121 简化的原理性逻辑图、引脚图和逻辑符号。

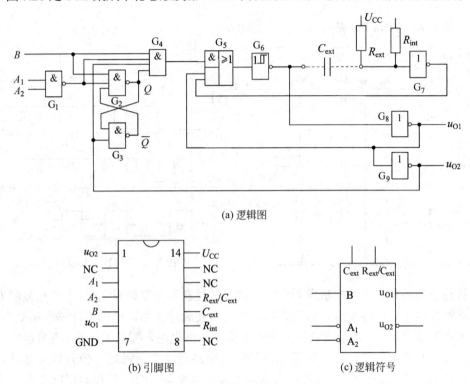

图 7.20 集成单稳态触发器 74121

G_5 门、G_6 门、G_7 门和外接电阻 R_{ext}(也可采用内部电阻 R_{int},约 2kΩ),外接电容 C_{ext} 组成微分型单稳态触发器。把 G_5 门和 G_6 门合起来视为具有迟滞特性(见施密特触发器部分)的或非门,其工作原理与如图 7.16 所示单稳态触发器类似。74121 中用 G_4 门给出的正脉冲触发,输出脉冲的宽度由 R_{ext} 和 C_{ext} 的大小决定。

$G_1 \sim G_4$ 门组成输入控制电路,用于实现上升沿触发或下降沿触发控制。上升沿的触发脉冲由 B 端输入,同时 A_1、A_2 中至少要有一个接至低电平 0。若需下降沿的触发脉冲则由 A_1 或 A_2 端输入(另一个接高电平 1),同时将 B 端接高电平。表 7.1 为 74121 的功能表。当触发脉冲到达时,因为 G_4 门输出跳变为高电平,使电路由稳态($u_{O1}=0$,$u_{O2}=1$)进入暂稳态($u_{O1}=1$,$u_{O2}=0$)。u_{O2} 为低电平后使 G_2 门和 G_3 门组成的 RS 触发器置零,因而 G_4 门输出一个窄脉冲,它与触发脉冲的宽度无关。

输出缓冲电路由反相器 G_8 和 G_9 组成，用于提高电路的负载能力。图 7.21 是 74121 在触发脉冲作用下的波形图。输出脉冲宽度 t_w 可由式（7.15）估算。

$$t_w = 0.7RC \tag{7.15}$$

通常 R 取值范围 2~30kΩ，C 取值在 10pF~10μF 之间，得到 t_w 范围可达到 20ns~200ms。当需要的电阻较小时，可由 74121 内部电阻 R_{int} 取代外接电阻 R_{ext}，此时将 9 脚接至电源 U_{CC}（14 脚）。当希望得到较宽的输出脉冲时，需使用外接电阻 R_{ext}，此时 74121 芯片 9 脚应悬空，电阻接在 11、14 脚之间。

表 7.1 74121 功能表

输入			输出	
A_1	A_2	B	u_{O1}	u_{O2}
0	×	1	0	1
×	0	1	0	1
×	×	0	0	1
1	1	×	0	1
1	↓	1	⊓	⊔
↓	1	1	⊓	⊔
↓	↓	1	⊓	⊔
0	×	↑	⊓	⊔
×	0	↑	⊓	⊔

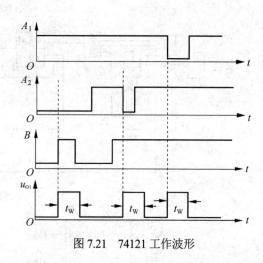

图 7.21 74121 工作波形

目前使用的集成单稳态触发器有不可重复触发和可重复触发之分，不可重复触发的单稳态触发器一旦被触发进入暂稳态后，再有触发脉冲作用，电路工作过程不受影响，直到暂稳态结束后，它才能接收下一个触发脉冲而再次进入暂稳态。而可重复触发单稳态触发器在暂稳态期间，如有触发脉冲作用，电路会被重新触发，使暂稳态继续延迟一个 t_w 时间，重复触发的结果是输出脉冲宽度得以延伸。两种单稳态电路工作波形如图 7.22 所示。

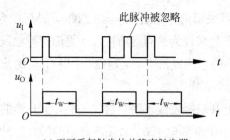
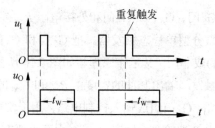

(a) 不可重复触发的单稳态触发器　　　　　　(b) 可重复触发的单稳态触发器

图 7.22 两种单稳态电路的工作波形

集成单稳态触发器中，74121、74221、74LS221 等是不可重复触发的单稳态触发器。74122、74123、74LS123 等是可重复触发的单稳态触发器。

7.3.3 单稳态触发器的应用

1. 脉冲整形

脉冲信号在传送的过程中，常会因干扰导致波形的变化，利用单稳态触发器的输出脉冲宽度和幅度是确定的这一特性，可将宽度和幅度不规则的脉冲整形为规则的脉冲，如图 7.23 所示。

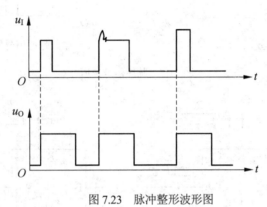

图 7.23 脉冲整形波形图

2. 定时控制

利用单稳态电路输出矩形脉冲宽度 t_w 恒定的特性，去控制某一系统，使其在 t_w 时间内动作（或不动作），起到定时控制的作用。如图 7.24 所示，在定时时间 t_w 内，输出脉冲信号，而在其他时间，输出信号为 0。

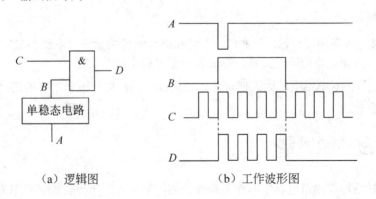

(a) 逻辑图　　　　　　(b) 工作波形图

图 7.24 单稳态用于定时控制

3. 脉冲延迟

脉冲延迟一般包括两种情况，一是边沿延迟，如图 7.25（a）所示，输出脉冲信号的下降沿相对于输入脉冲信号的下降沿延迟了 t_w；二是脉冲信号整体延迟一段时间，如图 7.25（b）所示。第一种情况在图 7.16 所示电路的输出增加反相器即可实现；第二种情况可采用如

图 7.26 所示电路实现。在图 7.26 电路中，第一个单稳态采用上升沿触发，其输出脉冲宽度 t_W 等于所要求的延迟时间 t_1，适当选择 R_1C_1 值即可；第二个单稳态采用下降沿触发，选择 R_2C_2 值使其输出脉冲宽度等于第一个单稳态的输入脉冲的宽度即可。

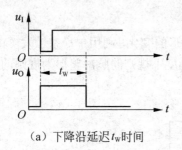

（a）下降沿延迟 t_W 时间

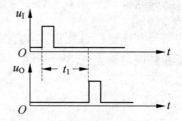

（b）输入脉冲信号延迟 t_1 时间输出

图 7.25 脉冲信号延迟

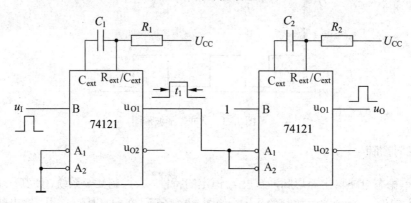

图 7.26 输入脉冲信号延迟 t_1 时间输出

思考与讨论题：

（1）图 7.16 是由反相器、与非门、电阻和电容组成的微分型单稳态触发器，能否不增减元件，而改变电路的连接关系，形成积分型单稳态触发器？

（2）在图 7.16 电路中，如果把与非门换成或非门，如何改变电路的连接关系，形成单稳态触发器？

7.4 施密特触发器

施密特触发器在模拟电路中叫作迟滞比较器，其特点是电压传输特性具有迟滞回线的形状。施密特触发器具有两个稳定状态，状态的转换依靠外输入信号的触发，但两次状态转换所要求的触发电平不同。如图 7.27 所示，当输入信号幅值增大或者减少时，电路状态翻转对应不同的阈值电压 U_{T+} 和 U_{T-}，而且 $U_{T+} > U_{T-}$，U_{T+} 与 U_{T-} 的差值被称作回差电压。

施密特触发器能够把变化缓慢的模拟信号变换为数字电路适用的高低电平。在数字系统中，常用施密特触发器来实现脉冲整形、波形变换、幅度鉴别等功能。

施密特触发器的电路形式较多，例如可由门电路与电阻构成，也可由 555 定时器组成。与前述多谐振荡器、单稳态触发器电路组成不同，施密特触发器电路中没有电容元件。

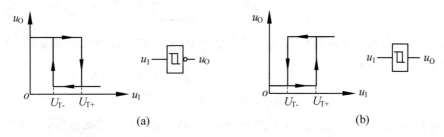

（a）反相输出电路符号及传输特性　　　　（b）同相输出电路符号及传输特性

图7.27　施密特触发器的传输特性与电路符号

7.4.1　门电路构成的施密特触发器

1. 电路组成

施密特触发器的电路形式较多，如图7.28所示是由CMOS反相器和电阻构成的施密特触发器，为保证电路正常工作，要求$R_1 < R_2$。

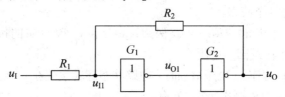

图7.28　CMOS反相器构成的施密特触发器

2. 工作原理分析

分析施密特触发器的工作原理，就是讨论当输入信号增大和减小时，电路如何由一个稳定状态翻转到另一个稳定状态，以及阈值电压U_{T+}和U_{T-}与电路参数的关系等。

1）定性分析

在图7.28中，u_{I1}的值是决定电路状态变化的关键。依据叠加原理可得

$$u_{I1} = \frac{R_2}{R_1 + R_2} u_I + \frac{R_1}{R_1 + R_2} u_O \tag{7.16}$$

首先分析输入电压由0逐渐增大的情况。当$u_I = 0V$时，由式（7.16）得

$$u_{I1} = \frac{R_1}{R_1 + R_2} u_O$$

考虑到$R_1 < R_2$及CMOS门电路一般有$U_{TH} = U_{DD}/2$，$U_{OH} = U_{DD}$，$U_{OL} = 0V$。因此，无论u_O是高电平还是低电平，都满足$u_{I1} < U_{TH}$。所以，当$u_I = 0V$时，G_1门输出高电平，G_2门输出低电平，即$u_{O1} = U_{OH}$，$u_O = 0V$。

当u_I由0V逐渐增大时，考虑到$u_O = 0V$，由式（7.16）有

$$u_{I1} = \frac{R_2}{R_1 + R_2} u_I \tag{7.17}$$

可见 u_{I1} 随着 u_I 的增大而增加。当 u_I 增加使 $u_{I1} = U_{TH}$ 时，出现下述正反馈过程：

$$u_I\uparrow \longrightarrow u_{I1}\uparrow \longrightarrow u_{O1}\downarrow \longrightarrow u_O\uparrow$$

正反馈的结果，使电路迅速翻转为 G_1 门输出低电平，G_2 门输出高电平，即 $u_{O1} = 0V$，$u_O = U_{OH}$。此时由式（7.16）有

$$u_{I1} = \frac{R_2}{R_1 + R_2}u_I + \frac{R_1}{R_1 + R_2}U_{OH} \tag{7.18}$$

若 u_I 继续增加，由于 $u_{I1} > U_{TH}$，电路保持 $u_{O1} = 0V$，$u_O = U_{OH}$ 的状态不变，这是电路的稳态之一。

其次分析输入电压 u_I 从其最大值逐渐减小的情况。当 u_I 从其最大值逐渐减小时，若 $u_{I1} > U_{TH}$，则电路保持 $u_{O1} = 0V$，$u_O = U_{OH}$ 的状态不变。若 u_I 继续减小，当 u_I 减小到 $u_{I1} = U_{TH}$ 时，出现下述正反馈过程

$$u_I\downarrow \longrightarrow u_{I1}\downarrow \longrightarrow u_{O1}\uparrow \longrightarrow u_O\downarrow$$

正反馈的结果，使电路迅速翻转为 G_1 门输出高电平，G_2 门输出低电平，即 $u_{O1} = U_{OH}$，$u_O = 0V$。电路进入另一个稳态。

若 u_I 继续减小，由于 $u_{I1} < U_{TH}$，电路保持 $u_{O1} = U_{OH}$，$u_O = 0V$ 的状态不变。

2）计算转折点电压及回差电压

由上述分析已知，当输入电压增加时，电路状态翻转发生在 $u_{I1} = U_{TH}$ 时，若此时对应的输入电压用 U_{T+} 表示，依据式（7.17）有

$$u_{I1} = U_{TH} = \frac{R_2}{R_1 + R_2}U_{T+} \tag{7.19}$$

由式（7.19）解得

$$U_{T+} = \left(1 + \frac{R_1}{R_2}\right)U_{TH} \tag{7.20}$$

当输入电压减小时，电路状态翻转发生在 $u_{I1} = U_{TH}$ 时，若此时对应的输入电压用 U_{T-} 表示，考虑到 $U_{OH} = U_{DD} = 2U_{TH}$，依据式（7.18）有

$$u_{I1} = U_{TH} = \frac{R_2}{R_1 + R_2}U_{T-} + \frac{R_1}{R_1 + R_2}2U_{TH} \tag{7.21}$$

由式（7.21）解得

$$U_{T-} = \left(1 - \frac{R_1}{R_2}\right)U_{TH} \tag{7.22}$$

由式（7.20）与式（7.22）求得回差电压为

$$\Delta U_T = U_{T+} - U_{T-} = 2\frac{R_1}{R_2}U_{TH} \tag{7.23}$$

可见改变 R_1 和 R_2 就可调节回差电压的大小。

3）输入输出电压波形及传输特性

综合上述分析过程，可作出如图 7.28 所示电路的输入输出电压波形及传输特性如图 7.29 所示。

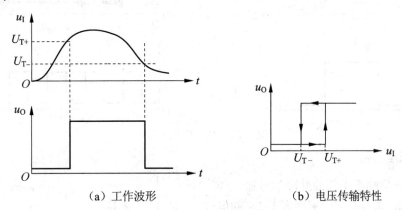

（a）工作波形　　　　　　（b）电压传输特性

图 7.29　图 7.28 电路的工作波形与电压传输特性

施密特触发器也有集成电路芯片可供选用，TTL 集成施密特触发器有 74132 等；CMOS 集成施密特触发器有 CD40106、CD4093 等。

7.4.2　施密特触发器的应用

1. 波形变换

利用施密特触发器的电平触发特性，可以把正弦波、三角波等波形变化缓慢的周期信号变换成矩形波。图 7.30 说明了如何将叠加了直流分量的正弦波变换为矩形波。

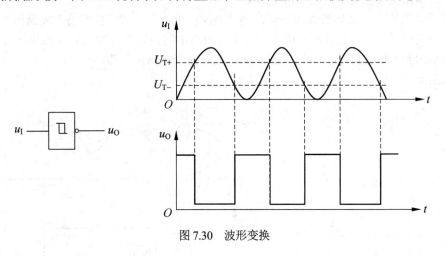

图 7.30　波形变换

2. 脉冲整形

在数字系统中，脉冲信号经过远距离传输后，往往会发生畸变。通过施密特触发器，可对这些信号进行整形，如图 7.31 所示。

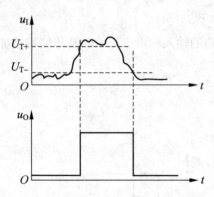
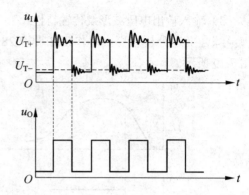

图 7.31 脉冲整形波形图

3. 幅度鉴别

若将一串幅度不等的脉冲信号输入到施密特触发器，则只有那些幅度大于 U_{T+} 的信号才会在输出形成一个脉冲。而幅度小于 U_{T+} 的输入信号被剔除，如图 7.32 所示。

例 7.2 电路如图 7.33 所示，试分析电路的功能。

解：如图 7.33 所示电路由反相施密特触发器和 RC 积分电路组成。如果刚接通电源，则电容上的电压为 0V，输出电压 u_O 为高电平。u_O 经电阻 R 给电容 C 充电，u_C 按指数规律上升，当达到阈值电压 U_{T+} 时，施密特触发器翻转，输出变为低电平。此时，电容 C 经

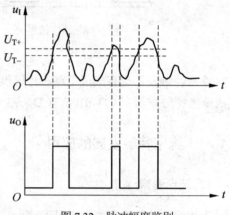

图 7.32 脉冲幅度鉴别

电阻 R 开始放电，u_C 按指数规律下降，当达到阈值电压 U_{T-} 时，施密特触发器再次翻转，输出变为高电平，电容又开始充电，但充电时电容上的初始电压为 U_{T-}。如此周而复始，在输出端得到矩形波信号。因此，图 7.33 电路是一个多谐振荡器。

依据上述分析，可画出 u_C 和 u_O 的波形如图 7.34 所示。

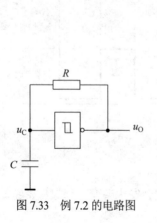
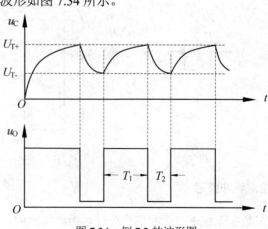

图 7.33 例 7.2 的电路图   图 7.34 例 7.2 的波形图

参照图 7.34 的波形图，依据三要素法可求出电路的振荡周期与频率。

充电时，初始值 $u_{C(0)} = U_{T-}$，$u_{C(\infty)} = U_{OH}$，$\tau = RC$，$u_{C(T1)} = U_{T+}$。由此可求出 T_1 为：

$$T_1 = RC \ln \frac{U_{OH} - U_{T-}}{U_{OH} - U_{T+}}$$

放电时，初始值 $u_{C(0)} = U_{T+}$，$u_{C(\infty)} = 0$，$\tau = RC$，$u_{C(T2)} = U_{T-}$。由此可求出 T_2 为：

$$T_2 = RC \ln \frac{U_{T+}}{U_{T-}}$$

所以，振荡周期为：

$$T = T_1 + T_2 = RC \ln \frac{U_{OH} - U_{T-}}{U_{OH} - U_{T+}} + RC \ln \frac{U_{T+}}{U_{T-}} = RC \ln(\frac{U_{OH} - U_{T-}}{U_{OH} - U_{T+}} \frac{U_{T+}}{U_{T-}})$$

思考与讨论题：

（1）两个与非门引入反馈形成的基本 RS 触发器具有两个稳定状态，但它有两个输入端，且都是低电平触发。能否对基本 RS 触发器电路进行适当改进，形成施密特触发器？

（2）用于脉冲整形和幅度鉴别的施密特触发器对回差电压的要求是否存在差别？说明其理由。

（3）如何改进图 7.33 电路，使其输出波形的占空比可调？如果在调节占空比时，要求输出信号的频率保持不变，又如何改进电路？

7.5　555 定时器及其应用

555 定时器是一种用途广泛的数字-模拟混合中规模集成电路，通过外接少量元件，它可方便地构成施密特触发器、单稳态触发器和多谐振荡器。用于信号的产生、变换及控制与检测系统。

7.5.1　555 定时器的电路组成及工作原理

1．电路组成

图 7.35 是 555 定时器电路结构的简化原理图和引脚标识。由电路原理图可见，该集成电路由下述几个部分组成：串联电阻分压电路、电压比较器 C_1 和 C_2、RS 触发器、集电极开路三极管 T 和输出缓冲电路组成。

2．工作原理分析

电阻分压电路：当控制电压输入端 5 脚悬空时，三个 $5\,k\Omega$ 电阻串联对电源电压分压，形成 $U_{CC}/3$ 和 $2U_{CC}/3$，为比较器提供参考电压。

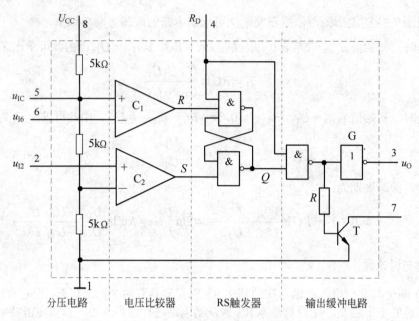

图 7.35 555 定时器电路结构图

电压比较器：C_1 为反相输入比较器，输入电压 u_{I6} 与参考电压 $2U_{CC}/3$ 进行比较，输出高低电平到 R 端；C_2 为同相输入比较器，输入电压 u_{I2} 与参考电压 $U_{CC}/3$ 进行比较，输出高低电平到 S 端。按照比较器的工作原理，可作出其电压传输特性如图 7.36 所示。

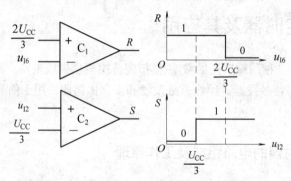

图 7.36 555 定时器中比较器的电压传输特性

RS 触发器：R_D 为置零控制输入端，当 $R_D = 0$ 时，无论其他输入信号如何，输出 $u_O=0$，三极管 T 饱和导通。正常工作时，应将 R_D 接高电平。此时，输出状态取决于输入信号 u_{I2} 和 u_{I6} 的值。具体分析如下。

当 $u_{I6}<2U_{CC}/3$，$u_{I2}<U_{CC}/3$ 时，比较器 C_1、C_2 分别输出高电平和低电平，即 $R=1$，$S=0$，使基本 RS 触发器置 1，三极管 T 截止，输出 $u_O=1$。

当 $u_{I6}<2U_{CC}/3$，$u_{I2}>U_{CC}/3$ 时，比较器 C_1 和 C_2 输出均为高电平，即 $R=1$，$S=1$。RS 触发器维持原状态不变，使 u_O 输出保持不变。

当 $u_{I6}>2U_{CC}/3$，$u_{I2}>U_{CC}/3$ 时，比较器 C_1 输出低电平，C_2 输出高电平，即 $R=0$，$S=1$，基本 RS 触发器置 0，三极管 T 导通，输出 $u_O=0$。

当 $u_{I6}>2U_{CC}/3$，$u_{I2}<U_{CC}/3$ 时，比较器 C_1、C_2 均输出低电平，即 $R=0$，$S=0$。这种情况对于基本 RS 触发器属于禁止输入状态。

综上分析，可得 555 定时器功能表如表 7.2 所示。其关键点在于当 $R_D=1$ 时，$u_{I2}<U_{CC}/3$，$u_O=1$，T 截止；$u_{I6}>2U_{CC}/3$，$u_O=0$，T 导通。

表 7.2 555 定时器功能表

输入			输出	
R_D	u_{I6}	u_{I2}	u_O	T 状态
0	×	×	0	导通
1	$>2U_{CC}/3$	$>U_{CC}/3$	0	导通
1	$<2U_{CC}/3$	$>U_{CC}/3$	不变	不变
1	$<2U_{CC}/3$	$<U_{CC}/3$	1	截止

当控制电压输入端 5 脚外接控制输入电压 u_{IC} 时，比较器 C_1、C_2 的基准电压变为 u_{IC} 和 $u_{IC}/2$。此时 555 定时器的输出状态与输入信号的关系可参照上述分析过程进行。

555 定时器能在很宽的电源电压范围内工作。例如，双极型 NE555 定时器的电源电压范围为 5~16V，最大负载电流达 100mA。CMOS 型 7555 定时器的电源电压范围为 3~18V，最大负载电流在 4mA 以下。另外，还有双定时器如 NE556、7556 等。

7.5.2 555 构成的施密特触发器

将 555 定时器的 u_{I6} 和 u_{I2} 输入端连在一起作信号的输入端，R_D 输入端和电源端连接在一起，即可组成施密特触发器，如图 7.37 所示。为了滤除高频干扰，提高比较器参考电压的稳定性，通常将 5 脚通过 0.01μF 电容接地。

分析图 7.37 的电路，仍然可以采用定性分析、波形分析、定量计算三个步骤。但图 7.37 电路比较简单，此处综合分析如下。

如果输入信号电压是一个三角波，当 u_I 从 0 逐渐增大时，若 $u_I<U_{CC}/3$ 时，比较器 C_1 输出高电平，C_2 输出低电平，使基本 RS 触发器置 1，则输出 $u_O=1$，这是稳态之一；若 u_I 增加到 $u_I \geqslant 2U_{CC}/3$ 时，比较器 C_1 输出低电平，C_2 输出高电平，基本 RS 触发器置 0，则输出 $u_O=0$，这是另一个稳态。

当 u_I 从三角波的顶点逐渐下降，$U_{CC}/3<u_I<2U_{CC}/3$ 时，比较器 C_1 和 C_2 输出均为 1，基本 RS 触发器保持原状态，即 $u_O=0$ 不变。若 u_I 继续减小到 $u_I \leqslant U_{CC}/3$ 时，比较器 C_2 输出 0，基本 RS 触发器置 1，则 $u_O=1$。如此周期性地变化，在输出端就得到一个矩形波，其工作波形如图 7.38 所示。事实上，施密特触发器用来把三角波变换为矩形波。

从工作波形上可以看出：上限阈值电压 $U_{T+}=2U_{CC}/3$，下限阈值电压 $U_{T-}=U_{CC}/3$，回差电压 $\Delta U_T = U_{T+} - U_{T-} = U_{CC}/3$。

如果在 5 脚 u_{IC} 上加控制电压，则可改变 ΔU_T 的值。当施密特触发器作为波形变换器时，回差电压 ΔU_T 越大，电路的抗干扰能力越强。

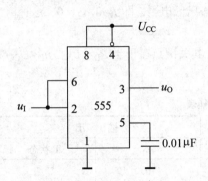

图 7.37 555 构成的施密特触发器电路

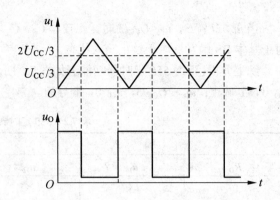

图 7.38 图 7.37 施密特电路工作波形

7.5.3 555 构成的单稳态触发器

图 7.39 是由 555 定时器及外接元件 RC 构成的单稳态触发器,外触发信号由第 2 脚输入,稳态时输入 u_I 应保持高电平。

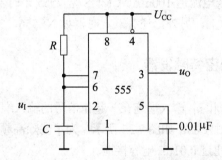

图 7.39 555 构成的单稳态触发器

分析单稳态触发器的工作原理,前提条件是搞清楚电路的稳定状态是什么。稳态时电容的充放电过程已结束,电容电压 $u_C=0$ 或者 $u_C=U_{CC}$。如果 $u_C=U_{CC}$,则 $u_O=0$,555 内部三极管 T 饱和导通,电容快速放电,使 $u_C=0$。因此,如图 7.39 所示电路的稳定状态是:$u_I=1$,$u_C=0$,$u_O=0$。

当输入端出现触发信号时,单稳态触发器由稳态翻转到暂稳态。即输入信号出现负脉冲时,555 定时器内部的 RS 触发器发生翻转,使 $u_O=1$,电路进入暂稳态。此时,555 定时器内部的三极管 T 截止,电源 U_{CC} 通过 R 给 C 充电,充电等效电路如图 7.40 所示,电容上的电压按指数规律上升。当电容 C 充电至 $u_C=2U_{CC}/3$ 时,电路又发生翻转,输出 $u_O=0$,电路自动返回稳态。555 定时器内部的三极管 T 饱和导通,电容 C 快速放电使 $u_C=0$。在稳态下等待下一次的触发信号输入。

依据上述定性分析过程,可画出如图 7.39 所示电路的工作波形如图 7.40 所示。

输出脉冲宽度的计算以图 7.41 的等效电路为基础。分析充电等效电路可见:

$$u_{C(0)}=0V \qquad u_{C(\infty)}=U_{CC} \qquad \tau=RC$$

按照三要素法可得：

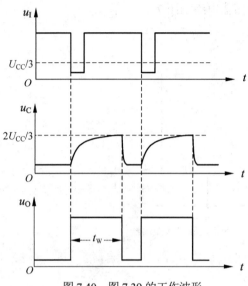

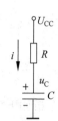

图 7.40　图 7.39 的工作波形　　　　　图 7.41　充电等效电路

$$u_C = u_{C(\infty)} + (u_{C(0)} - u_{C(\infty)})e^{-\frac{t}{\tau}} = U_{CC}(1 - e^{-\frac{t}{\tau}}) \tag{7.24}$$

当 $t = t_w$ 时，$u_C = 2U_{CC}/3$，代入式（7.24）计算可得：

$$t_w = RC\ln 3 \approx 1.1RC \tag{7.25}$$

暂稳态时间由电路参数 RC 决定。

图 7.39 电路只适合窄脉冲触发，它要求触发脉冲宽度小于 t_w。如果输入脉冲宽度大于 t_w，可在输入端接一个 RC 微分电路，将输入宽脉冲变为窄脉冲后再接到 555 定时器的第 2 脚，电路如图 7.42 所示。

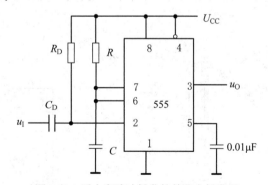

图 7.42　适合宽脉冲触发的单稳态触发器

图 7.42 中的 R_D 和 C_D 构成微分电路，把宽脉冲变为窄脉冲。请读者试着把此处的微分电路与图 7.19 电路中的微分电路相比较，明确其区别并解释这种差别的原因。

7.5.4　555 构成的多谐振荡器

555 定时器和 RC 元件构成的多谐振器电路如图 7.43 所示。

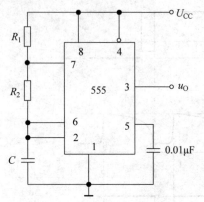

图 7.43　555 构成的多谐振荡器

工作原理分析如下。

1. 定性分析

分析多谐振荡器的工作原理，要求搞清楚两个暂稳态是如何相互转换的。当接通电源 U_{CC} 后，电容 C 上的初始电压为 0V，即 $u_{I2} = u_{I6} = u_C = 0V$，由表 7.2 可知，此时输出电压 $u_O = 1$，这是暂稳态之一。555 定时器内部三极管 T 截止，电源通过 R_1、R_2 向 C 充电，充电等效电路如图 7.44（a）所示，电容上电压按指数规律上升，当 u_C 上升至 $2U_{CC}/3$ 时，555 定时器内部 RS 触发器被复位，使 $u_O = 0$，这是另一个暂稳态。555 定时器内部三极管 T 导通，电容 C 通过 R_2 到地放电，放电等效电路如图 7.44（b）所示。u_C 开始下降，当 u_C 降到 $U_{CC}/3$ 时，输出 u_O 又跳变为高电平，电容停止放电而又开始充电，与前次充电不同之处在于充电开始时，电容上的初始电压为 $U_{CC}/3$。如此周而复始，就可在 3 脚输出矩形波信号。

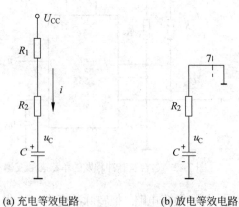

图 7.44　充放电等效电路

2. 波形分析

波形分析是定性分析过程中文字描述的图形表示。依据定性分析过程，画波形时注意充放电过程发生换路的时间点及指数曲线的形状，这样可画出其波形图如图 7.45 所示。

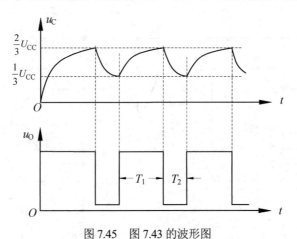

图 7.45　图 7.43 的波形图

3. 定量计算

电路正常工作后，充电过程中，$u_{C(0)} = U_{CC}/3$，$u_{C(\infty)} = U_{CC}$，$\tau = (R_1 + R_2)C$。按照三要素法可得：

$$u_C = u_{C(\infty)} + (u_{C(0)} - u_{C(\infty)})e^{-\frac{t}{\tau}} = U_{CC}\left(1 - \frac{2}{3}e^{-\frac{t}{\tau}}\right) \tag{7.26}$$

当 $t = T_1$ 时，$u_C = 2U_{CC}/3$，代入式（7.26）可得：

$$T_1 = (R_1 + R_2)C\ln 2 \approx 0.7(R_1 + R_2)C \tag{7.27}$$

放电过程中，$u_{C(0)} = 2U_{CC}/3$，$u_{C(\infty)} = 0\text{V}$，$\tau = R_2C$。按照三要素法可得：

$$u_C = u_{C(\infty)} + (u_{C(0)} - u_{C(\infty)})e^{-\frac{t}{\tau}} = \frac{2}{3}U_{CC}e^{-\frac{t}{\tau}} \tag{7.28}$$

当 $t = T_2$ 时，$u_C = U_{CC}/3$，代入式（7.28）可得：

$$T_2 = R_2 C \ln 2 \approx 0.7 R_2 C \tag{7.29}$$

所以输出矩形波的周期为

$$T = T_1 + T_2 = (R_1 + R_2)C\ln 2 + R_2 C\ln 2 \approx 0.7(R_1 + 2R_2)C \tag{7.30}$$

振荡频率

$$f = \frac{1}{T} \approx \frac{1.44}{(R_1 + 2R_2)C} \tag{7.31}$$

占空比

$$q = \frac{R_1 + R_2}{R_1 + 2R_2} > 50\% \tag{7.32}$$

如果 $R_1 \gg R_2$，则 $q \approx 1$，u_C 近似为锯齿波。

例 7.3 电路如图 7.46 所示。

(1) 试问当开关置于位置 1 时，两个 555 定时器各构成什么电路？计算输出信号 u_{O1} 和 u_{O2} 的频率。

(2) 当开关置于位置 2 时，画出 u_{O1} 和 u_{O2} 的波形。

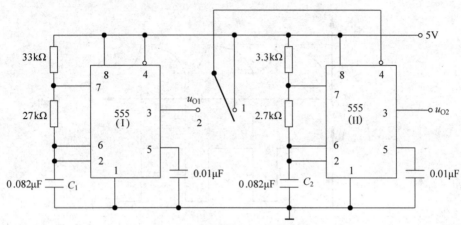

图 7.46 例 7.3 的电路图

解：(1) 当开关置于位置 1 时，两个 555 定时器各自构成多谐振荡器，依据式（7.30）和式（7.31），可分别计算出 u_{O1} 和 u_{O2} 的周期及频率为：

$T_{\text{I}} = 0.7 \times (33+27) \times 0.82 \times 10^{-4} + 0.7 \times 27 \times 0.82 \times 10^{-4}\ \text{s} = (3.44+1.55)\ \text{ms} = 4.99\text{ms}$

$f_{\text{I}} = 1/T_{\text{I}} = 200.4\text{Hz}$

$T_{\text{II}} = 0.7 \times (33+27) \times 0.82 \times 10^{-5} + 0.7 \times 27 \times 0.82 \times 10^{-5}\ \text{s} = (0.344+0.155)\ \text{ms} = 0.499\text{ms}$

$f_{\text{II}} = 1/T_{\text{II}} = 2004\text{Hz}$

(2) 前述计算过程表明，u_{O1} 的高电平时间是 3.44ms，低电平时间是 1.55ms，这样容易画出 u_{O1} 的波形。当开关置于位置 2 时，第 II 个 555 定时器的清零输入端与 u_{O1} 相连接，构成可控多谐振荡器。当 u_{O1} 为低电平时，R_{DII} 清零输入有效，$u_{O2}=0$；当 u_{O1} 为高电平时，u_{O2} 输出矩形波，其周期是 u_{O1} 周期的十分之一，但不能依此简单地画出 u_{O2} 的波形，需要注意边界条件。

当 $u_{O2}=0$ 时，有 $u_{C2}=0$，u_{O1} 由低电平变为高电平时，电容 C_2 从 0V 开始充电，因此，u_{O2} 的第一个高电平持续时间较长，其值为：

$t_1 = \tau \ln 3 = 0.492 \times 1.1\text{ms} = 0.54\text{ms}$

当 u_{O1} 由高电平变为低电平时，第 II 个 555 定时器被置 0，其振荡周期可能不完整，具体分析计算如下：

$t_2 = 3.44 - (0.155 \times 6 + 0.344 \times 5 + 0.54) = 0.25\text{ms}$

基于上述分析，可画出 u_{O1} 和 u_{O2} 的波形如图 7.47 所示。

此例的波形分析提示读者在进行电路分析及作波形图时，要特别注意某些细节问题。

555 定时器外接 RC 元件可组成多谐振荡器、单稳态触发器、施密特触发器，三种电路连接形式的区别在于 555 定时器管脚 2、6、7 的不同连接。分析方法延续了定性分析、波形分析、定量计算的分析步骤，正确画出等效 RC 充放电电路是基础，利用三要素法分析充放电规律是关键。

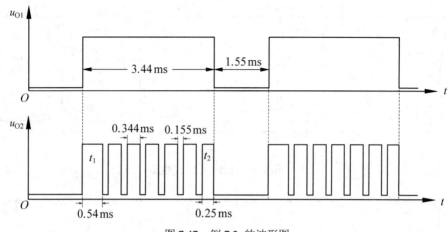

图 7.47　例 7.3 的波形图

思考与讨论题：

（1）如何改进图 7.37 电路，实现回差电压可调？

（2）图 7.39 电路是否适合重复触发？如果不适合，如何改进电路使其可重复触发？

（3）如何改进图 7.43 电路，使其输出矩形波的占空比小于 50%？

7.6　应用电路举例

在 5.6.1 节图 5.53 给出的定周期交通信号灯控制电路中，十六进制计数器要求用周期 5s 的脉冲信号作为时钟脉冲信号。现在，可以采用多谐振荡器来产生所需要的脉冲信号。

利用多谐振荡器，能够直接产生周期为 5s 的脉冲信号。但在数字系统中，为了提高时钟脉冲信号频率的精确度，常常是先产生一个频率比较高的脉冲信号，然后采用分频的方法来降低频率，从而提高频率的精确度。此处先设计一个能产生 2000Hz 脉冲信号的多谐振荡器，然后利用分频器形成所需要的 0.2Hz 的脉冲信号。

多谐振荡器电路形式较多，此处采用 555 定时器与 RC 元件构成多谐振荡器。由式（7.31）$f = \dfrac{1}{T} \approx \dfrac{1.44}{(R_1 + 2R_2)C}$ 可见，当频率已知时，需要确定 R_1、R_2 和 C 的值。在三个参数中，可以先确定两个参数的值，然后依据式（7.31）计算另外一个参数的值。比如选择 $C = 0.1\mu F$，也可令 $R_1 = R_2 = R$，由式（7.31）计算出 $R = R_1 = R_2 = 2.4k\Omega$。分频器采用十进制计数器 74LS160 级联，对多谐振荡器的输出信号进行 10 000 分频，得到 0.2Hz 的脉冲信号。多谐振荡器及分频电路如图 7.48 所示。

把图 5.52 与图 7.48 连接在一起，得到完整的定周期交通信号灯控制系统如图 7.49 所示。当把此电路用于实际的交通信号灯控制时，输出控制信号与信号灯之间应增加驱动电路。当信号灯电源电压较高时,在如图 7.49 所示电路的输出端应增加光电隔离电路。

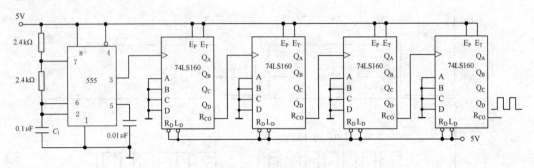

图 7.48　0.2Hz 信号发生器

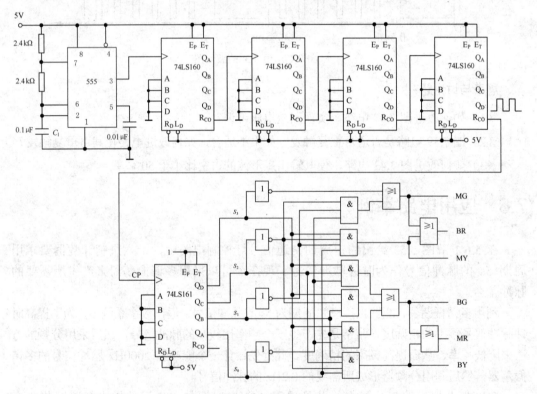

图 7.49　定周期交通信号灯控制电路

图 7.49 能够实现如图 3.58 所示交通信号灯定周期控制时间分配的功能要求。进一步分析可见,此电路的关键是产生如图 7.50 所示周期性的顺序脉冲信号。

如图 7.50 所示的周期性脉冲信号也可以利用单稳态触发器连接成环形电路来实现。其实现电路之一如图 7.51 所示,图中开关 S 用于启动电路正常工作。读者试利用已掌握的单稳态触发器的知识,分析产生所要求的顺序脉冲信号的过程,并增加适当的电路,使其具有如图 7.49 所示电路同样的功能。

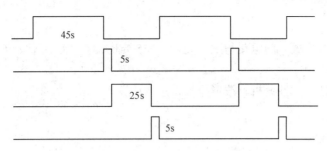

图 7.50 周期性脉冲信号

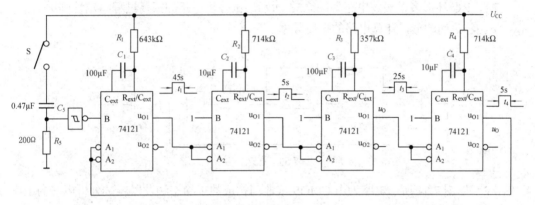

图 7.51 环形顺序脉冲发生器

小结

（1）三种电路类型：多谐振荡器、单稳态触发器、施密特触发器。

多谐振荡器没有稳定状态，具有两个暂稳态，用来产生矩形脉冲信号。矩形脉冲信号的频率由电路参数 R、C 决定。

单稳态触发器具有一个稳态和一个暂稳态，在外加触发脉冲作用下，电路从稳态翻转到暂稳态，依靠 R、C 电路的充放电作用控制电路自动返回到稳态。暂稳态的维持时间 t_w 与触发脉冲的宽度和幅度无关，它由电路参数 RC 决定。单稳态触发器用于脉冲整形、定时、延时。

施密特触发器具有两个稳定状态，但状态转换对应的输入信号电平不同，具有回差电压 $\Delta U_T = U_{T+} - U_{T-}$。这种特征可以在缓慢变化的触发电压徘徊在临界输入电平附近时，防止状态之间的不稳定翻转。施密特触发器用于波形变换、幅度鉴别、脉冲整形。

多谐振荡器、单稳态触发器和施密特触发器三种电路状态翻转的特点比较如图 7.52 所示。

图 7.52 三种电路状态翻转的特点比较

（2）电路组成形式：门电路与 RC 元件、555 定时器与 RC 元件、专用集成电路外接 RC 元件。

（3）分析方法：定性分析、波形分析、定量计算。

习题

7.1 RC 环形多谐振荡电路如图 7.53 所示。试分析电路的振荡过程。定性画出 u_{O1}、u_{O2}、u_A 及 u_O 的波形，计算电路的振荡频率。

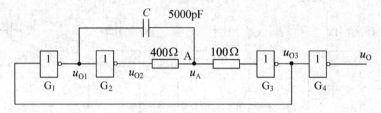

图 7.53　题 7.1 图

7.2 如图 7.54 所示电路为由 CMOS 或非门构成的单稳态触发器。试分析电路的工作原理，画出加入触发脉冲后，u_{O1}、u_{O2} 及 u_R 工作波形，并写出输出脉宽 t_w 表达式。

7.3 电路如图 7.55 所示，试分析电路的工作原理。画出加入触发脉冲后，u_{O1}、u_C 及 u_O 工作波形，并写出输出脉宽 t_w 表达式，说明电路的特点。

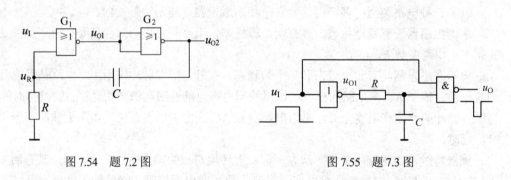

图 7.54　题 7.2 图　　　　　图 7.55　题 7.3 图

7.4 电路如图 7.56 所示，试分析电路的工作原理，说明电路的特点。

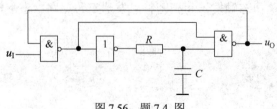

图 7.56　题 7.4 图

7.5 电路如图 7.57 所示，试分析电路的工作原理，说明电路的特点。

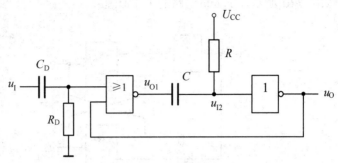

图 7.57 题 7.5 图

7.6 分析图 7.58（a）和图 7.58（b）各具有什么逻辑功能？画出其工作波形图。图 7.58（b）的 u_I 波形由读者自己给出。

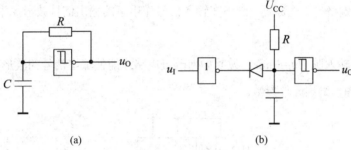

图 7.58 题 7.6 图

7.7 如图 7.59 所示是用 CMOS 反相器接成的压控施密特触发器电路。试分析它的转换电平 U_{T+}、U_{T-} 及回差电压 ΔU_T 与控制电压 u_{CO} 的关系。

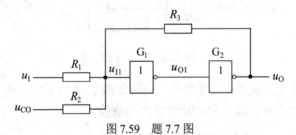

图 7.59 题 7.7 图

7.8 电路如图 7.60 所示，试分析其工作原理。

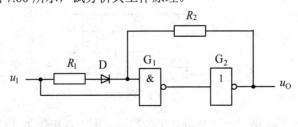

图 7.60 题 7.8 图

7.9　电路如图 7.61 所示，试分析电路的工作原理。

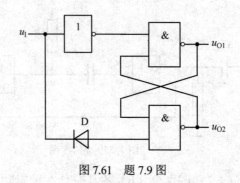

图 7.61　题 7.9 图

7.10　电路如图 7.62 所示。

（1）简述电路的工作原理，画出在输入信号作用下的输出信号波形，并计算输出脉冲宽度 t_w。

（2）如果输入脉冲 $t_i = 6\text{ms}$，说明如何改进电路才能使输出信号的波形与（1）相同，要求画出电路图，给出元件参数。

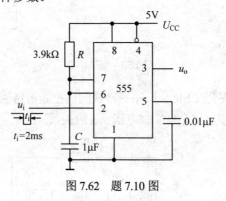

图 7.62　题 7.10 图

7.11　试用两级 555 构成单稳态电路，实现如图 7.63 所示输入电压 u_I 和输出电压 u_O 波形的关系，并标出定时电阻 R 和定时电容 C 的数值。

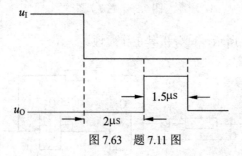

图 7.63　题 7.11 图

7.12　电路如图 7.64 所示，试分析其工作原理，图中三极管 T 工作在线性放大区。

7.13　由 555 定时器组成的多谐振荡器如图 7.43 所示，设 $U_{CC}=5\text{V}$，$R_1=10\text{k}\Omega$，$R_2=2\text{k}\Omega$，

$C = 470\text{pF}$。试计算输出矩形波的频率及占空比。

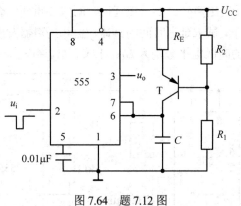

图 7.64　题 7.12 图

7.14　由 555 定时器组成的多谐振荡器如图 7.65 所示，试分析其工作原理，说明占空比的调节范围。

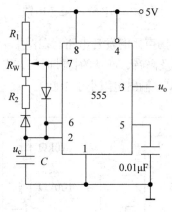

图 7.65　题 7.14 图

7.15　分析如图 7.66 所示电路，简述电路的组成及工作原理。若要求扬声器在开关 S 按下后，以 1.2kHz 的频率持续响 10s，试确定图中 R_3、R_4 的阻值。

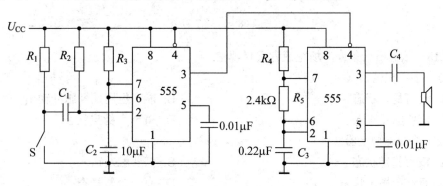

图 7.66　题 7.15 图

7.16 图 7.67 是用两个 555 定时器接成的延迟报警器。当开关 S 按下时，经过一定的延迟时间后扬声器开始发出声音。如果在延迟时间内 S 重新闭合，扬声器不发出声音。在图 7.67 中给定的参数下，试求延迟时间的具体数值和扬声器发出的声音频率。图中的 G 是 CMOS 反相器，输出的高低电平分别为 U_{OH}=12V、U_{OL}=0V。

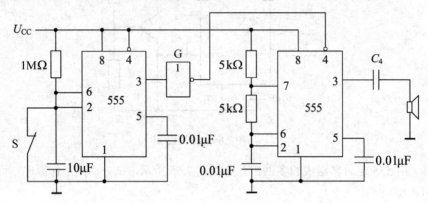

图 7.67 题 7.16 图

7.17 图 7.68 是救护车扬声器的发音电路。在图中给出的电路参数下，试计算扬声器发出声音的高频率、低频率及高音、低音的持续时间。当 U_{CC}=12V 时，555 定时器输出的高低电平分别为 11V 和 0.2V，输出电阻小于 100Ω。

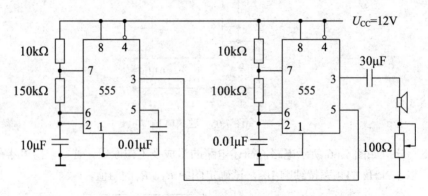

图 7.68 题 7.17 图

7.18 依据所给条件，填空或者选择填空。

（1）多谐振荡器（　　）。

  A. 没有稳定状态　　　　　　　　　　B. 能产生周期性脉冲输出

  C. 需要触发输入　　　　　　　　　　D. 有一个稳定状态

（2）单稳态触发器（　　）。

  A. 没有稳定状态　　　　　　　　　　B. 需要触发输入

  C. 有一个稳定状态　　　　　　　　　D. 有一个暂稳态

（3）施密特触发器（　　）。

  A. 没有稳定状态　　　　　　　　　　B. 有两个稳定状态

C. 需要触发输入　　　　　　　　　　D. 存在回差电压

(4) 具备下述特点的电路是（　　）。

A. 需要触发输入　　　　　　　　　　B. 可用于脉冲整形

C. 能够用于鉴别输入信号幅度的大小　D. 不能用作定时电路

(5) 具备下述特点的电路是（　　）。

A. 需要触发输入　　　　　　　　　　B. 可用于脉冲整形

C. 不适合采用缓慢变化的输入信号触发　D. 可作为定时电路

(6) 不可重复触发的单稳态触发器的输出脉冲宽度取决于（　　）。

A. 电源电压　　　　　　　　　　　　B. 触发时间间隔

C. 电路中决定暂稳态宽度的 RC 元件的值　D. 阈值电压的大小

习题分析举例

习题 7.3 分析：

分析题目的关键是初步判断电路的功能，然后按相应的分析方法进行分析计算。观察图 7.55 的电路组成，RC 形成积分电路，具有延时作用。如果电路中去掉 RC 元件，则反相器、与非门形成的电路就是第 4 章中介绍的上升沿检测电路，输出低电平的宽度由反相器的平均延迟时间决定，而当反相器输出和与非门输入端之间插入积分延迟环节后，反相器所在支路的延迟时间取决于 RC 电路的时间常数，因为门电路的平均延迟时间远远小于 RC 积分电路的延迟时间。由此推断，此电路可以检测输入脉冲上升沿的变化，但输出脉冲的宽度由 RC 的值决定。结合本章的内容，这个电路的功能可以这样来描述，在输入脉冲上升沿作用下，电路进入暂稳态，暂稳态的时间由 RC 参数决定，经过电容的放电，电路又返回到稳态。即电路的功能是单稳态触发器。

分析单稳态触发器的工作原理，关键是要清楚电路由稳态 → 暂稳态 → 稳态的转换过程。

分析可见，图 7.55 电路的稳态是：

$$u_i = 0, \quad u_{O1} = 1, \quad u_C = U_{OH}, \quad u_O = 1$$

暂稳态：当输入信号由 0 变 1 时，反相器输出低电平，电容 C 放电，但此时，与非门的两个输入端均为高电平，所以，输出 $u_O = 0$。

随着电容 C 的放电，u_C 按指数规律减小，当 $u_C = U_{TH}$ 时，与非门输出变为高电平，暂稳态结束，返回稳态。如果输入还处于高电平，电容继续放电；当输入变为低电平后，反相器输出高电平，电容充电，为下次触发做好准备。

波形分析：

画波形图事实上是将定性分析中文字描述过程采用图形表示，按照这样的思路，画出波形图如图 7.69 所示。

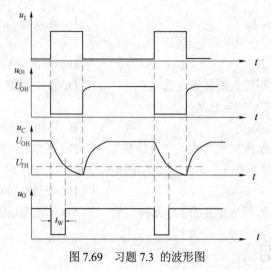

图 7.69 习题 7.3 的波形图

图中 u_{O1} 由低电平变为高电平时,考虑到电容开始充电时,电容上电压等于零,充电电流大,反相器输出电阻上压降大,因此, u_{O1} 的值小于 U_{OH},随着电容上电压的增加,充电电流按指数规律减小, u_{O1} 的值逐渐上升到 U_{OH}。

计算输出脉冲宽度:

输出脉冲宽度是由 RC 电路的放电过程决定的,其等效电路如图 7.70 所示。

参照定性分析及波形图,可知 $u_{C(0)}=U_{OH}, u_{C(\infty)}=0, \tau=RC$,则:

$$u_C = u_{C(\infty)} + (u_{C(0)} - u_{C(\infty)})e^{-\frac{t}{\tau}} = U_{OH}e^{-\frac{t}{\tau}}$$

当 $t=t_w$ 时, $u_C=U_{TH}$,代入上式计算可得:

$$t_w = RC \ln \frac{U_{OH}}{U_{TH}}$$

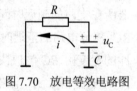

图 7.70 放电等效电路图

讨论:

由上述分析可见,图 7.55 电路是积分型单稳态触发器,适合宽脉冲触发。如果在电容放电没有到达 U_{TH} 前,输入信号变为低电平,则输出脉冲宽度由输入触发脉冲的宽度决定,而与电路的 RC 无关,失去了单稳态的特点,不具有定时作用。

如果输入触发脉冲的宽度小于 t_w 时,应修改电路的结构形式,可采用如图 7.56 所示电路。

习题 7.17 分析:

观察如图 7.68 所示电路,可见它由 555 定时器、电阻、电容组成两个多谐振荡器,第一个多谐振荡器的输出端与第二个 555 定时器的第 5 脚相连,改变其比较器的参考电压。第一个多谐振荡器属于典型电路,分析的关键在于第二个多谐振荡器有关参数的计算。

第一个多谐振荡器：

高电平输出时间（充电）：$T_1 = 0.7 \times 160 \times 10^{-2} = 1.12\text{s}$

低电平输出时间（放电）：$T_2 = 0.7 \times 150 \times 10^{-2} = 1.05\text{s}$

输出信号频率：$f_1 = \dfrac{1.44}{(10+300) \times 10^{-2}} = 0.465\text{Hz}$

第二个多谐振荡器，其比较器的参考电压是变化的，即由第 5 脚的电压 11V 和 0.2V 分别决定。

当 u_{O1}=11V 时，对应的 $u_{T2} = 5.5\text{V}$，$u_{T6} = 11\text{V}$，此时多谐振荡器充放电过程分析如下：

充电时：$u_{C(0)} = 5.5\text{V}$，$u_{C(\infty)} = 12\text{V}$，$\tau' = 1.1 \times 10^{-3}\text{s}$

$$u_C = 12 - 6.5e^{-t/\tau'}$$

当 $t = T_1$ 时，$u_C = 11\text{V}$，代入上式计算有：$T_1 = \tau' \ln 6.5 = 2.06 \times 10^{-3}\text{s}$

放电时：$u_{C(0)} = 11\text{V}$，$u_{C(\infty)} = 0$，$\tau'' = 1 \times 10^{-3}\text{s}$

$$u_C = 11e^{-t/\tau''}$$

当 $t = T_2$ 时，$u_C = 5.5\text{V}$，代入上式计算有：$T_2 = \tau'' \ln \dfrac{11}{5.5} = 0.7 \times 10^{-3}\text{s}$

$$f_{21} = \dfrac{1}{T_1 + T_2} = \dfrac{1 \times 10^3}{2.06 + 0.7} = 362\text{Hz}$$

当 u_{C1}=0.2V 时，对应的 $u_{T2} = 0.1\text{V}$，$u_{T6} = 0.2\text{V}$，此时多谐振荡器充放电过程分析如下。

充电时：$u_{C(0)} = 0.1\text{V}$，$u_{C(\infty)} = 12\text{V}$，$\tau' = 1.1 \times 10^{-3}\text{s}$

$$u_C = 12 - 11.9e^{-t/\tau'}$$

当 $t = T_1$ 时，$C = 0.2\text{V}$，代入上式计算有：$T_1 = \tau' \ln \dfrac{11.9}{11.8} = 0.01738 \times 10^{-3}\text{s}$

放电时：$u_{C(0)} = 0.2\text{V}$，$u_{C(\infty)} = 0$，$\tau'' = 1 \times 10^{-3}\text{s}$

$$u_C = 0.2e^{-t/\tau''}$$

当 $t = T_2$ 时，$u_C = 0.1\text{V}$，代入上式计算有：$T_2 = \tau'' \ln 2 = 0.7 \times 10^{-3}\text{s}$

$$f_{22} = \dfrac{1}{T_1 + T_2} = \dfrac{1 \times 10^3}{0.01738 + 0.7} = 1394\text{Hz}$$

结论：第一个多谐振荡器的输出用于控制第二个多谐振荡器的振荡频率（调频电路），高音持续时间：1.05s，频率为 1394Hz；低音持续时间：1.12s，频率为 362Hz。

第8章 数/模与模/数转换电路

内容提要: 本章主要介绍模/数转换与数/模转换电路的电路组成与工作原理。在数/模转换部分,分别讨论了权电阻网络、倒 T 型电阻网络及权电流型数/模转换电路。在模/数转换部分,分别以并行比较型、逐次逼近型电路为例,讨论了直接转换型模/数转换器;以双积分型模/数转换电路为例讨论了间接转换型模/数转换器。

学习提示: 数/模转换与模/数转换电路是模拟系统与数字系统联系的桥梁。熟悉实现 A/D 转换和 D/A 转换的基本思路,了解 ADC 和 DAC 的电路形式、工作原理、性能特点,目的在于更合理地应用 ADC、DAC。

8.1 概述

随着半导体技术的迅速发展,数字电子技术的应用已越来越广泛,尤其是计算机在自动控制和自动检测系统中的广泛应用,使得采用数字电路处理模拟信号的情况也更加普遍。为了能够使用数字电路处理模拟信号,必须把模拟信号转换成相应的数字信号,才能送入计算机或者数字信号处理器(简称 DSP)进行处理;而经过数字系统处理得到的数字信号往往还需要再转换成相应的模拟信号作为输出作用于控制系统。

把模拟信号转换为数字信号的过程称为模/数转换,简称 A/D 转换,能够实现 A/D 转换的电路称作 A/D 转换器,简称 ADC;把数字信号转换为模拟信号的过程称为数/模转换,简称 D/A 转换,能够实现 D/A 转换的电路称作 D/A 转换器,简称 DAC。

数字信号处理系统的基本框图如图 8.1 所示,它表明 ADC 与 DAC 是模拟电路与数字电路之间的桥梁。

模拟信号 ⟶ 放大、滤波 ⟶ 采样、保持 ⟶ ADC ⟶ DSP ⟶ DAC ⟶ 滤波 ⟶ 处理后的模拟信号

图 8.1 数字信号处理系统的基本框图

ADC 与 DAC 作为数字电子技术教学的主要内容之一,但其分析方法与模拟电路的分析方法联系更多一些。如果读者对模拟电子技术的有关内容的理解与记忆有所淡化,建议复习运算放大器的应用电路,例如同相比例器、反相比例器、积分电路等。

目前实际使用的 DAC、ADC 器件多数是集成电路,此处主要介绍实现相关转换的电路形式及工作原理,即偏重于芯片内部的电路组成形式,但又不是具体到某个集成电路芯片的实际电路,这一点应注意。

考虑到 D/A 转换器的工作原理比 A/D 转换器的工作原理简单,而且在有些 A/D 转换器中需要用 D/A 转换器作为内部的反馈电路,所以本章先讨论 DAC,再介绍 ADC。

8.2 数/模转换电路

把数字信号转换为模拟信号的过程称为数/模转换,简称 D/A 转换,能够实现 D/A 转换的电路称作 D/A 转换器,简称 DAC。

实现 D/A 转换的电路类型较多,比如权电阻网络型、T 型电阻网络型、倒 T 型电阻网络和权电流型等。

8.2.1 D/A 转换的基本思路

数/模转换是将输入的数字量(如二进制数 N_B)转换为模拟量电压或者电流输出。当采用电压输出时,其输入输出关系可表示为

$$u_O = kN_B \tag{8.1}$$

从第 1 章中数制的概念可知,一个 n 位二进制数 $D_{n-1}D_{n-2}\cdots D_1D_0$ 可以用多项式表示为

$$N_B = D_{n-1} \cdot 2^{n-1} + D_{n-2} \cdot 2^{n-2} + \cdots + D_1 \cdot 2^1 + D_0 \cdot 2^0 = \sum_{i=0}^{n-1} D_i \cdot 2^i \tag{8.2}$$

式中 2^{n-1},2^{n-2},…,2^1,2^0 为各位的权值。所以式(8.1)也可表示为

$$u_O = kN_B = k\sum_{i=0}^{n-1} D_i \cdot 2^i \tag{8.3}$$

式(8.3)可分解为三个部分,联想数学表达式与电路的对应关系:

(1)2^i —— 代表位权的大小,应具有能够反映各位权值大小的解码网络;

(2)D_i —— 代表数码 0、1,二进制数 0 和 1 可以采用开关断开或者闭合来实现;

(3)$k\sum$ —— 比例求和,能够利用运算放大器组成的比例求和电路实现。

基于上述基本思路,一个 D/A 转换器应主要由解码网络、模拟电子开关、比例求和电路组成,为了配合电路的稳定工作,需要添加数码寄存器及基准电压源等辅助部分,其框图如图 8.2 所示。进行 D/A 转换时,先将数字量存于数码寄存器中,由寄存器输出的数码驱动对应数位的模拟电子开关,使解码网络获得相应数位的权值,再送入求和电路,将各位的权值叠加,从而得到与数字量对应的模拟量输出。

图 8.2 中只有解码网络的灵活性比较大,其他部分实现形式比较单一。因此,各种 DAC 的区别主要反映在解码网络的结构形式上,通常以解码网络的名称来命名 D/A 转换器。按解码网络的不同分为 T 型电阻网络、倒 T 型电阻网络、权电阻网络和权电流网络 D/A 转换器等。

下面重点介绍几种典型的 D/A 转换电路。

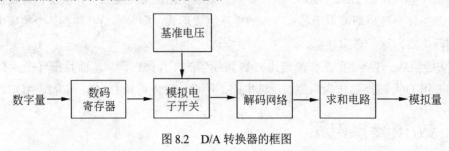

图 8.2　D/A 转换器的框图

8.2.2　典型的 D/A 转换电路

1. 权电阻网络 D/A 转换器

图 8.3 是 4 位权电阻网络 D/A 转换器的电路原理图,它由权电阻网络、模拟开关 $S_0 \sim S_3$ 和电流电压(I/U)转换电路组成。权电阻网络中每一个电阻的阻值与对应的位权成反比。模拟开关 $S_0 \sim S_3$ 由输入数码 $D_0 \sim D_3$ 控制,当 $D_i=0$ 时,模拟开关 S_i 接地;当 $D_i=1$ 时,模拟开关 S_i 将电阻接到 U_{REF} 上。这样流过每个电阻的电流就和对应位的权值成正比,再将这些电流相加,其结果与输入的数字量成正比。

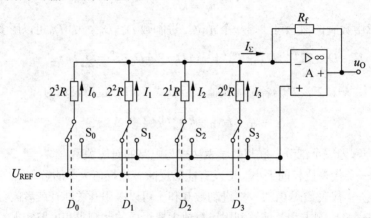

图 8.3　4 位权电阻网络 D/A 转换器

注意到在图 8.3 中,运放的同相输入端接地,R_f 使电路存在负反馈,因此,运放的反相输入端为虚地点,如果某一个开关闭合,则流过的电流可以用参考电压与相应电阻的比表示。所以总电流 I_Σ 为

$$\begin{aligned}
I_\Sigma &= I_0 + I_1 + I_2 + I_3 \\
&= \frac{U_{REF}}{R}\left(\frac{D_0}{2^3}+\frac{D_1}{2^2}+\frac{D_2}{2^1}+\frac{D_3}{2^0}\right) \\
&= \frac{U_{REF}}{2^3 R}\sum_{i=0}^{3} D_i \cdot 2^i
\end{aligned} \tag{8.4}$$

若 $R_f=R/2$，则输出电压为

$$u_O = -R_f I_\Sigma = -\frac{1}{2}RI_\Sigma$$
$$= -\frac{U_{REF}}{2^4}\sum_{i=0}^{3}D_i \cdot 2^i \tag{8.5}$$

由此可以类推出 n 位权电阻网络 D/A 转换器的输出电压为

$$u_O = -\frac{U_{REF}}{2^n}\sum_{i=0}^{n-1}D_i \cdot 2^i = -\frac{U_{REF}}{2^n}N_B \tag{8.6}$$

式（8.6）表明，输出的模拟电压 u_O 的绝对值正比于输入的二进制数 N_B，从而实现了从数字量到模拟量的转换。

权电阻网络 D/A 转换器的特点是电路结构比较简单，使用的电阻元件数少，但其不足之处是各个电阻的阻值相差较大，尤其是当输入数字量的位数较多时，问题就更加突出。例如，对于一个 8 位二进制数输入来说，如果权电阻网络中的最小电阻 $R=10\text{k}\Omega$，那么最大电阻将会达到 $2^7R=1.28\text{M}\Omega$，两者相差 128 倍。要想在较大的阻值范围内保证每个电阻值都有很高的精度是比较困难的，同时也不利于集成电路的制作。

2. T 型电阻网络 D/A 转换器

改进权电阻网络 D/A 转换器的思路是减少解码网络中电阻阻值的较大差异，由此产生了分级权电阻网络及 T 型电阻网络等多种解码网络形式，由分级权电阻网络构成的 D/A 转换器电路见题 8.4，读者可自行分析其工作原理；由 T 型电阻网络构成的 D/A 转换器如图 8.4 所示，由图可见解码网络仅用到 R 与 $2R$ 两种阻值的电阻。

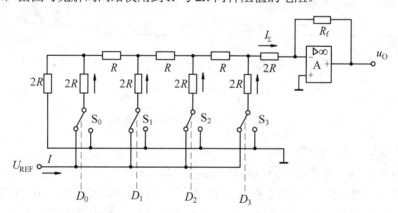

图 8.4 4 位 T 型电阻网络 D/A 转换器

T 型电阻网络 D/A 转换器的工作原理留作习题供读者分析。此处介绍 T 型电阻网络的目的是为了引入倒 T 型电阻网络。从图 8.4 可见，当 $D_i=0$ 时，开关 S_i 合向接地端；当 $D_i=1$ 时，开关 S_i 合向参考电源端。这样，开关两端的电压差较大，致使流过相应支路的电流波动较大，会产生较大的噪声。如果开关动作前后开关两端的电压差等于零，则不会引起噪声。按照这种思路改进电路，形成了倒 T 型电阻网络 D/A 转换器。

3. 倒 T 型电阻网络 D/A 转换器

倒 T 型电阻网络 D/A 转换器是目前较为常用的一种 D/A 转换器，如图 8.5 所示是 4 位倒 T 型电阻网络 D/A 转换电路。由图 8.5 可见，当 $D_i=0$ 时，开关 S_i 接地，流过该支路的电流 I_i 对 I/U 转换电路不起作用；当 $D_i=1$ 时，开关 S_i 连接到集成运算放大器的反相输入端，该支路电流 I_i 流入 I/U 转换电路。由于运算放大器的反相输入端为虚地点，所以不管输入数码 D_i 是 0 还是 1，开关 S_i 两端的电压差等于零，流过倒 T 型电阻网络的各支路电流始终不变。

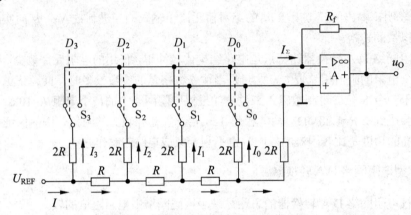

图 8.5 4 位倒 T 型电阻网络 D/A 转换器

讨论倒 T 型电阻网络 D/A 转换器的工作原理，关键是分析基准电流 I 与参考电压 U_{REF} 的关系，假设 $S_0 \sim S_3$ 均合向接地端，则图 8.5 中倒 T 型电阻网络部分可等效为如图 8.6 所示电路。

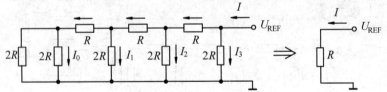

图 8.6 T 型电阻网络等效电路

分析图 8.6 可见，$I=U_{REF}/R$。

基准电流 $I=U_{REF}/R$ 经倒 T 型电阻网络逐级分流，每级电流是前一级的 1/2，这样，依次可以得出各支路电流 I_3、I_2、I_1 和 I_0 的数值分别为 $I/2$、$I/4$、$I/8$ 和 $I/16$，各支路电流分别代表了二进制数各位不同的权值，总输出电流 I_Σ 是各支路电流的线性叠加。所以总电流 I_Σ 为

$$I_\Sigma = \frac{U_{REF}}{R}\left(\frac{D_0}{2^4}+\frac{D_1}{2^3}+\frac{D_2}{2^2}+\frac{D_3}{2^1}\right)=\frac{U_{REF}}{2^4 R}\sum_{i=0}^{3} D_i \cdot 2^i \tag{8.7}$$

输出电压 u_O 为

$$u_O = -I_\Sigma R_f = -\frac{R_f}{R} \cdot \frac{U_{REF}}{2^4}\sum_{i=0}^{3}(D_i \cdot 2^i) \tag{8.8}$$

同理，可以推导出 n 位倒 T 型电阻网络 D/A 转换器的输出电压 u_O 为

$$u_O = -\frac{R_f}{R} \cdot \frac{U_{REF}}{2^n} \sum_{i=0}^{n-1}(D_i \cdot 2^i) = -\frac{R_f}{R} \cdot \frac{U_{REF}}{2^n} N_B \tag{8.9}$$

式（8.9）表明，图 8.5 电路的输出模拟电压的绝对值与输入的二进制数成正比，即对于输入的每一个二进制数都会在输出端得到一个与它对应的模拟电压。

图 8.5 电路的分析过程表明，倒 T 型电阻网络 D/A 转换器具有如下明显的优点。

（1）解码网络中仅用到 R、$2R$ 两种电阻，避免了权电阻网络中电阻阻值相差过大的问题；

（2）在模拟开关切换过程中，开关两端的电压差为 0，各电阻支路的电流值不变，这不仅减小了在动态过程中输出端可能出现的噪声，而且也缩短了电流建立时间，提高了转换速度；

（3）倒 T 型电阻网络中各电阻支路是直接通过模拟开关与运算放大器的反相输入端相连，它们之间没有信号传输延迟问题。

正是由于上述优点，目前，倒 T 型电阻网络 D/A 转换器获得了广泛应用。其常用的集成电路芯片有 AD7520（10 位）、DAC1210（12 位）及 AK7546（16 位）等。

4．权电流型 D/A 转换器

由倒 T 型电阻网络 D/A 转换器的分析可知，电路中各支路的电流是依靠电阻网络的分流作用实现其比例关系的。而这个比例关系是在理想的情况下得出的，分析中忽略了模拟开关的导通电阻及实际电阻网络中的电阻值误差的影响，实际上各支路电流的比例关系会有一定误差，使转换精度降低。为保证各支路电流的恒定，可以用恒流源来实现各支路电流，这样就构成了权电流型 D/A 转换器，如图 8.7 所示。

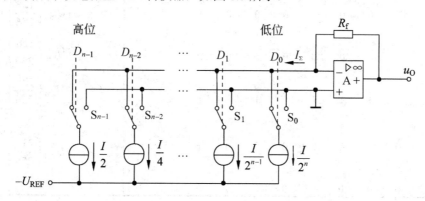

图 8.7 权电流型 D/A 转换器

由图 8.7 可得

$$I_\Sigma = \frac{I}{2}D_{n-1} + \frac{I}{4}D_{n-2} + \cdots + \frac{I}{2^{n-1}}D_1 + \frac{I}{2^n}D_0 = \frac{I}{2^n}\sum_{i=0}^{n-1}2^i D_i \tag{8.10}$$

则

$$u_O = R_f I_\Sigma = \frac{IR_f}{2^n}\sum_{i=0}^{n-1} 2^i D_i \tag{8.11}$$

在权电流型 D/A 转换器中,由于采用了恒流源,各支路电流的大小均不受开关导通电阻和压降的影响,从而降低了对开关电路的要求,提高了转换精度。

8.2.3 D/A 转换器的输出方式

常用的 D/A 转换器绝大部分是以电流作为输出量的,这样在实际应用时还需要将电流转换成电压,因此必须选择和设计合适的输出电路,以保证 D/A 转换器的正确使用。D/A 转换器的输出方式有单极性和双极性两种,下面分别讨论这两种输出方式。

1. 单极性输出方式

单极性输出的电压范围是 0 到满度值(正值或负值),例如 0~+10V。当 D/A 转换器采用单极性输出方式时,数字输入量采用自然二进制码。表 8.1 列出了根据式(8.6)得出的 8 位 D/A 转换器的数字输入量与模拟输出量之间的关系。

表 8.1 8 位 D/A 转换器的单极性二进制码与模拟输出量之间的关系

数字量								模拟量
D_7	D_6	D_5	D_4	D_3	D_2	D_1	D_0	u_O
1	1	1	1	1	1	1	1	$-U_{REF}\left(\dfrac{255}{256}\right)$
				⋮				⋮
1	0	0	0	0	0	0	1	$-U_{REF}\left(\dfrac{129}{256}\right)$
1	0	0	0	0	0	0	0	$-U_{REF}\left(\dfrac{128}{256}\right)$
0	1	1	1	1	1	1	1	$-U_{REF}\left(\dfrac{127}{256}\right)$
				⋮				⋮
0	0	0	0	0	0	0	1	$-U_{REF}\left(\dfrac{1}{256}\right)$
0	0	0	0	0	0	0	0	0

图 8.8 是倒 T 型电阻网络 D/A 转换器的单极性电压输出电路,它的输出电压为

$$u_O = -I_\Sigma R_f = -\frac{R_f}{R} \cdot \frac{U_{REF}}{2^8} N_B \tag{8.12}$$

若要求输出电压为正,可在图 8.8 电路的输出端加一级反相比例器。

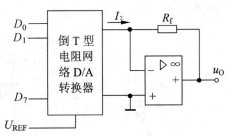

图 8.8 D/A 转换器的单极性电压输出电路

2. 双极性输出方式

在实际应用中，输入 D/A 转换器的数字量可能有正有负。这要求 D/A 转换器能将不同极性的数字量分别转换为正、负极性的模拟电压，即 D/A 转换器应具有双极性输出方式。双极性 D/A 转换常用的编码有：2 的补码、偏移二进制码及符号数值码（符号位加数值码）等。表 8.2 列出了 8 位 2 的补码、偏移二进制码与模拟量之间的关系。

表 8.2 8 位 2 的补码、偏移二进制码与模拟量之间的关系

十进制数	2 的补码 $D_7\ D_6\ \cdots\ D_1\ D_0$	偏移二进制码 $D_7\ D_6\ \cdots\ D_1\ D_0$	模拟量 u_O
127	0 1 1 1 1 1 1 1	1 1 1 1 1 1 1 1	$U_{REF}\left(\dfrac{127}{256}\right)$
⋮	⋮	⋮	⋮
1	0 0 0 0 0 0 0 1	1 0 0 0 0 0 0 1	$U_{REF}\left(\dfrac{1}{256}\right)$
0	0 0 0 0 0 0 0 0	1 0 0 0 0 0 0 0	0
−1	1 1 1 1 1 1 1 1	0 1 1 1 1 1 1 1	$-U_{REF}\left(\dfrac{1}{256}\right)$
⋮	⋮	⋮	⋮
−127	1 0 0 0 0 0 0 1	0 0 0 0 0 0 0 1	$-U_{REF}\left(\dfrac{127}{256}\right)$
−128	1 0 0 0 0 0 0 0	0 0 0 0 0 0 0 0	$-U_{REF}\left(\dfrac{128}{256}\right)$

偏移二进制码可利用坐标平移来解释，如图 8.9 所示。图 8.9（a）和图 8.9（b）分别对应无符号二进制码及偏移二进制码与其输出电压的关系。在图 8.9（a）中，将坐标原点平移到（80H，$U_{REF}/2$），得到如图 8.9（b）所示对应关系。在平移后的二进制数中，只有大于 128 时才表示正数，而小于 128 的则表示负数。所以，若将单极性 8 位 D/A 转换器的输出电压减去 $U_{REF}/2$（80H 所对应的模拟量），就可得到偏移二进制码对应的输出电压，其具体电路实现如图 8.10 所示。

图 8.10 电路中的输出级部分实际是反相比例求和电路，输出电压表达式为

$$u_O = -\frac{R_f}{R_1}u_{O1} - \frac{R_f}{R_B}U_{REF} \tag{8.13}$$

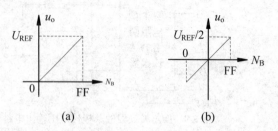

图 8.9 利用坐标平移解释偏移二进制码与输出电压的关系

取 $R_B=2R_f$，$R=R_f=R_1$ 可得

$$u_O = -u_{O1} - \frac{1}{2}U_{REF} = \left(\frac{N_B}{2^8} - \frac{1}{2}\right)U_{REF} \tag{8.14}$$

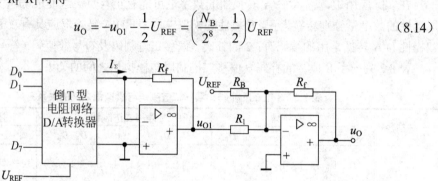

图 8.10 D/A 转换器的偏移二进制码输出电路

比较表 8.2 中的 2 的补码和偏移二进制码可以发现，将 8 位 2 的补码的最高位取反即可得到偏移二进制码。所以，如果 D/A 转换器的输入数字量是 2 的补码，就可以先将它转换为偏移二进制码，再利用如图 8.10 所示的双极性输出电路即可。

8.2.4 D/A 转换器的主要技术参数

D/A 转换器的性能主要是用转换精度和转换速度来衡量的。

1. 转换精度

D/A 转换器的转换精度包括分辨率和转换误差两个技术指标。

分辨率表示 D/A 转换器在理论上可以达到的精度，它描述了 D/A 转换器对输入微小数字量变化的敏感程度，一般用输入二进制数码的位数 n 来表示。输入数字量的位数越多，输出模拟量分成的等级数越多，分辨率也就越高。

分辨率也可以用 D/A 转换器能分辨的最小输出电压 U_{LSB}（对应 $N_B=1$）与最大输出电压 U_m（对应 $N_B=2^n-1$）之比来表示：

$$\text{分辨率} = \frac{U_{LSB}}{U_m} \tag{8.15}$$

将 $N_B=1$ 及 $N_B=2^n-1$ 分别代入式（8.6），可求出 $U_{LSB} = -\frac{U_{REF}}{2^n}$，$U_m = -\frac{2^n-1}{2^n}U_{REF}$，

所以，对于一个 n 位 D/A 转换器分辨率为

$$分辨率 = \frac{U_{LSB}}{U_m} = \frac{1}{2^n - 1} \tag{8.16}$$

转换误差反映了实际的 D/A 转换器的特性与理想转换特性之间的最大偏差。表示转换误差的具体指标一是采用最低有效位（简称 LSB）的倍数表示，例如，如果给出转换误差为 LSB/2，那么它的输出模拟电压的绝对误差应不大于输入 $N_B=1$ 时的输出电压的一半；二是采用输出电压满刻度（简称 FSR）的百分数来表示，例如，转换误差为 0.05%FSR。

D/A 转换器产生转换误差的主要原因是参考电压 U_{REF} 的波动、运算放大器的零点漂移、模拟开关的导通内阻和导通压降、电阻网络中电阻值的偏差等。因为不同原因所导致的误差各有不同，使 D/A 转换器的转换误差分为比例系数误差、失调误差和非线性误差等几种类型。

比例系数误差是指实际转换特性曲线的斜率与理想转换特性曲线的斜率的偏差。它主要是由参考电压 U_{REF} 的波动引起的。例如，在 n 位倒 T 型电阻网络 D/A 转换器中，如果参考电压 U_{REF} 偏离标准值 ΔU_{REF}，就会在输出端产生误差电压 Δu_{O1}，由式（8.9）可得 Δu_{O1} 为

$$\Delta u_{O1} = \frac{\Delta U_{REF}}{2^n} \cdot \frac{R_f}{R} \cdot \sum_{i=0}^{n-1} D_i 2^i \tag{8.17}$$

式（8.17）表明误差电压 Δu_{O1} 的大小与输入数字量成正比，图 8.11 是三位 D/A 转换器的比例系数误差。

失调误差是由运算放大器的零点漂移所引起的，图 8.12 是三位 D/A 转换器的失调误差，运算放大器零点漂移会使输出电压的转移特性曲线发生平移，从而在输出端产生误差电压 Δu_{O2}，失调误差电压 Δu_{O2} 的大小与输入数字量无关。

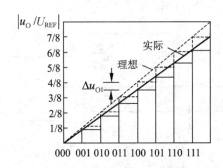

图 8.11 三位 D/A 转换器的比例系数误差

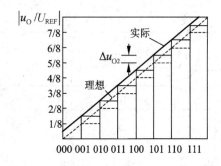

图 8.12 三位 D/A 转换器的失调误差

非线性误差是一种没有一定变化规律的误差，一般用在满刻度范围内，偏离理想转移特性的最大值来表示。引起非线性误差主要原因有模拟开关的导通内阻和导通压降、电阻网络中电阻值的偏差等。

由于上述几种误差电压之间不存在固定的函数关系，所以在最不利的情况下，输出端总的误差电压$|\Delta u_O|$取它们的绝对值之和，即

$$|\Delta u_O| = |\Delta u_{O1}| + |\Delta u_{O2}| + |\Delta u_{O3}| \qquad (8.18)$$

2. 转换速度

当 D/A 转换器输入的数字量发生变化时，输出的模拟量并不是立即就能达到所对应的数值，它需要经过一段时间。为此通常用建立时间和转换速率这两个参数来描述 D/A 转换器的转换速度。

建立时间 t_{set} 是指输入数字量变化时，输出模拟电压变化达到相应稳定值所需要的时间。一般用 D/A 转换器输入的数字量从全 0 变为全 1 时，输出电压达到规定的误差范围（±LSB/2）时所需时间表示。D/A 转换器的建立时间较快，单片集成 D/A 转换器建立时间最短可达 0.1μs 以内。

转换速率 SR 用大信号工作状态下，模拟电压的变化率表示。一般集成 D/A 转换器在不包含外接参考电压源和运算放大器时，转换速率比较高。实际应用中，要实现快速 D/A 转换不仅要求有较高的转换速率，而且还应选用转换速率较高的集成运算放大器与之配合使用才行。

8.2.5 集成 D/A 转换器应用举例

随着半导体技术的发展，单片集成 D/A 转换器的种类越来越多，应用也越来越广泛。AD7520 是常用的单片集成 D/A 转换器，它由倒 T 型电阻网络、10 位 CMOS 模拟开关和反馈电阻（R=10kΩ）组成，其内部电路如图 8.13 所示。图 8.13 中虚线内部分为 AD7520 内部电路，该集成 D/A 转换器在应用时必须外接参考电压 U_{REF} 和运算放大器。AD7520 芯片引脚排列如图 8.14 所示，其中 14 脚为模拟开关提供电源。

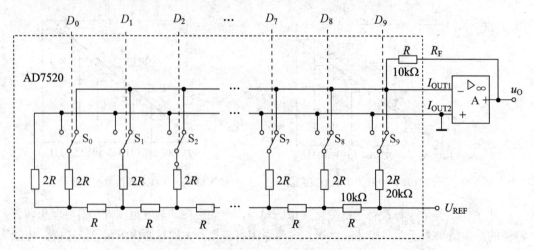

图 8.13 AD7520 内部电路及外接运放的连接形式

AD7520 的基本应用是利用它实现分辨率 $n=10$ 的 D/A 转换器，如图 8.13 所示。作为集成电路，一般除其基本功能外，还存在扩展应用，例如，利用 AD7520 可以构成数字式可编程增益控制放大器，如图 8.15 所示。

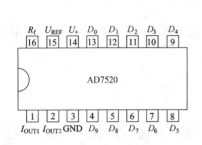

图 8.14 AD7520 引脚排列图

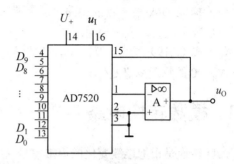

图 8.15 可编程增益控制放大器电路之一

比较图 8.13 和图 8.15 的连接关系，在式（8.9）中用 u_I 替换 u_O、u_O 替换 U_{REF}，并注意到 $n=10$、$R=R_f$，则有

$$u_I = -\frac{u_O}{2^{10}} N_B$$

整理可得

$$u_O = -\frac{2^{10}}{N_B} u_I \tag{8.19}$$

式（8.19）表明，当 N_B 在 1~1023 之间变化时，即可调节放大倍数。

AD7520 用于可编程增益控制放大器的电路连接形式的另外一种接法如图 8.16 所示。

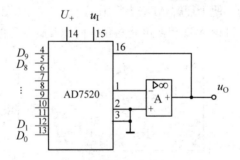

图 8.16 可编程增益控制放大器电路之二

图 8.16 的连接关系与 AD7520 用作 D/A 转换器时电路连接的区别仅仅是参考电压输入端接输入电压 u_i，在式（8.9）中用 u_I 替换 U_{REF}，并注意到 $n=10$、$R=R_f$，则有

$$u_O = -\frac{N_B}{2^{10}} u_I \tag{8.20}$$

式（8.20）表明，当 N_B 在 0~1023 之间变化时，即可调节比例系数。注意此电路实际上是一个衰减器，作用主要是可以数字调节衰减系数，放大功能由与它级联的具有固定放大倍数的放大电路完成，以便实现总放大倍数可以数字控制调节。

集成 D/A 转换器的还可应用于数控电源、波形发生器等电路。有兴趣的读者，建议查阅相关文献。

讨论与思考题：

（1）构成 D/A 转换器的电路主要是模拟电路，由此能否推测构成 A/D 转换器的电路主要应是数字电路？说明理由。

（2）式（8.19）表明，$N_B \neq 0$，其数学意义是 0 不能作除数，结合图 8.15 的实际电路，解释 $N_B \neq 0$ 的物理意义是什么？

8.3 模数转换电路

A/D 转换是指把连续变化的模拟信号（电压或者电流）通过一定的途径转换为离散的数字信号的过程，能够实现 A/D 转换的电路称为 A/D 转换器，简称 ADC。

按照 A/D 转换器的工作方式，可分为直接转换型 ADC 和间接转换型 ADC 两类。直接转换型 ADC 是指把输入模拟量直接转换为数字量输出，它包括并行 ADC、逐次逼近（逐次渐近）型 ADC 等；而间接转换型 ADC 是指把输入模拟量先转换为某种中间变量，然后再把中间变量转换为所需要的数字量，如双积分型 ADC、电压-频率转换型 ADC 等。

8.3.1 A/D 转换的基本原理

A/D 转换器的功能是在规定时间内把模拟信号在时刻 t 的幅度值（比如电压值）转换为一个对应的数字量。为了便于理解 ADC 的工作原理，现以如图 8.17 所示的模拟信号及对应的几组数字量为例，讨论 A/D 转换可能遇到的问题及解决问题的思路。

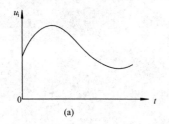
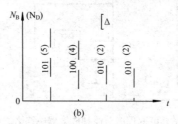
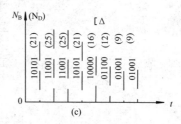

图 8.17 模拟量与数字量的比较

模拟信号与数字信号的区别表明，模拟信号在时间及幅值上是连续的，而数字信号是离散的。所以要实现模拟量到数字量的转换只能在一系列选定的瞬间进行，因此，实现 ADC 首先要解决的问题是模拟信号在时间上的离散化，它通过采样途径来实现。采样获得的信号是一组离散的幅值信号（如图 8.17 中的虚线所示），它与数字量还存在本质差异，为了使特定的幅值信号与数字量建立联系，需要有一个确定的单位（Δ）来度量幅值信号，换句话说，只能用确定的度量单位的整数倍来近似特定的离散幅值信号，实现它的过程叫数值量化，简称量化。

通过采样与量化，能够实现用数字量表示模拟量。实际上，完成一次模拟量到数字量的转换需要一定的时间，为了获得稳定的输出数字量，在一次转换未完成之前，要求被转换的模拟量保持不变，它可通过保持电路来实现；量化获得的整数需要对其进行编码，以便得到特定代码的数字量输出。

归纳上述分析过程，可见一般的 A/D 转换需要经过采样、保持、量化和编码这 4 个步骤来完成，如图 8.18 所示，其中，采样、量化是关键。

模拟量 → 采样 → 保持 → 量化 → 编码 → 数字量

图 8.18 A/D 转换的一般过程

1. 采样-保持

比较图 8.17（a）中的连续曲线与图 8.17（b）、图 8.17（c）中虚线的包络（虚线顶点的平滑连线），可见图 8.17（b）已失去原曲线的形状，反映出幅值在单调减小；图 8.17（c）是采样点数增加后的情况，其形状基本反映了原曲线的变化趋势。因此，采样把一个在时间上连续变化的信号变换为在时间上离散的信号，即在一个波形上获取足够数量的离散值，这些离散值将描述被采样模拟信号波形的形状特征。采样点越多，离散幅值的变化趋势就越接近原曲线。

为了保证能从采样信号中恢复出原来的被采样信号，它要求采样频率必须满足：

$$f_s \geqslant 2 f_{\text{imax}} \tag{8.21}$$

式（8.21）中 f_s 为采样频率，f_{imax} 为输入模拟信号 u_I 中所含最高谐波分量的频率，该式即为采样定理表达式。

在一次转换未完成之前，保持采样值不变，这可利用电容的记忆功能来实现。

采样-保持操作的结果就是把模拟输入信号用与输入信号相近似的阶梯形状的波形来表示。采样-保持操作过程可用图 8.19 来说明。

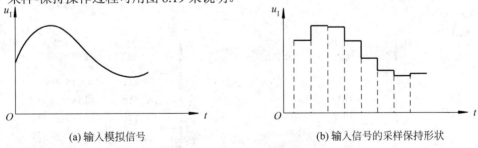

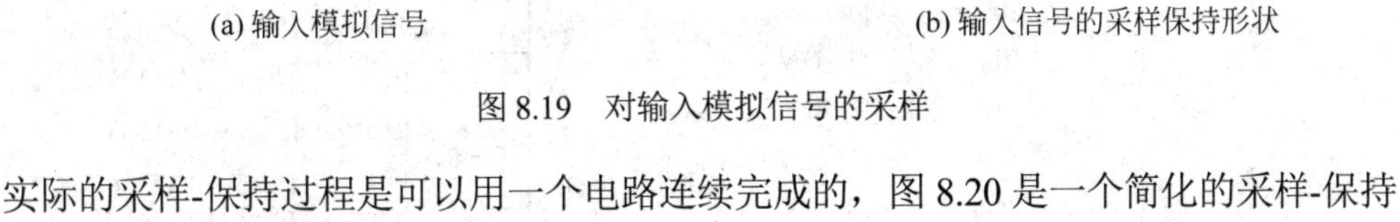

(a) 输入模拟信号　　　　　　　　　　(b) 输入信号的采样保持形状

图 8.19 对输入模拟信号的采样

实际的采样-保持过程是可以用一个电路连续完成的，图 8.20 是一个简化的采样-保持电路。在采样时刻，开关 S 闭合，电容 C_H 迅速充电，使 $u_\text{O}=u_\text{I}$。采样结束时，开关 S 断开，电压跟随器的输入阻抗很大，电容 C_H 没有放电回路，其两端电压保持不变，从而维持 u_O 不变，这就是保持阶段。

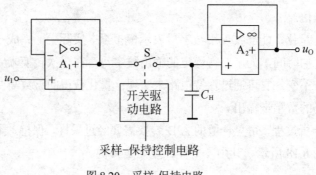

图 8.20 采样-保持电路

2. 量化和编码

采样-保持电路的输出信号,它还是模拟量,需要进行量化处理。量化过程中所采用的度量单位称为量化单位,用 Δ 表示。它是数字信号最低位为 1 时所对应的模拟量,即 1LSB。

采用量化单位整除采样值得到的整数为了适应数字系统的要求,需要采用二进制码或者 BCD 码表示,这一过程即为编码,所得到的代码作为 A/D 转换器输出的数字量。

比较图 8.17(b)、图 8.17(c) 中采用不同的量化单位时所产生的差异,对于同样的幅值信号,当 Δ 对应的模拟量较大时,产生的十进制数就较小,当采用二进制数表示时,所需要的位数少,但分辨率低;当 Δ 对应的模拟量较小时,产生的十进制数就较大,若采用二进制数表示,所需要的位数较多,但分辨率高。

在量化过程中,由于取样信号不一定能被 Δ 整除,所以量化过程不可避免地存在误差,此误差称为量化误差,用 ε 表示。量化误差属于原理误差,它是无法消除的。

量化过程常采用两种近似量化方式:只舍不入量化方式和四舍五入量化方式,如图 8.21 所示。此例设输入信号 u_I 的变化范围为 0~8V,对应 A/D 转换器输出三位二进制代码。

u_I	二进制代码	对应的电压范围		u_I	二进制代码	对应的电压范围
8V	111	[7~8] V		8V	111	[104/15~8]V
7V	110	[6~7] V		7V	110	[88/15~104/15)V
6V	101	[5~6] V		6V	101	[72/15~88/15)V
5V	100	[4~5] V		5V	100	[56/15~72/15)V
4V	011	[3~4] V		4V	011	[40/15~56/15)V
3V	010	[2~3] V		3V	010	[24/15~40/15)V
2V	001	[1~2] V		2V	001	[8/15~24/15)V
1V	000	[0~1] V		1V	000	[0~8/15)V
0V				0V		

(a)   (b)

图 8.21 划分量化电平的两种方法对比

图 8.21（a）采用只舍不入量化方式，取 $\Delta=1V$，量化中把不足量化单位的部分舍弃，例如，当 $0V\leqslant u_1<1V$，相当于 0Δ，对应的二进制数为 000；当 $1V\leqslant u_1<2V$，相当于 1Δ，对应的二进制数为 001；…，当 $7V\leqslant u_1\leqslant 8V$，相当于 7Δ，对应的二进制数为 111。这种量化方式的最大量化误差为 Δ，即 $|\varepsilon_{max}|=1LSB$。

图 8.21（b）采用四舍五入量化方式，取量化单位 $\Delta=16V/15$，量化过程将不足半个量化单位部分舍弃，对于等于或大于半个量化单位部分按一个量化单位处理。例如，当 $0V\leqslant u_1<8V/15$，相当于 0Δ，对应的二进制数为 000；当 $8V/15\leqslant u_1<24V/15$，相当于 1Δ，对应的二进制数为 001；…，当 $104V/15\leqslant u_1\leqslant 8V$，相当于 7Δ，对应的二进制数为 111。这种量化方式的最大量化误差为 $\Delta/2$，即 $|\varepsilon_{max}|=LSB/2$。四舍五入量化方式的量化误差比只舍不入量化方式的量化误差小，故为大多数 A/D 转换器所采用。

8.3.2 直接 A/D 转换器

1. 并行比较型 A/D 转换器

三位并行比较型 A/D 转换器如图 8.22 所示，它由电阻分压器、电压比较器、寄存器及优先编码器组成。

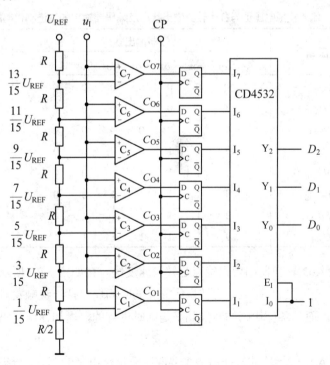

图 8.22 三位并行比较型 A/D 转换器

分析图 8.22 电路，比较器输入电阻很大，其输入电流近似等于零。串联电阻组成分压电路，将参考电压 U_{REF} 分压，获得 $1/15U_{REF}\sim 13/15U_{REF}$ 之间 7 个量化电平，注意此处量化电平的划分采用四舍五入法，与图 8.21（b）相同，量化单位为 $2/15\,U_{REF}$。

7个电压比较器的同相输入端连接在一起,与输入模拟电压 u_I 相接,7个量化电平分别与比较器 $C_1 \sim C_7$ 的反相输入端连接,为比较器提供基准电压。各比较器的输出状态由输入电压 u_I 的大小决定的。

比较器的输出与对应的 D 触发器的数据输入端连接,在时钟脉冲 CP 的作用下,将比较获得的状态存储到由 D 触发器组成的 7 位数据寄存器中。寄存器的输出端 $Q_1 \sim Q_7$ 分别与 8 线-3 线优先编码器 CD4532 的信号输入端 $I_1 \sim I_7$ 相连接。CD4532 的使能端 E_1 接高电平,优先级别最低的输入信号 I_0 接高电平,当 $I_1 \sim I_7$ 输入信号有效时,按优先级别高的进行编码,当 $I_1 \sim I_7$ 输入信号均为 0 时,按 I_0 有效进行编码,$D_2D_1D_0=000$。

对于不同的输入电压 u_I,与输出数字量的对应关系如表 8.3 所示。例如,当 $0V \leq u_I < 1/15 U_{REF}$ 时,比较器 $C_1 \sim C_7$ 的输出状态都为 0,在时钟脉冲的作用下,7 位数据寄存器的 Q 端输出均为 0,即 $I_1 \sim I_7$ 输入信号均为无效状态,按前述分析,此时编码器输出的二进制代码为 000;当 $1/15 U_{REF} \leq u_I < 3/15 U_{REF}$ 时,比较器 C_1 的输出状态为 1,其余各比较器的输出状态均为 0,经存储编码后得到的二进制代码为 001;当 $13/15 U_{REF} < u_I$ 时,所有比较器的输出状态为高电平,在时钟脉冲 CP 的作用下,7 位数据寄存器输出均是 1,由于 I_7 的优先级别最高,编码器输出二进制代码为 111;以此类推。

表 8.3 输入模拟电压值与各比较器输出状态及编码器输出的二进制代码的关系

模拟输入电压 u_I	比较器输出状态							二进制代码		
	C_{O1}	C_{O2}	C_{O3}	C_{O4}	C_{O5}	C_{O6}	C_{O7}	D_2	D_1	D_0
$(0 \sim 1/15)U_{REF}$	0	0	0	0	0	0	0	0	0	0
$(1/15 \sim 3/15)U_{REF}$	1	0	0	0	0	0	0	0	0	1
$(3/15 \sim 5/15)U_{REF}$	1	1	0	0	0	0	0	0	1	0
$(5/15 \sim 7/17)U_{REF}$	1	1	1	0	0	0	0	0	1	1
$(7/15 \sim 9/15)U_{REF}$	1	1	1	1	0	0	0	1	0	0
$(9/15 \sim 11/15)U_{REF}$	1	1	1	1	1	0	0	1	0	1
$(11/15 \sim 13/15)U_{REF}$	1	1	1	1	1	1	0	1	1	0
$(13/15 \sim 1)U_{REF}$	1	1	1	1	1	1	1	1	1	1

并行比较型 A/D 转换器的突出优点是转换速度快。在如图 8.22 所示的电路中,如果从时钟脉冲的上升沿算起,完成一次转换所需要的时间仅包括一级触发器的翻转时间和编码器的延迟时间。而且各位代码的转换几乎是同时进行的,增加输出代码的位数对转换时间影响较小。

并行比较型 A/D 转换器的转换精度主要取决于量化电平的划分,分得越细(即 Δ 取得越小),精度越高。当然,此时所用的比较器和触发器也会按几何级数增加,编码器的电路也会更复杂。如图 8.22 所示的电路输出的是三位二进制代码,分别需要 $2^3-1=7$ 个比较器和触发器。对于一个 n 位 A/D 转换器,就分别需要 2^n-1 个比较器和触发器,使得并行比较型 A/D 转换器的制作成本较高。因此并行比较型 A/D 转换器一般用在转换速度较快而转换精度要求不太高（即位数较少）的场合。

2. 逐次渐近型 A/D 转换器

1）逐次渐近的转换思路

科学技术的发展与日常生活密切相关，生活常识往往能够启示人们寻找一些处理科学技术问题的方法。逐次渐近 A/D 转换的思路与天平称重的原理类似，u_I 类似重物，给定数字量转换的模拟电压 u_D 相当于砝码，借助比较器这个"天平"，在不断调整给定数字量的过程中寻求 u_I 与 u_D 的"平衡"。逐次渐近的转换思路如图 8.23 所示。

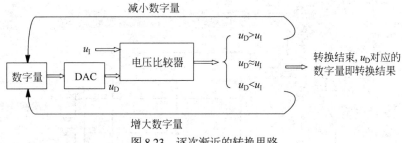

图 8.23　逐次渐近的转换思路

2）逐次渐近 A/D 转换的电路实现与工作原理分析

实现如图 8.23 所示逐次渐近 A/D 转换思路的电路框图如图 8.24 所示，框图中增加了数据寄存器用于保存给定的数字量，依据比较器的输出结果，由控制逻辑和移位寄存器来控制数字量的增大或减小。

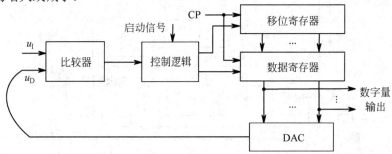

图 8.24　实现逐次渐近转换思路的电路框图

在实现逐次渐近 A/D 转换的过程中，初次给定数字量的大小是决定转换速度的关键。联想天平称重是从最重的砝码开始试放，与被称物体进行比较，若物体重于砝码，则该砝码保留，否则移去；再试放下一个砝码，……，以此类推，一直加到最小一个砝码为止。将所有留下的砝码质量相加，就是被称量物体的质量。如果输出数字量是 n 位二进制数，初次给定的数字量为 2^{n-1}。现以 4 位二进制数为例，$2^{4-1}=8$，给定 $D=1000$，说明转换过程如图 8.25 所示。

$$D=1000 \Longrightarrow \text{DAC} \Longrightarrow u_D \begin{cases} u_D > u_I \Longrightarrow D=0100 \Longrightarrow \text{DAC} \cdots \\ u_D < u_I \Longrightarrow D=1100 \Longrightarrow \end{cases}$$

$$\text{DAC} \Longrightarrow u_D \begin{cases} u_D > u_I \Longrightarrow D=1010 \Longrightarrow \text{DAC} \Longrightarrow u_D \begin{cases} u_D > u_I \Longrightarrow D=1001 \\ u_D < u_I \Longrightarrow D=1011 \end{cases} \\ u_D < u_I \Longrightarrow D=1110 \Longrightarrow \text{DAC} \cdots \end{cases}$$

图 8.25　输出 4 位二进制数的逐次渐进举例

例 8.1　三位二进制数输出的 A/D 转换器逻辑电路如图 8.26 所示。图 8.26 中 C 为比较器，F_A、F_B、F_C 组成了三位数码寄存器，$F_1 \sim F_5$ 和 $G_1 \sim G_9$ 组成控制逻辑电路，试分析电路的工作原理。

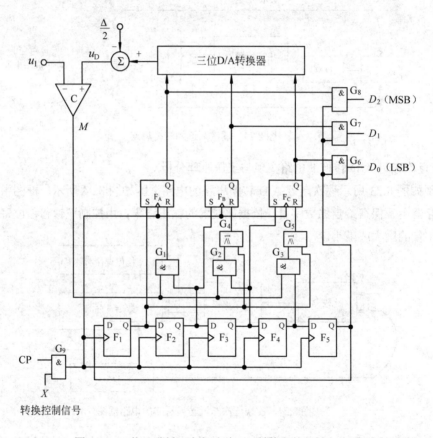

图 8.26　三位二进制逐次渐近型 A/D 转换器的逻辑电路图

解：转换开始前先将 F_A、F_B、F_C 清零，寄存器的输出状态 $Q_A Q_B Q_C=000$，并将环形移位寄存器 $F_1 \sim F_5$ 的输出状态置为 $Q_1 Q_2 Q_3 Q_4 Q_5=10000$。转换控制信号 X 变成高电平以后，开始进行转换。

第一个 CP 脉冲到达以后，将 F_A 置 1，F_B、F_C 置 0，寄存器的输出状态为 $Q_A Q_B Q_C=100$，加到 D/A 转换器的输入端上，经 D/A 转换器转换得到一模拟输出电压 u_D，送到比较器 C 与模拟输入信号 u_I 进行比较。如果 $u_D > u_I$，则比较器输出 $M=1$，如果 $u_D < u_I$，则比较器输

出 $M=0$。同时,移位寄存器右移一位,$F_1 \sim F_5$ 的输出状态变为 $Q_1Q_2Q_3Q_4Q_5=01000$。

第二个 CP 脉冲到达时,将 F_B 置 1,F_C 置 0,F_A 的输出由比较器 C 的输出 M 确定,如果 $M=1$,说明数字过大了,应将这个 1 去掉,则 F_A 为 0;如果 $M=0$,说明数字不够大,这个 1 应予以保留,则 F_A 为 1。寄存器的输出状态发生变化,经 D/A 转换器转换得到一模拟输出电压 u_O,送到比较器 C 与模拟输入信号 u_I 进行比较。同时,移位寄存器再右移一位,$F_1 \sim F_5$ 的输出状态变为 $Q_1Q_2Q_3Q_4Q_5=00100$。

第三个 CP 脉冲到达时,将 F_C 置 1,F_B 的输出由比较器 C 的输出 M 确定,若 $M=1$,则 F_B 为 0;$M=0$,则 F_B 为 1。同时,移位寄存器右移一位,$F_1 \sim F_5$ 的输出状态变为 $Q_1Q_2Q_3Q_4Q_5=00010$。

第四个 CP 脉冲到达时,依照同样的方法,由比较器 C 的输出 M 确定 F_C 的输出状态是 1 还是 0。这时 F_A、F_B、F_C 的输出状态 $Q_AQ_BQ_C$ 就是所要的转换结果。同时,移位寄存器再右移一位,$F_1 \sim F_5$ 的输出状态变为 $Q_1Q_2Q_3Q_4Q_5=00001$。此时 $Q_5=1$,使 F_A、F_B、F_C 的输出 $Q_AQ_BQ_C$ 通过与门 G_6、G_7、G_8 输送到输出端。

第五个 CP 脉冲到达以后,移位寄存器右移一位,$F_1 \sim F_5$ 的输出状态变为 $Q_1Q_2Q_3Q_4Q_5=10000$,返回初始状态。同时 $Q_5=0$,将门 G_6、G_7、G_8 封锁,转换输出信号随之消失。

此外,图 8.26 中与 u_I 比较的量化电平每次是由 D/A 转换器给出的,为了减小量化误差,令 D/A 转换器的输出产生 $-\Delta/2$ 的偏移量。这里的 Δ 表示 D/A 转换器最低有效位输入 1 所产生的输出电压,实际上也就是模拟电压的量化单位。它的原理是这样的:因为用来与 u_I 比较的量化电平每次由 D/A 转换器给出,由四舍五入量化方式可知,为使量化误差不大于 $\Delta/2$,应使第一个量化电平为 $\Delta/2$,而不是 Δ,所以应将 D/A 转换器输出的所有比较电平同时向负的方向偏移 $\Delta/2$。

从上面的例子可以看出,三位输出的 A/D 转换器需要 5 个时钟信号周期的时间才能完成一次转换。如果是 n 位输出的 A/D 转换器,就需要 $(n+2)$ 个时钟信号周期的时间才能完成一次转换。所以逐次渐近型 A/D 转换器完成一次转换所需时间与其位数和时钟脉冲频率有关,位数越少,时钟脉冲频率越高,转换所需时间越短。这种 A/D 转换器具有转换速度快、精度高的特点。

8.3.3 间接 A/D 转换器

间接 A/D 转换是指输入模拟电压信号没有直接与输出数字量建立联系,而是首先将输入模拟电压幅值与中间变量建立对应关系,然后将中间变量转换成输出数字量。这里,中间变量起到转换的桥梁作用。实际中,中间变量一般选取时间参数 T 或者频率参数 f,因为借助计数器电路,T 与 f 容易与数字量建立对应关系。此处重点介绍基于电压-时间的 A/D 转换方法,对于基于电压-频率的 A/D 转换方法,建议读者回顾模拟电子技术中介绍的压控振荡器的相关内容,压控振荡器可将输入电压转换为频率信号,利用数字电路测量频率比较容易实现。

1. 双积分型 A/D 转换基本思路与电路实现

积分电路可以使电压与时间建立联系，双积分型 A/D 转换正是利用了这一特点。其基本思路是，利用同一积分电路，分时段对输入模拟电压和参考电压进行积分，把输入电压数值变换成与其成正比的时间间隔，再利用时钟脉冲和计数器测出此时间间隔，进一步换算出输入模拟信号对应的数字量。

双积分型 A/D 转换器如图 8.27 所示，它由积分器（由集成运放 A_1、电阻 R、电容 C 组成）、过零比较器（A_2）、时钟脉冲控制门 G 和定时/计数器等几部分组成。

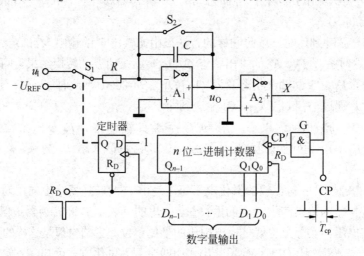

图 8.27　双积分型 A/D 转换器

2. 双积分型 A/D 转换电路的工作原理分析

分析双积分型 A/D 转换电路的工作原理，就是通过对电路各个部分的分析，找出输出数字量与输入电压的对应关系。

（1）准备阶段。图 8.27 电路实现 A/D 转换的初始条件是 u_C=0V，计数器处于 0 状态。因此，转换开始前 R_D 输入一个低电平窄脉冲，使计数器与定时器清零；开关 S_2 闭合，电容 C 放电到 0，然后断开 S_2。

（2）对输入电压 u_I 积分。控制开关 S_1 合到输入信号 u_I 一侧，对 u_I 进行积分

$$u_O = u_C = \frac{1}{C}\int_0^t -\frac{u_I}{R}dt = -\frac{u_I}{RC}t \tag{8.22}$$

设 u_I>0（如果 u_I<0，输入增加反相比例器），式（8.22）表明 u_O 是时间 t 的线性函数，且向负的方向变化，u_O<0V，过零比较器输出 X=1，与门 G 允许时钟脉冲通过，CP' = CP，计数器开始计数，在 $t=T_1$ 时，CP' 的个数达到 2^n 时，n 位二进制计数器归 0，Q_{n-1} 的下降沿使 D 触发器 Q =1，控制开关 S_1 合到 $-U_{REF}$ 一侧，进入第二次积分。第二次积分的初始电压为

$$u_{OT1} = -\frac{u_I}{RC}T_1 \tag{8.23}$$

（3）对$-U_{REF}$积分。控制开关S_1合到$-U_{REF}$一侧后，u_O的表达式为

$$u_O = u_C = \frac{1}{RC}\int_{T_1}^{t} U_{REF}\, dt - \frac{u_I}{RC}T_1 \qquad (8.24)$$

u_O由负向正变化，设$t = T_1+T_2$时，$u_O = 0$，过零比较器$X=0$，与门G被封锁，$CP' = 0$，计数器停止计数。

$$u_{OT2} = \frac{U_{REF}}{RC}T_2 - \frac{u_I}{RC}T_1 = 0 \qquad (8.25)$$

由式（8.25）解得

$$T_2 = \frac{u_I}{U_{REF}}T_1 \qquad (8.26)$$

如果时钟脉冲周期为T_{CP}，设T_2期间计数器的计数值为m，则$T_2 = mT_{CP}$，考虑到$T_1 = 2^n T_{CP}$，由式（8.26）求出输入电压u_I与m的关系为

$$m = \frac{2^n}{U_{REF}}u_I \qquad (8.27)$$

图8.28是双积分型A/D转换器的工作波形图。当u_I取两个不同数值u_{I1}和u_{I2}时，如图8.28（a）和图8.28（b）所示，反向积分时间T_2和T_2'则不相同，而且时间的长短与u_I的大小成正比。由于CP的频率始终不变，所以在T_2和T_2'的时间里所记录的脉冲数也必然与u_I成正比。

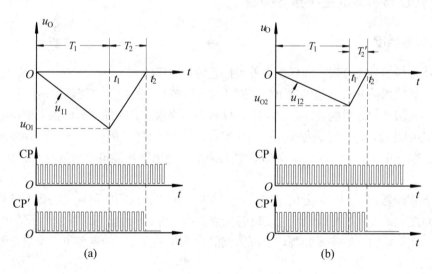

图8.28 双积分型A/D转换器的工作波形图

概括双积分型A/D转换器的工作原理，可见第一次积分时间固定，$T_1 = 2^n T_{CP}$，与输入电压大小无关；第二次积分时间T_2与输入电压的幅值成正比，T_2的测量通过计数器的计数值与计数脉冲周期的乘积表示，具体与输入电压的对应关系如式（8.26）所示。

双积分型A/D转换器的一个突出优点是工作性能比较稳定。因为双积分型A/D转换器在转换过程中先后进行了两次积分，只要两次积分的时间常数不变，那么转换结果就不会受时间常数的影响，这样R、C参数的缓慢变化也不会影响A/D转换器的转换精度，在

实际电路中可以降低对 R、C 数值精度的要求。

双积分型 A/D 转换器的另一个突出优点是抗干扰能力较强。由于双积分型 A/D 转换器的输入级采用了积分电路，它对交流噪声有很强的抑制能力。当积分时间 T_1 等于电网交流电周期的整数倍时，可以有效地抑制电网的工频干扰。

双积分型 A/D 转换器的缺点是工作速度较慢，完成一次 A/D 转换一般需要几十毫秒以上，其转换时间与输入电压的大小有关。尽管如此，由于它的优点较为突出，所以在转换速度要求不高的一些场合（例如数字测量仪表等）中，它的应用也是十分广泛的。

综上所述，对 A/D 转换器可总结如下两点。

（1）A/D 转换器主要分为直接 A/D 转换器和间接 A/D 转换器两类。A/D 转换都是利用输入电压与已知电压进行比较来实现的。并行 A/D 转换用输入电压与固定等级的参考电压进行比较，从而确定输入电压所在的等级；逐次逼近 A/D 转换是用输入电压与一组已知数字量对应的电压逐个进行比较，属于多次比较，每一次仅确定输出数字量的一位。

（2）并行 A/D 转换的优点是转换速度快，缺点是随着位数的增加所用元件的数量增加较快；逐次逼近 A/D 转换的速度较快，转换时间固定，容易实现与微机接口；双积分 A/D 转换的特点在于它的抗工频干扰能力强，由于两次积分比较是相对比较，对器件的长期稳定性要求不高，但转换速度相对较慢。

8.3.4 A/D 转换器的主要技术参数

1. 转换精度

A/D 转换器是用分辨率和转换误差来描述转换精度的。

A/D 转换器的分辨率是以输出二进制（或十进制）数的位数来表示的，它说明 A/D 转换器对输入信号的分辨能力。对于 n 位 A/D 转换器来说，它应能区分出输入模拟电压信号的 2^n 个不同等级，每个等级相差（即量化单位）为 $FSB1/2^n$。例如，10 位输出的 A/D 转换器的最大输入电压为 5V，那么该 A/D 转换器应能区分出输入模拟电压信号 $5/2^{10}$V=4.88mV 的差异。

转换误差通常以相对误差的形式给出，它表示 A/D 转换器实际输出的数字量和理想输出数字量之间的差别，并用最低有效位的倍数表示。例如，给出相对误差小于等于 LSB/2，这就表明实际输出的数字量和理论上应得到的输出数字量之间的误差不大于最低位为 1 时对应的模拟量的一半。

此外还应注意，A/D 转换器技术手册中给出的转换精度数据是在某一规定条件下得出的，如环境温度、电源电压等。当这些条件发生变化时，将会引起附加的转换误差。因此为了减小转换误差，必须保证供电电源有较高的稳定度，并限制工作环境温度的变化。

2. 转换时间

完成一次 A/D 转换所需的时间为转换时间。A/D 转换器的转换时间与转换器的类型有关,不同类型的 A/D 转换器的转换速度相差甚远。并行比较型 A/D 转换器的转换速度最高,8 位输出的单片集成 A/D 转换器的转换时间可以缩短至 50ns 以内。逐次渐近型 A/D 转换器次之,8 位输出的单片集成 A/D 转换器的最短转换时间仅有 400ns,多数产品的转换时间均在 10~50μs 之间。间接 A/D 转换器的转换速度最慢,如双积分型 A/D 转换器的转换时间大都在几十毫秒至几百毫秒之间。

此外,在组成高速 A/D 转换器时还应将采样-保持电路的工作时间(即获得采样信号所需要的时间)计入转换时间之内。一般的单片集成采样-保持电路的工作时间在微秒数量级。

在实际应用中,A/D 转换器的选用应从系统数据总的位数、精度要求、输入模拟信号的范围及输入信号极性等方面综合考虑。

8.3.5 集成 A/D 转换器举例

单片集成 A/D 转换器产品的种类比较多,性能指标各异,在实际中使用比较多的是逐次逼近型 A/D 转换器。下面对集成 ADC0809 做一简单介绍。

图 8.29 是 ADC0809 的内部结构框图,从图中可以看出,它是逐次逼近型 A/D 转换器。它可以连接 8 路模拟信号,由八选一模拟开关选择其中的一路进行 A/D 转换。转换结果是 8 位二进制数,最大值为 255。

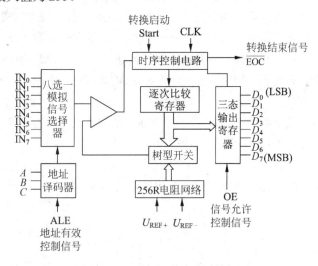

图 8.29 ADC0809 的内部结构框图

ADC0809 的工作过程:首先让地址有效控制信号 ALE 处于有效电平,依据通道选择数据 ABC 的值,从 8 路输入模拟信号中选择出一路模拟信号;其次,转换启动信号 Start 启动 A/D 转换。转换完成后,由 $\overline{\text{EOC}}$ 发出转换结束指令,同时发送输出允许信号 OE,进行数据输出。

ADC0809 的输出逻辑电平可以与 TTL 系列及 5V 的 CMOS 系列兼容,并具有 8 位数据接口电路。例如,直接与译码器相连,对转换结果进行数字显示,也可以直接加在单片机的数据接口上。ADC0809 允许使用的最大时钟为 1MHz,当时钟为 640kHz 时,它的转换时间约为 120μs。

讨论与思考题:

(1) 在并行比较型 ADC 中,能否肯定地说,量化单位 Δ 越小,则量化误差就越小?

(2) 在直接 ADC 中,如果量化单位不变,仅把每一级的基准电压向下偏移 $\Delta/2$,说明转换的最大误差是多少?

(3) 有人在介绍某双积分型 ADC 的技术指标时,说转换时间是 50ms,你认为这种说法是否合理?

小结

(1) 实现 D/A 转换的方法较多,其主要区别在于解码网络的不同。依据解码网络的组成,可将 DAC 分为权电阻网络型 D/A 转换器、倒 T 型电阻网络 D/A 转换器、权电流型 D/A 转换器等。

(2) 实现 A/D 转换有直接转换和间接转换两种途径。直接转换方法如并行比较型 ADC、逐次渐近型 ADC 等;间接转换方法如双积分型 ADC、V-F 变换型 ADC 等。每种方法具有各自的特点和适用场合,实际中要依据具体要求确定。如在高速数据采集系统中,为了满足快速转换的要求,可考虑采用并行比较型 ADC;若系统对完成 A/D 转换的速度要求不高,但应用场合的高频干扰较为严重,就应该采用双积分型 ADC。

(3) 转换器的主要技术指标是转换精度和转换速度。转换精度采用分辨率表示,例如,常利用数字量的位数 n 代表分辨率。转换速度在 ADC 与 DAC 中的定义不同,在 ADC 中,采用完成一次转换的时间长度表示,因转换方法的不同差异较大,典型的并行比较型 ADC 完成一次转换仅需要几十纳秒,而双积分型 ADC 完成一次转换需要几十毫秒甚至更长时间;在 DAC 中,采用建立时间表示转换速度。

(4) DAC 和 ADC 已有各种集成电路芯片可供选用,在实际应用中,应注意所选芯片的转换精度与系统中其他器件所能达到的精度的相互匹配。

习题

8.1 在如图 8.3 所示的 4 位权电阻网络 D/A 转换器中,若 U_{REF}=5V,试计算输入数字量 $D_3D_2D_1D_0$=0101 时的输出电压值。

8.2 在如图 8.13 所示的倒 T 型电阻网络 D/A 转换器中,若 U_{REF}=–10V,试计算输入数字量 $D_9D_8D_7D_6D_5D_4D_3D_2D_1D_0$=0100111000 时的输出电压值。

8.3 在如图 8.13 所示的倒 T 型电阻网络 D/A 转换器中,当 R_f=R 时:

(1) 试求输出电压的取值范围。

(2) 若要求电路输入数字量 $D_9D_8D_7D_6D_5D_4D_3D_2D_1D_0$=1000000000 时的输出电压 U_O=5V,试问 U_{REF} 应取何值?

(3) 电路的分辨率为多少?

8.4 如图8.30所示电路是一权电阻和T型网络相结合的D/A转换器。

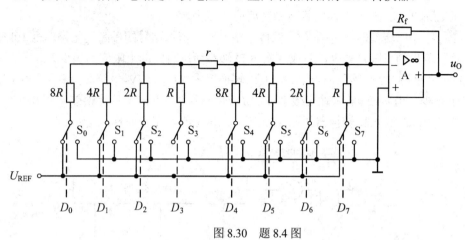

图8.30 题8.4图

（1）试证明：当 $r=8R$ 时，该电路为8位的二进制码D/A转换器。

（2）试证明：当 $r=4.8R$ 时，该电路为两位BCD码D/A转换器。

8.5 试计算8位单极性D/A转换器的数字输入量分别为7FH、81H、F3H时的模拟输出电压值，其满刻度电压值为+10V。

8.6 试计算8位双极性偏移二进制码D/A转换器的数字输入量分别为01H、28H、7AH、81H和F7H时的输出电压值，参考电压为+10V。

8.7 如图8.31所示是用集成D/A转换器AD7520组成的双极性输出D/A转换器。AD7520电路图见图8.13，其倒T型电阻网络中的电阻 $R=10k\Omega$，为了得到±5V的最大输出模拟电压，试问：

（1）U_{REF}、U_B、R_B 各应取何值？

（2）为实现2的补码，双极性输出电路应如何连接？电路中 U_{REF}、U_B、R_B 和片内的 R 应满足什么关系？

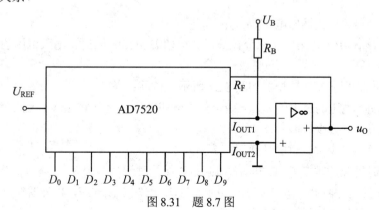

图8.31 题8.7图

8.8 试分别求出8位D/A转换器和10位D/A转换器的分辨率各为多少？

8.9 试说明影响D/A转换器转换精度的主要原因有哪些。

8.10 图8.13是集成D/A转换器AD7520和集成运算放大器5G28组成的10位倒T

型电阻网络 D/A 转换器，外接参考电压 $U_{REF}=-10V$，为保证 U_{REF} 偏离标准误差所引起的误差小于 LSB/2，试计算 U_{REF} 的相对稳定度应取多少。

8.11 若 A/D 转换器（包括采样-保持电路）输入模拟信号的最高变化频率为 10kHz，试说明采样频率的下限是多少，完成一次 A/D 转换所用时间的上限应为多少？

8.12 在如图 8.23 所示并行比较型 A/D 转换器中，$U_{REF}=7V$，试问电路的最小量化单位 Δ 等于多少，当 $u_I=2.4V$ 时输出数字量 $D_2D_1D_0$ 为多少，此时的量化误差 ε 为多少？

8.13 一计数型 A/D 转换器如图 8.32 所示，试分析其工作原理。

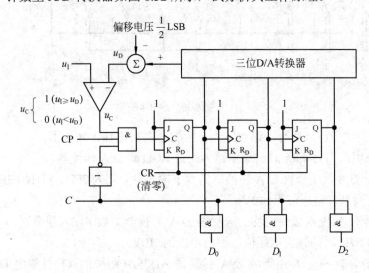

图 8.32 题 8.13 图

8.14 某双积分 A/D 转换器中，计数器为十进制计数器，其最大计数容量为 $(3000)_D$。已知计数时钟频率 $f_{CP}=30kHz$，积分器中 $R=100k\Omega$，$C=1\mu F$，输入电压 u_I 的变化范围为 0～5V。试求：

（1）第一次积分时间 T_1；

（2）积分器的最大输出电压 $|U_{Omax}|$；

（3）当 $U_{REF}=10V$，第二次积分计数器计数值 $D=(1500)_{10}$ 时，输入电压的平均值 U_I 为多少？

8.15 某双积分 A/D 转换器如图 8.27 所示。试问：

（1）若输入电压的最大值 $u_{Imax}=2V$，要求分辨率小于等于 0.1mV，则二进制计数器的计数总容量应大于多少？

（2）需要用多少位二进制计数器？

（3）若时钟脉冲频率 $f_{CP}=200kHz$，则采样/保持时间为多少？

（4）若时钟脉冲频率 $f_{CP}=200kHz$，$|u_I|<|U_{REF}|$，已知 $U_{REF}=2V$，积分器输出电压 u_O 的最大值为 5V，问积分时间常数 RC 为多少？

8.16 某信号采集系统要求用一片 A/D 转换器芯片在 1s 内对 16 个热电偶的输出电压分时进行 A/D 转换。已知热电偶输出电压范围为 0～0.025V（对应于 0～450℃ 温度范围），需要分辨的温度为 0.1℃。试问应选择多少位的 A/D 转换器，其转换时间为多少？

习题分析举例

习题 8.4 分析：

观察如图 8.30 所示电路的结构，可见影响分析过程不能应用已有结论的关键在于 r 的存在，如果对 r 左边的电路进行戴维南等效变换，如图 8.33 所示，则有

等效电阻 R'：

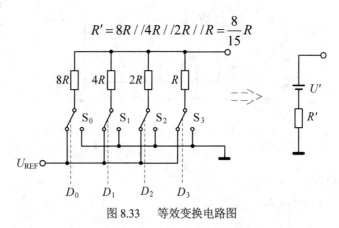

图 8.33　等效变换电路图

开路电压 U' 可采用叠加原理进行分析，即分别考虑 D_0、D_1、D_2、D_3 的作用。

（1）令 $D_1 = D_2 = D_3 = 0$，考虑 D_0 的作用，如图 8.34 所示。

$$U_{(0)} = \frac{4R//2R//R}{8R+4R//2R//R} D_0 U_{REF} = \frac{1}{15} D_0 U_{REF}$$

（2）令 $D_0 = D_2 = D_3 = 0$，考虑 D_1 的作用，如图 8.35 所示。

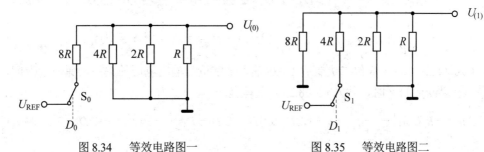

图 8.34　等效电路图一　　　图 8.35　等效电路图二

$$U_{(1)} = \frac{8R//2R//R}{4R+8R//2R//R} D_0 U_{REF} = \frac{2}{15} D_1 U_{REF}$$

（3）同理可求出 D_2、D_3 的作用时的等效电压。

$$U_{(2)} = \frac{8R//4R//R}{2R+8R//4R//R} D_2 U_{REF} = \frac{4}{15} D_2 U_{REF}$$

$$U_{(3)} = \frac{8R//4R//2R}{R+8R//4R//2R} D_3 U_{REF} = \frac{8}{15} D_3 U_{REF}$$

所以：

$$U' = U_{(0)} + U_{(1)} + U_{(2)} + U_{(3)} = \frac{U_{REF}}{15}(8D_3 + 4D_2 + 2D_1 + D_0)$$

这样，原电路的等效电路如图 8.36 所示。

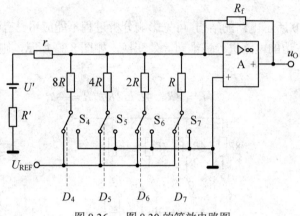

图 8.36　图 8.30 的等效电路图

（4）输出电压：

$$u_o = -R_f(I' + I_4 + I_5 + I_6 + I_7)$$

$$= -R_f U_{REF}\left[\frac{1}{8R+15r}(2^3 D_3 + 2^2 D_2 + 2^1 D_1 + D_0) + \frac{1}{2^3 R}(2^3 D_7 + 2^2 D_6 + 2^1 D_5 + D_4)\right] \quad (8.28)$$

① 当 $r = 8R$ 时，代入式（8.28）整理有：

$$u_o = -R_F U_{REF}\left[\frac{1}{8R+15\times 8R}(2^3 D_3 + 2^2 D_2 + 2^1 D_1 + D_0) + \frac{1}{2^3 R}(2^3 D_7 + 2^2 D_6 + 2^1 D_5 + D_4)\right]$$

$$= -R_F U_{REF}\left[\frac{1}{2^4 \times 2^3 R}(2^3 D_3 + 2^2 D_2 + 2^1 D_1 + D_0) + \frac{1}{2^3 R}(2^3 D_7 + 2^2 D_6 + 2^1 D_5 + D_4)\right]$$

$$= -\frac{1}{2^7 R} R_F U_{REF}(2^7 D_7 + 2^6 D_6 + 2^5 D_5 + 2^4 D_4 + 2^3 D_3 + 2^2 D_2 + 2^1 D_1 + D_0) \quad (8.29)$$

式（8.29）表示 8 位二进制码 DAC 输入数字量与输出电压的关系，原命题得证。

② 当 $r = 4.8R$ 时，代入式（8.28）整理有：

$$u_o = -R_F U_{REF}\left[\frac{1}{8R+15\times 4.8R}(2^3 D_3 + 2^2 D_2 + 2^1 D_1 + D_0) + \frac{1}{2^3 R}(2^3 D_7 + 2^2 D_6 + 2^1 D_5 + D_4)\right]$$

$$= -R_F U_{REF}\left[\frac{1}{10\times 2^3 R}(2^3 D_3 + 2^2 D_2 + 2^1 D_1 + D_0) + \frac{1}{2^3 R}(2^3 D_7 + 2^2 D_6 + 2^1 D_5 + D_4)\right]$$

$$= -\frac{1}{2^3 \times 10R} R_F U_{REF}[10\times(2^3 D_7 + 2^2 D_6 + 2 D_5 + D_4) + 2^3 D_3 + 2^2 D_2 + 2^1 D_1 + D_0] \quad (8.30)$$

式（8.30）表示两位 BCD 码 D/A 转换器的输入数字量与输出电压的关系，原命题得证。

第9章 可编程逻辑器件

内容提要：本章主要介绍 PAL、GAL、CPLD、FPGA 的电路结构与工作原理。

学习提示：可编程逻辑器件代表了现代数字系统设计的发展方向，学习 PLD 的相关内容，重点在于理解其结构特点和设计思想，为可编程逻辑器件的应用建立良好的基础。

9.1 概述

9.1.1 可编程逻辑器件发展过程简介

数字集成电路是近几十年来发展最为活跃的技术领域之一，20 世纪 70 年代之前，数字集成电路产品主要是标准通用逻辑电路，例如 TTL、CMOS 系列的门电路、触发器、译码器、数据选择器、寄存器、计数器等中小规模数字逻辑器件。在前几章中对这些器件已有了较多的了解，它们的共同特点是每个集成电路芯片具有特定的逻辑功能，使用方法简单，但不足之处是器件功能灵活性差，对于较大的数字系统，往往需要几十甚至几百个集成电路芯片，这对于减少数字系统的体积、降低功耗不利。因此，标准化的通用数字集成电路器件难于满足整机用户对系统成本、可靠性、保密性及提高产品的性能价格比的要求。

20 世纪 80 年代以来，专用数字集成电路（Application Specific Integrated Circuit，ASIC）逐步流行起来。专用数字集成电路包括 4 个子系列，即可编程逻辑器件（Programmable Logic Device，PLD）、门阵列、标准单元、全定制型器件，它们代表了数字系统硬件设计的发展方向，其中可编程逻辑器件的发展经历了由简单 PLD 到复杂的 PLD 的过程。早期的可编程逻辑器件主要类型有 PLA（Programmable Logic Array）和 PAL（Programmable Array Logic）。PLA 器件的特点是其与阵列和或阵列均可编程，输出电路固定。虽然 PLA 器件使用比标准器件要灵活得多，但门的利用率不够高，且缺少高质量的支持软件和编程工具，因而没有得到广泛的应用。在 PLA 器件基础上发展起来的 PAL 器件，其特点是与阵列可编程、或阵列固定，输出电路固定，但根据不同的要求,输出电路有组合输出方式,也有寄存器输出方式。PAL 器件与标准逻辑器件相比较,它具有较高的集成度,节省了电路板的空间,通常一片 PAL 器件可代替 4～12 片 SSI 或者 2～4 片 MSI;提高了工作速度和设计的灵活性;有加密功能,可防止非法复制;使用方便。但其固定的输出结构降低了编程的灵活性,双极性熔丝工艺一旦编程以后不能修改。为了提高输出电路结构的灵活性及可多次编程修改,在 PAL 器件的基础上,出现了 GAL(Generic Array Logic)器件,GAL 器件与 PAL 的最大区别在于变原来的固定输出结构为可编程的输出逻辑宏单元(Output Logic Macro Cell,OLMC)。通过对 OLMC 的编程,可方便地实现组合逻辑电路输出或者寄存器输出结构,且这类器件采用电擦除 CMOS 工艺,通常可擦除几百次甚至上千次。正是由于 GAL 器件的通用性和能重复擦写等突出优点,在 20 世纪 90 年代得到了广泛的应用。但 GAL 器件在集成度上仍与 PAL 器件类似,它无法满足较大数字系统的设计要求。

20 世纪 90 年代以来逐步出现了高密度可编程逻辑器件(High Density PLD,HDPLD)和在系统可编程逻辑器件(in System Programmability PLD,isp-PLD)。高密度可编程逻辑器件有两种类型,一种是 CPLD(Complex Programmable Logic Device)即复杂的可编程逻辑器件,其器件内部包含可编程的逻辑宏单元、可编程的 I/O 单元及可编程的内部连线等。每个可编程的逻辑单元即逻辑块相当于一个 GAL 器件,多个逻辑块之间通过可编程的内部连线实现相互连接,从而实现各个逻辑块之间的资源共享。CPLD 器件允许系统具有更多的输入、输出信号,因此,CPLD 能满足较大数字系统的设计要求,且具有高速度、低功耗、高保密性等优点。另一种高密度可编程逻辑器件是现场可编程门阵列(Field Programmable Gate Array,FPGA)。其电路结构与 CPLD 完全不同,它由若干个独立的可编程逻辑块组成,用户通过对这些逻辑块的编程连接形成所需要的数字系统。FPGA 内部单元主要有可编程的逻辑块(CLB)、可编程的输入输出单元(IOB)及可编程的互联资源(IR)。重复可编程的 FPGA 采用 SRAM 编程技术,其逻辑块采用查找表(Look-Up Table,LUT)方式产生所要求的逻辑函数。由此带来的优点是其无限次可重复快速编程能力和在系统可重复编程能力,但基于 SRAM 的器件是易失性的,因此上电后,要求重新配置。

可编程逻辑器件的发展趋势是从低密度向高密度发展,从而使 PLD 具有高密度、高速度、低功耗的特点。PLD 器件类型较多,不同类型的器件各有特点,对于一般用户来说,重要的是了解各类 PLD 器件的特点,根据实际需要选择适合系统要求的器件类型,使所设计的系统具有较高的性能价格比。

9.1.2 PLD 的分类

可编程逻辑器件有多种结构形式和制造工艺,不同厂家生产的器件又有多种型号,因此，对于 PLD 的分类，存在不同的分类方法。目前较为普遍的分类方法是按集成度进行分类。一般认为 1000 门以下的器件为低密度器件；1000 门以上的器件为高密度器件，这样将可编程逻辑器件分为低密度和高密度两大类。

1. 低密度可编程逻辑器件（LDPLD）

低密度可编程逻辑器件有下述几种类型。

（1）PLA（Programmable Logic Array）：PLA 是与或阵列结构的器件，它的与阵列和或阵列均可编程。

（2）PAL（Programmable Array Logic）：PAL 是与或阵列结构的器件，它的与阵列可编程而或阵列固定，可编程的与阵列特性提供了增加输入项的条件，而固定的或阵列使器件的结构简单。PAL 器件具有多种输出结构形式，因而型号较多。

（3）GAL（Generic Array Logic）：GAL 的基本结构是一个可编程的与阵列和一个固定的或阵列，其输出结构采用了可编程的输出逻辑宏单元（OLMC），通过对 OLMC 的编程，可形成不同的输出电路结构形式，因此 GAL 器件设计的灵活性较大。

2. 高密度可编程逻辑器件（HDPLD）

高密度可编程逻辑器件按其电路结构又分为复杂的可编程逻辑器件（CPLD）和现场可编程门阵列（FPGA）两类。

复杂的可编程逻辑器件（CPLD）：CPLD 是在 PAL、GAL 的基础上对内部结构进行改进，并提高了集成度而形成的一类器件。与低密度可编程逻辑器件相比较，CPLD 具有更多的输入输出信号、更多的乘积项和逻辑宏单元块，每个逻辑块相当于一个 GAL 器件。众多的逻辑块之间通过内部可编程的连线实现相互连接，从而构成复杂的数字系统。

现场可编程门阵列（FPGA）：FPGA 在电路结构上与 CPLD 所采用的与或逻辑阵列逻辑单元的结构形式不同，它由若干个独立的可编程逻辑模块（CLB）组成，这些逻辑块的粒度比 CPLD 中的 LAB 小得多，但每个芯片中逻辑块的数量比 CPLD 中 LAB 的数量大得多。这些逻辑块在 FPGA 内部排成阵列，通过丰富的可编程连线资源相互连接，再通过输入输出块与引脚连接，可以灵活地组成一些复杂的数字系统。FPGA 的另一特点是各个逻辑块的功能是由 SRAM 组成的可编程查找表实现，因此，每次上电之后，要求从外部加载配置数据。

可编程逻辑器件按编程方式可分为普通可编程逻辑器件和在系统可编程逻辑器件。普通可编程逻辑器件需要利用编程器对器件进行编程，编程时芯片必须从所在系统的电路板上取下，编程完成后再插入原系统的电路板上。在系统可编程逻辑器件则不需要使用编程器，而是通过编程电缆将计算机与芯片所在系统的电路板相连，即可进行编程工作。这使得硬件系统设计更灵活，系统升级更方便。

综上所述，数字逻辑器件的各种类型如图 9.1 所示。

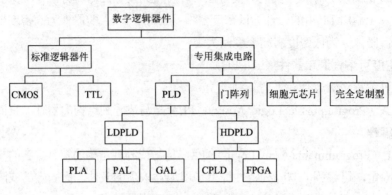

图 9.1　数字集成电路的类型

9.1.3　PLD 中门电路的习惯表示方法

无论是 LDPLD 还是 HDPLD，均含有大量的门电路，各门电路的输入端也较多，为了便于画图，在 PLD 电路图中对各种门电路采用了与前述各章不同的表示方法，常用的表示方法如图 9.2 所示。

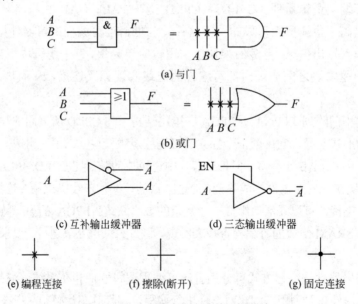

图 9.2　PLD 电路中门电路的习惯画法

9.2　PLA 和 PAL 的电路结构

通过前一节的学习，已基本了解了 PLD 的发展过程和分类，下面几节将通过对典型 PLD 器件结构的学习，了解其电路结构及主要特点。

9.2.1 PLA 的电路结构与应用举例

PLA 的主要特点是与阵列和或阵列均可编程。现以如图 9.3 所示 4 输入 4 输出电路为例,说明 PLA 的电路结构特点与应用。

由如图 9.3 所示电路可见,输入信号经过互补缓冲器后,作为与阵列的输入信号使每个与门的 8 个输入端均可编程,与门的输出作为可编程或阵列的输入。现以两位二进制加法器为例,说明 PLA 器件的应用。设两位二进制加法器的输入信号分别为 A_1A_0、B_1B_0,输出和为 $S_2S_1S_0$,其真值表如表 9.1 所示。考虑到此电路的资源较为充足,不必对逻辑函数进行化简,直接依据真值表对 PLA 进行编程,所得结果如图 9.4 所示。

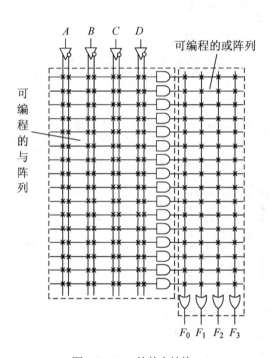

图 9.3 PLA 的基本结构

表 9.1 真值表

A_1	A_0	B_1	B_0	S_2	S_1	S_0
0	0	0	0	0	0	0
0	0	0	1	0	0	1
0	0	1	0	0	1	0
0	0	1	1	0	1	1
0	1	0	0	0	0	1
0	1	0	1	0	1	0
0	1	1	0	0	1	1
0	1	1	1	1	0	0
1	0	0	0	0	1	0
1	0	0	1	0	1	1
1	0	1	0	1	0	0
1	0	1	1	1	0	1
1	1	0	0	0	1	1
1	1	0	1	1	0	0
1	1	1	0	1	0	1
1	1	1	1	1	1	0

由图 9.4 可见,与阵列和或阵列的利用率都不高,因此,这类器件已经不常使用。

9.2.2 PAL 的电路结构与应用举例

1. PAL 的基本电路结构

PAL 的与阵列可编程,或阵列固定。现以如图 9.5 所示 4 输入 4 输出电路为例,说明 PAL 的电路结构特点与应用。

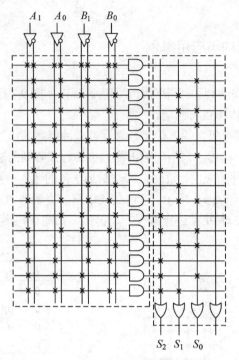

图 9.4 用 PLA 实现两位二进制加法器

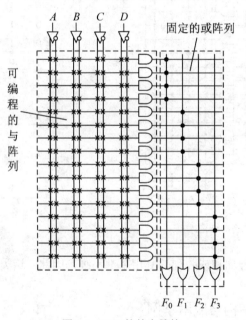

图 9.5 PAL 的基本结构

比较图 9.3 与图 9.5 电路可见，二者的主要区别在于或阵列的不同。在图 9.5 中，每个或门的输入与 4 个与门的输出固定连接，也就是说，由此电路所构成的逻辑函数最多允许包含 4 个与项。显然，用此电路无法实现两位二进制数的加法器，因为实现两位二进制加法需要更多的与项。

在目前常见的 PAL 器件中，输入变量最多可达 20 个，与阵列乘积项最多的有 80 个，或逻辑阵列的输出端最多的有 10 个，每个或门的输入端最多可达 16 个。为了扩展电路的功能并增加使用的灵活性，在 PAL 基本电路的基础上，增加了各种形式的输出电路，从而构成不同型号的 PAL 器件。

2．PAL 的几种输出电路结构和反馈形式

根据 PAL 的输出电路结构和反馈方式的不同，可将它们分为专用输出结构、可编程输入/输出结构、寄存器输出结构等几种类型。

1）专用输出结构

专用输出结构是指此类 PAL 器件的一个引脚只能作为输出端使用。常见的专用输出结构如图 9.6 所示。

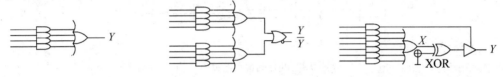

(a) 与或门输出结构　　(b) 具有互补输出的输出结构　　(c) 输出极性可编程的专用输出结构

图 9.6　几种常见的专用输出结构形式

在如图 9.6（c）所示电路中，通过对异或门一个可编程输入端的编程，可改变输出函数的极性。当 XOR=0 时，Y 与 X 同相；当 XOR=1 时，Y 与 X 反相。这种结构形式在 PAL 硬件资源有限的情况下，对于完成某些设计要求是十分有用的。

2）可编程输入/输出结构

可编程输入/输出结构是指此类 PAL 器件的一个引脚，通过编程可作为输出端使用，或者作为输入端使用，其电路形式如图 9.7 所示。

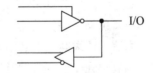

图 9.7　PAL 的可编程输入/输出结构

由图 9.7 可见，此类电路的输出电路中具有可编程控制端的三态缓冲器，其控制端由与阵列的一个乘积项给出，同时该引脚又经过一个互补输出的缓冲器连接到与逻辑阵列的输入端。当三态缓冲器处于正常工作状态时，此引脚作为输出端使用，此时输出信号经互补输出缓冲器反馈到与阵列的输入端，作为与阵列的一个输入信号，以便实现时序电路设计或者用于扩展与或门的输入端个数。当三态缓冲器处于禁止工作状态时，该引脚作为输入端使用，输入信号经互补输出缓冲器连接到与阵列的输入端。

可编程输入/输出结构的最大优点是增加了引脚使用的灵活性。

3）寄存器输出结构

PAL 的寄存器输出结构是指在此类 PAL 器件的三态输出缓冲器和与或逻辑阵列的输

出端之间加入了由 D 触发器组成的寄存器电路，常见的电路形式如图 9.8 所示。采用寄存器输出结构的 PAL 器件，其最大优点是可以方便地组成各种时序逻辑电路，如数据寄存器、移位寄存器、计数器等。

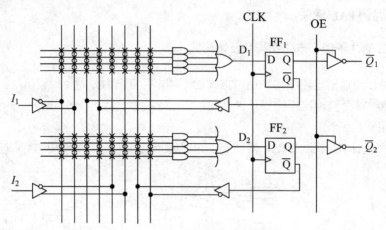

图 9.8 PAL 的寄存器输出结构

3. PAL 器件型号的含义

PAL 器件由于具有不同的输出结构形式，因此，其芯片的型号种类较多，例如 PAL10H8、PAL14H4、PAL16L8、PAL20L10、PAL16R6、PAL16R8 等。型号中字母 H、L 分别表示高电平输出有效和低电平输出有效的组合逻辑输出结构，字母 R 表示寄存器输出结构形式；型号中前一组数字表示与阵列中输入变量的个数，后一组数字表示可用作输出端的最大数目。

4. PAL 器件应用举例

例 9.1 试用 PAL16R4 设计一个 4 位循环码计数器，并要求所设计的计数器具有置零和对输出进行三态控制的功能，进位信号要求高电平输出有效。

解：根据循环码的计数顺序可以列出在一系列时钟脉冲作用下，4 位循环码的变化顺序如表 9.2 所示。

考虑到输出缓冲器为反相器，所以 4 个触发器 Q 端的状态与表 9.2 中 Y 的状态相反。因此，$Q_3Q_2Q_1Q_0$ 的状态转换顺序应如表 9.3 所示。这也就是 $Q_3Q_2Q_1Q_0$ 的状态转换表。

根据表 9.3 画出 4 个触发器次态的卡诺图，如图 9.9 所示。经化简后得到各个触发器的状态方程如下：

$$\begin{aligned}
Q_0^{n+1} &= \overline{Q}_3\overline{Q}_2\overline{Q}_1 + \overline{Q}_3Q_2Q_1 + Q_3\overline{Q}_2Q_1 + Q_3Q_2\overline{Q}_1 \\
Q_1^{n+1} &= \overline{Q}_3\overline{Q}_2\overline{Q}_0 + \overline{Q}_3Q_2\overline{Q}_0 + Q_0Q_1^n \\
Q_2^{n+1} &= \overline{Q}_3\overline{Q}_1Q_0 + (\overline{Q}_0 + Q_1)Q_2^n \\
Q_3^{n+1} &= Q_2Q_1Q_0 + (\overline{Q}_1 + \overline{Q}_0)Q_3^n
\end{aligned} \quad (9.1)$$

表 9.2　4 位循环码变化顺序

CP	Y_3	Y_2	Y_1	Y_0	C
0	0	0	0	0	0
1	0	0	0	1	0
2	0	0	1	1	0
3	0	0	1	0	0
4	0	1	1	0	0
5	0	1	1	1	0
6	0	1	0	1	0
7	0	1	0	0	0
8	1	1	0	0	0
9	1	1	0	1	0
10	1	1	1	1	0
11	1	1	1	0	0
12	1	0	1	0	0
13	1	0	1	1	0
14	1	0	0	1	0
15	1	0	0	0	1
16	0	0	0	0	0

表 9.3　$Q_3Q_2Q_1Q_0$ 状态转换顺序

CP	Q_3	Q_2	Q_1	Q_0	C
0	1	1	1	1	0
1	1	1	1	0	0
2	1	1	0	0	0
3	1	1	0	1	0
4	1	0	0	1	0
5	1	0	0	0	0
6	1	0	1	0	0
7	1	0	1	1	0
8	0	0	1	1	0
9	0	0	1	0	0
10	0	0	0	0	0
11	0	0	0	1	0
12	0	1	0	1	0
13	0	1	0	0	0
14	0	1	1	0	0
15	0	1	1	1	1
16	1	1	1	1	0

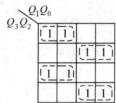

$Q_0^{n+1} = \overline{Q}_3\overline{Q}_2\overline{Q}_1 + \overline{Q}_3Q_2Q_1 + Q_3\overline{Q}_2Q_1 + Q_3Q_2\overline{Q}_1$

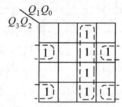

$Q_1^{n+1} = Q_1Q_0 + Q_3\overline{Q}_2\overline{Q}_0 + \overline{Q}_3Q_2\overline{Q}_0$

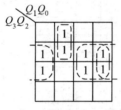

$Q_2^{n+1} = Q_2\overline{Q}_0 + Q_2Q_1 + \overline{Q}_3\overline{Q}_1Q_0$

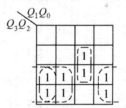

$Q_3^{n+1} = Q_3\overline{Q}_1 + Q_3\overline{Q}_0 + Q_2Q_1Q_0$

图 9.9　状态方程的卡诺图化简

考虑到 PAL16R4 中的 D 触发器没有直接置零控制端，因此，应在驱动方程中加入清零控制项 R。当置零输入信号 $R=1$ 时，在时钟脉冲到达后将所有触发器置 1，反相后的输出端得到 $Y_3Y_2Y_1Y_0 = 0000$。于是所求驱动方程为

$$D_0 = \overline{Q}_3\overline{Q}_2\overline{Q}_1 + \overline{Q}_3Q_2Q_1 + Q_3\overline{Q}_2Q_1 + Q_3Q_2\overline{Q}_1 + R$$
$$D_1 = Q_1Q_0 + Q_3\overline{Q}_2\overline{Q}_0 + \overline{Q}_3Q_2\overline{Q}_0 + R$$
$$D_2 = Q_2\overline{Q}_0 + Q_2Q_1 + \overline{Q}_3\overline{Q}_1Q_0 + R \quad (9.2)$$
$$D_3 = Q_3\overline{Q}_1 + Q_3\overline{Q}_0 + Q_2Q_1Q_0 + R$$

进位输出信号的逻辑表达式为

$$C = \overline{Q}_3Q_2Q_1Q_0 = \overline{Q_3 + \overline{Q}_2 + \overline{Q}_1 + \overline{Q}_0} \quad (9.3)$$

按照式（9.2）和式（9.3）编程后的 PAL16R4 的逻辑图如图 9.10 所示。图 9.10 中引脚 1 为时钟脉冲输入端；引脚 2 为置零信号输入端，正常计数时 R 应处于低电平；引脚 11 为输出缓冲器的三态控制信号 $\overline{OE}$ 输入端；引脚 14、15、16、17 分别为输出 Y_0、Y_1、Y_2、Y_3；引脚 18 为进位信号 C 的输出端。

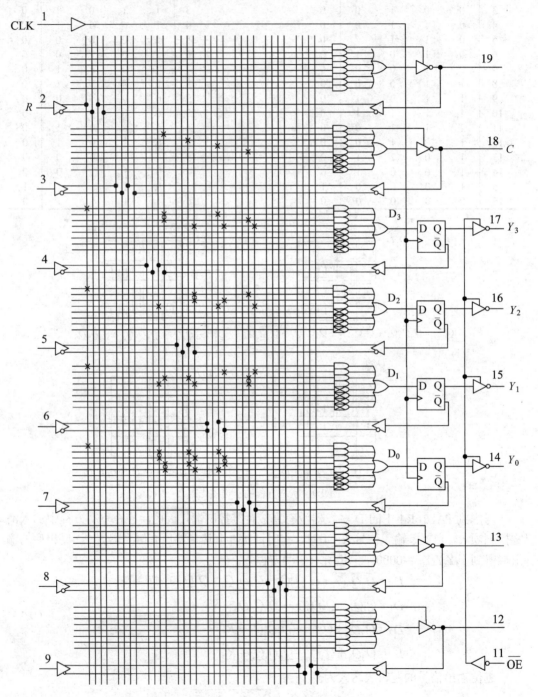

图 9.10　例 9.1 中编程后的 PAL16R4 的逻辑图

9.3 通用阵列逻辑（GAL）

回顾 9.2 节介绍的 PAL 器件，尽管它相对于标准逻辑系列器件是一大进步，但其结构特点决定了在实际应用中存在下述问题：一是由于它采用双极性熔丝工艺，只能一次性可编程，也就是说一旦编程就不能修改；二是 PAL 器件输出电路结构形式较多，不同用途的电路要采用不同型号的器件，因此通用性较差。针对 PAL 器件的上述不足，半导体器件生产厂家又研发了一种新型的可编程逻辑器件——通用阵列逻辑 GAL。GAL 器件继承了 PAL 器件的可编程与阵列、固定的或阵列的基本结构，但 GAL 采用电擦除的 CMOS 工艺，从而允许对其进行编程和擦除 100 次以上。GAL 器件的另一个创新是采用了可编程输出逻辑宏单元（OLMC），通过多个可编程数据选择器来选择不同的工作模式，即可实现不同的电路结构形式。由于 GAL 器件的通用性和引脚的兼容性，GAL 可用来替换大多数 PAL 器件。通用逻辑阵列这一名称形象地表明了它可实现各种逻辑功能要求的电路。

9.3.1 GAL 器件的基本结构

GAL 器件分为两大类，一类是普通型 GAL，其与或阵列结构与 PAL 器件相似，如 GAL16V8、ispGAL16Z8、GAL20V8、GAL22V10、ispGAL22V10 等；另一类是新型 GAL，它与前者的主要区别是与或阵列均可编程，进一步提高了编程的灵活性。下面以 GAL16V8 为例，讨论 GAL 器件的基本电路结构。

GAL16V8 的逻辑电路图如图 9.11 所示。这个器件有 8 个专用输入（引脚 2～9），通过输入缓冲器连接到与阵列。两个特殊功能的输入（引脚 1 和 11），1 脚作为系统的时钟脉冲 CLK 的输入端，11 脚作为三态输出选通信号 OE 输入端，但在组合电路模式时，1 脚和 11 脚均作为通用输入使用。8 个可作为输入或者输出（引脚 12～19）的 I/O 引脚，与 8 个 I/O 引脚相对应有 8 个输出逻辑宏单元 OLMC，8 个三态反相缓冲器。事实上，此 GAL 器件主要由 8×8 与门构成的与阵列和 8 个输出逻辑宏单元组成。与阵列共形成 64 个乘积项，每个与门有 32 个输入项，由 8 个专用输入的原变量及反变量和 8 个反馈信号的原变量及反变量组成。可编程与阵列在 PAL 器件中已有介绍，下面重点介绍输出逻辑宏单元。

9.3.2 可编程输出逻辑宏单元 OLMC

GAL 器件的灵活性主要体现在可编程的输出逻辑宏单元。在 GAL16V8 内部，8 个输出逻辑宏单元的每一个都有 8 个不同的乘积项（与门的输出）作为其或门的输入，在或门的输出端形成与或功能。大家知道，任一个逻辑函数都可用与或表达式表示，因此这种与或结构具有一般性。在 OLMC 内部，与或形式的输出可经过所选定的路径到达输出引脚，实现组合电路，或者作为 D 触发器的输入，在时钟脉冲的作用下，实现寄存器输出电路。

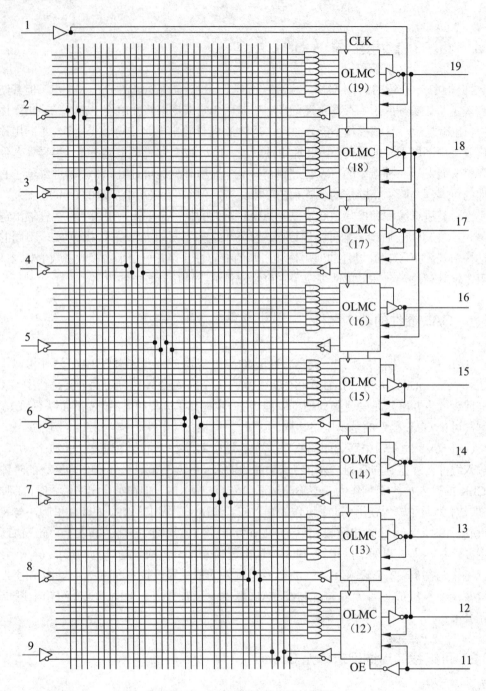

图 9.11　GAL16V8 的电路结构图

为了理解可编程输出逻辑宏单元的详细工作过程,图 9.12 给出了 OLMC(n) 的结构图,此处 n 是 12～19 中的一个数字。注意到来自与逻辑阵列的 8 个乘积项,其中 7 个直接与或门的输入相连,另一个乘积项作为二选一乘积项数据选择器(PTMUX)的输入端,经编程选择可作为或门的第 8 个输入端,此乘积项还作为四选一三态数据选择器(TSMUX)

的一个输入端，三态数据选择器的输出控制三态反相缓冲器的使能，用于驱动输出引脚 I/O（n）。输出数据选择器（OMUX）是一个二选一的数据选择器，它在组合输出（或门）和寄存器输出（D 触发器）之间做出选择。四选一反馈数据选择器（FMUX）在编程信号的控制下，可在 D 触发器输出、本引脚的 I/O（n）、相邻的引脚 I/O（m）或接地信号之间做出选择，经缓冲驱动后作为反馈信号送到与阵列作为输入信号使用。

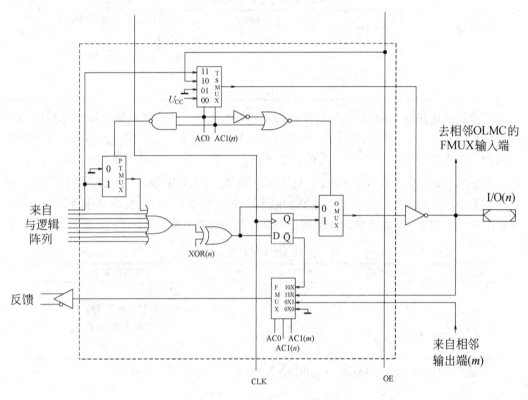

图 9.12 OLMC（n）的结构图

每个数据选择器由 EEPROM 矩阵中的可编程位 AC0 和 AC1 来控制，这就是通过编程器变更 OLMC 结构的途径。另一个可编程位是异或门的一个输入端，它提供了可编程输出极性的特点。此处，可编程位标记为 XOR（n），对于 $x = \overline{XOR(n)}F + XOR(n)\overline{F}$，当 XOR（n）=0 时，$x = F$；当 XOR（n）=1 时，$x = \overline{F}$。在常态下，XOR（n）=1，异或门作为反相器使用，在组合输出方式时，当信号经过三态输出反相缓冲器时，再次反相，故该引脚的输出信号和或门的输出相同。

通过分析每个数据选择器的可能输入，有助于理解各种电路连接的实现。三态数据选择器控制三态反相缓冲器的使能输入，此四选一数据选择器的 4 个输入分别为电源电压 U_{CC}、接地信号、来自与阵列的一个乘积项、来自引脚 11 的 OE 信号。在 AC0、AC1（n）的不同组合下，如果选择 U_{CC} 输入，则三态输出反相缓冲器总是处于使能状态，此时，三态输出反相缓冲器相当于一个普通的反相缓冲器；如果选择接地输入，则三态输出反相缓冲器处于高阻状态，此时，允许此 I/O 引脚作为输入使用；如果来自引脚 11 的 OE 信号作为输入，则三态输出反相缓冲器的使能或者禁止由加到引脚 11 的外部输入逻辑电平决定；最后一种可能的输入选择来自与阵列的一个乘积项，它允许来自输入矩阵的有关变量的与组合来使能或者禁止三态输出反相缓冲器。综上所述，三态数据选择器的控制功能可归纳如表 9.4 所示。

表 9.4 TSMUX 的控制功能表

AC1(n)	AC0	TSMUX 的输出	三态输出反相缓冲器的工作状态
0	0	U_{CC}	使能状态
0	1	OE	OE=0，高阻态；OE=1，使能状态
1	0	地电平	高阻态
1	1	来自与阵列的一个乘积项	由乘积项取值决定

反馈数据选择器 FMUX 选择反馈到输入矩阵的信号。从选择控制信号来看有 AC0、AC1(n)、AC1(m) 三个控制变量，但数据输入端仅规定了 4 个，因此，事实上实现四选一功能。当 AC0=1 时，AC1(n) 有效，由 AC1(n) 的 0 和 1 分别选择本单元触发器 $\overline{Q}$ 端或者本单元的 I/O 端；当 AC0=0 时，AC1(m) 有效，当 AC1(m)=1 时，选择相邻单元 m 的 I/O 端，当 AC1(m)=0 时，选择地电平，在此种情况下，经反馈缓冲器后为输入矩阵提供常量 1 和 0。反馈数据选择器的控制功能归纳如表 9.5 所示。

表 9.5 FMUX 的控制功能表

AC0	AC1(n)	AC1(m)	反馈信号来源
0	×	0	地电平
0	×	1	相邻单元*m 的 I/O 端
1	0	×	本单元触发器的 $\overline{Q}$ 端
1	1	×	本单元的 I/O 端

*相邻单元的具体含义见 GAL16V8 的电路结构图。

乘积项数据选择器和输出数据选择器均为二选一，也就是说一个控制变量即可完成选择控制功能，但事实上是利用 AC0、AC1(n) 的组合函数作为控制变量。具体控制功能如表 9.6 所示。

表 9.6 PTMUX 和 OMUX 的控制功能表

AC0	AC1(n)	PTMUX 的输出信号来源	OMUX 的输出信号来源
0	0	来自与阵列的一个乘积项	异或门的输出端
0	1		异或门的输出端
1	0		D 触发器的输出端
1	1	地电平	异或门的输出端

按照上述选择方案，似乎有许多种可能的电路接法。实际上，GAL16V8 的 OLMC 其工作模式可概括为 5 种，即专用输入模式、专用组合型输出模式、反馈组合型输出模式、时序电路中的组合输出模式、寄存器型输出模式。与这 5 种工作模式相对应的编程条件见表 9.7，5 种工作模式下的简化电路如图 9.13 所示。

第9章 可编程逻辑器件

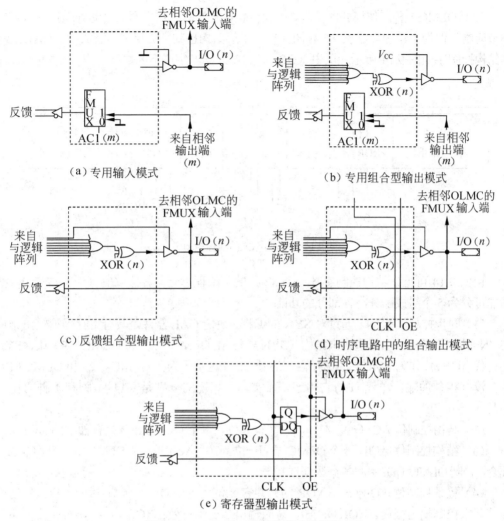

图 9.13 OLMC 的 5 种工作模式的简化电路

表 9.7 OLMC 的 5 种工作模式

工作模式	SYN	AC0	AC1(n)	XOR(n)	输出极性	备注
专用输入	1	0	1	×	×	1 和 11 脚作为输入，本单元三态门禁止
专用组合型输出	1	0	0	0	低电平有效	1 和 11 脚作为数据输入，所有输出是组合型，三态门总是选通
				1	高电平有效	
反馈组合型输出	1	1	1	0	低电平有效	1 和 11 脚作为数据输入，所有输出是组合型，三态门选通由乘积项控制
				1	高电平有效	
时序电路中的组合输出	0	1	1	0	低电平有效	1 脚为 CLK 输入，11 脚为 OE 输入，本单元输出是组合型的，但其余单元至少有一个是寄存器输出
				1	高电平有效	
寄存器型输出	0	1	0	0	低电平有效	1 脚为 CLK 输入，11 脚为 OE 输入
				1	高电平有效	

对于 OLMC 5 种工作模式的实现，可编程软件友好的用户界面会自动处理这些具体的细节问题。但为了正确理解表 9.7 和图 9.13，了解结构控制字的组成很有必要。GAL16V8 的结构控制字如图 9.14 所示。图中 XOR（n）、AC1（n）字段下的数字对应各个 OLMC 的引脚号。

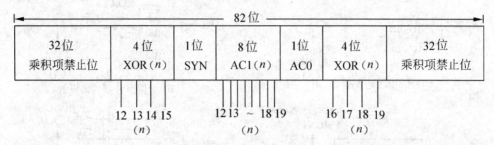

图 9.14　GAL16V8 的结构控制字

由图 9.14 可见，结构控制字是一个 82 位的可编程单元，每位取值可为 1 或者 0，按功能可分为 5 个组成部分，各部分的功能如下。

（1）同步控制位 SYN。通过对 SYN 的编程，决定 GAL 器件是具有寄存器型输出结构（SYN=0），还是单一组合型输出结构（SYN=1）。在 OLMC（12）和 OLMC（19）中，SYN 还替代 AC1（m）作为 FMUX 的选择输入信号之一。这是因为在 OLMC（12）和 OLMC（19）中，没有相邻的输出单元 m 与它相连，而实际上相连的分别是来自 11 脚和 1 脚的输入信号。

（2）结构控制位 AC1（n）。AC1（n）共有 8 位，每个 OLMC（n）具有独立的 AC1（n）。

（3）结构控制位 AC0。8 个 OLMC 共用一位 AC0，AC0 与各个 OLMC（n）的 AC1（n）配合，控制 OLMC（n）中的各个数据选择器。

（4）极性控制位 XOR（n）。XOR（n）共有 8 位，每个 OLMC（n）对应一位，它通过异或门来控制输出极性。XOR（n）=0，对应输出低电平有效；XOR（n）=1，对应输出高电平有效。

（5）乘积项禁止位 PT。PT 共有 64 位，分别和阵列中 64 个乘积项（PT0～PT63）相对应，用于禁止某些不用的乘积项。

9.3.3　GAL 器件的特点

GAL 器件相对于 PAL 是一大进步，其主要特点可概括如下。

（1）采用 EEPROM 技术，使编程改写变得方便快速，且每片至少可重复编程 100 次。

（2）采用可编程的输出逻辑宏单元 OLMC，使得 GAL 器件对复杂的逻辑电路设计具有较大的灵活性。

此外，GAL 器件备有加密单元，可防止他人抄袭设计电路；备有电子标签，方便文档管理。

尽管 GAL 器件具备上述优点，但它还属于低密度 PLD 器件，内部可利用的硬件资源较少，对于较大的数字系统设计，理论上讲可借助把系统分为多个模块，每个模块用一片 GAL 实现的方案，但这并不是解决问题的最佳方案。高密度可编程逻辑器件的发展，已经解决了 GAL 器件的不足之处。

9.4 高密度可编程逻辑器件 HPLD

前述几节所讨论的 PLD 器件均属于低密度可编程逻辑器件，其集成密度一般小于 1000 个等效门电路。它们在早期的可编程器件应用中，起到了积极的推动作用。为了实现复杂的数字系统，要求 PLD 器件具有更多的输入输出信号，更多的乘积项和宏单元，由此产生了高密度可编程逻辑器件。高密度可编程逻辑器件与低密度可编程逻辑器件之间的主要区别在于可用逻辑资源的数量，前者一般具有几千到几十万个可用的门电路。高密度可编程逻辑器件按其结构可分为复杂可编程逻辑器件 CPLD 和现场可编程门阵列 FPGA 两种类型。

典型的 CPLD 器件是在一个芯片上把多个 GAL 型器件组合成一个阵列，其逻辑块本身是可编程的与阵列和固定连接的或阵列组成的逻辑电路。与大多数 GAL 相比，每个逻辑块可用的与项数较少，当需要更多的乘积项时，相邻逻辑块之间的乘积项可以共享，或者几个逻辑块共同实现一个逻辑表达式。在 CPLD 内部，可编程的互连线十分整齐地分布在芯片中，产生固定的信号延迟。多数 CPLD 具有独立的可编程 I/O 模块，通过编程可实现输入、输出或者双向功能。CPLD 所采用的可编程技术都是非易失性的，包括 EPROM、E^2PROM 和快闪存储器，以采用 E^2PROM 技术最为普遍。CPLD 基本的与或结构形式，使它更适合用于实现组合逻辑电路占主导地位的数字系统。

FPGA 在结构上与 CPLD 不同，它通常由许多比较小的独立的可编程模块组成，每个模块一般最多仅能处理四五个输入变量，这些模块通过互连而产生较大的逻辑函数。FPGA 的逻辑块一般采用查找表（LUT）的方式产生所要求的逻辑函数，查找表功能就像真值表，其输出可编程，对于每一组输入组合，存储适当的 0 和 1，从而产生所要求的组合函数。FPGA 内部可编程的信号布线资源十分灵活，具有许多不同的可选路径长度，设计所产生的信号延迟，取决于编程软件所选择的实际信号线。FPGA 具有可编程的输入输出模块，每个输入输出模块与一个 I/O 引脚相连，输入输出模块根据编程可组态为输入、输出或者双向功能，其内嵌式的锁存器可用来锁存输入输出数据。FPGA 器件使用的编程技术包括 SRAM、快闪存储器和反熔丝结构。其中 SRAM 技术应用最为广泛。基于 SRAM 的器件是易失性的，因此上电后要求重新配置 FPGA。定义每一个逻辑块具有何种逻辑功能，一个 I/O 模块是输入还是输出，模块之间是如何连接的等编程信息，存储在外部存储器中，当电源接通时，由外部存储器装载到基于 SRAM 的 FPGA 中。FPGA 芯片中所含的查找表和触发器数量非常多，因此它更适合用来设计复杂的时序逻辑电路。

9.4.1 典型的 CPLD 结构

复杂可编程逻辑器件电路结构比低密度 PLD 要复杂得多，功能更强。不同半导体器件厂家生产的 CPLD 器件在电路结构上有所不同，但其基本逻辑单元的共同特点是采用与或结构形式。下边以 Altera 公司的 EPM7128S 和 Lattice 公司的 ispLSI1032 为例，简单介绍 CPLD 的结构形式。

1. Altera 公司的 EPM7128S CPLD

EPM7128S 是 Altera 公司生产的 MAX7000S 系列芯片中基于 EECMOS 工艺的器件，具有在系统可编程功能。图 9.15 是 MAX7000S 系列的结构图，其主要结构是逻辑阵列块（LAB）、可编程互连矩阵（PIA）及输入输出控制模块（IOCB）。

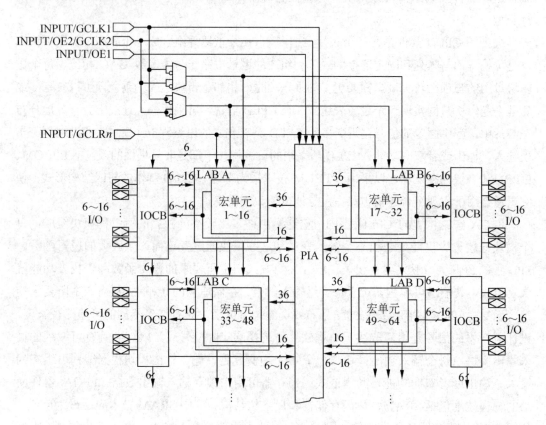

图 9.15 MAX7000S 系列的结构图

一个 LAB 包含一组 16 个宏单元，宏单元与单片 GAL 器件十分类似，每个宏单元由可编程的与阵列、乘积项选择矩阵和可编程触发器组成，如图 9.16 所示。每个宏单元可产生组合输出或者寄存器型输出，当产生组合输出时，宏单元中所包含的触发器被旁路。可编程的与阵列及固定的或阵列与 GAL 芯片中的相应电路十分类似，每个宏单元能产生 5 个与项，尽管它比 GAL 芯片中的与项个数少，但对于大多数逻辑函数这经常是足够的。为了满足更多乘积项的编程需要，宏单元支持两种方式的乘积项扩展功能。一种是并联扩展乘积项，它允许一个宏单元从同一个 LAB 中三个相邻的宏单元每个借来 5 个乘积项，故并联逻辑扩展能提供总数达 20 个乘积项，借出的门电路原来的宏单元不能再使用。在每个 LAB 中，另一种可用的扩展选择为共享扩展乘积项，这种扩展方式不是增加更多的乘积项，而是每个宏单元提供一个乘积项连接到与阵列作为共用的乘积项，供同一个 LAB 中其他宏单元使用。当一个 LAB 中有 16 个宏单元时，则总共有 16 个共享乘积项可供使用。按照设计逻辑的要求，编译器能自动优化 LAB 内部可用乘积项的配置，但使用上述两种扩展功能都会增加少量的传输延迟。

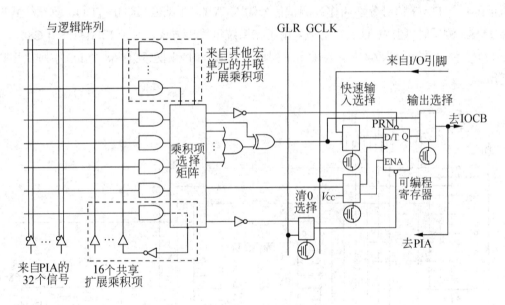

图 9.16　MAX7000S 系列的宏单元

逻辑信号经由可编程互连阵列 PIA 在各个 LAB 之间传递，PIA 属于全局总线，它可使器件内部任何信号源与任何目的地互连。MAX7000S 器件的所有输入和全部宏单元的输出信号均可通过 PIA 送到各个 LAB，从 PIA 到每个 LAB 有多达 36 条信号线，但传递到任一个 LAB 的信号仅仅是该 LAB 产生所要求的逻辑函数所需要的信号。

由可编程的输入输出控制模块 IOCB 确定每个 I/O 引脚作为输入、输出或者双向工作方式，所有 I/O 引脚都具有三态缓冲器，这些三态缓冲器有三种控制方式：永久性地使能或者禁止；由两个全局输出使能信号 OE1 或 OE2 输入引脚上的信号控制；由其他输入或者其他宏单元产生的函数来控制。当一个 I/O 引脚确定为输入时，相应的宏单元作为隐藏逻辑。

EPM7128S 有 4 个专用输入引脚，可用作特定的高速控制信号或者一般的用户信号输入。GCLK1 是器件中所有宏单元主要的全局时钟脉冲输入端,它用来使设计中的所有寄存器进行同步操作,对于 EPM7128SLC84,GCLK1 信号固定由第 83 个引脚输入。第二个全局时钟脉冲信号 GCLK2 由第 2 引脚输入,作为备用引脚,它可以用作设计具有三态输出的任一宏单元的第二个全局使能信号(OE2)。OE1 作为主要的三态使能输入信号,固定在第 84 引脚。第一个引脚的控制信号 GCLRn,为低电平有效的输入信号,用来控制任一个宏单元中寄存器异步清 0。

　　EPM7128S 可采用在系统编程方式或者采用编程器编程方式。当对设计进行编译时,必须指出器件是否采用 JTAG(Joint Test Action Group)接口。当采用在系统编程方式时,其 JTAG 接口要求 4 个特定引脚专用于编程接口,因此不能作为一般用户 I/O 使用。在系统可编程目标器件采用 JTAG 的引脚通过驱动电路与 PC 的并行口相连接,其接线图如图 9.17 所示。4 个 JTAG 信号分别叫作:测试信号输入 TDI、测试信号输出 TDO、测试模式选择 TMS、测试时钟脉冲 TCK。由于采用了在系统可编程方式,对于 EPM7128SLC84,用户 I/O 引脚总数减少为 64 个。当采用编程器进行编程时,则总共有 68 个 I/O 引脚供用户使用。

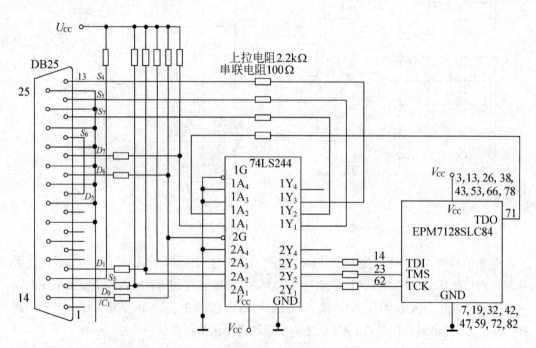

图 9.17　EPM7128SLC84 与 PC 的并行口之间的 JTAG 接口电路

2. Lattice 公司的 ispLSI1032

　　ispLSI1032 是 Lattice 公司生产的高密度在系统可编程逻辑器件,其内部电路的结构框图如图 9.18 所示。它的主要结构是通用逻辑块(Generic Logic Block,GLB)、输入输出单元（Input/Output Cell，IOC）、可编程的全局布线区（Global Routing Pool，GRP）和时钟分配网络。

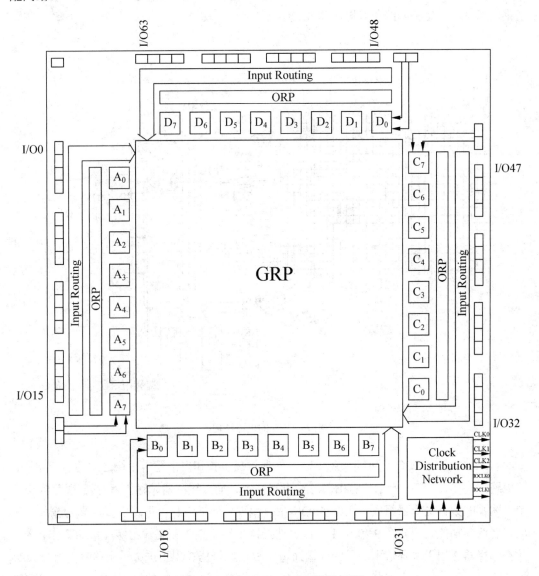

图 9.18　ispLSI1032 的电路结构框图

由图 9.18 可见，ispLSI1032 有 32 个通用逻辑块 GLB，在全局布线区 GRP 四周形成 4 个结构相同的大模块。GLB 的电路结构图如图 9.19 所示，每个 GLB 由可编程的与阵列、乘积项共享或阵列和功能控制电路组成。这种结构形式与 GAL 类似，但由于采用了乘积项共享的或阵列结构，因此，器件编程具有更大的灵活性。

GLB 的与阵列有 18 个输入，其中 16 个来自全局布线区 GRP，两个来自专用输入引脚。它们经输入缓冲之后，产生互补信号。通过对与阵列编程，可以产生 20 个乘积项，这 20 个乘积项分为 4 组，但每组所含乘积项的数目不同，最多的一组为 7 个乘积项。通过对乘积项共享或阵列编程,最多可实现 20 个乘积项输出。通过对 GLB 编程,可以将 GLB 设置为标准配置模式(如图 9.19 所示)、高速旁路模式、异或逻辑模式、单乘积项模式和多重模式,以满足不同的逻辑电路需要。

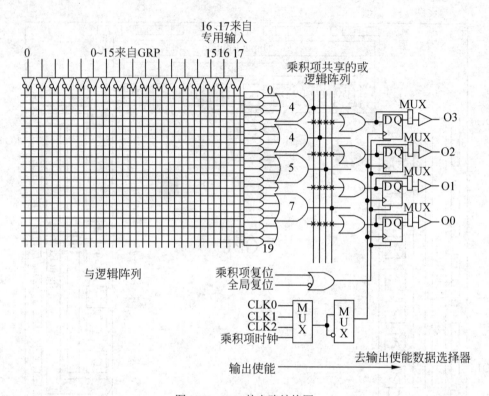

图 9.19 GLB 的电路结构图

输入输出单元 IOC 是可编程逻辑器件外部封装引脚和内部逻辑模块之间的接口电路,其电路结构如图 9.20 所示。它由三态输出缓冲器、输入缓冲器、输入寄存器/锁存器和几个可编程的数据选择器组成。通过对 IOC 中可编程单元的编程,可将引脚定义为输入、输出或者双向功能。观察图 9.20 可见,数据选择器 1 用于控制三态输出缓冲器的工作状态;数据选择器 2 用于选择输出信号的传输通道;数据选择器 3 用于选择输出信号的极性。数据选择器 4 用于输入方式的选择,在异步输入方式下,来自引脚的输入信号经输入缓冲器直接传递到全局布线区 GRP;在同步输入方式下,输入信号在时钟信号控制下存入 D 触发器,然后,经过缓冲送到全局布线区 GRP。数据选择器 5 用于选择 D 触发器的时钟信号来源;数据选择器 6 用于选择时钟信号极性。IOC 中的触发器工作方式是可编程的,通过对其编程,当 R/L 为低电平时,D 触发器为锁存器工作方式;当 R/L 为高电平时,D 触发器为边沿触发器工作方式。

全局布线区 GRP 为可编程矩阵网络,每条纵线和每条横线的交叉点是否连通由一位编程单元的状态控制。通过对 GRP 编程,可以实现所有 GLB 之间的互连以及

IOC 与 GRP 的连接。4 个输出布线区分别介于 4 组 GLB 和 IOC 之间，通过对 ORP 的编程，可以实现 GLB 的输出与 IOC 相互连接，这一特性给引脚定义提供了较大的灵活性。

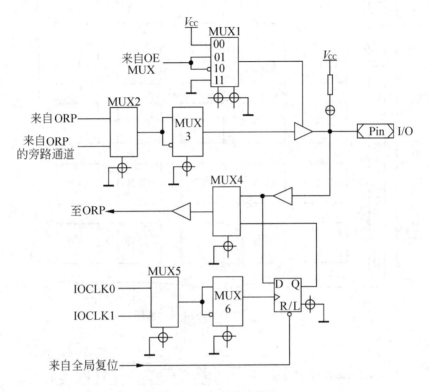

图 9.20 IOC 的电路结构

时钟分配网络 CDN 的输入信号由 4 个专用输入端 Y_0、Y_1、Y_2、Y_3 提供，它的输出信号有 5 个，分别为 CLK0、CLK1、CLK2、IOCLK0、IOCLK1，前三个用于 GLB，后两个用于 IOC。

9.4.2 现场可编程门阵列 FPGA

FPGA 是另一种类型的高密度可编程逻辑器件，图 9.21 是 FPGA 的基本结构框图，它由可编程逻辑块（Configurable Logic Block，CLB）、可编程输入输出模块（IO Block，IOB）、可编程互连资源（Interconnect Resource，IR）和一个用于存放编程数据的静态存储器 SRAM 组成。可编程资源的状态由编程数据存储器中的数据设定。

可编程逻辑块 CLB 用于实现一个 FPGA 芯片中的大部分逻辑功能，典型 CLB 的主要组成如图 9.22 所示，它包括组合逻辑函数发生器（查找表）、触发器和多路数据选择器。

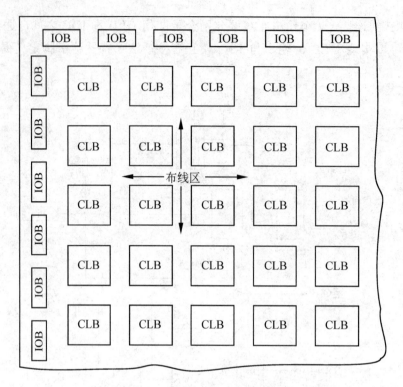

图 9.21 FPGA 的基本结构框图

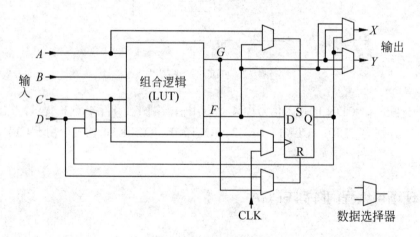

图 9.22 CLB 的结构原理图

逻辑函数发生器一般由多个 16×1 的存储器查找表来实现,其中每个都能实现由任意 4 个独立的输入信号 ABCD 组合产生的任意组合逻辑函数,并且根据编程选择,可以实现 3 个或者 5 个输入变量的组合逻辑函数。

查找表本质上相当于 RAM,以 4 输入为例,4 位地址线的 16×1RAM,当用户通过原理图或者 HDL 描述一个逻辑电路后,FPGA 开发软件自动计算逻辑电路所有的结果,并写入 RAM,这样,每输入一组信号进行逻辑运算,就等于输入一个地址进行查表,找出该地址对应的内容，然后输出即可。

CLB 中的触发器用于存储逻辑函数发生器的输出，触发器和逻辑函数发生器可以独立使用。时钟信号由数据选择器给出，既可以选择片内公共时钟信号 CLK 作为时钟信号，工作在同步方式；又可以选择组合电路的输出或者 CLB 的输入作为时钟信号，工作在异步方式。通过数据选择器，还可以选择时钟信号的上升沿或者下降沿触发。触发器可通过数据选择器选择异步置位或者清 0 信号，从而实现对触发器的置位或清 0 操作。

可编程的输入输出模块 IOB 为芯片外部封装引脚和内部逻辑连接提供接口，每个 IOB 控制一个封装引脚。典型的 IOB 电路如图 9.23 所示，通过对各个数据选择器的编程，可配置成输入、输出或者双向功能。

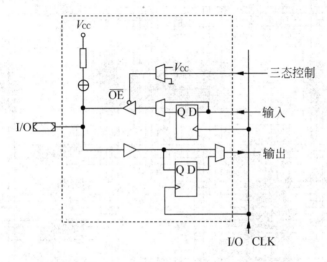

图 9.23　典型的 IOB 电路原理图

在输入工作方式时，三态输出缓冲器处于高阻状态，输入信号经输入缓冲器后，可以直接输入，也可以通过寄存器输入，此时，在同步输入时钟 CLK 的控制下，加到 I/O 引脚的输入信号，才能送往 FPGA 的内部电路。在输出工作方式时，输出信号由输出数据选择器选择是直接送三态输出缓冲器还是经过 D 触发器寄存后再送三态输出缓冲器。IOB 内部具有上拉、下拉控制电路，当某个引脚没有用到时，通过上拉电阻接电源电压或者下拉电阻接地，以免引脚悬空引起的噪声。

为了能将 FPGA 中众多的 CLB 和 IOB 连接成各种复杂的系统，在布线区内布置了丰富的连线资源。这些互连资源包括金属线、开关矩阵（SM）和可编程连接点，如图 9.24 所示，其中，金属线分布在 CLB 阵列的行列间隙上，这些线可分为单长线、双长线和长线等类型。单长线是分布在 CLB 周围的水平和垂直连线，长度等于相邻两个 SM 之间的距离。双长线的长度是单长线的二倍，即一根双长线要经过两个 CLB 再汇集到 SM。采用双长线可减少编程开关的数量，提高 FPGA 的工作速度。长线在水平或者垂直方向贯通，它们通常用于连接时钟及全局清 0 等信号。

SRAM 的基本单元结构如图 9.25 所示，它由两个 CMOS 反相器和一个用来控制读写的 MOS 传输开关组成，在 FPGA 中以点阵形式分布的这些单元，其数据（0 或者 1）在配置时写入。一般情况下，MOS 传输开关处于断开状态，几乎不耗电，具有高度的可靠性、抗噪声能力。

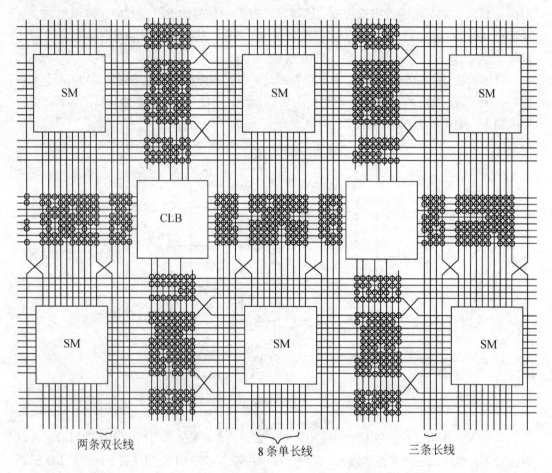

图 9.24　FPGA 可编程的互连资源

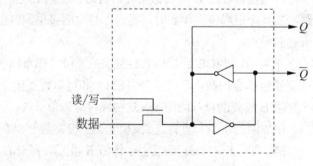

图 9.25　SRAM 的基本单元结构

9.4.3 CPLD 与 FPGA 比较

CPLD 与 FPGA 都属于高密度可编程逻辑器件，逻辑单元灵活，适用范围广，设计开发周期短。但从前面的讨论可见，由于它们的结构形式不同，因此在功能特点上必然存在差异。

CPLD 以乘积项结构方式构成逻辑行为，适合完成各种算法和组合逻辑，即适用于实现触发器有限而乘积项丰富的逻辑电路。FPGA 以查找表结构方式构成逻辑行为，适合于完成时序逻辑，即适用于实现触发器丰富的逻辑电路。

CPLD 是逻辑块级编程，通过修改具有固定内连电路的逻辑功能来编程，而 FPGA 是门级编程，主要通过改变内部连线来编程。因此，在编程上 FPGA 比 CPLD 更灵活。

CPLD 主要是基于 EEPROM 或者 FLASH 存储器编程，系统断电后编程信息不会丢失。FPGA 大部分是基于 SRAM 编程，系统断电时编程信息丢失，需要外挂配置用的 EEPROM 来存储配置信息，每次上电时，将配置信息重新写入 SRAM。

CPLD 的连续式布线结构决定了它的时序延迟是均匀和可预测的，而 FPGA 的分段式布线结构决定了其延迟的不可预测性。

总之，CPLD 比 FPGA 速度快、保密性好、使用方便。FPGA 比 CPLD 集成度高、功耗低、编程的灵活性大。

小结

（1）PAL 的电路结构包括固定的或逻辑阵列和可编程的与逻辑阵列，其输出电路结构形式与型号有关。

（2）GAL 在电路结构上与 PAL 的主要区别是增加了输出逻辑宏单元 OLMC，正是由于 OLMC 的可编程结构，使它能被设置成不同的输出结构形式，故 GAL 器件具有较强的通用性和灵活性。

（3）PAL 和 GAL 都属于低密度可编程逻辑器件。

（4）CPLD 是在 GAL 器件的基础上发展起来的复杂可编程逻辑器件，其结构模块包括 IOCB、LAB、PIA，每个 LAB 类似于一个 GAL。逻辑功能的实现是基于乘积项技术，适合完成各种算法和组合逻辑。

（5）FPGA 是基于 SRAM 的复杂可编程逻辑器件，其结构模块包括 IOB、CLB、IR 等，可编程逻辑块 CLB 是实现逻辑功能的基本单元。逻辑功能的实现是基于查找表技术，更适合于完成时序逻辑功能。

（6）CPLD 和 FPGA 都属于高密度可编程逻辑器件。

以上各种可编程逻辑器件，它们的共同特点是芯片没有特定的逻辑功能，只是提供了组成数字电路或者系统所需要的各种基本资源，具体实现什么逻辑功能，由用户依据自己的要求进行开发，当然，PLD 器件的开发，需要特定的开发工具。

习题

9.1 PLD 的含义是什么？PLD 电路图中两条线交叉点的"·"表示什么含义？"×"又表示什么含义。

9.2 PAL 的主要电路结构是什么？它与 PLA 的主要区别是什么？

9.3 GAL 的含义是什么？GAL 与 PAL 相比其主要优点是什么？

9.4 什么是 OLMC？OLMC 有哪几种工作模式？

9.5 试用如图 9.5 所示的 PAL 电路，实现下述逻辑函数，并要求画出编程后的阵列图。

$$Y_0 = A\bar{B} + \overline{AC}$$
$$Y_1 = \bar{A} + B\bar{C}$$
$$Y_2 = A\bar{B}C + \bar{A}B + AB\bar{C}$$

9.6 试分析如图 9.26 所示 PAL 构成的逻辑电路，试写出输出与输入的逻辑表达式。

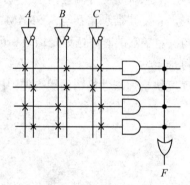

图 9.26　题 9.6 图

9.7 CPLD 与 FPGA 之间的主要区别是什么？

9.8 CPLD 的主要组成结构是什么？FPGA 的主要组成结构是什么？

第10章 VHDL 简介

内容提要： 本章主要介绍 VHDL 的基本语法及常用逻辑器件的描述方法。

学习提示： 采用硬件描述语言对数字系统进行描述是现代数字系统设计的发展方向，了解与初步掌握 VHDL 硬件描述语言十分必要。

10.1 VHDL 基础

数字电路的逻辑功能可用逻辑函数表达式、真值表、卡诺图、逻辑图及波形图来描述，这是传统意义上的描述方法，因为传统的数字系统设计是以中小规模的集成电路作为基本元件。随着电子技术的发展，集成电路制作工艺的进步，大规模集成电路特别是可编程逻辑器件 PLD 的迅速发展，数字系统设计的概念发生了质的变化。为了适应数字系统设计的这一变化，数字系统领域最新的趋势是数字电路基于文本的语言描述，即目前人们常说的硬件描述语言（Hardware Description Language, HDL）。作为一种新生事物，HDL 的版本较多，如在简单 PLD 设计中所用的 ABEL 及用于描述复杂可编程逻辑器件的 VHDL 和 Verilog HDL。既然数字系统的文本描述已成为一种必然，因此，学习数字电子技术基础，至少要了解一种硬件描述语言。本书以 VHDL 为例，讨论有关数字器件及系统硬件描述语言的描述方法。但需要说明的是，数字电子技术基础的课程性质限定了其教学内容中不可能系统地讲述 VHDL。在处理这部分内容时，以简明实用为主，即通过对 VHDL 的介绍，读者能读懂描述数字电路的基本元器件和简单数字系统的 VHDL 程序为目的。对于 VHDL 的系统了解，希望读者通过阅读 VHDL 专著去更深入地学习。

VHDL 是英文 Very High Speed Integrated Circuit Hardware Description Language 的简称。它是由美国国防部在 20 世纪 80 年代为其超高速集成电路（VHSIC）计划而提出的硬件描述语言，IEEE 已于 1987 年和 1993 年先后公布了 VHDL 的标准版本，这使它不仅引起工程技术人员的普遍重视，而且引起了把设计转换为用于对实际器件进行编程的位图软件开发商的重视。如今，采用 VHDL 对数字系统进行描述已经成为数字系统设计、交流和存档的有效手段。

10.1.1 标识符、常量及信号

1. 标识符

VHDL 中的标识符用来表示常量、变量、信号、端口、子程序或参数等的名称。使用标识符应遵守如下规则。

（1）标识符由英文字母(a~z，A~Z)、数字（0~9）和下画线"_"组成；
（2）任何标识符必须以英文字母开头；
（3）不允许出现两个以上连续的下画线，末字符不能为下画线；
（4）标识符中不区分大小写字母；
（5）VHDL 定义的关键字不能用作标识符。

例 10.1 标识符举例。

encoder_1   Decoder_2   count   mux

2. 常数

常数的定义和设置主要是为了使设计单元中的常数更容易阅读和修改。常数是一个固定的值，一旦被赋值，在程序中就不能再改变。常数说明语句的一般格式为：

CONSTANT 常数名：数据类型:=表达式；

例 10.2 常数定义举例。

```
CONSTANT VCC : REAL := 5.0;
CONSTANT count_mod : INTEGER := 10;
CONSTANT delay : TIME := 15ns;
```

常数所赋的值必须与定义的数据类型一致，否则出错。常数的使用范围取决于它被定义的位置。

3. 信号

信号是描述硬件系统的基本数据对象，它类似于电路中的连接线。信号说明语句的一般格式为

SIGANL 信号名：数据类型 [约束条件 := 初始值]；

注意在上述格式中，方括号内的内容为可选项，即约束条件和初始值的设置不是必需的。

例 10.3 信号定义举例。

```
SIGANL  a, b : BIT;
SIGANL  bdate : BIT_VECTOR(15 DOWNTO 0);
```

4．变量

VHDL 中的变量在电路中没有对应的硬件结构,它用于暂存数据,相当于一个暂存器。变量说明语句的一般格式为:

VARIABLE 变量名：数据类型 [约束条件 := 初始值];

例 10.4 变量定义举例。

```
VARIABLE  x :  INTEGER;
VARIABLE  count : INTEGER RANGE 0 TO 255;
```

一种语言的许多规定是一个有机的整体,相互之间存在着一定的联系。如在上述常数、信号、变量的介绍中,涉及数据类型等,它们的应用还涉及 VHDL 的其他内容。基于循序渐进的学习思路,此处仅对信号、变量做一般了解,当对 VHDL 进一步了解之后,再回过头来讨论信号与变量的主要区别、使用场合等较深入的问题。

10.1.2 数据类型

如前所述,在 VHDL 中,常数、信号、变量都需要指定数据类型。因此,VHDL 提供了多种标准的数据类型,用户也可以自定义数据类型。这样,使 VHDL 的描述能力和灵活性进一步提高。但必须注意,VHDL 的数据类型其定义相当严格,不同类型之间的数据不能直接代入,即使数据类型相同,而位长不同时也不能直接代入。因此,在阅读 VHDL 程序时,要注意各种数据类型的定义和应用场合,以便自己能较熟练地使用 VHDL 编写程序。

VHDL 的数据类型可分为 VHDL 标准的数据类型、IEEE 标准的数据类型、用户自定义的数据类型等。

1．VHDL 标准的数据类型

VHDL 标准的数据类型共有 10 种,如表 10.1 所示。

表 10.1 VHDL 标准的数据类型

数据类型		含　义
整数	Integer	整数 $-(2^{31}-1) \sim (2^{31}-1)$
实数	Real	浮点数$-1.0E38 \sim 1.0E38$
位	Bit	逻辑 0 或 1
位矢量	Bit_Vector	用双引号括起来的一组位数据
布尔量	Boolean	逻辑真或逻辑假,只能通过关系运算获得
字符	Character	ASCII 字符,所定义的字符量通常用单引号括起来
字符串	String	由双引号括起来的一个字符序列
正整数	Natural	整数的子集(大于 0 的整数)
时间	Time	时间单位：fs ps ns μs ms sec min hr
错误等级	Severity Level	用于指示设计系统的工作状态

整数与数学中整数的定义相同。在 VHDL 中，整数的表示范围为-2 147 483 647~2 147 483 647，可进行加、减、乘、除等算术运算，不能用于逻辑运算。

布尔量没有数值的含义，不能用于算术运算，只能进行逻辑运算。布尔量数据的初始值一般总为假（FALSE）。

时间是一个物理数据，完整的时间数据包含整数和单位两部分，而且整数和单位之间至少应留一个空格的位置，例如 25ns，10ms。时间数据在系统仿真时，用于表示信号的延时，从而使模型系统能更逼近实际系统的运行环境。

2．IEEE 预定义标准逻辑位与逻辑位矢量

上面介绍的 VHDL 标准数据类型 Bit 是一个逻辑型的位数据类型，这类数据取值只能是 0 和 1。而实际数字系统中存在不定状态和高阻态，为了便于仿真和描述具有三态的数字器件，IEEE 在 1993 年制定了新的标准 IEEE STD_1164，其中定义了两个重要的数据类型，即标准逻辑位 STD_LOGIC 和标准逻辑矢量 STD_LOGIC_VECTOR，规定 STD_LOGIC 型数据可以具有如表 10.2 所示的 9 种不同值。

表 10.2　STD_LOGIC 的取值及含义

STD_LOGIC 的值	说　明	STD_LOGIC 的值	说　明
U	初始值	W	弱信号不定
X	不定	L	弱信号 0
0	0	H	弱信号 1
1	1	–	不可能情况
Z	高阻		

STD_LOGIC 和 STD_LOGIC_VECTOR 是在原 VHDL 以外添加的数据类型，因此在使用该类型数据时，在程序中必须写出库说明语句和使用包集合的说明语句。

3．用户自定义的数据类型

在 VHDL 中，也可以由用户自己定义数据类型。用户定义数据类型的一般格式为：

TYPE　数据类型名 {,数据类型名} 数据类型定义；

由用户定义的数据类型如数组类型、文件类型、时间类型等。

10.1.3　运算操作符

在 VHDL 中，共有 4 类操作符，可分别进行逻辑运算、关系运算、算术运算和其他运算。被操作符所操作的对象是操作数，操作数的类型应该和操作符所要求的类型相一致。

1．逻辑运算操作符

在 VHDL 中，逻辑运算操作符共有 6 种，其操作符和功能见表 10.3。

表 10.3　逻辑运算操作符

操作符	功　能	操作符	功　能
NOT	取反	NAND	逻辑与非
AND	逻辑与	NOR	逻辑或非
OR	逻辑或	XOR	逻辑异或

逻辑运算操作符的操作对象是逻辑型数据、逻辑型数组及布尔型数据。在所有逻辑运算符中，NOT 的优先级别最高。

2．关系运算操作符

在 VHDL 中有 6 种关系运算操作符，其操作符和功能见表 10.4。

表 10.4　关系运算操作符

操作符	功　能	操作符	功　能
=	等号	<=	小于等于
/=	不等号	>	大于
<	小于	>=	大于等于

3．算术运算操作符

在 VHDL 中有 10 种算术运算操作符，其操作符和功能见表 10.5。

表 10.5　算术运算操作符

操作符	功　能	操作符	功　能
+	加	MOD	求模
−	减	REM	取余
*	乘	**	乘方
/	除	ABS	取绝对值

4．其他运算操作符

表 10.6 中列出了 VHDL 中经常用到的几种其他运算操作符，事实上 VHDL 也规定了移位操作，有关此类运算符在后续内容中结合应用介绍。

表 10.6　其他几种运算操作符

操作符	功　能	操作符	功　能
<=	信号赋值	&	并置运算
:=	变量赋值	=>	关联运算符

10.1.4　基本设计单元

前面曾经指出，引入 VHDL，增加了一种数字电路或系统的描述方法。比如已认识的三种基本逻辑运算，它们除可用真值表、逻辑表达式、电路符号等描述外，也可以用 VHDL

来描述。比如 x = ab，若用 VHDL 描述则有

```
ENTITY   and2   IS
   PORT (  a, b : IN   BIT;
           x    : OUT  BIT );
END   and2;
ARCHITECTURE   example_1 OF   and2   IS
BEGIN
    x  <=  a AND b;
END example_1;
```

观察 VHDL 对与门的描述，其程序组成可明显地分为两个部分，分别称为实体（Entity）和结构体（Architecture）。实体用于描述电路的输入输出端口，结构体用于描述电路的逻辑功能。当然，对于复杂的数字系统，其程序组成将会稍微复杂一些，但其基本结构仍为实体和结构体。

1. 实体

实体在电路或系统中，主要是说明其输入输出端口，即实体说明部分规定了设计单元的输入输出接口信号或者引脚。实体的一般格式为：

```
ENTITY   实体名   IS
   [ 类属参数说明; ]
   [ 端口说明; ]
END   实体名;
```

实体描述从"ENTITY 实体名 IS"开始，至"END 实体名"结束。习惯上用大写字母表示实体的框架，此大写字母是 VHDL 的保留字，在程序中是不可省略的。

在前述二输入与门的 VHDL 描述中，实体名称为 and2，端口说明部分为：

```
PORT (  a, b :  IN   BIT;
        x :   OUT  BIT );
```

其中，PORT 是端口说明的关键字，a、b、x 是端口名；IN、OUT 说明端口方向，分别为输入和输出；BIT 说明数据类型是位逻辑数据类型。总之，二输入与门的实体表明，a、b 为输入端口，x 为输出端口，各端口的信号取值只可能是逻辑 0 和 1。

2. 结构体

结构体具体地指明所对应实体的行为、器件及内部的连接关系，即它定义了具体的逻辑功能。结构体的一般格式为：

```
ARCHITECTURE   结构体名   OF   实体名   IS
[ 定义语句   内部信号, 常数, 数据类型, 函数等定义; ]
BEGIN
    [ 并行处理语句 ];
END   结构体名;
```

一个结构体从"ARCHITECTURE 结构体名 OF 实体名 IS"开始，至"END 结构体名"结束。ARCHITECTURE 是结构体的关键字，结构体名给出了该结构体的名称，OF 后面的实体名表明了该结构体所对应的是哪个实体，用 IS 结束结构体的命名。

在前述二输入与门的 VHDL 描述中，结构体命名为 example_1，在 BEGIN 与 END 之间的并行处理语句为"x <= a AND b ;"，它具体描述了结构体的行为及其连接关系，实际上是二输入与门的逻辑表达式的描述语句。输入信号 a、b 进行与运算，其运算结果赋值给输出信号 x。

VHDL 源程序最基本的设计单元仅由实体和结构体两部分组成，而这种组成形式在使用中具有一定的条件限制，即实体和结构体中所使用的数据类型必须为 STD 库中所定义的，如 BIT。而 STD 库已自动挂接在 VHDL 的编译器中，因而不需要在设计单元的描述中给予说明。设计单元的实体只与一个结构体相对应。当不满足上述条件时，VHDL 的基本设计单元还应包括库说明、包集合说明和配置描述，即 VHDL 程序的完整设计单元包括 5 个组成部分：库说明、包集合说明、实体、结构体、配置。

库（Library）是用来存放可编译的设计单元的地方，可以放置若干个程序包。库说明语句用于说明设计单元中所用到的资源库。包集合用于罗列用到的信号定义、常数定义、数据类型、器件语句等，它是一个可编译的设计单元，是库结构中的一个层次。配置语句用于描述层与层之间的连接关系及实体与结构体之间的连接关系。当一个实体中包括多个结构体时，通过配置语句来指定与相应实体对应的结构体。用 VHDL 进行设计的具体例子在后续内容中介绍。

10.2 常用组合逻辑功能器件的 VHDL 描述

在 10.1 节中，介绍了 VHDL 的数据类型、运算及运算操作符，认识了实体和结构体。为了利用 VHDL 来描述常用组合逻辑功能器件，还必须对 VHDL 做进一步的了解。本节首先介绍 VHDL 的主要描述语句，然后利用 VHDL 来描述优先编码器、译码器、数据选择器及加法器。

10.2.1 VHDL 的主要描述语句

1. 并发描述语句

用硬件描述语言所描述的电子系统实际工作时，其许多操作都是并发的，所以在对系统进行仿真时，这些系统中的元件在定义的仿真时刻应该是并发工作的，并发语句就是用来表示这种并发行为的。VHDL 中最常用的并发语句是进程和信号代入语句，它们一般出现在结构体中，其主要特点是并发语句在字面上的顺序并不代表它们的执行次序，这些语句在仿真时是同时进行的，它们本质上表征了系统中各个独立器件各自的独立操作。

1）进程语句（PROCESS）

进程语句结构在设计中可用来描述某一个功能独立的电路，进程是结构体的主要组成部分之一。在同一个结构体中,可以有多个进程语句,各个进程语句是并发执行的,即运行结果与各个进程的先后顺序无关。在一个进程内部,其语句是顺序执行的。

进程语句的一般格式为:

[进程名] PROCESS (敏感信号表)
　[进程说明部分]
　BEGIN
　　顺序描述语句;
END PROCESS [进程名];

在上述格式中,进程名不是必需的。PROCESS 是进程语句的关键字,一个进程必须以 "END PROCESS [进程名];" 结尾。

敏感信号表列出了进程的输入信号,无论这些信号中的哪一个发生变化(如由 0 变为 1 或者由 1 变为 0)都将启动该进程语句。一旦启动之后,PROCESS 中的语句将从上到下逐句执行一遍。当最后一个语句执行完毕之后,就返回到 PROCESS 语句的起始位置,等待下一次敏感信号变化的出现。

进程说明部分主要定义该进程所需要的局部数据环境,如数据类型、常数、变量等。但应注意,在进程说明部分不允许定义信号。

顺序描述语句是一段顺序执行的语句,它描述该进程的行为。

2) 信号代入语句

所谓信号代入语句就是信号赋值语句,称其为信号代入语句的目的在于强调该语句的并发性。信号代入语句可用在结构体中,也可用在结构体外。信号代入语句的一般格式为:

目的信号量 <= 表达式;

由信号代入语句的功能可知,当代入符号 "<=" 右边表达式的值发生变化时,代入操作就会立即发生,新的值赋予代入符号 "<=" 左边的信号。从这个意义上看,一个信号代入语句实际上是一个进程语句的缩写。

2. 顺序描述语句

顺序描述语句只能出现在进程或子程序中,由它定义进程或子程序所执行的算法。顺序描述语句的最大特点是按其出现的次序执行。常用的顺序描述语句有赋值语句和流程控制语句,此处重点介绍 IF 语句和 CASE 语句。

1) IF 语句

IF 语句是一种条件语句,它根据语句中所设置的一种或多种条件,有选择地执行所指定的顺序语句。IF 语句的语句结构通常有下述三种类型。

(1) IF-THEN

IF 条件表达式 THEN
　顺序语句;
END IF;

（2）IF-THEN-ELSE

```
IF 条件表达式 THEN
   顺序语句；
ELSE
   顺序语句；
END IF;
```

（3）IF-THEN-ELSIF

```
IF 条件表达式 THEN
   顺序语句；
ELSIF 条件表达式 THEN
   顺序语句；
   …
ELSE
   顺序语句；
END IF;
```

IF 语句中至少有一个条件表达式，且条件表达式是布尔表达式。IF 语句根据条件表达式产生的判断结果是真（TRUE）或者假（FALSE），有条件地选择执行其后面的顺序语句。

第一种 IF 语句的执行情况是：当程序执行到该 IF 语句时，首先判断关键字 IF 后的条件表达式是否成立。如果条件成立，则执行 THEN 之后列出的顺序处理语句直到 END IF；如果条件不成立，则跳过 THEN 之后的顺序处理语句，直接结束 IF 语句的执行。此种 IF 语句的执行过程可用图 10.1 的流程图来说明。

对于第二种 IF 语句，当关键字 IF 后的条件表达式成立时，将执行 THEN 和 ELSE 之间的顺序处理语句；当条件不成立时，将执行 ELSE 和 END IF 之间的顺序处理语句。因此，这种条件语句具有分支的功能，根据条件表达式的成立与否，分别选择两组顺序处理语句中的一组执行之。这种 IF 语句的执行过程可用图 10.2 的流程图来说明。

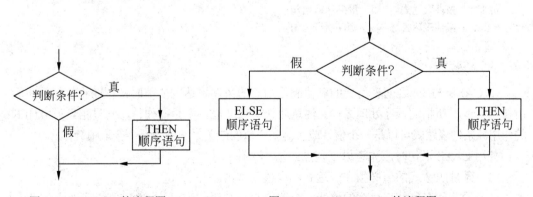

图 10.1　IF-THEN 的流程图　　　图 10.2　IF-THEN-ELSE 的流程图

第三种 IF 语句是一种多选择控制结构，多个判断条件的设定是通过关键字 ELSIF 来实现的。当程序执行到该 IF 语句时，首先判断 IF 之后的条件表达式是否成立。如果条件成立，则执行 THEN 之后的第一组顺序处理语句，然后结束该 IF 语句的执行；否则，再判断第一个 ELSIF 之后的条件表达式是否成立，若条件成立，则执行第二组顺序处理语句……以此类推。也就是说当满足所设置的多个条件之一时，就执行该条件表达式之后紧跟着的顺序处理语句，如果设置的所有条件都不满足，则执行 ELSE 和 END IF 之间的顺序处理语句。这种 IF 语句的执行过程可用图 10.3 的流程图来说明（以三个判断条件为例）。

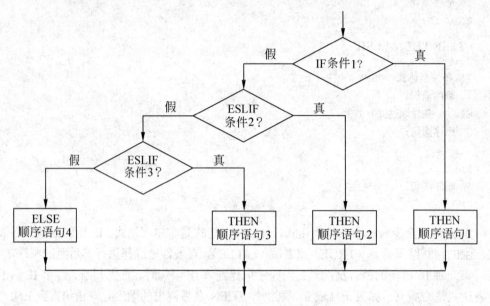

图 10.3　IF-THEN-ELSIF 的流程图

2）CASE 语句

CASE 语句结构先确定表达式的值，然后去查由表达式计算出的各种可能值的表格，依据其满足的条件直接选择多项顺序语句中的一项执行。CASE 语句的书写格式为：

```
CASE    表达式       IS
WHEN    条件表达式    =>  顺序执行语句；
WHEN    条件表达式    =>  顺序执行语句；
 …
END CASE;
```

当 CASE 与 IS 之间表达式的取值满足指定的条件表达式的值时，程序将执行其后面由符号"=>"所指的顺序处理语句。注意此处符号"=>"不是操作符，它只相当于 THEN 的作用。条件表达式可以是一个值，或者是多个值的或关系，或者是一个取值范围。

使用 CASE 语句时应注意以下几点。

（1）条件表达式的值必须在表达式的取值范围内。

（2）除非所有条件表达式的值能完全覆盖 CASE 语句中表达式的取值，否则，最末一个条件表达式必须用 OTHERS 表示，它代表已给出的条件表达式中未列出的其他可能的取值。且关键字 OTHERS 作为最后一种条件取值只能出现一次。

（3）CASE 语句中每一条件表达式的选择值只能出现一次。

（4）在 CASE 语句执行中，必须选中且只能选中所列条件句中的一条。

CASE 语句和 IF-ELSIF 语句都可用来描述多项选择问题，但二者有所不同：首先，在 IF 语句中，先处理最初的条件，如果不满足，再处理下一个条件；而在 CASE 语句中，各个选择值不存在先后顺序，所有值是并行处理的。其次，IF-ELSIF 使一组动作与一条真语句相关联，而 CASE 语句使一组动作与一个唯一的值相关联。一条 CASE 语句仅可与一个条件表达式相符合，而一条 IF-ELSIF 语句可能有多条语句为真，但所执行的动作为第一条计算为真的语句。

10.2.2 常用组合逻辑功能器件的 VHDL 描述

1. 优先编码器 74LS148 的 VHDL 描述

74LS148 是一个八输入三位二进制代码输出的优先编码器。当其某一个输入有效时，输出与之对应的二进制编码；当同时有几个输入有效时，其输出二进制码与优先级别最高的那个输入相对应。对于图 3.15 及表 3.8 所示的优先编码器 74LS148，采用 IF-THEN 语句描述时，其程序如程序 10.1 所示。

程序 10.1 描述优先编码器 74LS148 的 VHDL 程序。

```
LIBRARY IEEE;
USE IEEE.STD_LOGIC_1164.ALL;
ENTITY P_encoder_148 IS
    PORT(EI,I0,I1,I2,I3,I4,I5,I6,I7:IN STD_LOGIC;
         A0,A1,A2,GS,EO:OUT STD_LOGIC);
END P_encoder_148;
ARCHITECTURE example31 OF P_encoder_148 IS
    SIGNAL temp_in:STD_LOGIC_VECTOR(7 DOWNTO 0);
    SIGNAL temp_out:STD_LOGIC_VECTOR(4 DOWNTO 0);
BEGIN
  temp_in <= I7&I6&I5&I4&I3&I2&I1&I0;
    PROCESS(EI,temp_in)
    BEGIN
      IF(EI='0')THEN
        IF(temp_in="11111111")THEN
          temp_out <= "11110";
        ELSIF(temp_in(7)='0')THEN
          temp_out <= "00001";
        ELSIF(temp_in(6)='0')THEN
          temp_out <= "00101";
        ELSIF(temp_in(5)='0')THEN
          temp_out <= "01001";
        ELSIF(temp_in(4)='0')THEN
```

```
                    temp_out <= "01101";
            ELSIF(temp_in(3)='0')THEN
                    temp_out <= "10001";
            ELSIF(temp_in(2)='0')THEN
                    temp_out <="10101";
            ELSIF(temp_in(1)='0')THEN
                    temp_out <="11001";
            ELSIF(temp_in(0)='0')THEN
                    temp_out <="11101";
            END IF;
        ELSE
         temp_out <= "11111";
        END IF;
            EO <= temp_out(0);
            GS <= temp_out(1);
            A0 <= temp_out(2);
            A1 <= temp_out(3);
            A2 <= temp_out(4);
    END PROCESS;
END example31;
```

在上述优先编码器 74LS148 的 VHDL 描述程序中，LIBRARY IEEE 为库说明语句，USE IEEE.STD_LOGIC_1164.ALL 为程序包说明语句。该程序中采用了 IF 语句的嵌套形式，外层 IF 语句是选择语句，选择条件是输入使能 EI 的状态；内层 IF 语句是多选择语句，选择条件是编码器输入的不同状态，由于 IF 多选择语句是从上到下顺序执行的，因此 I7 的优先级别最高，I6 次之，I0 的优先级别最低。

2. 3 线-8 线译码器 74LS138 的 VHDL 描述

3 线-8 线译码器 74LS138 有三个数据输入端，三个使能控制输入端，8 个输出端，其逻辑符号和功能表分别见图 3.17 及表 3.10。

采用 CASE 语句描述的 74LS138 的 VHDL 程序如程序 10.2 所示。

程序 10.2 描述译码器 74LS138 的 VHDL 程序。

```
LIBRARY IEEE;
USE IEEE.STD_LOGIC_1164.ALL;
ENTITY decoder_138 IS
    PORT(S1,S2,S3,A2,A1,A0:          IN STD_LOGIC;
         Y0,Y1,Y2,Y3,Y4,Y5,Y6,Y7: OUT STD_LOGIC);
END decoder_138;
ARCHITECTURE example32 OF decoder_138 IS
    SIGNAL temp_ine: STD_LOGIC_VECTOR(2 DOWNTO 0);
    SIGNAL temp_in:  STD_LOGIC_VECTOR(2 DOWNTO 0);
    SIGNAL temp_out: STD_LOGIC_VECTOR(7 DOWNTO 0);
```

```
    BEGIN
       temp_ine <= S1&S2&S3;
       temp_in <= A2&A1&A0;
       PROCESS(temp_ine,temp_in)
       BEGIN
         IF(temp_ine = "100")THEN
           CASE temp_in IS
               WHEN "000" => temp_out <= "11111110";
               WHEN "001" => temp_out <= "11111101";
               WHEN "010" => temp_out <= "11111011";
               WHEN "011" => temp_out <= "11110111";
               WHEN "100" => temp_out <= "11101111";
               WHEN "101" => temp_out <= "11011111";
               WHEN "110" => temp_out <= "10111111";
               WHEN "111" => temp_out <= "01111111";
               WHEN OTHERS => temp_out <= "11111111";
           END CASE;
         ELSE
              temp_out <= "11111111";
         END IF;
      Y0 <= temp_out(0);
      Y1 <= temp_out(1);
      Y2 <= temp_out(2);
      Y3 <= temp_out(3);
      Y4 <= temp_out(4);
      Y5 <= temp_out(5);
      Y6 <= temp_out(6);
      Y7 <= temp_out(7);
    END PROCESS;
    END example32;
```

在上述程序中，实体说明了 74LS138 的输入输出关系，在结构体中首先定义了三个信号位矢量，并分别把输入使能信号和数据输入信号并置为位矢量，以便于编程。使能信号和数据输入信号作为进程的敏感信号。在进程中，首先利用 IF 语句来判别使能条件是否满足，若满足 S1 = 1、S2 = S3 = 0，则通过 CASE 语句判别输入数据的值，并使对应的输出位为 0；若使能条件不满足，则令所有的输出为 1。

3. 八选一数据选择器 74LS151 的 VHDL 描述

74LS151 的逻辑符号及功能表分别见图 10.4 和表 10.7。G 表示输入使能，$D0 \sim D7$ 表示 8 个通道的数

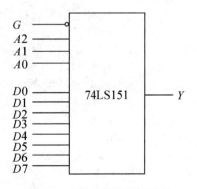

图 10.4　74LS151 的逻辑符号

据输入，$A2$、$A1$、$A0$ 表示通道选择地址输入，Y 为输出。这样，该数据选择器的 VHDL 描述如程序 10.3 所示。

表 10.7 74LS151 的功能表

输	入			输 出	输	入			输 出
G	A2	A1	A0	Y	G	A2	A1	A0	Y
1	×	×	×	0	0	1	0	0	D4
0	0	0	0	D0	0	1	0	1	D5
0	0	0	1	D1	0	1	1	0	D6
0	0	1	0	D2	0	1	1	1	D7
0	0	1	1	D3					

程序 10.3 描述八选一数据选择器 74LS151 的 VHDL 程序。

```
LIBRARY IEEE;
USE IEEE.STD_LOGIC_1164.ALL;
ENTITY mux8_1 IS
PORT(G,A2,A1,A0,D0,D1,D2,D3,D4,D5,D6,D7:IN STD_LOGIC;
      Y:OUT STD_LOGIC);
END mux8_1;
ARCHITECTURE example33 OF mux8_1 IS
  SIGNAL temp_a:STD_LOGIC_VECTOR(2 DOWNTO 0);
BEGIN
  temp_a <= A2&A1&A0;
  PROCESS(G,temp_a)
  BEGIN
    IF(G = '0')THEN
      CASE temp_a IS
        WHEN "000" => Y <= D0;
        WHEN "001" => Y <= D1;
        WHEN "010" => Y <= D2;
        WHEN "011" => Y <= D3;
        WHEN "100" => Y <= D4;
        WHEN "101" => Y <= D5;
        WHEN "110" => Y <= D6;
        WHEN "111" => Y <= D7;
        WHEN OTHERS => Y <= '0';
      END CASE;
    ELSE
      Y <= '0';
    END IF;
  END PROCESS;
END example33;
```

4. 一位全加器的 VHDL 描述

若用 a、b 分别表示加数和被加数，ci 表示低位的进位信号，co 表示进位输出信号，s 表示和。当采用如图 10.5 所示电路实现加法器时，与其相对应的 VHDL 描述如程序 10.4 所示。

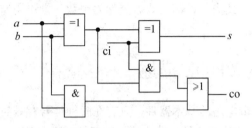

图 10.5　一位全加器电路图

程序 10.4　描述一位全加器的 VHDL 程序。

```
LIBRARY IEEE;
USE IEEE.STD_LOGIC_1164.ALL;
ENTITY adder IS
PORT(a,b,ci:IN STD_LOGIC;
     S,co:OUT STD_LOGIC);
END adder;
ARCHITECTURE example34 OF adder IS
   SIGNAL temp_a:STD_LOGIC_VECTOR(2 DOWNTO 0);
BEGIN
   PROCESS(a,b,ci)
   VARIABLE temp1, temp2, temp3, temp4:STD_LOGIC;
   BEGIN
      temp1:=ci;
      temp2:=a XOR b;
      temp3:=a AND b;
      temp4:=temp1 AND temp2;
      s <= temp1 XOR temp2;
      co <= temp3 OR temp4;
   END PROCESS;
END example34;
```

在上述程序中，应注意信号赋值与变量赋值的不同。信号与变量的主要区别如下。

（1）赋值符号不同。把一个值赋给信号用"<="；而变量赋值则用":="。信号和变量可以相互赋值，此时赋值符号应根据左边被赋值量的类型来确定。如果被赋值量是信号则用"<="；若被赋值量是变量则用":="。例如，temp1 是变量，ci 是信号，则应写为如下形式：

```
temp1:=ci;
ci <= temp1;
```

（2）使用场合不同。信号是全局量，变量是局部量。变量只能在进程中定义，且只能在其内部使用，如果要把进程中变量的结果传递给结构体，必须通过信号来实现。

对于加法运算，若定义输入、输出数据类型为整数，则可用整数的算术运算来完成，这样可使程序易写易读。

10.3 触发器的 VHDL 描述

触发器作为时序逻辑电路的基本器件，只有在时钟信号有效时，其状态才可能发生变化。因此，用 VHDL 描述时钟信号，是描述触发器的前提条件。

10.3.1 时钟信号的 VHDL 描述

边沿触发器以时钟脉冲的上升或者下降沿作为触发条件。在 VHDL 中，采用时钟脉冲信号属性来描述时钟脉冲的上升沿或者下降沿，也就是说，利用时钟脉冲属性来指定时钟信号的值是从 0 到 1 变化，还是从 1 到 0 变化。

1. 对时钟脉冲上升沿的描述

时钟脉冲波形的上升沿与时钟信号属性描述的关系如图 10.6 所示。从图 10.6 可见，时钟信号的起始值为 0，当上升沿到来时，表示发生了一个时钟事件，利用 clk 'EVENT 描述；上升沿结束后，时钟信号维持高电平，故当前值描述为 clk = '1' 。这样，表示上升沿到来的条件为：

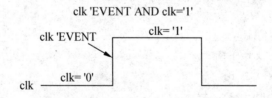

图 10.6　时钟脉冲波形的上升沿与时钟信号属性描述的关系

2. 对时钟脉冲下降沿的描述

时钟脉冲波形的下降沿与时钟信号属性描述的关系如图 10.7 所示。从图 10.7 可见，在下降沿到来前，时钟信号的值为 1，当下降沿到来时，表示发生了一个时钟事件，利用 clk 'EVENT 描述；下降沿结束后，时钟信号维持低电平，故当前值描述为 clk = '0'。这样，表示下降沿到来的条件为：

clk 'EVENT AND clk = '0'

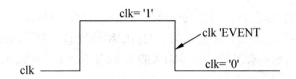

图 10.7　时钟脉冲波形的下降沿与时钟信号属性描述的关系

10.3.2　D 触发器的 VHDL 描述

不带置位复位输入端的 D 触发器的逻辑符号如图 10.8 所示,它是一个由上升沿触发的边沿触发器,有一个数据输入端 D,一个时钟输入端 clk 和一个数据输出端 Q。其功能表如表 10.8 所示。

表 10.8　D 触发器的功能表

输	入	输	出
D	clk	Q	
×	0	Q^n	
×	1	Q^n	
0	↑	0	
1	↑	1	

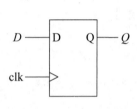

图 10.8　D 触发器的逻辑符号

依据如表 10.8 所示触发器的功能表,其逻辑功能的 VHDL 描述如程序 10.5 所示。

程序 10.5　D 触发器的 VHDL 描述。

```
LIBRARY    IEEE;
USE  IEEE.STD_LOGIC_1164.ALL;

ENTITY  dff1    IS
 PORT( clk, D : IN  STD_LOGIC;
         Q : OUT  STD_LOGIC );
END  dff1;

ARCHITECTURE  example41  OF  dff1  IS
BEGIN
  PROCESS( clk )
   BEGIN
    IF ( clk 'EVENT AND clk = '1' ) THEN
       Q <= D;
    END  IF;
  END  PROCESS;
END  example41;
```

上述程序中，进程以时钟信号作为敏感信号，每当时钟信号发生变化时，启动进程，首先判别是否是上升沿，若是，把输入数据的值赋给输出 Q，否则，直接结束进程。

对于如图 10.9 所示具有预置、清零输入的 D 触发器，其功能表如表 10.9 所示。若用 VHDL 来描述，则如程序 10.6 所示。

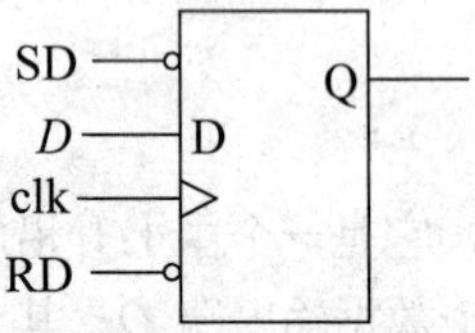

表 10.9 具有预置、清零输入的 D 触发器的功能表

输入				输出
SD	RD	D	clk	Q
0	×	×	×	1
1	0	×	×	0
1	1	1	↑	1
1	1	0	↑	0
1	1	×	0	Q^n
1	1	×	1	Q^n

图 10.9 具有预置、清零输入的 D 触发器

程序 10.6 具有清零、置位功能的 D 触发器的 VHDL 描述。

```
LIBRARY    IEEE;
USE  IEEE.STD_LOGIC_1164.ALL;

ENTITY  dff2    IS
    PORT( clk,D,SD,RD :IN  STD_LOGIC;
              Q    :OUT STD_LOGIC );
END  dff2;

ARCHITECTURE   example42  OF  dff2   IS
BEGIN
   PROCESS ( clk,SD, RD )
    BEGIN
     IF ( SD = '0' )   THEN
        Q <= '1';
     ELSIF ( RD ='0') THEN
        Q <= '0';
     ELSIF ( clk 'EVENT AND clk = '1' ) THEN
        Q <= D;
     END IF;
   END  PROCESS;
END  example42;
```

由上述程序可见，SD、RD 实现直接置位和清零，即异步置位和清零。由于采用了 IF 语句，输入信号的优先级别为：置位信号优先级最高，清零信号优先级次之，时钟信号优先级最低。

10.3.3 JK 触发器的 VHDL 描述

带有异步置位、清零功能的 JK 触发器的逻辑符号如图 10.10 所示,其功能表如表 10.10 所示。

表 10.10 JK 触发器的功能表

输入					输出
SD	RD	J	K	clk	Q
0	1	×	×	×	1
1	0	×	×	×	0
1	1	0	0	↧	Q^n
1	1	0	1	↧	0
1	1	1	0	↧	1
1	1	1	1	↧	$\overline{Q^n}$
1	1	×	×	1	Q^n
1	1	×	×	0	Q^n

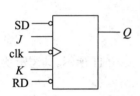

图 10.10 JK 触发器的逻辑符号

由图 10.10 的电路符号及表 10.10 的功能表可见,此 JK 触发器异步清零及异步置位信号均为低电平有效,时钟脉冲信号为下降沿有效。此 JK 触发器的 VHDL 描述如程序 10.7 所示。

程序 10.7 具有清零、置位功能的 JK 触发器的 VHDL 描述。

```
LIBRARY    IEEE;
USE   IEEE.STD_LOGIC_1164.ALL;

ENTITY  jkff1    IS
  PORT( SD, RD, J, K, clk  :IN STD_LOGIC;
          Q              :OUT STD_LOGIC );
END  jkff1;

ARCHITECTURE   example43  OF   jkff1   IS
SIGNAL   Q_S : STD_LOGIC;
BEGIN
  PROCESS (clk,SD,RD )
  BEGIN
    IF SD = '0'   THEN
        Q_S <= '1';
    ELSIF  RD ='0'  THEN
        Q_S <= '0';
    ELSIF ( clk = '0' AND clk'EVENT)  THEN
      IF ( J = '0' AND K = '1' ) THEN
          Q_S <= '0';
      ELSIF ( J = '1' AND K = '0' ) THEN
```

```
         Q_S <= '1';
      ELSIF ( J = '1' AND K = '1' ) THEN
         Q_S <= NOT Q_S;
      END IF;
    END IF;
  END PROCESS;
    Q <= Q_S;
END example43;
```

在上述程序中,由于采用了 IF 语句,因此 SD 的优先级比 RD 高,也就是说,当 SD = 0,RD = 0 时,Q 将输出 1。这与实际器件存在差异。

10.3.4 RS 触发器的 VHDL 描述

RS 触发器的逻辑符号如图 10.11 所示,其功能表如表 10.11 所示。其逻辑功能的 VHDL 描述如程序 10.8 所示。

表 10.11　RS 触发器的功能表

输入					输出
SD	RD	S	R	clk	Q
0	1	×	×	×	1
1	0	×	×	×	0
1	1	0	0	↓	Q^n
1	1	0	1	↓	0
1	1	1	0	↓	1
1	1	1	1	↓	×

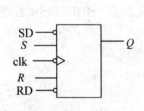

图 10.11　RS 触发器的逻辑符号

程序 10.8　具有异步清零、置位功能的 RS 触发器的 VHDL 描述。

```
ENTITY  rsff   IS
 PORT(SD,RD,S,R,clk  :IN STD_LOGIC;
      Q              :OUT STD_LOGIC);
END rsff;
ARCHITECTURE  example44 OF  rsff IS
 SIGNAL  Q_S :STD_LOGIC;
 BEGIN
  PROCESS (SD, RD,clk)
   BEGIN
    IF SD = '0'   THEN
       Q_S <= '1';
    ELSIF (RD = '0') THEN
       Q_S <= '0';
    ELSIF (clk'EVENT AND clk = '0')  THEN
     IF (S = '1' AND R = '0')  THEN
```

```
            Q_S <= '1';
    ELSIF (S= '0' AND  R = '1')  THEN
         Q_S  <=  '0';
    ELSIF (S = '1' AND  R = '1')  THEN
         Q_S <= 'X';
      END IF;
    END IF;
 END PROCESS;
  Q <= Q_S;
END example44;
```

在上述程序中，当 SD 与 RD 同时为 0 时，由于使用了 IF 语句，使 SD 的优先级比 RD 高，故输出为 Q=1，这与实际 RS 触发器的逻辑功能不符。但实际应用中是避免出现 SD 与 RD 同时有效这种输入状态的。

10.4 常见时序逻辑电路的 VHDL 描述

10.4.1 生成语句及元件例化语句

1. 生成语句

生成语句（GENERATE）用来产生多个相同的结构，用以简化有规则设计的逻辑描述。生成语句有一种复制作用，在设计中，只要根据某些条件，设定好某一元件或者设计单元，就可以利用生成语句复制一组完全相同的并行元件或者设计单元电路结构。生成语句有 FOR-GENERATE 和 IF-GENERATE 两种形式，其语句格式如下。

```
标号1:   FOR  循环变量   IN  取值范围  GENERATE
        说明
        BEGIN
          并行语句;
        END  GENERATE [标号1];
标号2:  IF 条件  GENERATE
        说明
        BEGIN
          并行语句;
        END  GENERATE [标号2];
```

上述两种格式的区别在于：FOR-GENERATE 语句用于描述多重模式，其中的并行语句是用来复制的基本单元；IF-GENERATE 用于描述结构的例外情况，当 IF 条件为真时，才执行其内部的语句。

2. 元件例化语句

元件例化就是引入一种连接关系，将预先设计好的设计实体定义为一个元件，然后利用特定的语句将此元件与当前设计实体中的指定端口相连接，从而为当前设计实体引入一个新的低一级的设计层次。元件例化是 VHDL 设计实体构成自上而下层次化设计的一种重要途径。

元件例化语句由两部分组成,第一部分是将一个现成的设计实体定义为一个元件;第二部分是此元件与当前设计实体中的连接说明。元件例化语句的格式为:

```
COMPONENT  元件名  IS
   GENERIC  (类属表)
   PORT    (端口名表)
END  COMPONENT  文件名;
```

例化名: 元件名 PORT MAP ([端口名] => 连接端口名…)

在上述元件例化语句中,第一部分是元件定义语句,相当于对一个现成的设计实体进行封装,使其只留出对外的接口界面,就像一个集成电路芯片只留几个引脚在外一样。它的类属表可列出端口的数据类型和参数,端口表可列出对外通信的各个端口名。第二部分是元件例化语句,其中的例化名是必须存在的,它类似于标在当前系统(电路板)中的一个插座名,而元件名则是准备在此插座上插入的已定义好的元件名称。PORT MAP 是端口映射的意思,其中的端口名是在元件定义语句的端口名表中已定义好的元件端口的名称,连接端口名则是当前系统与准备接入的元件对应端口相连接的通信端口,相当于插座上各插针的引脚名。

关于 PORT MAP 的含义,也可用下述例子来说明。图 10.12 是某电路系统的一部分,其中,D、Q、CP 可看作端口名,它们是由元件本身定义的;A、CLK、Q1 可看作连接端口名,它们表明了在此系统中器件端口与电路中其他信号的连接关系。FF_1 可看作元件名,以区别于电路中的其他元件。

在元件例化语句中,所定义元件的端口名与当前系统中的连接端口名的映射关系

图 10.12 端口映射举例

有两种表达方式。一种是名字关联方式,在这种方式下,例化元件的端口名和关联连接符号 "=>" 都不可缺少。此时,端口名与连接端口名的对应方式,在 PORT MAP 语句中的位置可以是任意的。另一种是位置关联方式,在此种方式下,端口名和关联连接符号 "=>" 都可省去。在 PORT MAP 语句中,只要列出当前系统中的连接端口名即可,但要求连接端口名的排序与所需例化的元件端口定义中的端口名一一对应。

为了进一步理解元件例化的意义,请看例 10.5。

例 10.5 元件例化举例,用二输入与门实现 4 输入与门。

解: 先设计一个二输入与门(见图 10.13),其程序如下。

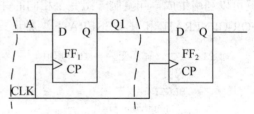

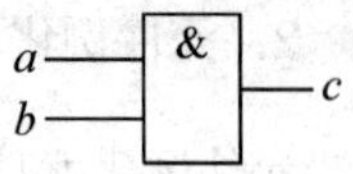

图 10.13 二输入与门

```
LIBRARY  IEEE;
USE  IEEE.STD_LOGIC_1164.ALL;
```

```
ENTITY and_2  IS
   PORT( a , b  :IN STD_LOGIC;
          c    :OUT STD_LOGIC );
END  and_2;
ARCHITECTURE  example51 OF  and_2  IS
BEGIN
     c <=  a AND b;
END  example51;
```

有了上述描述二输入与门的程序，则可把它作为元件，在更高层次的设计中应用。下面是用它作为元件而设计的 4 输入与门的 VHDL 程序，4 输入与门如图 10.14 所示。

```
LIBRARY  IEEE;
USE  IEEE.STD_LOGIC_1164.ALL;

ENTITY and_4   IS
PORT( a1 , b1, c1, d1 :IN  STD_LOGIC;
           f :OUT  STD_LOGIC );
END  and_4;

ARCHITECTURE   example52  OF  and_4  IS
SIGNAL  x, y :STD_LOGIC;
COMPONENT  and_2
PORT( a, b      :IN  STD_LOGIC;
         c      :OUT STD_LOGIC );
END  COMPONENT;
BEGIN
U1: and_2  PORT MAP ( a1,b1,x );    -- 位置关联方式
U2: and_2  PORT MAP ( a => c1, b => d1, c => y );    -- 名字关联方式
U3: and_2  PORT MAP ( a => x, c => f, b => y );       -- 名字关联方式
END   ARCHITECTURE  example52;
```

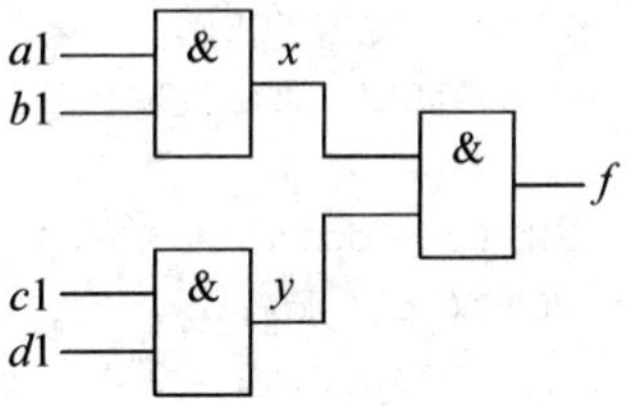

图 10.14 4 输入与门

在上述程序中，用三个二输入与门实现 4 输入与门。当然 4 输入与门可直接定义，此处重点在于说明元件例化语句的应用。

10.4.2 寄存器的 VHDL 描述

1. 4 位数据寄存器的 VHDL 描述

4 位数据寄存器如图 10.15 所示，其基本单元电路为 D 触发器，当 RD 为零时，触发器异步清零。在 CLK 脉冲上升沿的作用下，把各数据输入端的数据 $d_0 \sim d_3$ 送到 $Q_0 \sim Q_3$。其功能表如表 10.12 所示。

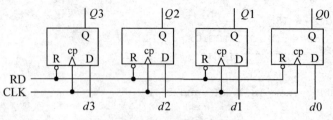

图 10.15 4 位数据寄存器

表 10.12 图 10.15 的功能表

RD	d3	d2	d1	d0	CLK	Q3	Q2	Q1	Q0
0	×	×	×	×	×	0	0	0	0
1	d3	d2	d1	d0	⌐	d3	d2	d1	d0
1	d3	d2	d1	d0	0	Q_3^n	Q_2^n	Q_1^n	Q_0^n
1	d3	d2	d1	d0	1	Q_3^n	Q_2^n	Q_1^n	Q_0^n

在 10.3.2 节中已介绍了利用 VHDL 描述 D 触发器的过程，此设计中，认为已经具有所需要的 D 触发器程序，而直接设计 4 位数据寄存器的 VHDL 程序。其程序如程序 10.9 所示，程序中用到了生成语句。

程序 10.9 4 位数据寄存器的 VHDL 程序。

```
LIBRARY    IEEE;
USE  IEEE.STD_LOGIC_1164.ALL;

ENTITY  dataft4   IS
PORT( d3 ,d2,d1,d0,RD,clock  :IN STD_LOGIC;
    Q3,Q2,Q1,Q0          :OUT STD_LOGIC );
END  dataft4;

ARCHITECTURE   example53  OF dataft4  IS
COMPONENT  dff
PORT ( D,CLRN, clk    :IN STD_LOGIC;
          Q     :OUT STD_LOGIC );
END  COMPONENT;
SIGNAL  d, q_m : STD_LOGIC_VECTOR( 3 DOWNTO 0 );
 BEGIN
  d  <= d3 & d2 & d1 & d0;
ff1: FOR  i  IN  0 TO  3  GENERATE
dffx: dff  PORT MAP (d(i), RD, CLOCK, q_m(i));
END  GENERATE;
  Q3 <= q_m(3);  Q2 <= q_m(2); Q1 <= q_m(1); Q0 <= q_m(0);
END  example53;
```

2. 4 位移位寄存器

4 位移位寄存器的原理框图如图 10.16 所示，其逻辑功能的 VHDL 描述如程序 10.10

所示。

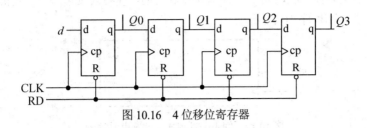

图 10.16 4 位移位寄存器

程序 10.10 4 位移位寄存器的 VHDL 程序。

```
LIBRARY    IEEE;
USE  IEEE.STD_LOGIC_1164.ALL;

ENTITY  shift_4    IS
    PORT( d, clock, RD    :IN  STD_LOGIC;
              q_out      :OUT  STD_LOGIC_VECTOR ( 0 to 3) );
END   shift_4;

ARCHITECTURE   example54  OF  shift_4  IS
COMPONENT  dff
PORT ( d, clrn,clk  :IN STD_LOGIC;
         Q  :OUT STD_LOGIC );
END  COMPONENT;

SIGNAL   q_m : STD_LOGIC_VECTOR( 1 TO 4 );
BEGIN
gen1: FOR i IN 0 TO 3 GENERATE
gen2:    IF  i = 0  GENERATE
         dffx: dff PORT MAP (d, RD, clock, q_m(i+1));
         END  GENERATE;
gen3:    IF  i /= 0  GENERATE
         dffx: dff PORT MAP (q_m(i), RD, clock, q_m(i+1));
         END  GENERATE;
      END  GENERATE;
   q_out <= q_m;
END  example54;
```

在上述例子中，采用了 IF-GENERATE 语句来生成输入级电路，因为输入信号为 d，与后面的信号名称 q_m(i) 不一致。若改变移位寄存器长度 4，则可形成任意长度的移位寄存器。

10.4.3 计数器的 VHDL 描述

计数器是数字系统中常用的功能器件之一，当采用 VHDL 进行描述时，使得计数器的设计变得既容易又方便。现以同步十进制计数器为例，说明其设计过程。其框图如图 10.17 所示，VHDL 描述如程序 10.11 所示。

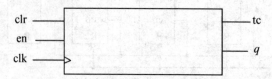

图 10.17　同步十进制加计数器电路框图

程序 10.11　同步十进制加计数器的 VHDL 程序。

```
LIBRARY    IEEE;
USE  IEEE.STD_LOGIC_1164.ALL;

ENTITY  counter_10   IS
PORT( clr , en , clk   :IN STD_LOGIC;
              q   :OUT INTEGER RANGE 0 TO 9;
             tc   :OUT  STD_LOGIC );
END counter_10;

ARCHITECTURE   example55  OF  counter_10   IS
BEGIN
PROCESS ( clk )
VARIABLE   count  : INTEGER RANGE 0 TO 9;
BEGIN
  IF ( clk = '1' AND clk'EVENT ) THEN
    IF (clr = '0')  THEN
       count  := 0;
    ELSIF (en = '1')  THEN
       IF (count < 9)   THEN
          count := count+1;
       ELSE   count :=0;
       END  IF;
    END  IF;
   END IF;
  IF(count = 9) AND (en = '1')   THEN
         tc <= '1';
  ELSE    tc <= '0';
  END IF;
  q <= count;
END  PROCESS;
END  example55;
```

分析上述程序可见,此十进制计数器具有同步计数、同步清零功能。进位信号高电平输出有效,这有助于以此计数器作为单元电路,实现多级级联。例如,对于一百进制计数器,可采用两级十进制计数器级联,其框图如图 10.18 所示,VHDL 程序如程序 10.12 所示。

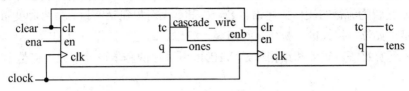

图 10.18　一百进制加计数器框图

程序 10.12　同步一百进制加计数器的 VHDL 程序。

```
LIBRARY    IEEE;
USE   IEEE.STD_LOGIC_1164.ALL;

ENTITY counter_100    IS
PORT( clock, ena, clear   :IN STD_LOGIC;
         ones, tens      :OUT INTEGER RANGE 0 TO 9;
         tens_tc         :OUT STD_LOGIC );
END counter_100;


ARCHITECTURE   example56 OF counter_100   IS
SIGNAL   cascade_wire :STD_LOGIC;

COMPONENT counter_10
PORT( clr, en, clk  :IN   STD_LOGIC;
         q     :OUT INTEGER RANGE 0 TO 9;
         tc    :OUT  STD_LOGIC );
END  COMPONENT;
BEGIN
mod10_1: counter_10
      PORT  MAP (clr => clear, en => ena, clk => clock, q => ones,
              tc => cascade_wire);
mod10_2: counter_10
      PORT  MAP (clr => clear, en => cascade_wire, clk => clock, q =>
      tens,tc => tens_tc );
END example56;
```

上述一百进制计数器的设计思路,也可用于其他进制计数器的设计。例如,对于六十进制计数器,可采用十进制计数器和六进制计数器级联构成。

小结

VHDL 是较为流行的硬件描述语言之一，其数据对象包括常量、信号和变量，数据类型比较丰富，如位、位矢量、整数、时间等。VHDL 的运算操作符有逻辑运算符、关系运算符、算术运算符等。实体和结构体是 VHDL 源程序的基本设计单元，也是学习 VHDL 的重点内容之一。

VHDL 的语句包括并发语句和顺序执行语句。本章主要介绍了进程语句、信号代入语句、条件语句（IF、CASE）、生成语句、元件例化语句等的一般格式。举例说明了门电路及触发器的 VHDL 描述程序，给出了常见组合逻辑器件及简单时序逻辑电路的 VHDL 描述程序。

本章内容的安排突出实用性，力求通过较少的篇幅使读者初步了解 VHDL，能够阅读简单的 VHDL 程序。这种内容安排方式的缺点是系统性差，因此，建议读者进一步阅读有关 VHDL 的专著，以便熟练掌握 VHDL。

习题

10.1 VHDL 中标识符的作用是什么？使用标识符应遵守什么规则？

10.2 在 VHDL 硬件描述语言中，BIT 与 STD_LOGIC 的含义有什么区别？

10.3 在 VHDL 中，实体的一般格式是什么？结构体的一般格式是什么？

10.4 在 VHDL 中，IF 和 CASE 都属于流程控制语句，比较归纳它们的异同点。

10.5 试参照 3 线-8 线译码器 74LS138 的 VHDL 程序，编写 4 线-16 线译码器的 VHDL 程序。

10.6 试用 VHDL 设计一个十六选一的数据选择器。

10.7 试用 JK 触发器和与非门设计一个十一进制加计数器。

10.8 试用 JK 触发器（具有异步清零功能）和门电路采用反馈清零法设计一个九进制计数器。

10.9 试用 VHDL 设计一个二十四进制的计数器。

10.10 试用 VHDL 设计一个 60 分频的分频器。

10.11 试用 VHDL 设计一个一千进制计数器，希望使用元件例化语句。

第11章 VHDL在数字系统分析与设计中的应用举例

内容提要：本章首先分析了一个 4×4 键盘编码电路的 VHDL 程序，然后以数字时钟和简易交通信号灯控制电路为例，介绍了采用 VHDL 设计数字系统的方法。

学习提示：由于 EDA 技术和 HDPLD 的广泛应用，VHDL 及层次化的设计方法已成为数字系统设计的必然选择，此内容可能因为课时关系课堂教学无法安排，建议有兴趣的读者自己阅读，以便对层次化的设计方法做初步了解，为进一步深造打好基础。

通过前述各章的学习，读者已经熟悉了数字电路的基本结构模块，了解了用 VHDL 描述数字电路基本单元电路的方法。既然已经理解了各个模块的结构、工作原理及描述方法，本章将通过由某些基本模块组成的数字系统的分析与设计，来说明 VHDL 在数字系统分析与设计中的应用。

11.1 键盘编码器电路组成及程序分析

在许多数字系统中，经常采用按键作为系统的输入方式之一，为系统提供数据输入或者命令输入。当按键数目较多时，把每一个按键连接到键盘矩阵中行和列的交叉点，如图 11.1 所示，一个 4×4 行列结构可构成有 16 个按键的键盘。在图 11.1 中，列线通过上拉电阻接 5V 电源，当没有键按下时，键盘矩阵中的行列之间不连通，所有列线处于高电平，而当有键按下时，列线电平状态将由与此列线相连的行线电平决定，行线如为低电平，则列线也为低电平；如若行线为高电平，则列线也为高电平，这是识别矩阵中的键盘是否有键被按下的关键所在。由于矩阵键盘中行线和列线为多键共用，各键均影响该键所在行列的电平。为了识别矩阵键盘中哪一个按键被按下，可采用在某一时刻，仅让一条行线处于低电平，而其余行线处于高电平，如果此时其中一列变为低电平，则说明被按下的键处于被拉低的一行与当前变为低电平的列交叉的位置；如果没有一列变为低电平，则说明被拉低的这一行没有键被按下。此时可通过拉低下一行继续查找。这种依次拉低各行的方法叫作键盘扫描。

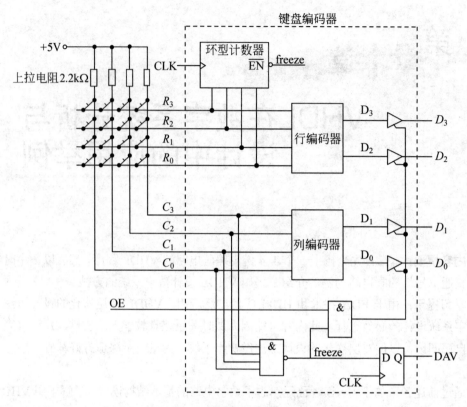

图 11.1 键盘编码器电路组成框图

程序 11.1 是实现如图 11.1 所示键盘编码器的 VHDL 源程序。参考图 11.1，可见程序 11.1 中第 4～10 行为实体部分，在端口定义中说明 clk 作为时钟脉冲，column 为列数据输入，row 为行数据输出，d_out 为编码输出，d_avail 为数据有效信号。第 12 行为结构体定义，第 13、14 行分别定义了信号 freeze 和 d，freeze 位检测什么时间有键按下，d 信号用来组合行和列的编码数据，形成表示所按键的 4 位数值。第 16 行定义了进程，用于实现环型计数器，其敏感信号为 clk。在进程中，定义了变量 r_counter，用于暂存环型计数器的值。第 19 行利用 IF 语句检测时钟脉冲的上升沿，如果出现时钟脉冲上升沿，再利用 IF 语句判别是否有键按下，如果无键按下，则利用 CASE 语句使环型计数器计数。第 33～39 行的 CASE 语句用于描述行值的编码过程；第 41～44 行的 CASE 语句用于描述列值的编码过程。第 48 行开始的 IF 语句用于判别是否输出编码结果。

程序 11.1 VHDL 键盘扫描编码器。

```
LIBRARY IEEE;
USE IEEE.STD_LOGIC_1164.ALL;

ENTITY keyscanning IS
  PORT( clk,oe   : IN  STD_LOGIC;
        column   : IN  STD_LOGIC_VECTOR(3 downto 0);
```

```vhdl
              row      : OUT   STD_LOGIC_VECTOR(3 downto 0);
              d_out    : OUT   STD_LOGIC_VECTOR(3 downto 0);
              d_avail  : OUT   STD_LOGIC );
END keyscanning;

  ARCHITECTURE example01 OF keyscanning IS
    SIGNAL  freeze  : STD_LOGIC;
    SIGNAL  d       : STD_LOGIC_VECTOR(3 downto 0);
  BEGIN
    PROCESS(clk)
    VARIABLE r_counter : STD_LOGIC_VECTOR(3 downto 0);
    BEGIN
      IF (clk = '1' AND clk'EVENT) THEN
          IF  freeze ='0'  THEN
              CASE  r_counter  IS
                 WHEN "1110" => r_counter := "1101";
                 WHEN "1101" => r_counter := "1011";
                 WHEN "1011" => r_counter := "0111";
                 WHEN "0111" => r_counter := "1110";
                 WHEN OTHERS => r_counter := "1110";
              END CASE;
           END IF;
      d_avail  <=  freeze;
      END IF;
       row <= r_counter;

              CASE  r_counter  IS
                 WHEN "1110" => d(3 downto 2) <= "00";
                 WHEN "1101" => d(3 downto 2) <= "01";
                 WHEN "1011" => d(3 downto 2) <= "10";
                 WHEN "0111" => d(3 downto 2) <= "11";
                 WHEN OTHERS => d(3 downto 2) <= "00";
              END CASE;

              CASE column IS
                 WHEN "1110" => d(1 downto 0) <= "00";  freeze <= '1';
                 WHEN "1101" => d(1 downto 0) <= "01";  freeze <= '1';
                 WHEN "1011" => d(1 downto 0) <= "10";  freeze <= '1';
                 WHEN "0111" => d(1 downto 0) <= "11";  freeze <= '1';
                 WHEN OTHERS => d(1 downto 0) <= "00";  freeze <= '0';
              END CASE;
          IF ( freeze = '1' AND oe = '1' ) THEN
```

```
            d_out <= d;
    ELSE   d_out <= "ZZZZ";
        END IF;
    END PROCESS;
END   example01;
```

分析程序 11.1,重点应注意下述几个方面。

1. 4 位环型计数器

此处利用 CASE 语句描述了 4 位移位寄存器型计数器,即环型计数器,用于产生 4 个扫描序列。4 个状态中每次仅有一位为低电平,为了保证环型计数器能自启动,对于 1110、1101、1011、0111 之外的任何状态,均令其次态为 1110,它是利用语句

```
WHEN   OTHERS ⇒ r_counter := "1110";
```

实现的。

当检测到有键按下时,freeze =1,环型计数器保持当前状态不变,直到此键释放。这一功能是通过 IF-THEN 语句实现的,即如果 freeze = '0' 不成立,则不执行描述环型计数器的 CASE 语句。由于 IF-THEN 语句是不完全条件句,电路中会自动引入锁存器,保持原状态不变。

按照上述分析,可得环型计数器的状态转换图如图 11.2 所示。

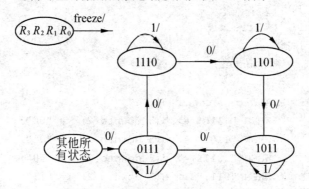

图 11.2 4 位环型计数器的状态转换图

2. 行编码和列编码

每个键代表行号和列号的唯一组合,通过对行和列进行编号,并把行和列编号的二进制数形成 4 位二进制数表示相对应的各个按键。由程序 11.1 所示程序可见,对行和列的编码是通过两组 CASE 语句实现的,其区别在于 CASE 与 IS 之间的表达式不同,环型计数器的值决定行编码的值,所检测到反映各列状态的 column 值决定列编码的值。若各键排列的位置及行列的编码如图 11.3 所示,譬如键 9 被按下,当进行行扫描时,只有第一列检测到低电平,因此,行编号为 10_2,列编号为 01_2,二者组合输出编码为 1001_2,即代表键 9 的编码,如图 11.3 所示。

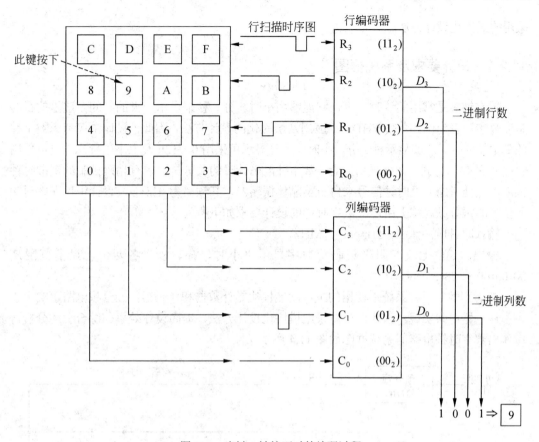

图 11.3 当键 9 被按下时的编码过程

3. 多键被同时按下的处理结果分析

注意到由于环型计数器正常工作后,只会在 1110、1101、1011、0111 这 4 个状态之间循环,故在正常工作过程中,不会出现同时有两行被扫描的情况。但有可能出现同时两个键被按下的情况,譬如在同一行中同时多个键被按下,则在列编码的 CASE 语句将会执行下面的语句:

```
WHEN OTHERS ⇒ d(1 downto 0) ⇐ "00"; freeze ⇐ '0';
```

因此,进程结束时,d_out ⇐ "ZZZZ",输出数据端为高阻态,输出数据有效信号 d_avail 为 0。而当不同行有多个键被同时按下时,最先扫描到的一行的键具有输出编码优先权。结合如图 11.3 所示的按键排列,若按键不在当前所扫描的行,则低一行的按键比高一行的按键优先级别高。

11.2 具有基本功能的数字时钟电路的设计

11.1 节的例子说明了编码器、环型计数器的 VHDL 实现方法,本节通过数字时钟的设计说明 VHDL 在计数器及译码器设计中的应用,并以此为例介绍目前数字系统设计中普遍采用的层次化设计方法。

11.2.1 设计要求及系统框图

数字钟表是常用的计时工具,它能够用小时、分、秒来显示一天的时间。这里的目的是以数字钟表为例,介绍 VHDL 的应用及层次化的设计方法,因此,设计中仅考虑数字钟的基本功能,即能够显示秒、分、小时。小时显示可采用 0~12h 及上下午标志,也可采用 0~23h 的显示方式,此处采用后者。数字钟准确计时的关键是要求有精确控制的基准时钟频率,此处考虑基准时钟信号来自石英晶体振荡器,其频率为 1MHz,设计中仅考虑对输入信号的预分频。综上所述,数字时钟的设计要求如下所列。

输入时钟脉冲频率:f_input = 1MHz。

输出:6 位七段共阴极数码管数字显示"小时、分、秒"各两位,显示范围是 00:00:00 — 23:59:59。

考虑到数字时钟系统中使用的主要功能模块是计数器和译码器,预分频电路事实上也是由计数器电路实现。因此,尽量采用模块化设计方法,提高设计效率。综合上述分析,可作出数字时钟电路的系统框图如图 11.4 所示。

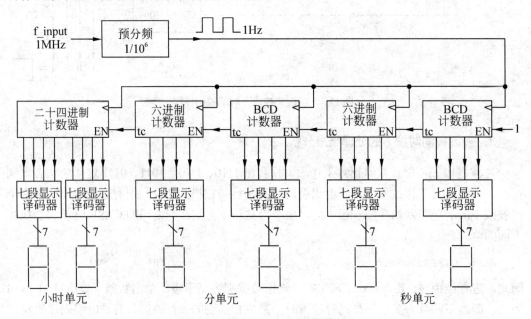

图 11.4 数字时钟电路的系统框图

1MHz 的输入信号经过模 10^6 计数器,其输出信号的频率降低为 1Hz。这个每秒一个脉冲的信号作为所有各级计数器的同步时钟脉冲,即各级计数器同步级联。第一级属于秒单元的个位,用来计数和显示 0~9s,8421BCD 码计数器每秒数值加 1,当这一级达到 9s 时,BCD 码计数器使其进位输出信号有效(tc=1),此进位信号使秒单元六进制计数器使能。在下一个时钟脉冲有效沿,BCD 计数器复位到 0,同时六进制计数器计数值加 1。上述过程持续 59s，此时，六进制计数器的状态为 5（101_2），BCD 计数器的状态为 9（1001_2），因此显示读数为 59s，同时六进制计数器进位信号 tc 为高电平，使分单元 BCD 计数器使能，下一个时钟脉冲到来时，秒单元的 BCD 码计数器和六进制计数器同时变为 0。

秒单元六进制计数器的进位输出信号 tc 为每分钟一个脉冲（即秒单元六进制计数器 60s 一个循环），这个信号送到分单元使分单元 BCD 计数器使能，分单元能计数和显示 0～59min。其电路结构及工作原理与秒单元完全相同。

分单元六进制计数器的进位输出信号 tc 每小时一个脉冲（即分单元六进制计数器每 60min 一个循环）。这个进位信号送到小时单元，使小时单元计数器使能，并计数和显示 00～23。故小时单元为一个二十四进制的计数器。

11.2.2　从上到下的层次化设计

从上到下的设计方法表明在层次化设计中，首先从复杂的最高层开始设计，或者说把整个项目看作是一个封闭的、具有输入输出的黑匣子，匣子内部的详细结构情况如何现在还不知道。这里仅能说明的是希望它具有什么特性。对于数字时钟层次化设计的顶层模块，已知其输入为 1MHz 的基准脉冲信号，输出为 6 位七段数码管数码显示的驱动信号。综合考虑可得其顶层模块的框图如图 11.5 所示。

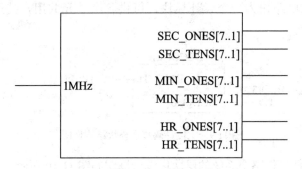

图 11.5　数字时钟的顶层模块框图

一个层次是按大小、重要性，或复杂程度分类的一组对象。建立了系统顶层框图之后，下一步是把问题分解为多个易于管理的单元。首先，需要把 10^6Hz 的输入信号转换为每秒一个脉冲的时间信号，把基准频率转换为系统所要求频率的电路称作预分频器；其次，把秒计数器、分计数器、小时计数器作为独立的单元是合理的。综上所述，层次结构如图 11.6 所示，它表明把设计项目分解为 4 个单元。

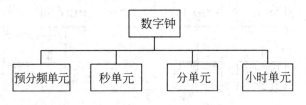

图 11.6　层次化设计中的单元层

预分频单元的主要目的是把 10^6Hz 的输入信号分频为每秒一个脉冲的输出信号。它要求用到模 10^6 计数器，此处采用 6 个十进制计数器级联。

六十进制计数器很容易由十进制计数器与六进制计数器级联而组成，如图 11.7 所示，这就是六十进制计数器模块的内部组成。

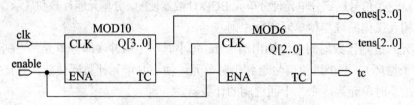

图 11.7　六十进制计数器单元内部的框图结构

二十四进制计数器可以单独作为一个模块进行设计，其结构框图如图 11.8 所示。

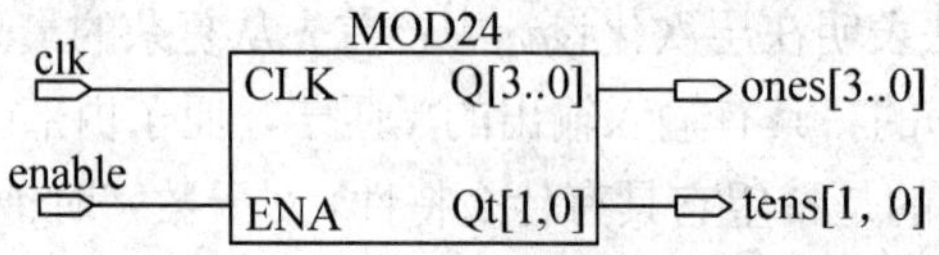

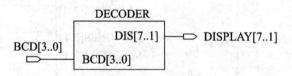

图 11.8　二十四进制计数器模块结构框图

七段译码显示电路作为一个设计模块，可供各个单元共用，其结构框图如图 11.9 所示。

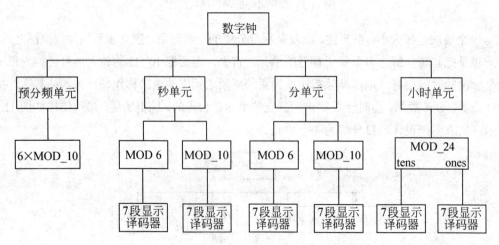

图 11.9　七段译码显示模块结构框图

综合上述分析，可得整个系统的层次化设计框图如图 11.10 所示。

图 11.10　数字时钟层次化设计的整体框图

11.2.3 从下向上创建模块

1. 用 VHDL 设计六进制计数器

如程序 11.2 所示，设计中增加了计数器使能输入（enable）和进位输出（tc），注意增加的使能输入和进位输出包括在端口定义中。在结构体描述段，判断如何更新 count 值前，首先检查 enable 的状态。在 enable 为低电平的情况下，变量 count 保持当前值不变，计数值不增加。请注意，IF 总是与 END IF 配对使用，当 count 等于 5 并且 enable 有效时，进位信号 tc 变为高电平。

程序 11.2 采用 VHDL 设计的六进制计数器。

```
LIBRARY ieee;
USE ieee.std_logic_1164.all;

ENTITY counter_6 IS
PORT ( clock, enable       : IN  STD_LOGIC;
        q                  : OUT INTEGER RANGE 0 TO 5;
        tc                 : OUT STD_LOGIC );
END  counter_6;

ARCHITECTURE  example02  OF  counter_6 IS
BEGIN
PROCESS (clock)                          -- 响应时钟脉冲
VARIABLE  count           : INTEGER RANGE 0 TO 5;
BEGIN
 IF (clock = '1' AND clock 'EVENT)  THEN
    IF enable = '1' THEN
      IF count < 5 THEN
        count := count + 1;
      ELSE  count := 0;
      END IF;
    END IF;
  END IF;
IF (count = 5)  AND (enable = '1')  THEN       -- 同步级联输出
      tc <= '1';
ELSE  tc <= '0';
END IF;
  q <= count;
END PROCESS;
END  example02;
```

如图 11.11 所示为六进制计数器的仿真波形。仿真结果表明：计数状态为 0～5，当 enable

为低电平时,计数器响应 enable 输入的方式是忽视时钟脉冲并冻结计数过程。在使能状态并且计数值为其最大值 5 时,产生进位输出。

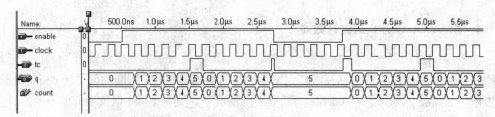

图 11.11 六进制计数器的仿真波形

2. 用 VHDL 设计十进制计数器

十进制计数器与程序 11.2 所描述的六进制计数器之间仅有一些微小的差别。需要改变的仅仅是:输出通道和变量 count(所用整数范围)的位数及计数器开始新一轮计数前应达到的最大计数值。所设计的十进制计数器如程序 11.3 所示。

程序 11.3 采用 VHDL 设计的十进制计数器。

```
LIBRARY ieee;
USE ieee.std_logic_1164.all;

ENTITY counter_10  IS
PORT (clock, enable       : IN   STD_LOGIC;
      q                   : OUT  INTEGER RANGE 0 TO 9;
      tc                  : OUT  STD_LOGIC);
END  counter_10;

ARCHITECTURE  example03  OF  counter_10  IS
 BEGIN
 PROCESS  (clock)                          -- 响应时钟脉冲
  VARIABLE  count           : INTEGER RANGE 0 TO 9;
 BEGIN
  IF ( clock = '1' AND clock 'EVENT ) THEN
    IF enable = '1' THEN
      IF count < 9 THEN
         count := count+1;
         ELSE  count := 0;
         END IF;
      END IF;
   END IF;
IF (count = 9) AND (enable = '1') THEN           -- 同步级联输出
     tc <= '1';
ELSE  tc <= '0';
```

```
END IF;
  q <= count;
END PROCESS;

END example03;
```

如图 11.12 所示为十进制计数器的仿真测试波形，测试结果表明：计数状态为 0～9，当 enable 为低电平时，计数器响应 enable 输入的方式是：忽视时钟脉冲并冻结计数过程。在使能状态并且计数值为其最大值 9 时，产生进位输出。

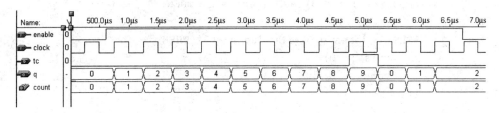

图 11.12　十进制计数器的仿真波形

3. 用 VHDL 设计二十四进制计数器

小时单元中计数器的 VHDL 程序，在端口定义中把计数值分为个位和十位两部分。在结构体中，分别定义了 ones 和 tens 两个变量，当检测到时钟脉冲上升沿时，首先检查使能信号是否有效。若使能信号有效，分别对 ones 和 tens 按计数规律进行处理。其程序如程序 11.4 所示。

程序 11.4　采用 VHDL 设计的二十四进制计数器。

```
LIBRARY ieee;
USE ieee.std_logic_1164.all;

ENTITY counter_24 IS
PORT ( clock, enable       : IN   STD_LOGIC;
       hr_ones              : OUT INTEGER  RANGE  0 TO 9;
       hr_tens              : OUT INTEGER  RANGE  0 TO 2);
END   counter_24;

ARCHITECTURE example04 OF counter_24 IS
BEGIN
  PROCESS (clock)                         -- 响应时钟脉冲
  VARIABLE ones           : INTEGER RANGE  0 TO 9;
  VARIABLE tens           : INTEGER RANGE  0 TO 2;
  BEGIN
    IF ( clock = '1' AND clock 'EVENT ) THEN
      IF enable = '1' THEN
        IF (ones < 9) AND (tens = 0) THEN
```

```
                ones := ones + 1;
            ELSIF (ones = 9) AND (tens =0) THEN
                ones := 0;
                tens := 1;
            ELSIF (ones < 9) AND (tens = 1) THEN
                ones := ones + 1;
            ELSIF (ones = 9) AND (tens = 1) THEN
                ones := 0;
                tens := tens + 1;
            ELSIF (ones < 3) AND (tens = 2) THEN
                ones := ones + 1;
            ELSIF (ones = 3) AND (tens = 2) THEN
                ones := 0;
                tens := 0;
            END IF;

        END IF;
    END IF;
    hr_ones <= ones;
    hr_tens <= tens;
END PROCESS;

END example04;
```

如图 11.13 所示为二十四进制计数器的仿真测试波形,测试结果表明:计数状态为 0～23,当 enable 为低电平时,计数器响应 enable 输入的方式是:忽视时钟脉冲并冻结计数过程。在使能状态并且计数值为其最大值 23 时,下一个时钟脉冲使计数器复位。

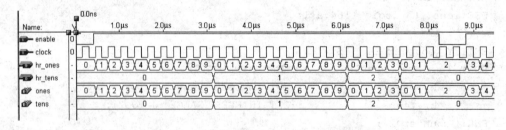

图 11.13　二十四进制计数器的仿真波形

4. 用 VHDL 设计七段数码显示译码器

七段数码显示译码器的输入信号为各计数器的输出信号,其信号形式为 8421BCD 码;输出信号为七段数码管的驱动信号,分别用 a, b, c, d, e, f, g 表示,假设采用共阴极数码管。为了编程方便,用标准逻辑位矢量 display 来表示,即 display=[a, b, c, d, e, f, g]。对于非 8421BCD 码输入,规定数码管不亮。具体程序见程序 11.5,仿真结果如图 11.14 所示。

程序 11.5 采用 VHDL 设计的七段数码显示译码器。

```vhdl
LIBRARY IEEE;
USE IEEE.STD_LOGIC_1164.ALL;

ENTITY  decoder_7  IS
  PORT( bcd_9    : IN  INTEGER RANGE  0  to  9;
        display  : OUT  STD_LOGIC_VECTOR(6 downto 0)) ;  --a,b,c,d,e,f,g
  END  decoder_7;

ARCHITECTURE example08  OF decoder_7  IS
 BEGIN
   PROCESS(bcd_9)
    BEGIN
     CASE bcd_9 IS
       WHEN 0 => display <= "1111110";
       WHEN 1 => display <= "0110000";
       WHEN 2 => display <= "1101101";
       WHEN 3 => display <= "1111001";
       WHEN 4 => display <= "0110011";
       WHEN 5 => display <= "1011011";
       WHEN 6 => display <= "0011111";
       WHEN 7 => display <= "1110000";
       WHEN 8 => display <= "1111111";
       WHEN 9 => display <= "1110011";
       WHEN OTHERS => display <= "0000000";
     END CASE;
   END PROCESS;
END example08;
```

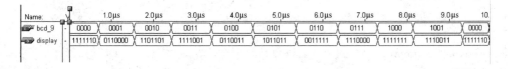

图 11.14 七段数码显示译码器的仿真波形

由于在秒和分单元的十位，其数字变化范围为 0～5，对应三位二进制数。若与其个位采用相同的七段数码显示译码器，则需要通过并置运算对相应信号进行处理。也可以另设计一个对三位二进制数进行译码的程序，以便在高一层次的设计中调用。

5. 利用已有模块设计六十进制计数器和模 10^6 预分频模块

前面已设计了六进制和十进制计数器模块的两个 VHDL 文件，现在讨论如何用 VHDL

的文本描述形式把它们合并为六十进制计数器。其方法是把这些设计文件作为元件 COMPONENT 来描述，元件包含它所代表的 VHDL 文件的所有重要信息。为了描述六十进制计数器，设计了如程序 11.6 所示的 VHDL 文件。在其结构体描述段中，首先对元件进行了定义，然后代表元件的名称可与关键字 PORT MAP 一起来描述这些元件之间的相互连接关系。

程序 11.6 采用 VHDL 设计的六十进制计数器。

```vhdl
LIBRARY ieee;
USE ieee.std_logic_1164.all;

ENTITY  counter_60  IS
PORT ( clk, ena          : IN   STD_LOGIC;
       tens              : OUT  INTEGER RANGE 0 TO 5;
       ones              : OUT  INTEGER RANGE 0 TO 9;
       tc                : OUT  STD_LOGIC );
END counter_60;

ARCHITECTURE  example06  OF  counter_60  IS
SIGNAL     cascade_wire         : STD_LOGIC;
COMPONENT counter_6                              -- 六进制计数器模块
PORT ( clock, enable     : IN   STD_LOGIC;
       q                 : OUT  INTEGER RANGE 0 TO 5;
       tc                : OUT  STD_LOGIC );
END COMPONENT;
COMPONENT   counter_10                           -- 十进制计数器模块
PORT ( clock, enable     : IN   STD_LOGIC;
       q                 : OUT  INTEGER RANGE 0 TO 9;
       tc                : OUT  STD_LOGIC  );
END COMPONENT;

BEGIN
mod10  : counter_10
  PORT MAP ( clock => clk , enable => ena , q => ones, tc => cascade_wire );
mod6   : counter_6
  PORT MAP ( clock => clk , enable => cascade_wire , q => tens, tc => tc );
END example06;
```

六十进制计数器的仿真测试波形如图 11.15 所示。

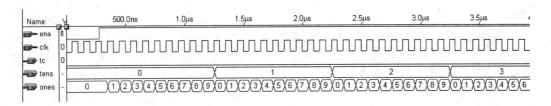

图 11.15 六十进制计数器的仿真波形

预分频部分可用十进制计数器进行组合,以便形成 10^6 分频功能。其设计方法与设计六十进制计数器类似。不同之处是设计中用到了生成语句,以便使程序简化,如程序 11.7 所示。

程序 11.7 采用 VHDL 设计的模 10^6 预分频模块。

```
LIBRARY ieee;
USE ieee.std_logic_1164.all;

ENTITY   counter_106  IS
PORT ( clk      :IN   STD_LOGIC;
       tco      :OUT  STD_LOGIC );
END  counter_106;

ARCHITECTURE  example07  OF  counter_106  IS
SIGNAL     cascade_wire            :STD_LOGIC_VECTOR(0 TO 6);
CONSTANT    VCC :STD_LOGIC      := '1';
COMPONENT  counter_10                       -- 十进制计数器模块
PORT ( clock, enable            :IN   STD_LOGIC;
       tc                       :OUT  STD_LOGIC  );
END COMPONENT;

BEGIN
cascade_wire(0)  <= VCC;
gen: FOR I IN 0 to 5 GENERATE
   u1: counter_10  PORT  MAP ( clock => clk, enable => cascade_wire(i),
                     tc => cascade_wire(i+1));
  END GENERATE;
  tco  <= cascade_wire(6);
END example07;
```

11.2.4 设计顶层模块的 VHDL 源程序

前面已分别建立了预分频、秒、分、小时及七段数码显示译码器等单元模块,现在利用上述各个模块来设计层次结构中顶层模块的 VHDL 程序。程序 11.8 即为所设计的源程序。

程序 11.8 采用 VHDL 设计的顶层模块。

```vhdl
LIBRARY ieee;
USE ieee.std_logic_1164.all;

ENTITY  clock_uplevel  IS
PORT ( clkin         : IN   STD_LOGIC;
       sec_ones      : OUT  STD_LOGIC_VECTOR (7 downto 1);
       sec_tens      : OUT  STD_LOGIC_VECTOR (7 downto 1);
       min_ones      : OUT  STD_LOGIC_VECTOR (7 downto 1);
       min_tens      : OUT  STD_LOGIC_VECTOR (7 downto 1);
       hr_ones       : OUT  STD_LOGIC_VECTOR (7 downto 1);
       hr_tens       : OUT  STD_LOGIC_VECTOR (7 downto 1));
END  clock_uplevel;

ARCHITECTURE  example09  OF  clock_uplevel  IS
SIGNAL    cascade_wire1, cascade_wire2, cascade_wire3  :STD_LOGIC;
SIGNAL    sec_onesm, min_onesm, hr_onesm  :INTEGER RANGE 0 to 9;
SIGNAL    sec_tensm, min_tensm, hr_tensm  :INTEGER RANGE 0 to 7;

COMPONENT counter_106
PORT ( clki          : IN   STD_LOGIC;
       tco           : OUT  STD_LOGIC );
END COMPONENT;

COMPONENT   counter_60                        -- 六十进制计数器模块
PORT ( clk, ena              : IN    STD_LOGIC;
       tens                  : OUT   INTEGER RANGE 0 to 5;
       ones                  : OUT   INTEGER RANGE 0 to 9;
       tc                    : OUT   STD_LOGIC   );
END COMPONENT;

COMPONENT   counter_24                        -- 二十四进制计数器模块
PORT ( clock, enable         : IN    STD_LOGIC;
       hr_tens               : OUT   INTEGER RANGE 0 to 5;
       hr_ones               : OUT   INTEGER RANGE 0 to 9 );

END COMPONENT;

COMPONENT   decoder_7                         -- 七段译码器模块, ones
PORT ( bcd_9                 :IN    INTEGER RANGE 0 to 9;
       display               :OUT   STD_LOGIC_VECTOR (7 downto 1));
```

```vhdl
    END COMPONENT;

    COMPONENT  decoder_7t                      -- 七段译码器模块,tens
    PORT ( bcd_9            :IN   INTEGER RANGE 0 to 5;
           display          :OUT  STD_LOGIC_VECTOR (7 downto 1));

    END COMPONENT;

BEGIN
    prescale: counter_106
        PORT MAP (clki => clkin,tco => cascade_wire1);

    second: counter_60
        PORT  MAP ( clk => clkin, ena  => cascade_wire1, tens => sec_tensm, ones
=> sec_onesm,tc => cascade_wire2 );
    minute: counter_60
        PORT  MAP ( clk => clkin, ena  => cascade_wire2, tens => min_tensm, ones
=> min_onesm,tc => cascade_wire3 );

    hour: counter_24
        PORT  MAP ( clock => clkin, enable  => cascade_wire3, hr_tens =>
hr_tensm, hr_ones => hr_onesm );

    sec_ones_decoder: decoder_7
        PORT MAP ( bcd_9 => sec_onesm, display => sec_ones );
    sec_tens_decoder: decoder_7t
        PORT MAP ( bcd_9 => sec_tensm, display => sec_tens );

    min_ones_decoder: decoder_7
        PORT MAP ( bcd_9 => min_onesm, display => min_ones );
    min_tens_decoder: decoder_7t
        PORT MAP ( bcd_9 => min_tensm, display => min_tens );

    hr_ones_decoder: decoder_7
        PORT MAP ( bcd_9 => hr_onesm, display => hr_ones );
    hr_tens_decoder: decoder_7t
        PORT MAP ( bcd_9 => hr_tensm, display => hr_tens );
END example09;
```

在实际设计中，经过对项目结构模块的定义、创建及分模块仿真，证明其工作过程正确后，还可以采用图形设计文件将各个模块合并为单元，进而把单元合并为最终结果。具体方法是分别创建相应符号来代表特定设计文件的特性。例如，采用 VHDL 书写的六进制计数器的设计文件（如程序 11.2 所示），可用如图 11.16 所示的电路模块来表示。事实上，在 MAX+PLUSII 软件中只要单击相关按钮即可创建这个符号，此后即认为这个符号具有 VHDL 程序中所规定的特性。

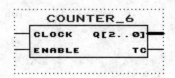

图 11.16　由六进制计数器 VHDL 设计文件产生的图形符号

类似地，可分别产生预分频模块、六十进制计数器、二十四进制计数器、七段译码器等的图形符号，进而采用图形输入法建立数字时钟的顶层模块如图 11.17 所示。

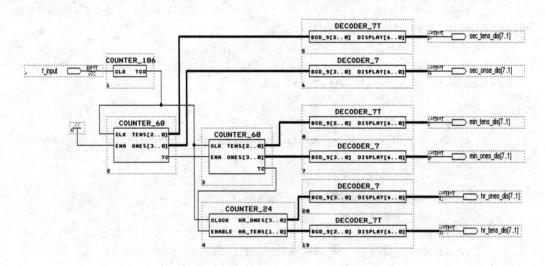

图 11.17　采用图形描述方法绘制的顶层设计模块

在上述设计方案中，采用了静态显示方式。这样，对应 6 位七段数码显示其输出引脚较多。为了减少输出引脚的数量，可以改进输出电路的结构形式，采用动态扫描的显示方式。此问题留给读者思考，并提出解决方案。

11.3　简易交通信号灯控制电路的设计

作为传统数字电路设计的例子，简易交通信号灯控制系统的设计曾在第 3 章、第 5 章、第 7 章中多次出现。此处，改变了主、支干道的绿灯时间，介绍采用 VHDL 进行设计的方法。

11.3.1 设计要求及系统框图

1. 设计要求

设此交叉路口由主干道和支干道交叉形成,主干道绿灯时间为 65s,支干道绿灯时间为 30s,在信号灯由绿灯变为红灯之间,有 5s 的黄灯过渡段。系统可以在人工干预信号的控制下,主干道处于常绿灯、支干道常红灯的状态;当人工干预信号无效时,各个信号灯的状态时序图如图 11.18 所示,其中,高电平表示灯亮、低电平表示灯不亮。

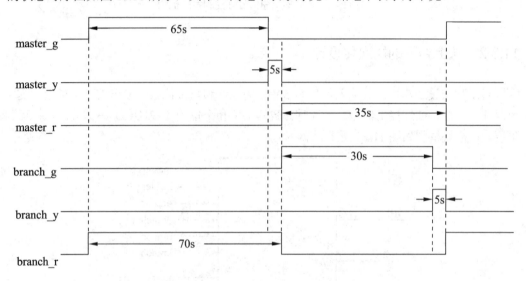

图 11.18 定周期交通信号灯控制系统时序图

在主、支干道为绿灯或者红灯时,以秒为单位,采用倒计时的方式显示通行或者禁止通行的剩余时间。设计中仅考虑控制部分的功能,灯驱动电路及译码显示部分留作习题,由读者自己完成。系统时钟脉冲由 50Hz 交流电源整型变换得到,此处假设已获得了可与 TTL 兼容的 50Hz 方波信号。

2. 系统结构框图

按照系统的设计要求,可将系统组成分为 4 个部分,即预分频电路、主控制器、主干道灯时减法计数器、支干道灯时减法计数器。预分频电路对输入 50Hz 的方波信号分别进行 5 分频、50 分频,得到的 10Hz 信号用作主控制器的时钟信号;得到的 1Hz 信号用作减法计数器的时钟信号。主控制器是系统的核心,由它产生主、支干道的信号灯控制信号,各个信号灯的控制信号在时序上应满足如图 11.18 所示的波形要求,并产生倒计时计数器的使能信号。主干道灯时减法计数器在使能信号的控制下,分别完成 65s(绿灯亮)和 35s(红灯亮)的倒计时,输出信号送译码显示电路。支干道灯时减法计数器在使能信号的控制下,分别完成 70s(红灯亮)和 30s(绿灯亮)的倒计时,输出信号送译码显示电路。依据上述分析,可得定周期交通信号灯控制系统的框图如图 11.19 所示。

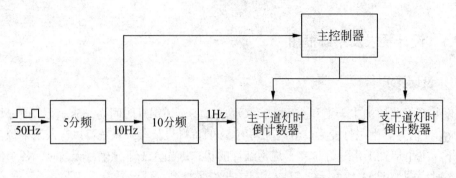

图 11.19　定周期交通信号灯控制系统框图

11.3.2　从上到下的层次化设计

对于顶层设计模块，其输入信号为 50Hz 的方波和复位信号，输出信号包括主、支干道绿灯、黄灯、红灯控制信号，倒计时计数器十位和个位的 8421BCD 码信号。这样可得顶层设计模块框图如图 11.20 所示。

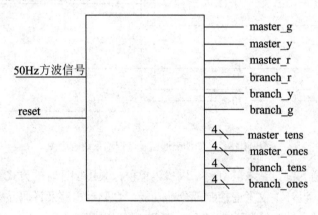

图 11.20　顶层设计模块框图

对于较低的层次，按其功能可分为 4 个单元进行设计，它们是预分频单元、主控制器单元、主干道灯时倒计时单元、支干道灯时倒计时单元等。层次化设计中单元层次的结构框图如图 11.21 所示。

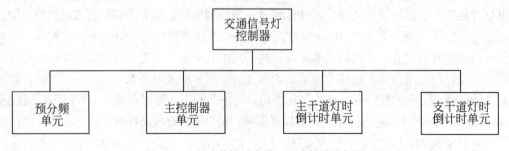

图 11.21　层次化设计中单元层次的结构框图

对于主控制器模块,其输入信号为 10Hz 的方波和复位信号,输出信号包括主、支干道绿灯、黄灯、红灯控制信号。主控制器模块的框图如图 11.22 所示。

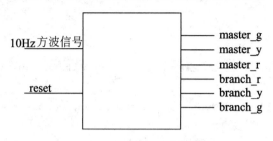

图 11.22 主控制器模块的框图

11.3.3 从下向上创建模块

1. 用 VHDL 设计预分频模块

预分频模块的输入信号是 50Hz 的方波信号,输出信号为 10Hz 和 1Hz 的方波信号,分别作为主控制模块和倒计时模块的时钟脉冲信号。考虑到分频电路的具体要求,计数状态作为变量处理,在端口定义中仅考虑进位输出信号。对于 5 分频和 10 分频程序,可在 11.2.3 节中介绍的十进制计数器的基础上修改而得到。此处分别将 5 分频和 10 分频单元作为元件处理,具体程序请读者自己设计。按照上述思路可设计出预分频模块的 VHDL 程序如程序 11.9 所示。

程序 11.9 预分频模块的 VHDL 程序。

```
LIBRARY    ieee;
USE ieee.std_logic_1164.all;

ENTITY   counter_50   IS
PORT ( clk_in                :IN   STD_LOGIC;
       f10_out, f1_out       :OUT  STD_LOGIC );
END  counter_50;

ARCHITECTURE   example31   OF   counter_50   IS
SIGNAL       cascade_wire,ena1  :STD_LOGIC;
COMPONENT    counter_10                   -- 十进制计数器模块
PORT (  clock, enable         :IN   STD_LOGIC;
        tc                    :OUT  STD_LOGIC  );
END COMPONENT;

COMPONENT    counter_5                    -- 五进制计数器模块
PORT (  clock, enable         :IN   STD_LOGIC;
```

```
                        tc              :OUT  STD_LOGIC  );
  END COMPONENT;

  BEGIN
    ena1 <= '1';
    u1:  counter_5   PORT MAP ( clock => clk_in, enable => ena1, tc =>
cascade_wire);
    u2:  counter_10  PORT MAP ( clock => clk_in, enable => cascade_wire, tc =>
f1_out);
          f10_out <= cascade_wire;
  END example31;
```

图 11.23 是预分频模块的仿真波形。

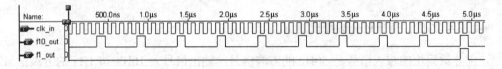

图 11.23 预分频模块的仿真波形

2. 用 VHDL 设计主控制器模块

主控制器模块的功能是在时钟脉冲和复位信号的控制下，形成主、支干道的绿灯、黄灯、红灯的控制信号。为了提高控制精度，输入时钟脉冲的周期采用 0.1s，则计数值相应扩大 10 倍。程序设计中用到了两个进程，一个是主控时序进程，用来实现有限状态机（4 个状态），另一个是辅助进程，用来实现状态译码。主控制器的状态图如图 11.24 所示，其 VHDL 程序如程序 11.10 所示。

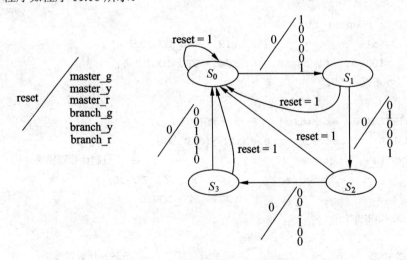

图 11.24 主控制器的状态转换图

程序 11.10 主控制器模块的 VHDL 程序。

```vhdl
LIBRARY ieee;
USE ieee.std_logic_1164.all;

ENTITY master_kz1 IS
PORT (clock, reset                    :IN   STD_LOGIC;
      master_g, master_r, master_y    :OUT STD_LOGIC;
      branch_g, branch_r, branch_y    :OUT STD_LOGIC);
END   master_kz1;
ARCHITECTURE example32 OF master_kz1 IS
 signal  clkk                  :STD_LOGIC;
 SIGNAL  cu_state              :INTEGER  RANGE  0  TO  650;
 SIGNAL  count_constant : INTEGER  RANGE  0  TO  650;
COMPONENT count_k
   PORT ( clk_in              :IN  STD_LOGIC;
          count_d             :IN  INTEGER  RANGE  0  TO  650;
          tc_out              :OUT   STD_LOGIC  );
 END COMPONENT;
   BEGIN
   reg: PROCESS(clkk,reset)
     BEGIN
     IF reset = '1' THEN
           cu_state <= 0;
     elsIF ( clkk = '1' AND clkk' EVENT )  THEN
            IF  cu_state = 3   THEN
              cu_state  <=  0;
            ELSE
              cu_state <= cu_state + 1;
            END  IF;
     END  IF;
   END PROCESS;
com:  PROCESS(cu_state)
      BEGIN
       CASE  cu_state IS
          WHEN 0 => count_constant <= 650;
                master_g <= '1'; master_r <= '0'; master_y <= '0';
                branch_g <= '0'; branch_r <= '1'; branch_y <= '0';
          WHEN 1 => count_constant <= 50;
                master_g <= '0'; master_r <= '0'; master_y <= '1';
                branch_g <= '0'; branch_r <= '1'; branch_y <= '0';
          WHEN 2 => count_constant <= 300;
                master_g <= '0'; master_r <= '1'; master_y <= '0';
                branch_g <= '1'; branch_r <= '0'; branch_y <= '0';
```

```
                    WHEN 3 => count_constant <= 50;
                        master_g <= '0'; master_r <= '1'; master_y <= '0';
                        branch_g <= '0'; branch_r <= '0'; branch_y <= '1';
                    WHEN  OTHERS  => count_constant <= 650;
            END CASE;
        END PROCESS;
    U1: count_k
            PORT MAP (clock, count_constant, clkk);
END example32;
```

主控制模块中用到元件 count_k，其功能是在不同的状态下，预置不同的计数初始值，进行减法计数，当计数值等于 0 时，输出一个脉冲信号，使有限状态机进入下一个状态。元件 count_k 的程序如程序 11.11 所示。

程序 11.11 元件 count_k 的 VHDL 程序。

```
LIBRARY ieee;
USE ieee.std_logic_1164.all;

ENTITY count_k IS
  PORT ( clk_in        :IN  STD_LOGIC;
         count_d       :IN INTEGER RANGE 0 TO 650;
         clock_out     :OUT STD_LOGIC  );
END count_k;

ARCHITECTURE example33 OF count_k IS
SIGNAL count            : INTEGER RANGE 0 TO 650;
BEGIN
PROCESS (clk_in)                    -- 响应时钟脉冲
BEGIN
 IF ( clk_in = '1' AND clk_in 'EVENT ) THEN
      IF count  /=0 THEN
         count <=  count - 1;
      ELSE
         count <= count_d;
      END IF;
  END IF;
 END PROCESS;
PROCESS (count)                     -- 响应时钟脉冲
begin
IF ( count = 0 AND clk_in = '0' )  THEN
     clock_out  <= '1';
 ELSE  clock_out <= '0';
END IF;
END PROCESS;
END example33;
```

对程序 11.10 进行仿真，仿真所得波形如图 11.25 所示，分析可见其结果与设计要求相符合。

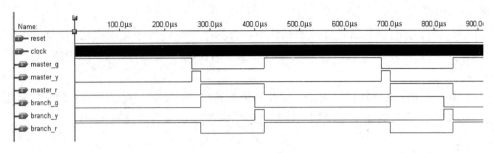

图 11.25 主控制器的仿真波形

采用与前述类似的方法，可以设计主、支干道倒计时计数和显示模块。然后采用图形输入法创建顶层模块，完成整个设计过程。这部分内容留作习题，请读者自己完成。

小结

本章通过键盘编码器、数字钟表、简易交通信号灯控制系统分析与设计实例，介绍了 VHDL 在数字系统设计中的应用。层次化的设计思想是设计复杂的数字系统时应首先考虑的方法，尽管这部分内容对数字电子技术基础来讲有点儿复杂，但它却是今后数字系统设计发展的方向。另外，希望本章的内容能对读者的课程设计有所启发。

习题

回顾 11.1 节中介绍的键盘编码器，完成 11.1 题～11.5 题。

11.1 假设键 6 被按下，并保持到 DAV=1。
（1）环型计数器的值是什么？
（2）行译码器的译码值是什么？
（3）在 $D[3..0]$ 线上的二进制数是什么？

11.2 当没有键按下时，$c[3..0]$ 的值是什么？

11.3 当有人按下键 7 时，假设环型计数器的状态是 0111，环型计数器的下一个状态是什么？

11.4 参见程序 11.1 和图 11.3，试分析当键 8 和键 4 同时被按下时，键盘编码器的输出数据如何。

11.5 如果你想把键盘的数据锁存在 74174 寄存器中，应该把来自键盘的哪个信号连接到寄存器的时钟输入端？画出电路图。

11.6 许多数字钟表设定的简单方法是：当一个按钮按下时，计数器的计数速度加快。修改数字钟表的电路设计增加这一功能。

11.7 修改程序 11.4 采用 VHDL 设计的二十四进制计数器，以便实现上、下午指示及

0~12 小时显示。

11.8 设计交通信号灯控制系统的主、支干道倒计时计数和显示模块，进而完成整个系统的设计。

11.9 在定周期交通信号灯控制系统中，若基准频率信号不是采用由 50Hz 的交流电源得到的信号，而是由一石英晶体振荡器产生 2MHz 的方波信号，试用 VHDL 设计预分频模块。

11.10 采用层次化的设计方法，设计一个简易数字频率计。设被测信号的频率范围为 1Hz~100kHz，要求用 4 位七段数码管和适当的单位指示来显示被测频率值。

部分习题参考答案

第1章

1.1 （1）$(19)_D=(10011)_B=(23)_O=(13)_H$；

（2）$(37.656)_D=(100101.1010)_B=(45.517)_O=(25.A7E)_H$；

（3）$(0.3569)_D=(0.0101)_B=(0.266)_O=(0.5B5)_H$。

1.2 （1）$(1\ 011\ 111)_B$；（2）$(11110.10010101)_B$；（3）$(0.001\ 100\ 011\ 11)_B$。

1.3 （1）$(1\ 1110\ 0111.0010\ 11)_B$；（2）$(11\ 0110\ 1010.0100\ 0101\ 1101)_B$

（3）$(0.1011\ 0100\ 1111\ 011)_B$。

1.4 （1）$(8635.97)_D$；（2）$(8392.64)_D$；（3）$(8743.75)_D$；（4）$(7858.63)_D$。

1.5 （1）$(1011\ 1010\ 0111\ 0110.1010\ 1000)_{余3BCD}$；

（2）$(0111\ 1000\ 0101\ 1000.0110\ 0011)_{8421BCD}$。

1.6

原 码	奇校验位	偶校验位
10101101	0	1
10010100	0	1
11110101	1	0

1.9 （1）$L=A+B$；（2）$L=\overline{B}\,\overline{C}\,\overline{D}+E$；（3）$L=\overline{A}B+BC$；（4）$L=A\overline{B}$；

（5）$L=ABCD\overline{E}$；（6）$L=AC+\overline{B}C$；（7）$L=A+\overline{B}C$；（8）$L=A+\overline{B}$。

1.12 $L=\overline{A}\,\overline{B}C+\overline{A}BC+A\overline{B}C+AB\overline{C}$。

1.14 $L=\overline{A}BC+\overline{A}B\overline{C}+AB\overline{C}$。

1.16 （1）$L=AC+\overline{A}B$；（2）$L=AC+BD+CD+\overline{A}B$；（3）$L=\overline{A}B+B\overline{C}+\overline{B}CD$；

（4）$L=\overline{A}C+\overline{B}C+AB$ 或者 $BC+\overline{A}\overline{B}+\overline{A}C$；

（5）$L=B\overline{D}+\overline{B}D+ABC+\overline{A}\overline{B}\overline{C}$ 或者 $B\overline{D}+\overline{B}D+ACD+\overline{A}\overline{C}\overline{D}$；

（6）$L=CD+BD+\overline{B}\,\overline{D}$；

（7）$L=A\overline{D}+\overline{A}D+BC+C\overline{D}$ 或者 $A\overline{D}+\overline{A}D+BC+\overline{A}C$；

（8）$L=\overline{B}\,\overline{D}+\overline{A}$ 或者 $\overline{A}+C\overline{D}$；（9）$L=C$；（10）$L=AC+B+\overline{A}D$；

（11）$L=C+B+\overline{A}$。

1.17 （1）$L_1=A\overline{B}+C$，$L_2=A+BC$；

（2）$L_1=A\overline{B}+\overline{A}B+C=A\oplus B+C$，$L_2=\overline{A}\,\overline{B}+AB+C=\overline{A\oplus B}+C$；

（3）$L_1=\overline{A}D+\overline{A}BC+AB\overline{D}+A\overline{B}\,\overline{C}$，$L_2=\overline{A}BD+AB\overline{D}+\overline{B}\,\overline{C}\,\overline{D}$。

第2章

2.4 （a）低电平；（b）高电平；（c）低电平；（d）低电平；（e）高阻态；（f）高电平。

2.5 （a）不能；（b）能；（c）不能；（d）不能；（e）不能；（f）不能。

第3章

3.1 （a）判奇电路；（b）全加器；（c）比较器。

3.2 全加器。

3.3 全减器。

3.5 密码 ABCD=0101。

3.6 $W = \overline{DC}\overline{A} + \overline{C}D\overline{A} + \overline{C}BA + C\overline{B}$； $X = \overline{B}\,\overline{A} + D\overline{B} + CBA + \overline{D}\,\overline{C}\,A$；

$Y = \overline{D}\,\overline{C}\,\overline{B} + \overline{D}CB + \overline{C}D\overline{A}$； $Z = CA + D\overline{B}\,\overline{A} + DBA + \overline{D}CB$。

3.18 （a）$L = \overline{W}\,\overline{X} + WYX + Z\overline{Y}X + Y\overline{X}$；（b）$L = \overline{B}\,\overline{C} + AD + BD + \overline{A}\,\overline{B}\,\overline{D}$。

第4章

4.19 （1）d；（2）d；（3）a；（4）b；（5）c。

第5章

5.1 同步二进制加法计数器，可自启动。

5.2 异步七进制计数器，可自启动。

5.6 移位寄存器型八进制计数器，可自启动。

5.7 （a）四进制计数器；（b）三进制计数器；（c）八进制计数器；（d）九进制计数器。

5.8 十进制计数器。

5.10 九进制计数器。

5.17 序列信号发生器，1101100。

5.18 （1）b；（2）d；（3）b；（4）c；（5）c；（6）c。

第6章

6.2

	存储单元	地址线	数据线	字线	位线
256×4b	1024	8	4	256	4
64K×1b	65 536	16	1	65 536	1
256K×4b	1 048 576	18	4	262 144	4
1M×8b	8 388 608	20	8	1 048 576	8

6.3

存储单元	位	字	地址线	数据线
16 384	8	2048	11	8

6.11 4G×16b。

6.12 每个字 8 位；12 根地址线；8 根数据线。

6.13 9 根地址线；2048 存储单元；4 根数据线；每次可以访问 4 个存储单元。

6.14 $x = \dfrac{N}{n} \cdot \dfrac{D}{d}$

6.15 4 片。

6.19 (1) b；(2) c；(3) d；(4) b、c、a、d；(5) b、a；(6) d；(7) a；(8) d。

第 7 章

7.1 $f = 1/T \approx 1/(R+R_O)C \ln \dfrac{U_{TH} - 2U_{OH}}{U_{TH} - U_{OH}} \cdot \dfrac{U_{TH} + U_{OH}}{U_{TH}}$

7.2 $t_w = \tau \ln \dfrac{R}{R+R_O} \cdot \dfrac{U_{OH}}{U_{TH}} = (R+R_O)C \ln \dfrac{R}{R+R_O} \cdot \dfrac{U_{OH}}{U_{TH}}$

7.3 积分型单稳态触发器，适合宽脉冲触发。$t_w \approx 1.2RC$

7.6 (a) 多谐振荡器；(b) 对输入窄脉冲具有滤除作用，输入宽脉冲具有跟随效果。

7.7 $\Delta U = U_{T+} - U_{T-} = \dfrac{R_1 // R_2}{R_3 + R_1 // R_2} \cdot \dfrac{R_1 + R_3 // R_2}{R_3 // R_2} u_{OH} = \dfrac{R_1}{R_3} u_{OH}$

7.10 (1) $t_w = RC \ln 3 \approx 4.29 \text{ms}$；(2) 输入增加微分电路。

7.13 $f = 217.1 \text{kHz}$； $q = 0.857 = 85.7\%$

7.15 $R_3 \approx 9.1 \times 10^5 \Omega$ $R_4 = 655 \Omega$

7.16 $t_w = 11 \text{s}$；$f = 960 \text{kHz}$

7.17 高音持续时间为 1.05s，频率为 1394Hz；低音持续时间为 1.12s，频率为 362Hz。

7.18 (1) a、b；(2) b、c、d；(3) b、c、d；(4) 施密特触发器；

  (5) 单稳态触发器；(6) c。

第 8 章

8.1 $u_o = -\dfrac{25}{16} \text{V}$

8.2 $u_o \approx 3.05 \text{V}$

8.3 (1) 当 $(N_B)_{max} = 1023$ 时，$u_o = -\dfrac{1023}{1024} U_{REF}$；当 $(N_B)_{min} = 1$ 时，$u_o = -\dfrac{1}{1024} U_{REF}$；

  (2) $U_{REF} = -10 \text{V}$；(3) 分辨率 $\dfrac{1}{1023}$。

8.5

N_B	7FH (127)	81H (129)	F3H (213)
u_o/V	4.98	5.06	9.53

8.6

N_B	01H	28H	7AH	81H	F7H
u_o/V	−4.96	−3.44	−0.23	0.04	4.65

8.7 (1) $U_{REF} = -10\text{V}$,取 $U_B = -U_{REF}$,则 $R_B = 20\text{k}\Omega$;

(2) 在 D_9 输入端加反相器,其余参数与(1)保持相同。

8.8 8位:分辨率为 $\frac{1}{255}$;10位:分辨率为 $\frac{1}{1023}$。

8.10 $\left|\frac{\Delta U_{REF}}{U_{REF}}\right| < \frac{1}{2}\frac{1}{2^{10}-1} \approx 0.049\%$

8.11 0.05ms

8.12 $\Delta = 0.875\text{V}$;$D_2D_1D_0 = 010$;$\varepsilon = 0.65$

8.14 (1) $T_1 = 0.1\text{s}$;(2) $|u_{omax}| = \frac{5 \times 0.1}{10^5 \times 10^{-6}} = 5\text{V}$;(3) $U_i = 5\text{V}$

8.15 (1) 计数器容量大于 20 000;(2) 15 位二进制计数器;(3) $2T_1 = 0.327\,67\text{s}$

(4) 所以 $RC \geq 0.065\,534$

8.16 13 位的 DAC,转换时间小于 $\frac{1}{16}$s。

参 考 文 献

[1] 阎石. 数字电子技术基础[M]. 5 版. 北京：高等教育出版社，2006.

[2] 康华光. 电子技术基础. 数字部分[M]. 5 版. 北京：高等教育出版社，2006.

[3] 杨聪锟. 数字电子技术基础[M]. 北京：高等教育出版社，2014.

[4] Thomas L Floyd. 数字电子技术[M]. 9 版. 余璆，等译. 北京：电子工业出版社，2008.

[5] Ronald J Tocci，Neal S Widmer，Gregory L Moss. 数字系统原理与应用[M]. 林涛，梁宝娟，杨照辉，肖梅，译. 北京：电子工业出版社，2005.

[6] 李哲英. 电子技术及其应用基础[M]. 2 版. 北京：高等教育出版社，2009.

[7] 金西. VHDL 与复杂数字系统设计[M]. 西安：西安电子科技大学出版社，2003.

[8] 李景宏. 数字逻辑与数字系统[M]. 4 版. 北京：电子工业出版社，2012.

[9] Ronald J Tocci，Neal S Widmer，Gregory L Moss. Digital Systems Principles and Applications[M]. 9th Edition New Jersey: Pearson Education Press，2004.

[10] 林涛，马慧斌. 一位全减器电路实现方法探讨[J]. 西安邮电学院学报，2011（s1）：106-109.

[11] 林涛. 4 位双向移位寄存器 74194 使用中存在的问题及原因分析[J]. 现代电子技术，2006，29（16）：143-144.

[12] 林涛，巨永锋. 任意进制计数器设计方法[J]. 现代电子技术，2008，31（15）：166-167.

[13] 刘占文，林涛. 任意进制计数器实现途径的灵活性与多样性探讨[J]. 电子设计工程，2016，24（8）：148-151.

图书资源支持

感谢您一直以来对清华版图书的支持和爱护。为了配合本书的使用,本书提供配套的资源,有需求的读者请扫描下方的"书圈"微信公众号二维码,在图书专区下载,也可以拨打电话或发送电子邮件咨询。

如果您在使用本书的过程中遇到了什么问题,或者有相关图书出版计划,也请您发邮件告诉我们,以便我们更好地为您服务。

我们的联系方式:

地　　址:北京市海淀区双清路学研大厦 A 座 714

邮　　编:100084

电　　话:010-83470236　010-83470237

客服邮箱:2301891038@qq.com

QQ:2301891038(请写明您的单位和姓名)

资源下载:关注公众号"书圈"下载配套资源。

书圈

清华计算机学堂

观看课程直播